U0397817

数学教育研究基础丛书
Fundamental Series for Mathematics Educational Studies

顾泠沅 / 主编
王　兄 / 编著

数学教育评价方法

上海教育出版社

图书在版编目（CIP）数据

数学教育评价方法 / 王兄编著. — 上海:上海教
育出版社, 2018.12
（数学教育研究基础丛书）
ISBN 978-7-5444-6784-1

Ⅰ.①数… Ⅱ.①王… Ⅲ.①数学教学—教育评估—
研究 Ⅳ.①O1

中国版本图书馆CIP数据核字(2018)第233293号

责任编辑　　赵海燕
　　　　　　周明旭
封面设计　　郑　艺

数学教育研究基础丛书
数学教育评价方法
Shuxue Jiaoyu Pingjia Fangfa
王　兄　编著

出版发行　　上海教育出版社有限公司
官　　网　　www.seph.com.cn
地　　址　　上海市永福路123号
邮　　编　　200031
印　　刷　　上海盛通时代印刷有限公司
开　　本　　787×1092　1/16　印张27　插页2
字　　数　　550千字
版　　次　　2018年12月第1版
印　　次　　2018年12月第1次印刷
书　　号　　ISBN 978-7-5444-6784-1/G·5595
定　　价　　78.00 元

如发现质量问题，读者可向本社调换　　电话:021-64377165

丛 书 序

一

2004 年元宵刚过，十多位数学教育方向的年轻博士，聚集在上海市教育科学研究院．他们中有华东师范大学王建磐校长和我所带的五届学生，还有北京师范大学林崇德的学生、香港大学梁贯成的学生等．久未谋面，话题特别多，谈得最集中的是数学教育研究中的问题与困惑．整个白天谈不完，晚上移师瑞金宾馆再继续，而且还邀请了我的两位同事与朋友——上海市教科院教师发展中心主任周卫和上海市教育报刊总社副社长陈亦冰．真是一个令人难忘的夜晚．就在那天，大家不约而同地意识到，年轻人重任在肩，群策群力编撰一套数学教育基础研究丛书，条件似已初具，于是策划了一个初步的方案．此后每年有一或两次碰头，分工有所调整，人员不断扩大．但编著原则不变：不求急就，力戒浮躁，成一本，出一本．四五年过去了，当可逐一考虑出版．

其实，这也是我们这一代人的一个企盼．我从大学数学系毕业，后来主持青浦教育改革实验，做到 1987 年，国家教育委员会要我攻读研究生，名为在职读书，实为补上教育基本理论这一课．当时全国没有数学教育的博士点，我的导师刘佛年校长召集华东师范大学不同系所的六位著名教授联合培养，可是，全程六年就是没有数学教育的课程．1999 年，王建磐校长邀我合作创建数学教育的博士方向，设置于课程与教学论专业，全国招生，至今已满十届．平心而论，我们藉以培养学生的数学教育内容，虽有初步框架，但仍然是数学与教育学、心理学的"领养儿"，尚无自己的独立品格．这是个跨世纪的期待．如今一批年富力强的精英，志愿自己组织力量来打造研究的基础，当然是件特别有意义的事情．于是我建议，这套丛书要由"1960 后"的中青年人来担纲，理由是只有他们才有 15 年至 30 年的时间来初成并打磨出自己的力作．

二

17 世纪中叶，夸美纽斯号召"把一切事物教给一切人"，他的百科全书式的教材——《世界图解》，包括自然、人类活动、社会生活和语言文字诸方面，还没有独立成科的数学．数学成为普通学校的一个科目，那是 18 世纪的事．因此不少学者以为，严格地说学校数学教育萌芽于 18 世纪. 究其内容, 仍沿袭古希腊以来重视"和行动没有关系的真科学"(如数论和抽象的几何学)的传统, 几何学就是欧几里得《几何原本》的最初六卷, 代数学和三角限于 17 世纪前材料的简缩. 这一现象一直延续到 19 世纪之末, 随着近代科学的迅速崛起和各国产业革命的深远影响, 数学教育才有了迟来的觉醒.

20 世纪的数学教育风云迭起. 回望这一百年, 首先是出现所谓改造运动, 冲破以往数学教育纯粹理性的象牙之塔, 倡导应用的特别重要性. 1901 年, 彼利(J. Perry)在英国科学协会作"启蒙的改造"的演讲, 主张由实践发现数学的法则, 不光是说些教授的技巧. 几乎与此同时, 克莱因(F. Klein)在自然科学会议席上作"对于中学数学和中学物理的注意"的演讲, 推动了德国的新主义数学并形成"梅兰要目"; 慕尔(E. Moore)在美国数学年会上发表"数学之基础"的会长演讲, 指责初等数学范围内"理论和应用的划界分疆", 提出数学教育的根本问题是两者的"融合", 使数学、物理和日常生活有密切的关系. 这场运动开启了将数学教育作为研究对象的思想闸门. 然而, 紧接着的是两次世界大战的相继爆发, 战争带来了混乱, 刚开始发生变化的数学教育, 有的搁置了, 有的倒退了, 当然也有像美国那样受战争影响小、可收渔翁之利、得以继续推进的. 当时教育界所谓传统派与现代派、接受式学习与活动式学习的激烈争论, 对于美国数学教育的实用主义倾向起了推波助澜的作用.

接着, 到了 20 世纪 50—60 年代, 由于苏联人造卫星上天, 引起了美国的教育改革, 首当其冲的是数学教育, 这就是遍及欧美诸国的新数学运动, 推行数学教育的现代化. 其中布鲁纳(J. Bruner)主张任何年龄的儿童都能学会任何深奥的学问, 只要加以针对性的处理. 改革中采纳了现代纯数学高度抽象和形式化的许多特点, 如小学引入集合, 初中讲代数结构与逻辑结构, 线性代数取代解析几何, 再对微积分作形式改造等, 几乎完全忽视对数学应用的考虑; 方法上沿袭当时工业界用于技术开发的模式, 先由专家学者研发, 然后自上而下推行, 这样的变动严重脱离儿童的认识实际和常态的学校生活, 既缺乏广大家长的支持, 又没有必要的师资准备, 结果陷入困境. 整个 20 世纪 70 年代, 世界各国纷纷处于回到基础的调整阶段.

最后, 进入 20 世纪 80—90 年代, 数学教育改革重又蓬勃发展起来, 这一浪潮以学生学习数学为立场, 关注课程内容、教师培养和教学研究、课堂情境及其相互影响, 主要有问题解决、非形式化和大众数学等口号的提出, 还有计算机和计算器的使用. 改革又一次点燃争论, 如美国教育界的"数学大战". 数学的学习, 走问题化之路, 还是结构化之路; 要学习的过程, 还是要学习的结果; 浪漫的合情推理与严格的逻辑演绎, 探究学习与基本训练, 等等. 直到 20 世纪末, 争论才以调和的方式告一段落, 叫做平衡基本技能、概念理解和问题解决. 2008 年 4 月, 美国"国家数学咨询委员会"公布《成功需要基础》的总结性报告, 重申基础的重要性, 提倡"阶梯式"进步的理念.

在我国, 学校普遍开设数学课程, 当在辛亥革命(1911 年)之后, 至今也是一百年. 开始时移学日本, 后曾模仿美国. 新中国成立之初, 基本上照搬苏联. 后来经过 20 世纪 50—60

年代的"大跃进"和调整巩固,20 世纪 60—70 年代的"文革"和拨乱反正,直到始于 20 世纪 70 年代末的改革开放.数学教育的撞击和动荡随处可见,其中有活跃也有纷乱,有繁荣也显无力,思想多元了,观点分歧了,但这正是时代复兴的伟大征兆,这正是诞生适合自己的数学教育之路的前夜.

三

我国学者关于数学教育的早期研究,不能不关注陈建功先生的《20 世纪的数学教育》一文(原载《中国数学杂志》第一卷第二期,1952 年).该文提出了支配数学教育目标、材料和方法的三大原则.他写道:(1)实用性的原则.数学在日常生活中有广泛的实用价值,自然科学、产业技术、社会科学的理解、研究和进展都需要数学.假如数学没有实用,它就不应该编入教科书之中.(2)论理的原则.数学是由推理组成的体系,推理之成为说理体系者,限于数学一科.忽视数学教育论理性的原则,无异于数学教育的自杀.(3)心理的原则.站在学生的立场,顺应学生的心理发展去教学生,才能满足他们的真实感.学生不发生任何真实感的教材,简直没有教育的价值.陈先生还提出三原则必须统一,心理性和实用性应该是论理性的向导;选择教材不应该先将实用性和论理性分别采取,然后合拢,数学的真理性具有向实在进展和内部对应联系的两面,两面不会分道扬镳、各自存在.据此三原则,陈先生评述了 20 世纪以前数学教育偏重理论、排斥应用的弊病,肯定了 20 世纪初彼利等改造运动的重要意义.更为有趣的是,这一世纪后来相继出现以结构主义为特征的新数学运动和站在学生学习立场的第三波浪潮,竟然都是三原则的各自倚重和摇摆,而最终却都以平衡各方为结局.

把数学教育作为一种理论来研究,荷兰数学家和数学教育家弗赖登塔尔(H. Freudenthal)在国际上作出了重大贡献.他于 1967 年至 1970 年间任国际数学教育委员会(ICMI)主席,在他倡议下召开了首届国际数学教育大会.他认为,数学源自常识,人们通过自身的实践与反思,把这些常识组织起来,不断在横向或纵向上系统化.因此,他提出数学学习主要是如前所说的"数学化",或者是进行"再创造",从而培养学生自己获取数学的态度,构建自己的数学.弗赖登塔尔从数学发生发展的特有过程出发,架设了一条通往教育的桥梁.1987 年冬,他曾应邀来华讲学.他的《作为教育任务的数学》一书和许多独特而深刻的见解,在我国广为传播.与数学家迥然不同,心理学与现代认知理论却以精密研究的姿态介入到数学学习的探讨中来,从行为分析到认知理论,从建构主义到情境学习,视角新颖,有的还切中当今数学教育的流弊,一时间如异军突起,影响颇深,推动了数学教育科学化的进程.但是,科学方法对人的心理研究毕竟处于比较肤浅的程度,一旦用于数学,显见其琐碎与凌乱.学习的理论与数学教育的现实,还是一个未曾跨越的缺口,基础演绎的数学教育研究尚在起始阶段.与此同时,致力于扎根、总结、归纳、借鉴乃至升华的事情尤须实实在在地做.于是,凭借教育工作领域严格分门别类的研究骨架终于被多数人接纳.20世纪80年代,美国凯伦(T. Kieren)的"数学教育研究——三角形"一文也被介绍到我国.他把数学教育研究比作一个三角形,三个顶点分别是课程设计者、教师和学生,对应着课程、教学和学习"三论";三角形的内部以儿童和成人实际学习数学的经验为兴趣中心,包括① 数学教师在备课、教学和分析课堂活动时所做的非正式研究,② 定向观察,③ 教学实验;三角形的外部有数学、心理学、哲学、技术手段、符号语言等很多方面.这一图式在数学教育理论框架的初建中影响较大,但它显然并不仅仅适用于数学教育,而是属于通式的分类.

就数学学科本身的特点来说,中西方的差别也非常值得注意,这对中国特色的数学教育理论不可或缺.吴文俊先生在20世纪80年代发表了《对中国传统数学的再认识》《出入相补原理》等多篇文章,明确指出:以《几何原本》为代表的欧几里得体系,着重抽象概念与逻辑思维以及概念与概念之间的逻辑关系,表达形式由定义、公理、定理、证明构成;而我国的传统数学,以《九章算术》为例,基本上是一种从实际问题出发,经过分析提炼出一般的原理、原则与方法,以最终达到解决一大类问题的体系.吴先生所说的两种思维各具特色,一直发展到当代公理化与算法化的两大分野.两种思维、两大分野的融会,也许能为数学教育新体系的建立提供思路.看来,我们对中华文化中的精华还是不能妄自菲薄的.

四

然而,中国文化绝非仅执实用一端,而是讲求明体达用,体用一源.这里的"体"是个相对稳定且一以贯之的系统,而"用"则随时随物而变具有区别对待的特性.西方人侧重达用,中国人素好明体.与欧美学者接触,他们讲区别,我们说求同;他们讲变易,我们说万变不离其宗;他们赞赏不同意见和对立,我们崇尚中和与圆融;他们善用形式逻辑,我们喜好辩证思维.如此巨大的文化差别,在世纪之交竟以"悖论"的形式呈现了一个国际关注的热点:华人如何学习数学.20世纪80年代以来,一方面,中国学生无论在数学测试的国际比较,还是奥林匹克数学竞赛中,表现都优于西方学生;另一方面,许多西方研究者认为,中国学生的学习环境不太可能产生好的学习,如教师单一讲授、低认知水平的频繁考试等,被形容为被动灌输和机械训练.这种看似矛盾的结果引出了深入的讨论,有的认为是由于有好的课程,有的认为是由于教师的有效教学,关注扎实的基础知识和基本技能的学习,也有的认为这是华人家庭、社会特有的包括考试在内的文化支撑.个中原因,还在进一步的研究中.

这里,我们不妨从另一角度去看看,前面说到美国《成功需要基础》的总结报告,它针对美国数学教育重点不清、逻辑关系不明等要害,在改进的要点中强调重点突出、基础扎实、前后连贯这三条,其中国文化元素的浓重色彩,当是不言自明的.事实上,我国的百年数学教育,尤其是新中国成立以来,经历正面如传统经验的深厚积淀,反面如"文革"的一时劫难,再加上最近 30 年来的改革开放,吸纳世界上各种先进的教育理念与精神,在整个"正反合"的洗礼中,中国数学教育改革取得的如下原则是宝贵的:第一,兴趣与爱好,没有兴趣没有学习,不讲致用、缺乏责任难有好的数学学习.第二,循序渐进的儒家文化,数学教学尤其要讲究有层次推进的中国理念,这已被境内外广泛推崇.第三,实践和探索中的感悟,尤其是数学活动经验中的学习、数学思想方法的累积,这是实践型、创新型人才培养的途径,但这一条正是我国数学教育的软肋,进一步的改革却要在这方面苦意极思、痛下功夫.第四,反省和反馈,作为掌握知识技能、激励信心和创造精神的有力保障,已成为反思文化的重要组成部分.

五

一种文化有了深厚的根,才能吸收外来文化.无根而移用,屡试屡挫.今天,世界的数学教育不能不包括中国的数学教育,并作为其发展的重要的组成部分;我们也应把我国数学教育的基础研究与发展置于全球数学教育的视野之中.在策划并撰写本套丛书的时候,大家都清醒地意识到这一点.这件事要真正做到家,恐怕需要几代人的努力.我们这一代人,不过是铺路的石子,中青年学者来日方长,分步走是个办法.首先尽量翔实地收集国际、国内数学教育研究的有关资料、基础性观点和重要样例;然后是在枚举基础上的分类与梳理,逐步做到明源头、辨流派,适当附以评论;完成了这两步之后,才是力图形成一定的体系,抒发著者的独立见解.整个丛书的编撰过程,本身就是个完整的研究过程.现在付梓的几本,也许仅是属于开头一两步的初成之作.在此,我代表著者诸君,诚恳地希望读者阅读后多提意见,以备日后进入后两步时采纳.在这里,我想所谓好的研究者,应该是这样的人,他用自己的脚走别人没有走过的路,而平庸的研究者不仅走现成的路,而且永远挂着别人的拐杖.

最后,本丛书的编撰,各位中青年学者、教授在繁忙的工作之余付出了艰辛的劳动,他们常常夜以继日地写作,每年还要挤出时间认真参加丛书碰头会,为此,对他们表示深深的谢意.还要感谢上海市教育科学研究院的杨玉东博士在联络各位著作者中所做的出色工作,感谢上海教育出版社王耀东、刘懿和赵海燕三位对出版本丛书的支持和指导,使本丛书得以呈现在广大读者面前.

顾泠沅

2009 年新春

丛书序又识

2009 年至 2011 年,本丛书按计划出版了第一批共 4 本书,这就是:邵光华的《作为教育任务的数学思想与方法》,鲍建生与周超的《数学学习的心理基础与过程》,黄荣金与李业平等的《数学课堂教学研究》,张维忠的《数学教育中的数学文化》.其中,前两本书分别荣获全国优秀数学教育图书奖的一等奖和特等奖;所有 4 本书均已获得华东地区优秀教育图书二、三等奖.同时,该丛书还获得了上海文化发展基金会图书出版专项基金资助.丛书不仅在数学教育领域产生了一定的影响,而且在文化发展领域也获得了专家的认可.

时光荏苒,如今已到了又一批书籍陆续出版的时候.这次的选题主要是:数学教育评价方法、中学数学课程发展、小学数学学与教的研究、数学学习与情感研究等.几位作者,近年来有的肩负着国内、国外数学教育与改革的研究任务,有的专注于对青年一代的教授与指导,身处精彩与困惑交织的数学教坛,他们上下求索,聚焦各自擅长的领域,坚守"不求急就、力戒浮躁"的编著原则,跬步致远近 10 年,才有今日可资期待的又一批著作的付梓.他们尽了自己的力,这样的精神是很值得称颂的.正如前些日子,知名数学家与数学教育教授王建磐先生对我说的,当一种追求坚持十来年,就能心生敬畏,而且变成一种情怀.十年磨一剑谈何容易,真正舍得心无旁骛、胸有情怀的人不是太多,他们也许就是这少数群体中的几个.

2009 年和 2012 年,上海先后两次单独参加国际学生评估项目即 PISA 测试,接连取得了出色的成绩,受到国际教育界的青睐.2016 年,教育部组织专家组,总结上海的基础教育改革经验,其中尤其是数学教育的经验.专家组对数学学科的总结凝炼为三句话:连贯一致的改革思路(尊重每位学生、以学生发展为本的数学教改理念),海派风格的数学课堂(海派无派、择善而从的开放吸纳与科学筛选),强而有力的教研与教师队伍建设(扎根一线的教学研究与落实于改革行动的教师教育).同年 8 月,在沪召开了全国"上海数学教学改革经验"研讨会.总结本土经验本可提高我们的民族自信力,但在跨国比较中发现和正视自己的短板,更应被赋予特别的关心.在数学教育研究中,一方面是中华民族典型经验的淬炼和提升,如关注学生对数学的概念性理解、问题解决过程的建构性思维;另一方面是国际研究的他山之石与时代启迪,包括数学教育的情境化与研究方法的实证趋势,还有现代网络技术的革命性影响、大数据甚至人工智能的迅猛进展,它们都是重要的思想源泉.因此,本丛书还盼望着这些方面试水之作的出现.

当然，对丛书编撰而言，一个阶段的终结往往又是起点．2020 年，新一届国际数学教育盛会将在中国上海召开．上海教育出版社的赵海燕主任有个设想，将前几年完成的书籍做一次全面的修订，连同新书再次出版，以飨与会同行，并就此寻求专家学者、志士仁人的再次教正．中国古代圣贤说，"学而时习之，不亦说乎？有朋自远方来，不亦乐乎？"这恐怕也是所有丛书笔者意动情深的希冀了．

顾泠沅

2018 年 5 月

自　序

　　当这本书的初稿完成时,我的心情是很沉重的,因为这本书沉积了几乎近十年.当初承顾泠沅老师的厚爱,担当本书的编写工作时,自己刚就职于上海师范大学,还不是那么自信,感觉自己的资质不够,担心撑不起这个担子.不过,自己对评价领域非常热衷,所以还是欣然地担当起来.

　　早期关于本书的框架构想,基本上是汇总于国内各种数学教育评价的书籍和文章.不过,碍于那时关于数学教育评价的书籍和文章实在不多,所以我还借鉴了很多关于教育评价的书籍和文章,但总感觉这些资料缺乏数学内容,似有隔靴搔痒之感.

　　后来一次偶然的机会,我到新加坡国立教育学院做博士后,在工作之余,我开始大量收集关于数学教育评价的相关英文研究.这些资料大多有夯实的数学内容,来自本领域的专家之手.我感觉很踏实,但还没有个清晰的框架去囊括这些资料.我的内心是急于把这些资料建构起来,厘定书稿.所幸的是,顾老师并未催促书稿的形成.这给了我极大的成长空间来建构这些资料.事实上,两年的博士后工作使我成长了很多.我能感觉到自己能更迅速地捕捉到研究视角,能预展一个研究的方向,能挖掘研究空间.这些在我日后的研究生论文写作指导上都有体现.这种成长不仅赋予我驾驭本书的认知和能力,还赋予了更多的信心.到这时候,我才相信自己能驾驭这个领域以及本书.当然,架构本书框架的思路完全不同于早期的那种汇总思路.

　　在梳理收集到的资料时,我并不是急于综述所看到的资料,因为我还不是很确定到底想要一个什么样的数学教育评价书.我开始细读收集到每篇文章、每本书,然后让我的研究生开始翻译选定的文章和书的章节.这些翻译要求忠于原文,一是,可以锻炼研究生的写作能力,这也源自我个人的成长经历.在我的学习和工作中,文字仅仅起到承载我的研究成果的作用.我从未在写作过程中体会到语言的美和力.但在我翻译《迷人的数学》的过程中,我体验了驾驭语言的能力以及由中产生的美感和成就感.在翻译过程中,我几乎是忍不住去一遍一遍地去修改我的翻译稿.所以,我希望我的学生也能从翻译中体会到驾驭语言的喜感.二是,这样的翻译为日后材料的整理中尊重原作者提供了必要.还有就是,为编辑书稿的内容提供了可靠性.这样的翻译过程是漫长的,在研究生毕业之际,书稿的框架是没有成行的.但我有意识,要让书稿具有较强的实践指导意义.之后,我的职业生涯发生了巨大的变化,我离职来到了加拿大阿尔伯塔大学.新环境的适应放慢了书稿的写作,但填补了新的想法. 在加拿大,阿尔伯塔省有着优质的教育环境. 通过参观中小学课堂教学和我儿子的学校学习,我有了更深的关于数学教育评价在日常课堂和教学实践中所起的实质性作用的体会. 在这里,学生的日常进步会记录在期中或期末的报告里. 学校不组织期中或者期末考试,只有固定的年级会参加全省考试,比如小学阶段的 6 年级. 这些省级考试并不是选拔性,也不会成为评定学生的主要指标. 评价是学习过程中的重要组成部分,并不是评定学习的结果. 这些体会坚定了书稿的基本基调——注重评价的实践应用. 另外,我记得在读硕士期间,对一本书中的一个数学教育评价模型困惑了很久,不得其解. 由于书中没有实例,也没有其他资料涉猎这个模型,我只有写信给作者. 但我并未获得作者的答复,于是这个困惑在当时就搁置下来了. 我期望本书稿在阐述数学教育评价的实践作用和意义时,附上一定的应用实例.

这样,我期待的数学教育评价,就基本上成形了. 在内容上,是注重方法的介绍和方法的示例;在框架上,采用纵横的维度划分,突出核心领域. 期望这本书能带给读者更大的参考价值.

最后,我非常感谢顾老师的器重以及给予的成长空间成就了这本书. 也要非常感谢当年我的研究生在准备本书过程中所做的翻译工作. 他们是:孙婧、路金秀、周晓雪、马静茹、吴洁、张洁、余志玲、李晓倩、陈夏明等. 孙婧和吴洁在她们毕业后,还进行了后期的翻译稿的加工. 最后,感谢来自团队的支持和帮助,感谢丛书的编写团队,每次会面后都有关于丛书更深的理解;感谢上海教育出版社的支持,特别是赵海燕老师,我们的沟通都是因时差问题而找合适时间在网上进行的;感谢阿尔伯塔大学教育学院的师生对本人的扶持,才让我坚持下来完成这一书稿.

王 兄

2018 年 3 月

于加拿大埃德蒙顿

Contents | 目 录

第 *1* 章
关于数学教育评价理论意义上的探讨

本 章主要是从理论层面上探讨一些数学教育评价领域内的基本问题,其中包括关于评价研究的意义和目的的阐述,以及当下数学教育评价所遇到的种种挑战.

§1.1　评价研究的意义和目的

近年来,评价方面的相关研究与实践不断地吸引着国际数学教育协会的关注.不过,同数学教育领域中理念与目标以及理论与实践等方面的显著发展相比,评价的理论与实践的发展可以说是止步不前的.

数学和数学教育已经扩展到了一个更广泛的领域.然而,这些进展并没有在评价中得到相应的发展,包括价值观念、概念、理论、实践、模式和程序等相关方面.因此,评价在数学教育上的地位和目前的评价实践之间的不匹配以及矛盾变得日益突出.导致此类情况的原因可能是数学教育理想、目标之间从来没有与评价模式在真正意义上相一致,以至于不能被数学教育家们很好地使用.这样,数学和数学教育的扩展无疑是扩大了现代数学教学和传统评价实践之间的差距.

现在,我们已经或正在许多方面同时进行着课程改革,相关情况也已经有所改变了.评价在数学教育中的作用、功能和影响应不再被忽视.

尼斯(Niss,1993)指出,关于评价某一门课学生的表现情况,特别是在数学学科上,似乎可以分成三个不同却相互影响的主要类别:信息的准备与决策、行动基础的建立以及社会现实的塑造.

1.1.1　提供教学情况和学习情况的信息

数学教育评价的根本目的在于提供有关数学教育事项及其结果等信息,包括提供给每位学生的信息和教师的信息.这些信息应有助于我们作出正确的决策,并能采取适当的后续行动.

一、提供给每位学生的信息

1. 关于学生在绝对条件下的表现情况,即在一定课程或者活动中,都需要考虑到课程或者活动本身对学生的要求和挑战,其中包括学生擅长和不擅长的内容知识;定性和定量的活动内容;学习习惯;等等.提供信息的目标要么是静态的——迄今为止学生的表现情况(学生掌握了哪些内容?),要么是动态的——变化(与之前的学习情况相比,学生现在的学习情况如何?).

2. 关于学生在相对条件下的表现情况,即相对于其他学生,如在同一个小组、班级、学校、地区、国家或全球. 目标同样也要根据静态和动态进行区别分析.

3. 提供给学生这些信息的最终目的是帮助他们进一步改善或发展他们的学习状态,在绝对或相对条件下,通过充分了解他们自己的学习来提升自己. 这样的评价通常被称为形成性评价.

二、提供给教师的信息

1. 在绝对或相对条件下有关个别学生的学习情况和发展. 其中可能存在以下一些不同的目标:让教师能够告知并给学生提供建议;协助教师评价他们自己的教学情况,并了解关系到某位特定学生的学习结果;为了调整、开发或从根本上改变以便能更好地满足学生的需求;采取相应的决定和行动来影响学生的行为;为教师向学生的家长、向学校、向有关机构、向后续的教育机构以及领导汇报学生的学习情况做准备.

2. 关于教师所教的学生(可能是所有的学生,也可能是某一类或某一班或同一年龄段的学生等)的学习情况,为了判断自己的教学方式在哪些方面需要改进.

3. 关于学生个人的成绩,为其采取(或不采取)进一步的决策或行动提供一个基础,如继续深造,决定进入更好的教育机构进行深造,获取某个职位的相应证书,抑或是就业(如果这类关于这个学生表现情况的信息是简短的但却是综合的,那么这样的评价被称为总结性评价).

4. 关于学生表现情况的分布信息,作为教师、机构、地区、程序和课程等评估的内容.

1.1.2 根据信息管理教学或学习活动

在任何社会中,人们都需要做出大量的决定并采取相应的行动来筛选并选择自己的机会、职位、工作和特权等.

有时作出的选择是完全非正式地来自个人知识的基础、自发的印象,或绝对的权力,或有影响的层级结构. 有时是更正式地来自评价过程和结果. 在大多数社会中,正式和非正式的选择模式被广泛地使用.

目前,通常我们在评价程序上需要对其抱有相当大的信心,从而得出通过或不通过的判决. 特别地,社会至少要保证某些获得资格认定的人确实能满足职业所需要的能力下限. 否则,这些认证就变得毫无意义了. 相比于那些没有达到认定预期标准而失去资格认定的人,我们更倾向于关注那些虽然被授予证书但实际上没有达到预期标准的人,社会应该对后者承担起相应的责任. 在任何社会中,都将会有这样一个严肃的问题值得关注,那就是要严厉打击那些钻考试程序漏洞的人. 换句话说,也就是要设计出整体上有效可靠的评价程序,防止纰漏存在.

当涉及申请者成绩排序时,情况似乎就有些不同了. 当然,如果这些次序确实存在并且是有效的,那么其一定是有价值的. 然而,对于当前使用情况的排序方案,人们普遍存在怀疑,特别是对于排序的有效性.实际上,人们往往并没有太过在意排序的缺陷,反而会经常使用它们.造成这种现象的可能是下述三项基本原理:

1. 如果不具备完全满意的评价模式来满足我们所有的需求,那么只能求助于一个我们所发现的近乎很好的模式,这总比什么都没有来得好.这里的"没有"意味着那些不明确的不正式的评价模式,而不是说缺乏评价模式,因此成绩的排序总是存在的.

2. 我们可能需要朝着当前明确、正式的评价模式前进.这些评价模式至少比那些含糊的非正式的模式来得好.否则,我们就会去应用那些含糊的非正式的评价模式了.这些评价模式是明确的、正式的,它们会变得越来越清晰.因此,要对其不断地进行分析、讨论,甚至作出改进.这样,这些评价模式有助于减少专断的混乱、隐性标准和规则的干扰,甚至裙带关系所造成的隐式评价.

3. 如果这些评价项目的规则是含糊不清的,那么那些胡乱打破规则的人将更加肆无忌惮.这往往有利于社会中一部分特定人群——通过经济职位、能力、等级、性别和家庭等而定义——上述几个因素远超出其他因素.反过来,它可能会导致一个"机会不平等社会".因此,社会在遵循平等价值观时,会经常使用正式的评价模式来挑选某些类型的职位和工作.

即使那些从事决策或采取行动的人员都基于正式的评价程序,但就其有效性或程序整体上的应用质量来看,社会可能仍然想要把这些程序当作一个评判决策或合法性的工具来使用.无论评价模式实际上是否已经应用于问题的决策或行动中,或者只是用来掩盖在不同背景下的决策,它们都不重要.最重要的是合法化、正规化,即对于使用客观评价程序后,从而得出的结果的决策和实现是合法的.

学生的数学成绩是评价关键利益中的一个对象,这并不意外,因为它能促进就业并为一些学生挑选进一步的数学活动或数学职业.虽然对于数学来说看似奇特,但值得关注的事实是,许多国家的数学成绩评价体系在促进、过滤和挑选"数学零基础"的学生中起着至关重要的作用.

想要使用非数学目的的数学评价似乎依赖于两个不相互排斥的假设.第一个假设扎根于古典官能心理学,它认为数学能力与一般的认知以及有关的智力技能是紧密联系在一起的,在任何分析智力活动中都是很重要的.不管数学能力可以构成原因或引起一般智力的效应,只要前者可以作为后者的一个指标就行.第二个假设在其本质上具有更多的教育性.它强调那些已经在艰难的数学研究中取得成功的人,表现出了一种获得成功的能力、自律及坚持不懈的精神,这将增加他在任何学习研究中,而不仅仅是数学领域中成功的可能性.

在大多数的社会中,关于评价的一个重要的目的在于监督和控制一般意义上的教育系统、机构、教师和他们的教学方法,以及各种特定的课程等.因此,在许多地方,学生的评价结果会被用来作为决定有关教师职业、晋升、录用、解雇和工资调整等的因素.在决定课程是否需要改革时,这些评价结果将会为其提供相关背景.

1.1.3 为现实社会的竞争打基础

自然地,当数学教育中的评价按照上面列出的目的进行管理时,其会对学生、教师、家长和学校等的现实社会造成强大的影响. 不过,其中大多数的结果具有副作用,不能直接将其作为评价的明确目的.

然而,我们有理由相信,社会还打算通过训练学生、教师和机构等给评价任务塑造更大的社会现实;创建良好的评价氛围,使教师致力于努力工作、竞争和奋斗;接受(或至少采用)分而治之的现实,即遵循权利和权力的意识形态. 人们在多大程度上强调和追求这种意识形态是有着细微的区别的,也会随着社会的变化而变化. 但是要在某种程度上掌握并持有它的话,对任何社会来说,都是有困难和压力的. 有时候,结果还是令人沮丧的. 内在的竞争条件是为教育、工作、职位和物质财富等而服务的,即为成功而服务的.

§1.2 数学教育评价所遇到的挑战

关于数学教育评价所遇到的种种挑战,伊泽德(Izard,1993)指出了如下的五个层面的现象或建议.

1.2.1 现有的评价存在诸多问题

在过去,审查机关和学校使用评价程序来对学校的教学情况进行指导,所造成的影响非常显著. 当学生、教师和行政人员都相信考试的结果是很重要的时候,他们就会据此来指导他们的行动. 对学习成功(或任何其他的社会指标)的测量,经常被用于各种重要的社会决策中,由此导致的结果是,社会进步的失真. 究其原因可能在于:教师为了应付考试而采取了不恰当的教学方法,只看重考试中所需要的能力的培养而没有更好地进行教学,认为主要的教学目标是考试结果而不是学生所取得的成就本身等. 那些声明认为狭义的考试实践会对学生的学习和教师的教授造成不好的影响(Palincsa,1990). 这个观点得到了教育工作者、教育研究人员和认知心理学家们的高度认可,学生开始相信数学的学习就是:教师(考试委员会)根据考试的条件不断传授给他们必备的知识与技能. 如果他们能在这样的考试中取得好分数的话,那么他们就相信自己已经熟练掌握了相应的数学知识. 这种影响在各级学校中都是常见的,而那些精通数学且将来又成为数学教师的人会将这种教育模式继续下去.

1.2.2 评价策略有待完善

评价程序含蓄地指出,审查部门和学校把应考技能视作十分重要的技能. 数学的评价必须考虑到健全的评价所要求的内容.专业的测试构造了一系列的规范来保证所有的问题都是具有相关性的,这些问题都是把课程所设置的合理的知识内容作为考点,即各知识内容间存在平衡,能把课程的重点反映在测试问题中(Izard,1990).而传统的考试,其重点是通过笔试(要么是多选题,要么是开放题),在时间给定的情况下,测出学生们的成绩.这意味着传统评价程序只能评价出学生们所理解的数学领域中的一部分知识内容.

我们希望学生们能够应对一系列的数学学习任务.为了公平起见,我们在挑选评价任务时,必须要紧密围绕我们期望学生所能掌握的知识内容进行挑选.这意味着这些任务应该要包括适应课本内容的问题,这些问题需要有一些解决方法和不同的方案策略,具有"真实"的问题情境,并需要学生们运用高水平的思维能力来解答.然而,这样的评价还需具有实用性、可靠性和有效性,还需要考虑每项任务所占的比重,以便能得到一个总成绩水平(Izard,1991a).采用这个评价过程来收集代表性的数据时,数据必须是有效的,以便这个评价程序能够:

- 向学习者提供有用的信息;
- 减少对一般教学时间的占用;
- 减少教师的负担;
- 涉及所有重要课程的目标.

这样的评价程序必须具有代表性,以便在没有评价的时候也可以对成功的学习作出合理的推断.

1.2.3 教师有待提高评价技术

除了要开发一个用途更加广泛的评价策略外,教师还需要理解学生得到的总分,以便即使其中有一个不好的分数也不至于影响整体(Izard,1991b).为了解释这些总分,必须先作一些假定.我们假定这些评价任务都是相互联系的,其内容都是来自学生的学习内容,如果想要解决这些任务,那么就需要掌握相关知识与技能.此外,我们还假定从所有任务中抽取出来的样本能代表整个总体,并能反映出这些任务之间的平衡性.

当我们汇总这些分数时,还需要考虑几项内容.一是否认这个总分的"内在含义",除非这些任务之间存在着内部的一致性(至少这些任务之间的分数存在内在组间关系).在测试的开发中,当研究人员要判断一个问题是否可以编入这个测试时,他就会使用某些程序,如评价区分度、试题的特性分析及因子分析等.从这些角度来判断这些问题是否符合这些要求,如果不适合,那么就将其从该测试中删除.然而,只有这些依据就删除一些问题,可能会导致最后给出的测试并不能符合最初所预设的形式.从另一个角度来看,分数合并的意义被(教师或考试委员会)武断地定义,同时忽略了在测试中这些分数间相关的模式.通过这样汇总分数从而最后得到数学这门学科的成绩可能会出乎所有人的意料.我们不能往单独的数学评价任务中简单地添加一些"未加工"的分数,如课堂表现的分数、学习项目的分数以及考试中所得到的分数等,不然就会导致我们会根据预期每一部分的权值而汇总这些分数.

1.2.4 学生在测试中要能够反映出真实水平

前面我们强调要收集具有代表性的数据,尤其是要符合所有重要课程的教学意图.还有重要的一点就是关于这些具有代表性的数据的作用.只有在假定每位学生都已经做好充分准备以便通过参加测试来展现自己的能力之后,才能在考试或者校内测验中使用评价任务来测定学生的能力水平.显然,其结果是,如果学生在缺乏学习激情的情况下想要完成这样的任务,我们就不能提供出衡量学生能力水准的有效测量方法.

改进后的评价实践必须要考虑到两类学生:那些对数学学习相关内容有认知的学生,那些想去完成有别于传统的(个人或小组)学习任务的学生.对于那些为了考试而去学习的学生来说,那些根据教学大纲而引入的更富真实性的数学问题可能会使他们产生厌恶感,因为他们觉得完成这些任务就像是在浪费时间;否则他们可以利用这些时间做考前复习.进一步说,因为这样的考试具有竞争性,所以学生可能会需要进行大量的补课,一起来解决这些值得解决的数学问题.如果这些评价程序不能很好地围绕现实问题进行展开,那么尝试对此类问题在教学大纲进行扩充一定会成为一种趋势.

和确保评价任务具有代表性一样,课程的设置也需要精确性,所设计的任务需要符合学生的知识水平.在解决具有挑战性的任务时的兴奋感,以及对成功完成这些任务的满足感将鼓励学生继续学习数学.当你看到学生在电脑前玩游戏时,你可以从中获得一些提高学习数学动力的想法.我们应该去设置些鼓舞学生的任务,使其就像吸引他们坐在电脑前玩的游戏所具有的魔力.

1.2.5 评价任务应多样化

对于挑选出来的评价任务(或从教学任务中提取评价的信息)是否需要符合数学教学大纲,需要有个预设.如果这些评价任务与预设的结果不匹配的话,那么实际得到的结果将会完全背离预期的效果.无论在何种情况下,这样的评价任务都是直接的而不是间接的.

小学或初中水平上的数学任务可以以七巧板、四格拼板、五格拼板等游戏为原型进行设计.对每位学生来说,这些测试可以基于拼图的组合得出不同的形状,但其中需要用到哪些特定的拼图是不知道的.这项任务就是让学生从那些给出的拼图中挑选出合适的拼图,从而组装成他们所需要的图形.学生可以使用一根胶棒在适当的位置固定住他们所找到的拼图.当每项任务完成之后,由教师记录相关成功之处.

教师使用电脑来布置学习任务,记录学生给出的答案和回答这些问题所需要花费的时间,以及(如果需要的话)向学生反馈他们的答案是否正确.这样的评价任务中最具吸引力的特色是学生有足够的时间来完成每一个问题,其得分是自动生成的,同时为学生提供每一个问题的相关信息(不仅仅局限于问题本身).

　　这些任务能够吸引学生的原因是每项任务都不同于他们通常所做的测试题.除了计算以外,完成这些测试更需要的是相关的数学知识与技能,这很可能影响到最后得出的答案(就像在"真实"世界中一样).在许多情况下,学生马上就能知道他们的答案是否正确.对于有效性来说,这些任务显得更加直接.因此,如果教师也支持此类教学测试的话,那么测试将会变得更有效.

　　这些方法已经成功应用于澳大利亚的课堂教学中,其目的是为了扩展这些评价任务的范围,以及改变这些测试的重点:从"在给定的时间内完成多少问题"到"完成所需的时间".学生变得更加投身于完成这些新式任务中,而不习惯于传统的测试.他们知道如何才能在测试问题情境中表现得更好,同时那些不能在传统测试中一展才能的学生也可以在较为复杂的情况下表现得很好.进一步地说,教师可以在一个更广的范围内观察学生的反应,并且能够对每位学生的数学学习有着更好的了解.

　　事实上,此类评价与传统测试中的心理特征有着相似之处(Izard,1989).这表明,在某种意义上这些任务的结论可以与传统测试的结论相结合.

　　关于数学教育评价实践的改善方面还存在着很多的挑战性问题.传统测试中的开放性试题、多项选择题没法评价数学教学中的一些比较重要的方面,而这些方面是数学这门课程所需要的,但传统的测试在指导教学和学习上有很大的影响作用.学生具有建设性地参与学习,学习最新的知识来丰富他们的先验知识并加强他们的理解能力.不过,传统的测试往往不能很好地让学生去探索和"现实生活"相融合的概念性知识.有众多的文献研究对传统测试进行了项目研究分析,测试了它的可靠性和有效性.一些新的评价方法也得到了大家的关注.不过,如果新的评价方法不能收集到有效(也包括可靠性)的数据,那么这将在数学教育改革中难以得到实现.

参考文献

Izard,J.(1989). *Modelling student performance on assessment tasks involving three dimensional models.* Paper presented at the paper presented at ICTMA - 4,Roskilde,Denmark,July.

Izard,J.(1990). *Assessing achievement with non-pencil-and-paper tasks.* Paper presented at the paper presented at the Fifth South East Asian Conference on Mathematics Education,Bandar Seri Begawan,Brunei Daussalem,14 - 17,June.

Izard,J.(1991a). Issues in the assessment of non-objective and objective examination tasks. In Luijten,A. J. M. ,Issues in public examinations. Utrecht,The Netherlands:Lemma,B. V.

Izard,J.(1991b). *Current developments in assessment of mathematical projects.* Paper presented at the invited paper presented at the City University/Polytechnic South West (Plymouth) Workshop on assessment of Mathematical Projects, Exeter University, April.

Izard, J. (1993). Challenges to the improvement of assessment practice. In M. Niss (Ed.), *Investigations into assessment in mathematics education* (pp. 185 – 194). Dordrecht, The Netherlands: Kluwer Academic Publishers.

Niss, M. (1993). Assessment in mathematics education and its effects. In M. Niss (Ed.), *Investigations into assessment in mathematics education: An ICMI study* (pp. 1 – 30). Dordrecht, The Netherlands: Kluwer Academic Publisher.

Palincsa, A. S. & Winn, J. (1990). Assessment models focussed on new conceptions of achievement and reasoning. *International Journal of Educational Research*, 14, 411 – 413.

第2章

数学评价上的新视角

在数学课程实施过程中,评价是决定成败的因素之一.惯用的评价方式无非是笔试等. 一些教育研究者给出了评价的新视角,在实践中创造了诸多新的评价模型,促使学生更好地学习.基于评价的两个目标,改进教学设计和改善学生的学习,这些新型评价方法主要用于改善教学和改善学习.在改善数学教学上,主要讨论表现性评价的具体应用和具体方法.具体应用讨论涉及具体的途径和表现量表,并呈现带有评级等级的任务示例.具体方法上,主要讨论了观察和提问、访谈和描述、学习档案袋、问题解决日记和学生自我评价这五种方法.

另外,考虑到评量指标在具体的评价中具有较强的技术支持,于是我们专门就评量指标在数学教学中的运用进行了探讨.讨论包括评量指标的意义以及具体应用举例.

在改善数学学习上,主要讨论形成性评价以及自我评价和同侪评价.其中自我评价和同侪评价是交织在一起的,具体实现的途径有主题单元,蜘蛛图或思维导图,环形卡或多米诺牌,发生情况确定,张贴,等等.

§2.1　改善数学教学的评价

评价的两个目标一是改进教学设计,二是改善学生的学习.教育者一直在寻找有效方法.他们的关注领域已扩展到,何种方法能够让学生表现出自己的数学能力水平,以及教育者如何获得完善的学生信息.因此,他们鼓励教师探索和实施应用广泛的评价技术和策略.这里,我们以表现性评价为主来进行讨论.

2.1.1　表现性评价在数学教学中的应用

美国的安阿伯(Ann Arbor)公立学校针对表现性评价在数学教学中的应用进行了大胆的尝试,并取得了卓有成效的成果(Ann Arbor Public Schools,1995),以下内容介绍他们的部分研究成果.

一、表现性评价描述

学生完成个人或小组的任务,以此来表现自己的学习能力.评价者通过观察学生完成的任务,或是检查他们的作业及已完成的任务(例如,书写、课堂表现、作业),可以评价教学内容的理解过程.

具体的评价任务设置,需要不断完善评价标准和记录过程,并要考虑与学生及家长的交流方式,以及如何鼓励学生评价他们自己的工作.随着学生数学能力的不断提高,任务和项目的设计会越来越复杂,具体参见表2-1.

对于学生的表现,我们可以根据预设的标准来评分(整体性或分析性).

表 2 - 1　表现性评价任务(改编自 Ann Arbor Public Schools, 1995, pp. 51 - 52)

任　　　　　务	关 键 概 念
杰夫有 2 条牛仔裤,一条是黑的,另一条是蓝的.他还有 3 件衬衫,分别是红的、蓝的和黑的.如果杰夫随机选取一件衬衫和一条牛仔裤搭配,那么他选中衬衫和牛仔裤是同一颜色的机会是多少?为什么?你可以使用表格或图画	问题解决; 可能性; 数学交流
在没有参考的情况下,让学生猜想教室里的任意 2 件物品可能长多少米,并作记录.指定长度,让学生列出 3 件长度相近的物品.让学生测量和记录 5 件物品.再让他们通过测量找到另外一件指定长度的物品(可以根据其他测量来进行类似的活动)	估算; 测量(可以根据其他测量来进行类似的活动)
"我来给你翻看问题卡.你来快速地估算答案,并告诉我你是如何估算的." "请问,答案的整数部分是多少?" "请问,答案是大于还是小于 0?你是怎么知道的?"	估算; 心算(这里也可以作为访谈和观察进行类似的新活动)
这里有一盒葡萄干、不同大小的容器、一个天平、一个计算器. 分组进行一下活动: ● 估计盒子里葡萄干的个数; ● 使用任意工具,使估值更准确; ● 使用不同的方法来核实估值; ● 记录结果并做口头工作报告	问题解决; 估算; 合作; 数学; 推理; 数学交流
"这有一些零钱:5 个 5 美分、11 个 10 美分、5 个 25 美分."这些钱可以购买: ● 一张打折出售的海报:1.95 美元; ● 一个玩具球:1.29 美元; ● 一本书:1.29 美元; ● 一副牌:0.80 美元. 请利用以上信息,编写一道数学问题	公式化的问题; 数学交流; 钱的计算; 小数
以合作小组形式,用比例图来展现不同的教室平面图.尝试做安排	问题解决; 合作; 数学交流; 空间推理; 测量
以合作小组形式,计划和实施策略,编辑和组织数据,作陈述说明,然后在班上展示各个小组的成果	问题解决; 统计; 数学交流

二、表现性评价实现的途径

安阿伯公立学校(1995)主要提出了两种表现性评价实现的途径.

1. 学生写作

教师针对学生写作所反映出来的问题,给予一定的提示.这里的书面反馈帮你评价学生是如何用公式表示、组织、内在化、解释以及评价概念过程的.另外,写作很好地记录了学生的思路,展示了学生所学及所感.写作内容包括图画和符号的使用.写作评价也可能是单独活动或是较大项目活动的一部分.具体可能包括如下的评价目标:提供了解学生理解力水平的资料;通过学生写作的想法和感觉来评价他们对数学的态度;可作为前测来确定学生已有的知识、理解能力以及存在的问题等;可以展示学生在数学思维交流方面的流畅性.

当然,写作评价可以以多种形式展开.例如,日记;学习报告、项目调查结果、班级活动经验;解释问题解决的过程;问题反馈;学生自己的定义或概念;解释错误的原因;学习经验中的情感表达;对他人错误的反馈;将数学知识联系到真实世界中等.

其实,学生需要拥有展示自己写作的机会,因为写作能让学生有机会探索他们是如何影响和帮助他人的,也能鼓励学生反思和改进.更为重要的是,写作能够让学生明白,清晰地交流数学思想是一项重要的技能.在具体实践中,写作中的语句不必一定是严谨的书面表达形式,也可以是口头陈述加图片等形式.

学生写作的问题示例

● 写出一个问题,要求能用今天讨论的方法解决.

● 解释答案正确与否.

● 今天数学课上,你学到些什么?

● 你的表现如何,你又将如何改进你的表现?

● 下次,你将会做哪些变化?

● 请写出一个测试问题或你自己的疑问,我可以用它来测试其他同学的掌握情况.

● 你认为,今天最难的部分是什么,为什么?

● 你犯了什么样的错误,为什么?

● 和你的玩具熊倾诉,告诉它你今天对数学的感觉.

● 对于今天的课程,你还有哪些问题?

● 用今天所学到的知识,建构一个问题.

● 你是否喜欢今天的课程? 说出喜欢或不喜欢的原因.

● 今天你们小组合作得怎么样? 描述你们遇到的任何问题并写下你是如何处理的.

● 用你自己的话,解释_____.

● 解释你在作业中犯的错误.

● 你是否喜欢在班上分享同学们的作业,为什么?

● 在课上,你是如何做的? 重点讲述你是比你预期做得更好了还是更糟糕了,为什么会这样?

● 你在课上学到的哪些知识,是你之前不知道的?

● 请解释,你是如何解决这个问题的.

● 给朋友写封信,告诉他如何_____.

● 找找存在的错误,并解释为什么错了.

● 使用数学语句(图片或)表格,编写一道应用题.

● 假设你忘记了_____,你是如何知道的?

● 琼斯忘记了如何_____.写封信给琼斯,告诉他解决的步骤.(Ann Arbor Public Schools,
1995,p. 54)

2. 学生表现记录表

教师连续地以个人、小组和整个班级为单位观察学生表现,以此来评价学生行为和态度.教师都想要找到记录学生行为的有效方法.以下是安阿伯公立学校的教师使用的一些技术和革新,并附有有效的建议.

这里重要的是制定表现评价指标表和记录表的技术.记录表可以做成上半部分是表现评价表,下半部分是学生姓名.这种记录格式能确保你观察记录并评价每位学生的表现.评价指标为评价学生理解力和作品提供标准.

制作一个记录图表并解释数据,参见表 2-2.

表 2-2　学生的表现评价指标表示例(改编自 Ann Arbor Public Schools,1995,p. 58)

不 理 解	部 分 理 解	完 全 理 解
学生不能完成任务; 图表存在两个以上问题; 图表不准确或不完整; 学生不会尝试交流结果或不能作解释说明	学生需要帮助来构造图表; 图表存在瑕疵; 被指出可以改正错误; 学生需要协助完成交流和解释结果	学生可以独立完成图表; 数轴、增量、标签都准确完成; 图表数据准确; 学生可以交流结果和解释说明
明明、莫莫、赛赛、 安安、琳琳、迈克	琼琼、鲍鲍、贝卡、 小米、杰杰、布布、 茜茜、艾艾	格格、雅雅、凯凯、 萨莎、莉莉、基基、 妮妮、朗朗、吉吉

三、表现量表

表现量表是用来解答两个基本问题,一是对于不同发展水平的学生,教学效果分别是怎样的? 二是达到合格表现的标准和准则是什么? 表现量表帮助你决定学生的能力和知识水平.这些量表规定了哪些学生表现可以被拿来作比较.这些比较帮助教师明确学生在课堂中的优缺点,进而有助于改进教学的计划.以下将就安阿伯公立学校(1995)表现量表的使用方法、具体建议和实例进行介绍.

1. 表现量表的使用方法

提高教师的观察能力及对学生表现的反应能力,需要教师知道,各种学生表现分别代表了哪个层次的理解水平.理解水平主要分为三类:完全不理解教学内容的;部分理解教学内容的(但不是大部分不理解);理解并能够应用教学内容的.

表 2-3 为生成和应用你自己的表现量表提供了框架.

表 2 - 3   表现量表示例(Ann Arbor Public Schools, 1995, p. 3)

	完全不理解教学内容	部分理解教学内容	理解并能够应用教学内容的学生
在各个发展水平中,教学内容的评价标准是什么?			
我的学生处于哪个水平? 哪些学生在每个水平都有出现?			
我应该引导学生做些什么?			

回想你近期的一个重要教学内容.观察你学生的表现,思考学生应归为哪一个类别.

在每列中简单地记录下每类学生的表现特征,把它当作初稿.这个表格不需要太过完美和完整,但是它要能够识别每类能力水平学生的属性.

表 2 - 4 是表现量表示例.

表 2 - 4   表现量表示例(改编自 Ann Arbor Public Schools, 1995, pp. 6 - 7)

不　理　解	部　分　理　解	理　解/应　用
概念理解(以乘法、对称性为例)		
没有条理地叙述概念; 不能解释概念的含义; 没有试图提问; 没能和之前的知识作联结	展示了部分或基本满意的理解; 能用口头、书写、物体、模型、图画、表格来表达和解释; 开始尝试作些方式和原因的联结; 将概念和先前的知识和经验作联结; 可以提出相关问题; 即使有瑕疵,但能熟练完成任务	在乘法例题中正确地应用运算法则; 知道如何做也知道为什么这样做; 能够在新的问题情境中应用概念; 能看到并解释与先前知识的联系; 超额完成任务和目标
问题和情境的理解		
没有尝试解决问题; 错误理解问题; 总是需要问题解释	复述问题; 确定关键词; 可能会错误理解部分问题; 可能具有解答意识	理解关键条件; 能够连贯地复述和解释问题; 能消除不必要的信息; 确定有用的信息; 有解答的意识
应用策略、概念、逻辑性思考步骤		
没有做任何尝试; 依靠他人选择的应用策略; 作业无法理解; 知道并使用多种策略; 不能正确地解释自己的做法和方法; 选择不合适的方法; 没有逻辑或者不能按步骤执行	能够辨认策略; 能够解释策略; 使用数量有限的策略; 能够选择策略,实施上需要帮助; 如被告知,会使用策略; 作业表现合格	能够扩展或修改策略; 灵活使用策略; 知道何时使用策略; 作业条理清晰,有逻辑性; 能够生成新的思路

不　理　解	部　分　理　解	理　解/应　用
核实答案		
不检查计算结果和过程； 意识不到答案不正确	会检查计算结果和过程； 当被提问时,能够明确答案的合理性	会核查答案的合理性； 能够意识到不合理部分
扩展问题,联结前后知识		
未曾尝试做扩展； 不能作前后联结； 不能将想法应用到新情境中； 做最低预期	可以识别与教学内容相近的问题并应用； 可以将想法应用到新情境中； 会作前后联结	计划并探究扩展； 根据最初问题的各种条件设计相同类别的问题
数学交流		
没有交流的想法； 会从讨论中走开； 没有清晰的思路； 不会使用或误用术语； 提供不相关信息	用基本的形式表达想法； 能使用恰当的术语； 在精练的技术上需要协助和提示； 会使用模型和图形来支持解释	能清晰有效地交流； 能清晰地诠释思路； 能使用口头、书写、画图、图表等多种形式来交流想法
材料的使用		
需要对材料作出更多的解释； 不能独立使用材料； 自己做之前要观看别人如何做的； 没有尝试使用材料	通常能有效地使用材料； 偶尔需要一些帮助	能有效地使用材料
假　设		
做不符合实际的猜想； 不能使用策略来假设； 不能规范和解释指定的策略； 即使有提示也不能应用策略	适当的时候会假设； 有一些策略,但还有些没有； 被提问时,可以规范、解释并应用策略； 能通过分块和对比重新定义或判断猜想	认识到并有准备使用一些策略； 适当的时候假设； 重新定义假设以得到更为准确的假设； 作实际的猜想和判断
改正、组织以及呈现数据		
没有做尝试； 没有帮助不能开始； 在数据收集和呈现上会犯关键性的错误	当给定方法后,可以收集和呈现数据； 在收集和呈现数据中有小瑕疵； 当问题被指出后,可以改正错误	能以有组织的方式收集和呈现数据； 能准确合适地标记图表和图形等
总结、阐述结果		
不总结也不描述数据； 可以回答数据相关的问题； 需要提示	恰当地总结和阐述数据； 可以用最基本的形式交流； 能够产生和回答与数据有关的问题	有效地作总结并给予阐述； 清晰、有逻辑地交流结果； 能够作出概括化
测量(长度、质量、体积)		
直接实物比较； 根据尺寸可以将物体排序； 能在测量中分辨不同	能解决相关问题； 使用不标准的单位比较和排序； 使用不标准的单位估算和测量； 使用标准单位估算和测量	使用标准单位估算和测量； 能解决相关问题； 能用分数增量来测量； 根据任务选择合适的测量单位

不　理　解	部　分　理　解	理　解/应　用
针对_____实际情况通过_____做出机械反应		
不能轻易且正确地引用事实； 能容易地理解实际情况	容易理解一些事实； 停顿，需要停止和思考未知的事实； 使用策略或实物来识别未知事实	不需要提供策略或实物便能理解事实； 　能针对_____实际情况在_____分钟内提供精确的答案
数学性格倾向（价值观、对数学的好恶）		
表现出焦虑或不喜欢数学； 在做数学时会离开或消极对待； 容易放弃，容易产生挫败感； 需要持续性地支持、关注和反馈	会去完成要求的任务，但有时会不主动； 能够适应自己的任务； 能够积极参与学习活动； 乐意尝试新方法	在完成任务的过程中很自信； 能够坚持并乐意尝试多种方法，并且不会放弃； 专心，并且表现灵活； 会提很多问题

　　2. 生成和使用表现量表的注意事项

　　安阿伯公立学校为教师的使用提供了一些注意事项. 例如，在能力水平上，需要提供一个明确的关注点，以此来帮助教师易于对学生的日常观察提供分析和反馈.

　　事实上，完成只有三个水平分类的表现量表是最容易的. 教师通常首先描述两种极端特征（完全不理解教学目标的水平和已经完全掌握概念的水平），然后描述中间水平（那些需要努力才能完全理解教学目标的学生）.

　　安阿伯公立学校还提供了一些有效的策略：厘定学生的先前表现和学习成果；先预设教学效果，再对此进行检测；明确教学目标，观察学生完成与教学内容相关的任务；收集和分析学生的学习成果等.

　　事实上，表现量表不需要生成所有的教学目标和课程，可以根据教学内容选取关键部分，并利用这些标准来监控学生能力的成长.

　　3. 整体性和分析性评价

　　表现量表可以用来完善整体性和分析性成绩标准. 其中，整体性评价获得的是一个关注整体表现的分数；分析性评价获得的是对每个主要的部分、每点进步以及每个目标所作的评价.

　　具体地，整体性评价能表现出解决问题的重要和特定因素. 具体分值可以进行如下厘定：没有任何尝试得 0 分，得到不恰当的结果和方法得 1 分，得到合格的结果和方法得 2 分，得到优秀的结果和方法得 3 分.

　　分析性评分可以采用以下步骤来分析成绩：将任务分解成主要单元、子任务、概念、过程或目标；确定你想要评价的部分；清晰表达每个阶段的发展水平是什么样的（如学生不理解概念或者只是停留在最初水平的表现行为，学生会概念性理解的表现行为，学生能达到概念应用水平的表现行为）；分配分值.

　　以下部分是具体的整体性评价和分析性评价实例.

评价活动

让学生收集和记录数据(如家庭作业分数、室内温度、看电视的时间、拼写分数等),并且有数量限制(最少有八种记录),然后让他们根据下面的方法来指导他们制作一个表格.

● 用你的数据做一个线性图访谈;

● 确定你的数轴和标签是正确的观察;

● 确定你数轴上的所有数据都是正确的档案袋;

● 写一个有关你表格的简短的描述或说明学生自我评价.

整体性评价的评分等级和标准

3 分——理解并能应用概念:

学生能够独立地构造出正确的表格;

坐标轴正确;

在数轴上的增量是成比例的;

增量反映了整个数据范围;

所有的数点都在正确的图表位置;

图表和数轴都标注正确;

学生能够描述和解释图表.

2 分——部分理解概念:

学生需要提示才能完成图表;

被提示后便会改正错误;

图表会有些小错误;

在提示下,能够确定和解释数据的趋势.

1 分——没有理解概念(下面任何一点都是不合格的):

即使在教师展示如何划分数轴和确定增量后,学生仍不能完成任务;

可以独立完成表格,但是有严重错误(如增量和划分不准确);

不能独立将数轴上的点与数据相对应,或是在他人的提醒下也无法改正错误;

不能描述和解释图表.

分析性评价的评分等级和标准

独立性

2 分——不用告知做什么或怎么做,学生也能构建图表.

1 分——在建构和解释时需要帮助.

0 分——不能完成图表.

图表的构建

2 分——正确划分数轴,增量成比例且反映整个数据范围,正确地标注图表,数点被图表正确表示.

1 分——图表有一两个小错误,当被指出后,便会改正错误.

0 分——图表有两个以上的错误,图表不精确或不完整,学生不能改正错误.

解释和展示图表趋势

2 分——学生能够描述和解释数据;信息能够条理清晰地表达出来.

1 分——在描述和解释数据上或表达结果上会需要一些帮助.

0 分——即使在提示下,学生也不能描述或解释数据;学生不曾尝试解释或表达结果.

(Ann Arbor Public Schools,1995,pp. 9 - 10)

2.1.2 表现性评价方法

在评估学生进步方面,教师的观察、访谈和会话等都是重要的工具.近期的评估研究也反映了学习文档的重要性,这些都会涉及观察者和访谈者的观察和分析.

一、观察

观察的目的,在于了解学生完成一项任务或解决问题的过程,收集那些靠其他评价方法不易得到的数据,以便检测学生的参与程度和达到的理解水平.我们观察一位学生时,要么是一个人的思考和表现,要么是在一个组里的合作.

以下是关于观察使用的方法及建议,是引自斯滕马克(Stenmark,1991)的相关研究.具体的观察维度可能包括数学概念、学习态度、数学交流、小组合作等(表 2 - 5).这些层面并不说是穷尽的,而是学生学习过程中的重要方面.事实上,在一次观察中,观察者也只能发掘几个方面而不是全部.这些观察是选择性的.

表 2 - 5   观察维度表(改编自 Stenmark,1991,p. 27)

观察维度	子　　维　　度
数学概念	组织和解释数据;选择和应用合理的测量方法;解释相反的操作之间的联系;拓展和描述数字或几何模式;定期评估;使用可视化模型和可操作的材料显示数学概念;展示周长、面积、体积之间的关系;在实在的、具象的和抽象的概念之间建立联系
学习态度	行动之前先做计划,必要时修正计划;有毅力坚持做下去;积极投入;有效地使用各种工具;解释数学观点;运用证据支持数学参数;探索数学问题;完成任务;审查过程和结果
数学交流	与其他学生或者教师进行交流;讲解思考或者操作过程;向整个班级做一个有信心的报告;完整的、公正的,呈现集体一致性;汇总和总结学生和自己小组的想法
小组合作	会把工作分配给组员;商定处理问题的方案;高效地利用时间;注意记录结论;采用他人的想法和建议

斯滕马克(Stenmark,1991)提供了一些应用建议,具体如下:

1. 观察法使用决策

在学生学习过程中,有些层面比较适合观察法,如关于解决问题的态度、选择、特殊策略的应用,概念模式化策略,小组中有效工作的能力(包括持续性和注意力等).

2. 征求学生意见

询问学生是否愿意让你了解他们的行为和理解,如描述他们在问题解决过程中,第一步做什么？为什么？描述问题的结果，如描述看得到的模式等.

3. 记录观察数据

在观察过程中或观察后，马上简短、客观地记录你所观察的数据. 建立一个速记系统. 留意哪些学生没有注意到. 另外，可以尝试采用多种记录形式，直到你找到一个得心应手的方式.

4. 自然状态下的观察

选择在自然状态下对学生进行观察，以得到学生最正常的反应. 所以，通过小组观察学生比观察单个学生更容易一些.

5. 制订观察计划

观察计划的制订要留有足够的灵活度来记录有意义的行为. 事实上，在被观察的学生的数量和所观察的事件数量上加以限制，这是有利于关注有意义的行为.

6. 记录方法

在开始正式地观察和访问学生时，我们需要掌握系统的记录方法. 一些教师可能要坚持写观察日记，以及制作其他人需要填写的表格或者是掌握其他的一些技术方法.

一种简单的记录设备就是一张地址性的标签，引起注意后可以转移到永久记录，比如图 2-1. 另一种简单的方法是记录在一张 3 英寸①宽、5 英寸长的卡片上，如图 2-2 所示.

图 2-1　标签　　　　　　　　　　图 2-2　观察表

7. 教师提问

教师会问学生一些问题并记下他们的回答. 例如，你能告诉我你是怎样解决这些问题的吗？还有没有其他的方法来处理这些问题？和这个问题类似的问题你碰到过吗？如果你再次遇到这个问题，你会采用同样的方法吗？在具体操作上，我们可以向全班学生提出相同的问题，但只密切地观察一两组学生.

二、访谈

和学生进行访谈是获得学生想法和理解信息的重要途径. 同时，教师则可以获得修正

———————————————————

①　1 英寸＝2.54 厘米.

课程和提供切实补救措施的坚实基础. 访谈可以以正式或非正式、单独或小组的形式进行. 正式的学生访谈,通常包括一系列精挑的任务或问题以及特殊分类的提问;非正式的学生访谈则通常是和学生讨论,或者分享观点等.

当访谈问题形成时,鼓励学生使用说明图表、模型和语言来表达. 通过听取学生关于这个问题的解法,我们能够观察他们如何使用图表和模型,也能了解他们的信心水平.

尽管访谈很耗费时间,但是它可以帮助我们了解学生的需求. 教学实践中,很多教师都采用访谈作为了解教学的辅助手段. 学生的想法往往有几种典型的模型,所以抽样访谈几个学生就可以对整个班级有个大致了解. 以下是斯滕马克(Stenmark, 1991)提供的访谈基本策略.

1. 问题准备

提前准备好问题. 要能意识到,有学生可能很快就会解决问题,另外一些学生可能被问题卡住.

问题准备可以包括:确保问题适合学生的数学水平,也和访谈的目的相符;给出问题背景;鼓励学生探索问题内部的概念;激发学生辨别问题的属性;让学生解释他们的思考方式;拓展问题结构或者背景,挑战学生的问题解决能力.

2. 营造气氛

为访谈营造轻松的气氛,如讨论个人兴趣(家庭、运动等);确保学生有探索新操作和新材料的时间;解释你为什么做这个访谈;鼓励学生敢于说出他们在解决这个问题时是怎么想的;解释你对他们怎么想的兴趣超过了他们能否解决问题;访谈的焦点甚至会转移到一个随机出现的新的主题.

3. 记录笔记

如果可能的话,对访谈进行录音或者录影,以便于你能一心一意地聆听被访谈的学生.

4. 倾听

做一个好的倾听者. 教师可以通过问问题和回答之后的富余的等待时间,来鼓励学生详述他们的想法;教师可以对回答的正确性给予少许的提示,以便表达他们的兴趣主要在于理解学生所表达的,而非问题的答案;仔细倾听学生提出的问题;留心自己身体语言和口头表达的语调,以避免显示出积极的或者消极的态度. 例如,"嗯……""啊……"和"继续……"的评论,或者非语言评论,像点头、前倾,也显示了你对他说的信息的兴趣,即使这些信息没有价值.

5. 学生误解

访谈的任务是为了了解学生的数学思维. 因此,教师要为学生能对自己的误解留有改正的机会;但要避免引发学生去关注误解的纠正,因为这样做会向学生暗示你更关心"正确"答案;允许学生发现自己想法中的矛盾之处.

以下问题都是以访谈的形式进行的. 问题最初来自拉宾诺维茨(Labinowicz,1988),后经安阿伯公立学校(1995)进行改编. 这里选用的就是安阿伯公立学校改编后的问题.

案例 1　数量守恒

材料:豆子.

活动:在桌子上摆两行豆子. 每行放 10 粒豆子,两行豆子要上下一一对应. 让学生观察这两行的豆子个数是否一样多(这两行的豆子个数一样多吗?). 如果学生认为一样多,将其中一行的豆子间隔扩大,使这一行变长. 再问学生这两行豆子是不是还是一样多. 这时这两行的豆子还一样多吗?让学生解释他们的想法(你能告诉我为什么吗?).

记录表如下(表 2-6):

表 2-6

0	1	3	5
没反应	在 10 这里不守恒	能在 10 这里守恒 但解释不足或不作解释	能在 10 这里守恒 且能作恰当的解释

(Ann Arbor Public Schools,1995,p. 23)

案例 2　用加法重组

材料:数位板,方格的或每种材料最少有 10 个(或者豆子、小竹条、一些杯子、立方体),纸,铅笔,加法卡.

活动:把所有的那些最少有 10 个的材料放在桌子上,让学生将他们的数位板清空. 在卡片上表示出 16+17. 将这两个数相加. 你可以在纸上笔算或心算. 让学生解释他们是如何得到答案的:你能告诉我你是怎么得出答案的吗?用这些材料来表示你的解决方法,并解释你正在做或已经做了什么,让学生用那纸片解释他刚刚所描述的过程.

记录表如下(表 2-7 至表 2-9):

答案分

表 2-7

0	1	3	5
没反应	答案不正确	在执行过程中有小错误	完全正确

模型分

表 2-8

0	1	3	5
没反应	不能重组; 不能构造数位模型	在提示下能重组; 可以构造数位模型; 在建构模型时有困难	能够重组; 能建构数位模型; 能正确建构这两个数

解释分

表 2 - 9

0	1	3	5
没反应	不能解释如何重组； 不能解释模型； 不能解释数位和数值的关系	在展示重组过程中有困难或存在错误； 解释模型有困难； 解释数位和数值的关系有困难	能够解释如何重组； 能够解释模型； 能够解释数位和数值的关系

(Ann Arbor Public Schools，1995，p. 24)

案例3 用减法重组

材料：数位板，方格的或每种材料最少有 10 个(或者豆子、小竹条、一些杯子、立方体)，纸，铅笔，减法卡.

活动：将学生偏爱的材料放在桌上. 让学生看写着 34—17 的卡片. 请将这两个数相减. 你可以在纸上笔算或心算. 让学生解释他的答案：你能告诉我你是如何得到答案的吗？请你用材料来表示34. 像你解释的那样，用材料表示出来，你是如何减 17 的.

记录表如下(表 2 - 10 至表 2 - 12)：

结果分

表 2 - 10

0	1	3	5
没反应	答案错误	在执行过程中有错误	完全正确

模型分

表 2 - 11

0	1	3	5
没反应	不能重组； 不能构造数位模型	在提示下能重组； 可以构造数位模型； 在建构模型时有困难	能够重组； 能建构数位模型； 能正确建构这两个数

解释分

表 2 - 12

0	1	3	5
没反应	不能解释如何重组； 不能解释模型； 不能解释数位和数值的关系	在展示重组过程中有困难或存在错误； 解释模型有困难； 解释数位和数值的关系有困难	能够解释如何重组； 能够解释模型； 能够解释数位和数值的关系

(Ann Arbor Public Schools，1995，p. 25)

案例4 故事卡

材料：印有故事的卡片,分类垫,空白卡片.

活动：我来给你讲个故事,如果你愿意,可以使用纸或笔.将故事卡放在学生的面前,使他能在你大声读的时候也能看到上面的字.院子里有两棵树.一棵树上有5只小鸟,另一棵树上有3只小鸟.这里共有多少只脚呢?留给学生时间解答.让学生解释他的答案:你能告诉我你是如何得到答案的吗?

记录表如下(表2-13、表2-14)：

结果分

表2-13

0	1	3	5
没反应	答案错误	在执行过程中有错误	完全正确

方法分

表2-14

0	1	3	5
没反应	方法不正确	部分正确; 在得出结果时出现错误	方法正确; 能够解释方法

(Ann Arbor Public Schools,1995,p.26)

案例5 排序和分类

材料：属性材料(如属性块),分类垫.

活动：将属性块和分类垫放在学生面前.不要让学生看到蓝色小正方形积木、黄色小圆形积木、黄色大正方形积木、红色小三角形积木.

部分A：

你要做些分类,一个圆圈里放黄色的积木,另一个圆圈里放正方形.这里有一些涂上颜色的形状.先任意选3个,再将它们放在分类垫的相应位置.如果学生有任何不正确的地方,就继续询问.现在,我来帮你摆放这些积木.你想想每块应该放在哪?我放在那儿了?告诉我为什么我放那儿了?按一定顺序一次给一个形状的积木到学生手中:蓝色小正方形积木、黄色小圆形积木、黄色大正方形积木、红色小三角形积木.必要时询问或提示.如果学生犯错误,就让他再想一想.如果你觉得你还需要重新评价些什么,可以增加一些色块.

部分B：

这次按照你的意愿分类.当学生决定好标签后,帮学生挑出卡片,并请他按照之前预定好的标签放在圆圈上.放5块.请学生告诉你为什么放在那里.再选择2或3块,请学生帮你放在相应位置,并请学生解释为什么.

记录表如下(表2-15)：

表 2 - 15

0	1	3	5
没反应	不能正确分类	能将主要属性分类；交叉属性会犯错，会归到范围以外	能正确分类；能给出合理的阐述

(Ann Arbor Public Schools，1995，p. 27)

三、学生数学学习档案袋

1. 档案袋描述

档案袋是收集学生作业、作品，表现学生学习进度的文件资料的集装袋. 一个档案袋反映了学生在一段时间内在概念、学习过程、技术以及态度方面的发展与成长. 教师可以收集学生平时的作业或任务作为样本，也可以收集学生档案袋中最精华的部分.

具体的档案袋评价目的包括：收集从宽度和深度不同侧面来评价学生的学习情况，提供多维的学生情况呈现方式；提供学生在重要概念、学习过程、技术和态度等方面的发展与成长的轨迹；关注学生所学到的东西；鼓励师生之间的互动和教师对学生的反馈.

档案袋主要包括以下项目类型(图 2 - 3)：

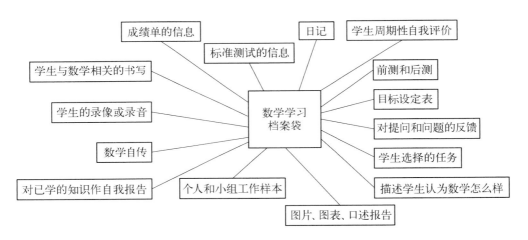

图 2 - 3　项目类型(改编自 Stenmark，1991，p. 37)

2. 评价维度和建议

具体地，斯滕马克(Stenmark，1991)总结了从以下几个维度进行档案袋的收集.

（1）数学性格

数学性格主要包括如下层面：积极性、好奇心、耐心、勇于冒险、灵活性、责任感、自信等.

如下内容可以看作学生数学性格的表现：对数学学习记录的热情；制作彩色图片；以"另一方面……"或"如果……"开头的问题解决方案的写作手法；记录每周或每月中重要的问题或调查；在作业纸上记录问题的一系列解决方法；在日历上列出要做的工作；写数学日

记等.

（2）数学理解力

数学理解力包括概念发展、问题解决技巧、交流能力、数学结构的领悟、问题或任务的解决决策.

很多内容可以作为数学理解力的表现.例如,解释算法的原因;采用图形或者制表等方式对问题情境进行表征;定义假设,包括反例;制订数学学习计划表;描述解决方案的理由和变化策略;论文以"今天的数学课,我学到了……"开始;完成作品前有草稿演习.

（3）数学推理

数学推理可以表现为评估、数字感觉、数字运算、计算、测量、几何、空间知觉、统计和概率、分数和小数、图案识别等.

具体地,以下内容可以作为数学推理的表现:调查报告;统计调查,附有图形表示;概率实验的书面报告并附有实验设计理论;几何形状相关的开放式问题的回答;让学生解释$\frac{1}{2}$减去$\frac{1}{3}$的意义;统计问题的模式解决方案展示等.

（4）数学概念联结

数学概念联结主要是将数学思想和其他数学主题、数学课程或现实世界情境作联结.以下内容和活动可以用于数学概念联结的评价:要写一个在其他课程中使用数学的例子,如社会科学课中的人口统计;让学生展示数学是如何应用到现实世界中的;解释自然现象;用坐标网格展示算术、代数学以及几何学的报告;学生构建的关于分数、小数、百分数的表格,并附上各种数字的示例;数学艺术项目;关于历史人物或对数学有贡献的人物的报告等.

（5）小组合作能力

小组合作问题解决能力主要表现在与其他学生小组内合作和交流的能力.具体地,如下内容或活动可以作为小组合作能力的表现:任务设计和计划;小组论文,包括小组成员的分工;小组自我评价;关于小组问题解决和口头报告的录音或录像等.

（6）工具的使用

工具的使用包括:技术的整合——计算器和计算机等的使用;动手操作的能力.具体可以表现为,用计算机生成问题的统计分析;在问题中对计算器的使用;制作图表来解决问题等.

（7）教师和家长的交流

教师和家长的交流包括家长对教学目标和价值的理解,对评价内容的理解.如下内容可以作为教师和家长交流的实现:一致性的报告;非正式评估表;对学生的访谈;教师或家长的评论;教师对学生作品的评价;学生在家长会期间向家长展示自己的档案袋等.

3. 学生档案袋管理

关于学生档案袋的管理,如下建议具有一定的实践意义.例如,在整个学年中,定期地对学生提出相类似的问题,以此来记录学生的成长.这些问题不需要有多创新,主要是将相同的概念放在不同的情境中;定期地加入观察核实表、访谈笔记,以及家长对学生档案袋的评价反馈;学生选择的任务是什么类型的以及他们选择的原因,都反映了学生的观点、理解以及能力;由这些信息同样能看出学生在数学调查和数学活动的参与程度;学生档案袋的评价能够客观地关注学生在思维方式上的努力和发展,而且这些评价是有理有据的.最后,要意识到有实效的自我评价是需要花费大量时间的,而且最初让学生尝试反思和内省是很困难的.因为大多数学生通常都是依靠教师的评价,而且认为那是对自己的表现诚实且精确的评价.因此,当评价学生的档案袋时,鼓励并支持学生自我评价是很重要的,但也面临相当大的挑战.

4. 档案袋量表评价示例

美国佛蒙特州的教育者创建了一个全州范围内的档案袋评价量表,这里选用的内容适用于 4 至 8 年级.

水平 4(最高水平)

处于高水平的档案袋很让人赏心悦目.它包括各种展示个人和小组成果的数学书面文件和数学图表.计划、调查、图表、图形、表格、录像或录音以及其他各种广阔和创造性的课程的作品,记录着学生的表现,让学生更认清自己的思维.还有一些学生使用的工具资源:计算器、计算机、参考书阅览室以及和成人、同学的交流会.展示学生组织能力和信息分析能力的论文.尽管文字整洁不是必需的要求,但能清晰地交流是很重要的.用图表来展示学生自我评价,并注明选择某篇论文的原因,或学生评价表或报告.随着时间的推移,要表现出在项目初期、中期和结束时,学生交流能力的发展.学生的作品能够反映出他们对数学的热情.

水平 3

水平 3 的档案袋表明了固定基本的数学评价.像水平 4 中那样,展示有各种类型的文件.学生要简明地解释自己的策略和问题解决的过程.资源的使用及小组的作品也放入了档案袋,学生展现出自己良好的理解力,特别是基本的数学概念.一段时间内的作品都包括在内.最容易漏掉的方面是,学生对数学的热情的表现、自我评价以及学生对信息的分析.

水平 2

水平 2 的档案袋表现的是恰当的数学评价模式,受教科书的限制.有少量展现学生原创思维的文件,如计划、调查、表格.学生对问题解决的解释中规中矩.对于算术或类似的运算主题,有些过度压缩,因此会漏掉其他教学内容.

水平 1

水平 1 的档案袋大部分都是没有创意的作品,可能会包括上面几个水平中主要的评价表,或者照抄教科书内容的文件.没有证明学生思维的文件.作业就是多项选择和简单的作答,也没有

展现出学生在班级中讨论的论据.另外,学生没有对自己的数学想法作任何解释.(Stenmark,1991,p.44)

四、学生问题解决日记

学生问题解决日记能记录学生随着时间的推移,在思维和算术原理方面能力的增长.并且,这些成长能提升学生在问题解决中的自信心.

每周定期让学生亲身参与问题解决的记录.可以选用两个不同难度水平的问题.然后,把所有问题都展示给学生,让他们自己选择希望解决哪个问题.接下来,告诉学生如何用以下步骤来记录他们的工作:写下所要解决的问题;记录给出的重要信息(如图片);写下等式或算式;写下结论,并写下你认为今天的作业表现.最后,收集记录.

值得注意的是,并不是所有学生开始都能完成所有部分,理解他们没完成的部分.尽量给学生工作一个整体的分数,关注整件工作,而不是结果.同时,根据具体情况,标注学生记录的问题以及自己的想法.

问题解决日记设计示例

案例:一个五天的数学日记评价设计.

评价活动设计

评价活动内容主要是让学生每天完成不同主题的评价日记.教师每晚为学生当天的工作评分,并在第二天反馈给学生.第二天,学生就会有改正前一天错误的责任心和与之前作业作比较.记录学生的成绩,并将它们放入学生的档案袋中.

在实际操作中,一些措施可以去尝试.例如,为了节约评阅时间,教师在每本评价日记上贴上答题纸.将答题纸背面朝上,避免你看到会产生不必要的分心.这样能在几分钟之内将所有的日记分等级.另外,促使学生认真地完成每天作业的一个方法就是奖励.制作一个班级图表,如图 2-4 所示,用五角星代表每位学生.将每位学生的五角星放在图表外面.当学生在第一周的数学记录日记

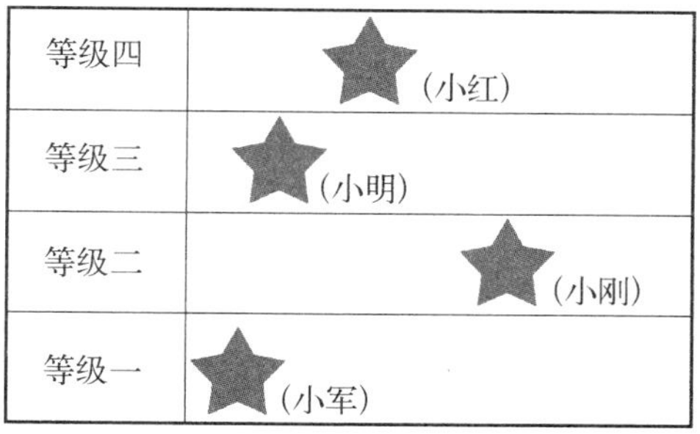

等级四	★ (小红)
等级三	★ (小明)
等级二	★ (小刚)
等级一	★ (小军)

图 2-4　班级图表

中得到了"A"或"B"后,就将他的五角星移动到表格中"等级一".随后的每一周,学生如果又得了"A"或"B",就可以把五角星上升一格.当学生的五角星移动到"等级四"时,他就获得了"自由一周"奖励,这可以让他免去一周的数学记录日记工作.学生可以随心选择使用"自由一周"的时间.

数学日记中的问题

第一天（表格和标签）蛇还活着！

玛丽在书中看到蛇的长度,如下:

蛇	长度
非洲毒蛇	2 米
蟒蛇	8 米
王蛇	3 米
眼镜蛇	2 米
巨蟒	9 米

1. 请完成下列图表(图 2—5):

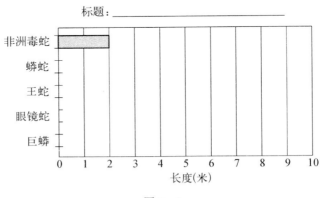

图 2—5

2. 依据你的图表回答下列问题:

图表的表头是什么? _____

表中有几个条形? _____

蟒蛇多长? _____

哪个条形最长? _____

哪个条形最短? _____

哪个条形表示 3 米长? _____

哪个条形表示 10 米长? _____

哪个条形表示 5 米长? _____

可以添加的开放式的问题:

3. 巨蟒比非洲毒蛇长多少? 你是怎么知道的?

4. 设计一个无法在图表信息中得到答案的问题.

5. 陈述有关图表的信息.

第二天(计算审查问题)

6.　409
　　× 　7

7. 58×13＝

8. 9)‾34‾

9. 2 982 ＋ 736 ＋ 52＝

10.　84
　　× 　6

11. 24)‾843‾

12. 447－399＝

13.　5.940
　　＋ 9.552

第三天（应用题）

杰西很会画人物画像．每次他只画 5 张；他把每次画的画放进盒子里，并送到画廊．去年他装满了 8 个盒子．今年想要装满 12 个盒子．今年他已经画了 50 张了．他将在今年举办他的个人画展．他将选出最好的 24 张画进行展出．这家艺术画廊有 4 面墙．杰西在每面墙上挂相同数量的油画．

14．杰西去年画了多少张画？

15．你是怎么知道杰西去年画了多少张的？

16．他今年想画多少张？

17．他要在画廊里的每面墙上挂多少张画？

18．杰西要再画多少张才能达到他今年的目标？

第四天（与当前所学单元相关的问题）

保留算数的和到整数位．（例如，你可以估计 4.2＋8.7 为 4＋9 来得到估计值 13）

19. 18.7	20. 345.8	21. 100.9	22. 45.89	23. 12.111
＋ 5.1	＋ 0.7	＋ 23.5	＋ 1.6	＋ 5.812

保留算数的和到十分位．（例如，你可以估计 4.235＋5.18 为 4.2＋5.2 得到估计值 9.4）

24. 34.5	25. 13.754	26. 43.278	27. 50.90	28. 25.79
＋ 1.56	＋ 4.011	＋20.819	＋ 9.2	＋ 8

第五天（与之前所学单元相关的问题）

用数字 2 473 986.150 来回答问题 29 至 33．

29．处在万位的数字是几？

30．处在十位的数字是几？

31．处在十万位的数字是几？

32．处在个位的数字是几？

33．处在百位的数字是几？

34．弗兰克有 10 元钱．如果他买书用掉了 4.96 元，那么他还剩多少元钱？

35．321.903 是奇数还是偶数？

36．算出下面图形（图 2－6、图 2－7）的周长．

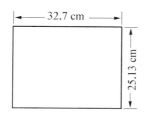

图 2－6

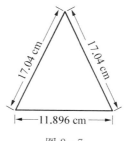

图 2－7

（改编自 Ann Arbor Public Schools，1995，pp. 35－40）

五、学生自我评价

学生自我评价,要求学生反思自己的行为和表现,并给予相应的评价和报告.从学生的经验、行为和感受中得到对特殊问题和陈述的反应,报告通常就是从这个反馈中生成的.反馈还可以用来评价学生的表现和态度.学生自我评价提供了其他方式无法得到的信息,且是由学生自己提供的.

值得注意的是,自我评价数据的可靠性,依赖于学生在报道他们的感受、信念、目标、思维过程等方面是否诚实.教师要提供可以帮助他们改善自我的信息,这也帮助教师营造一个鼓励诚实、反馈周密的氛围.另外,学生需要范式.可以通过示范评价教师自己或者某案例中学生的表现来让学生领悟如何来进行自我评价.范例可以帮助学生找到他们自己表现的标准.还可以引入建设性的反馈.值得留意的是,如果自我评价活动是以分等级为目标的,这就会影响学生反馈的坦率度.

1. 自我评价技术

图 2-8 显示了一些可行的技术,供教师参考.

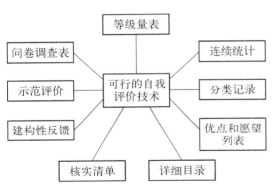

图 2-8　自我评价技术(改编自 Ann Arbor Public Schools, 1995, p.41)

在具体使用中,可以参阅如下由安阿伯公立学校(1995)提供的策略.例如,可以让学生评价或评论班上所发生的事,或者让他们评论他人的作品或你的新课呈现.在这些事中,学生都没有评价他们自己;接下来,当他们获得了评价行为表现的相应经验后,就可以加入这一部分了.然后,让学生对关于自己的表现的简短陈述和提问作反馈,如描述一下你为小组工作作了哪些贡献;为了使小组工作更有效,你做了些什么? 你是如何改善自己的表现的? 你今天所学的或学会的知识,觉得怎么样? 你为什么会这么感觉? 明天计划要完成的事情是什么? 你还有什么疑问? 最后,让学生完成"优点和愿望列表".

2. 优点和愿望的使用

优点和愿望是评价学习经验,包括评价自己和别人的学习经验,特别是学习效率.列"优点和愿望列表"是一个很好的闭合活动,能够促使学生反思和自我评价.而"优点和愿望列表"的目的是双重的:让学生知道哪些事情是有帮助的或是有益的,以及哪些事情是有疑问的,让学生自我评价.

当完成一项活动后,就让学生制作评价表,一列注明"优点",另一列是"愿望".学生必须要在"优点"这列写下三件好的或有帮助的具体事件.在"愿望"这列写下三件有疑问的、不明白的以及需要改进的具体事件.最初,哪一列都不需要自我评价;到后来,学生必须在每列至少写一个有关自我评价的事情.

优点和愿望列表可以以个人或小组任务形式开展. 如果以小组任务形式展开, 在活动之前, 讨论制定小组规则(例如, 你要为你的行为负责, 你必须为小组作贡献, 你必须愿意帮助小组中的任何一位成员). 讨论示例也会帮助学生完成他们的评价表. 至于是否给小组或成员进行评分, 这要依据具体情况来定, 且要谨慎而行. 具体评分可以根据每个小组成员贡献的质量和数量, 让学生在他们之间分出不同的得分点. 例如, 整个小组共得 20 分. 小组成员可以决定一个成员得 10 分, 一个成员得 7 分, 其他人得 3 分, 都是根据每个成员对活动的贡献决定的.

§2.2　评量指标在数学教学中的应用

这里将针对评量指标进行介绍, 其中包括评量指标的意义以及如何使用评量指标, 并以实例的形式进行具体说明. 这些内容主要是引自德普卡(Depka, 2007)的研究.

2.2.1　评量指标

在教育中, 评量指标有着重要的含义. 评量指标对学生的作业或表现可以作出可靠的评价, 并指导合理分数的得出. 它通过清晰地陈述评价标准, 描述质量等级, 成为辨别教与学的重要工具.

评量指标通常建立在一个评价量表上. 等级范围通常是从 1 至 4、0 至 3 或 1 至 6. 根据个人喜好可以使用特殊的等级. 等级 1 至 4 是最常用的, 范围小, 这样避免学生被描述成低分而倍受打击. 范围又足够宽, 可以包含一个能力描述等级范围. 而当评量指标制作者希望用 0 代表学生没有任何进步的特殊情况时, 会使用到等级 0 至 3. 更大的等级范围, 如 1 至 6, 通常会应用到当出现更广的表现水平时.

评价量表包括对每个成长过程的简明描述. 这些标准或表现指标, 还要清晰地陈述每个表现水平需要达到的情况和数值. 评量指标中的描述有助于评价者准确地评价学生的工作. 学生也可以使用此评价工具来进行自我评价以改进自己的表现. 因此, 评量指标不仅具有评价功能, 还能通过勾勒出一个成功的表现来帮助学生提高他们的表现能力水平.

2.2.2　在数学教学中使用评量指标的意义

在传统数学课堂中, 学生就是单纯地进行计算. 答案就是对或错, 评论分级过分简化. 布赖恩特和杜瑞首(Bryant & Driscoll, 1998)表明, 开放式问题或其他形式的深层评价, 能够为学生的知识运用、统整提供信息. 这些信息能够帮助教师了解学生学习的程度以及哪些方面需要更多的关注. 而教师要能够有效地利用这些信息, 就需要一定信息编写技术. 评量指标正是这一编写技术的必要工具.

此外,评量指标评价学生的学习内容,鼓励学生成长并巩固加强他们的表现,以及提升理解能力水平.通过使用清晰、精确的描述,根据学生的表现或理解水平,将学生的表现分类,并在学生所在的水平附上相应的分数.学生能使用评量指标提前设计想要确定的质量水平,也可以使用评量指标中的描述改进自己的表现.

增加各种表现任务的使用频率,而且分析评量指标是提高学生的理解力和成绩的关键,因为评量指标给学生提前展示出一个任务或表现期望达到的水平.因此,教师不要忘记在任务进行之前,将评量指标分享给学生看.要和学生讨论评价标准,避免出现很多评价系统中出现的两极分化的情况.如果教师没有在做作业或任务之前给学生展示评价标准,评量指标就失去了指导学生更好表现的作用.同时,评量指标也能让学生意识到成功任务的完成需要自己的努力和良好的技能.通过各种任务的表现,学生能够明白,应致力于学习的过程而不是单纯地记住解答过程.这能促进学生意识到,数学内容和现实生活应用的关系,远远超出局限于计算的数学学习水平.

有关评量指标的优点,施莫克(Schmoker,1996)认为,评量指标通过清晰地定义表现水平,让学生将它视为要达到的目标,从而改进自己的表现.此外,评量指标还为学生和家长清晰地定义了什么样的表现是优点,而什么样的是缺点,而这也是传统成绩评价中不重视的一点.

评量指标帮助数学教育不断改进完善,这包括发展学生的数学思维,教学必须关注、引导、支持学生的个人建设性想法.例如,教学鼓励学生发明、测试、重构自己的想法(Battista,1999,p.430).评量指标是教学任务中必要的辅助工具,因为指标指导学生成功完成任务,并鼓励他们达到自己的目标.

能够鼓励学生成功完成表现和任务的指标称为评量指标.每个评量指标部分概述了数学任务,并被应用于实践中.

2.2.3 评量指标形式

指标通常有两种形式:分析性和整体性.分析性评价形式为每个评量指标中的标准应用了多重描述(表 2 - 16).实质上,在同一个评量指标中,学生的作业有着多重的评价元素.在分析性评价中,"一个被评价了多次的表现,每次都是用不同的角度来评价的"(McTighe & Wiggins,1999,p.273).

表 2 - 16　分析性评量指标示例(改编自 Depka,2007,p.2)

	1	2	3	4
图表标题	部分正确或不准确的标题	题目和图表无关	题目和图表有关	题目和图表完美匹配
数轴上的坐标	不完整或难辨认的坐标	有坐标,但和数轴数据无关	有坐标,且与数轴数据相关	有坐标且与数轴上的数据匹配

	1	2	3	4
x 轴上的信息	不完整或字迹模糊	坐标或数字部分没有标注正确	坐标或数字有标注且正确	坐标和数字有标注,正确且清晰
y 轴上的信息	不完整或字迹模糊	坐标或数字部分没有标注正确	坐标或数字有标注且正确	坐标和数字有标注,正确且清晰
说明	不完整	完整但有错误	完整且正确	完整、正确且字迹工整
根据说明画图表	和说明无关	大部分图表错误	有小错误	根据说明画出图表
图表的精确度	图表大部分不准确	有一些错误	有一处错误	图表完全准确画出

整体性评量指标(表 2 - 17)在每个数字水平中有一个表现期望描述.学生作业或表现作为一个整体进行评价并最终给出一个整体的分数.整体性评量指标是"将评量指标应用于获得关于学生表现和作业的整体性印象"(McTighe & Wiggins,1999,p. 277).

表 2 - 17　整体性评量指标示例(改编自 Depka,2007,p. 4)

口头叙述评量指标			
姓名：　　　　　年级：　　　　　科目：　　　　　　最终成绩：			
科目叙述清晰； 讲话声音洪亮清晰； 有适当的眼神交流； 有效地应用视觉教具； 课程呈现有组织		**5**	
科目叙述恰当； 讲话声音适当； 眼神交流断断续续； 使用视觉教具帮助教学； 组织良好		**4**	
科目叙述恰当； 讲话声音不稳定； 学生读笔记以及眼神飘忽不定； 视觉教具没能帮助演讲； 演讲有些偏离主题		**3**	
演讲需要更多的提示； 有些地方会令人费解； 没有充足的眼神交流； 没能很好地利用视觉教具； 组织有漏洞		**2**	
演讲不符合主题； 讲话听不清； 很少的眼神交流； 没有视觉教具； 没有组织性		**1**	
等级：5＝A；4＝B；3＝C；2＝D；1＝不合格			

整体性评量指标最好作为形态形成过程的一部分进行.这些评量指标作为改善学生成绩的工具贯穿于学生的任务完成和表现当中.此外,学生能够依据评量指标中的描述来提高自己的表现水平.反过来,整体性评量指标又是对学生学习过程的自然总结.这种评量指标常常在学习过程结束时使用,以此最好地改进学生的表现.

2.2.4 评量指标在数学教学中的应用示例

一、应用任务

1. 任务准备

本次要完成的应用是加强制作坐标的技能.这个应用技能以三个数学技能为基础:几何空间知觉,交流以及问题解决.这些技能,需要在完成任务的过程中一一达到.

在任务设置中,德普卡(Depka,2007)给出了三种水平:水平 1(小学);水平 2(初中);水平 3(高中).考虑到篇幅问题,只选用了水平 2 的相关应用.

评量指标为学生编制了需要使用各种数学和交流技能的问题.没有处理表现性任务经验的学生或需要更多指导的学生将会从学习知识的过程中获利很多.在基于问题解决的课堂中,这些任务都可以应用到其中.

为了便于学生的操作,教师要将教具、任务所需的资料提前呈现给学生.鼓励学生灵活地、创造性地思考.所有应用任务都附有答案.如果教师需要相关图表的更多资料信息,可以通过网络搜索相关信息.

2. 任务解释

学生在完成任务之前,要理解相应坐标和坐标图.在完成任务的过程中,学生要学习图表的相关知识.他们要标注 x 轴和 y 轴,并在图纸上的两线交点处贴上标签,并精确地定义这个坐标名.此任务将会花费 2 至 4 分钟的课堂时间.

对于初中学生来说,学生每人 20 张标签,并使用更密集的网格图纸,且要列出 20 个坐标.所有学生都要用完所有的标签来标注坐标.此活动可以以班级、小组或个人形式展开.

图 2-9 是任务图表,图 2-10 是记录表.为了完成任务,学生每人都要有一份学生任务图表和记录表.记录表作为一个图形组织者帮助学生组织他们的数据并列出坐标.学生可能会想要制作自己的记录表,教师要鼓励他们制作.

教师应该准备足够多的标签,以便每位学生都有.较大张的标签适用于低年级的学生,迷你型的标签则适用高年级的学生在较密集的图表中张贴.一段时间,对标签的选择给予限制,会让学生集中于任务的完成上.

3. 评量指标

学生要在任务开始之前了解期望达到的目标.在活动开始前,发给每个人或合作小组

学生任务图表(水平 **2**)

(1) 选择 20 张标签. 将它们贴在方格中的不同位置,但要确保贴在了两线的交点处,并将每张标签标上编号,以便区分.
(2) 在 x 轴和 y 轴上标出数字.
(3) 标出图表标题.
(4) 填写学生记录表. 在每个标签的位置标明坐标.

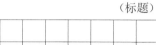

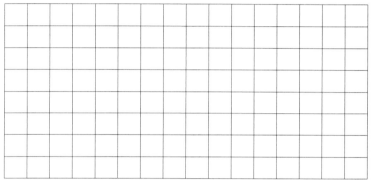

图 2-9　学生任务图表(水平 2)(改编自 Depka,2007,p. 13)

学生记录表(水平 **2**)

(1) 将各张标签编码写在第一列.
(2) 在第二列写出相应标签的坐标.

标　签　编　码	坐标(x, y)

图 2-10　学生记录表(水平 2)(改编自 Depka,2007,p. 16)

一张 0 至 3 级的评量指标表.让他们在简短的时间将期望的表现用彩色笔标出.这会让学生有一个较高水平的表现.因此,3 分段的表现要描述清楚,以便学生理解并向着这个目标努力.评量指标如图 2-11.

实 践 应 用					
评量指标(水平 2)					
	0 你没中	1 你接近边缘处	2 你接近中心了	3 你正中目标	得分
坐标轴的数字标注 x 轴	没有标注或不准确	完整	完整,准确	完整,准确,整洁	
y 轴	没有标注或不准确	完整	完整,准确	完整,准确,整洁	
图表标题	没有标注或不准确	有错别字	有错别字	没有错别字	
标签位置	所有标签的位置都不对	1 或 2 张标签张贴正确	3 至 5 张标签张贴正确	所有标签张贴正确	
坐标编号 ♯1~4	不准确	一对坐标正确,且有逗号和括号	2 至 3 对坐标正确,且有逗号和括号	所有坐标正确,且有逗号和括号	
♯5~8	不准确	一对坐标正确,且有逗号和括号	2 至 3 对坐标正确,且有逗号和括号	所有坐标正确,且有逗号和括号	
♯9~12	不准确	一对坐标正确,且有逗号和括号	2 至 3 对坐标正确,且有逗号和括号	所有坐标正确,且有逗号和括号	
♯13~16	不准确	一对坐标正确,且有逗号和括号	2 至 3 对坐标正确,且有逗号和括号	所有坐标正确,且有逗号和括号	
♯17~20	不准确	一对坐标正确,且有逗号和括号	2 至 3 对坐标正确,且有逗号和括号	所有坐标正确,且有逗号和括号	
整洁度	书写潦草,不易阅读	要仔细阅读	整洁,但需改进	非常整洁	

介绍:选择下列分类中最贴近学生表现的分数点.

评论者:总分 30 分

最后得分:

图 2-11 评量指标(水平 2)(改编自 Depka,2007,p.19)

4. 核实表

学生要在看完评量指标表后开始执行任务.随着学生任务的完成,核实表也要完成呈现任务图表中的所有相关元素(图 2 - 12).

核实表		
核实你在"学生任务图表"中的项目,如果符合,那么在下面相应的空格中填入"×".		
	符合	我还需努力
图表有标题		
标题格式正确		
标题和图表有关		
x 轴有标注数字		
数字标注整洁		
y 轴有标注数字		
数字标注整洁		
所有的标签都贴在了两线的交点处		
所有的坐标都完整标出		
x 轴上的数字在坐标的前面		
坐标写在了括号内		
坐标的两数之间用逗号隔开		

图 2 - 12　核实表(改编自 Depka,2007,p.21)

在任务结束时,要给学生自我评价或同侪评价的机会.评量指标中的分数会促进学生自我反思并让他们达到更高的表现水平.因此,要给学生看到高水平表现的机会以加强他们自己的表现能动性.随着学生对评量指标表的使用,他们会逐渐学会如何评价同学和如何帮助其他同学.其间,一些时候,学生会意识不到自己遗漏了哪些要素,这时当其他同学指出时,他们将会欣然接受.这些练习会帮学生完善自己的表现并提升个人成绩.

同学和家长也可以加入到完成任务评价的活动中来.当评量指标成为将学生任务表现分类的工具时,同学和家长的评价将会尤为积极有益.学生可以根据家长和同学的反应,适当地肯定、改进和发展自己的任务成果.

二、发展任务

当学生一步一步书写活动的指导方案时,此任务便扩展到了语言艺术领域.因为指导方案要包括如何更好地组织和进行活动的方法,这样就着重强调创造力和清晰地表达的能力.学生还可以设置活动规则和策略.

而当学生利用自己的艺术才能为游戏设计海报和商标等包装时,此任务就扩展到了班级艺术课程.一个大型的信封可以当作活动的容器.

1. 简化任务

尽管设计的任务不是很复杂,且能够在一课时的时间内完成.然而,进一步的简化还是有必要的,这样此任务就能够以大型或小型组内活动的形式进行,而不是单独完成.一种快捷的简化方式就是让学生减少标注坐标的个数.简化任务的实施是观察学生是否有必要的能力来完成活动.

2. 进行活动

在应用简化了的任务后,学生可以使用自己的任务图表来进行活动.每个图表的制作者要和猜测坐标的同学一组.由制作者来告诉猜测者,他做的对与错.一旦猜测者做错了,制作者要提供线索,告诉猜测者靠近正确位置的方向.例如,制作者可以说最近的一个标签是在西南方,或告诉猜测者标签在向西 3 步和向北 5 步的位置.猜测者需要一张空白的任务图表,来记录自己的猜想,以便制订进一步的回应计划.可以使用大型任务图表纸,一部分供制作者使用,另一部分供猜测者使用.当一轮游戏结束后,可以相互转变角色再玩一次.

3. 核查

图 2 - 13 是核查表.这些核查表是由教师制作的任务,可以用于练习任务或测试.让学生定义格子上的点的坐标.在活动之后使用核查表,能够判定学生是否理解了坐标以及他们的固定位置关系.答案提供在了图 2 - 14 中.

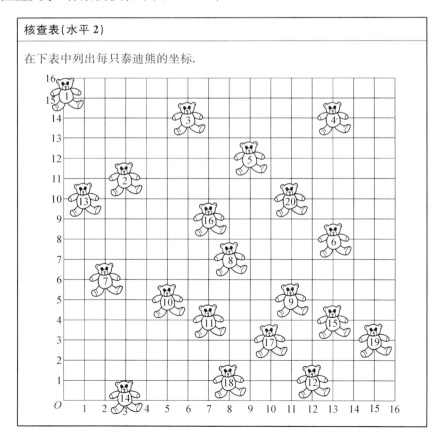

编号	坐标	编号	坐标	编号	坐标	编号	坐标
1		6		11		16	
2		7		12		17	
3		8		13		18	
4		9		14		19	
5		10		15		20	

图2-13　核查表(水平2)(改编自 Depka，2007，p.23)

核查表答案(水平2)

编号	坐标	编号	坐标	编号	坐标	编号	坐标
1	(0，15)	6	(13，8)	11	(7，4)	16	(7，9)
2	(3，11)	7	(2，6)	12	(12，1)	17	(10，3)
3	(6，14)	8	(8，7)	13	(1，10)	18	(8，1)
4	(13，14)	9	(11，5)	14	(3，0)	19	(15，3)
5	(9，12)	10	(5，5)	15	(13，4)	20	(11，10)

图2-14　核查表答案(水平2)(改编自 Depka，2007，p.26)

4. 数学反思

图2-15为数学反思表,可以作为任务完成后一个简短的活动.在此表中,要让学生回答他们学习了什么,以及对自己刚刚完成的任务有何感想.反思是一种元认知形式或思考思路过程,抑或是类似日记记录.

元认知的可贵之处在于它帮助学生清晰地表达出自己所学内容,还有理解方面的强项和弱项.通过元认知,学生能理解自己的思考过程,这样更有助于他们将所学的知识迁移到其他情境中去.图2-16提供了一个完整的反思示例,可以看看学生是如何执行这项任务的.

反馈

在下面的空白处,写下你关于任务图表的反馈.

我学习了：

我喜欢：

图2-15　数学反思表(改编自 Depka，2007，p.28)

```
┌─────────────────────────────────────────────────────────────┐
│ 反馈所有水平                                                   │
├─────────────────────────────────────────────────────────────┤
│ 在下面的空白处,写下你关于任务图表的反馈.                        │
│  ┌──────────────────────────────────────────────────────┐   │
│  │ 我学习了:                                              │   │
│  ├──────────────────────────────────────────────────────┤   │
│  │ 很多关于坐标和标注图表的相关该概念. 我知道了如何正确标出坐标点. │
│  └──────────────────────────────────────────────────────┘   │
│                                                               │
│  ┌──────────────────────────────────────────────────────┐   │
│  │ 我喜欢:                                                │   │
│  ├──────────────────────────────────────────────────────┤   │
│  │ 这个游戏,去猜测标签的位置很有趣,而且我也很愿意去猜. 现在,我能更好地记住坐 │
│  │ 标的相关概念了,我知道了 $x$ 的坐标在 $y$ 的前面,而且 $x$ 轴是那条水平的轴线. │
│  └──────────────────────────────────────────────────────┘   │
└─────────────────────────────────────────────────────────────┘
```

图 2 - 16　反思示例(改编自 Depka,2007,p. 29)

§2.3　改善数学学习的评价

关于改善数学学习的评价,这里将主要讨论形成性评价、自我评价及同侪评价,且选用具体实用的例子进行阐述,是引自弗伦奇(French,2006)的工作进行的.

2.3.1　形成性评价

一、形成性评价的意义

形成性评价(French,2006)的主要目的是为了直接提高学生的学习能力水平. 当评价活动中收集的学习材料能够应用到规范教与学的活动中,并且使得学生获得改进理解力和表现的方法时,这样的评价活动即称为形成性评价. 与其相对应的是总结性评价,它的评价工作主要是在学习活动结束后完成的.

成功的课堂评价需要连续性地进行:当评价中收集的信息帮助学生改进自己的错误且能够指导未来的学习计划,这时的评价活动就变成了形成性评价. 逐渐地,当形成性评价能够被学生理解时,并且学生认为形成性评价是能够帮助他们改进学习的有效方法,这时的形成性评价将会更有力地进行.

教师对每堂课的关键收集:收集学习资料——提供反馈——改进学生学习能力——促进学生学习的反馈,需要一个清晰的思路:较好的反馈→较好的学习效果.

欧弗斯太德(Ofsted,2003)曾说过,有效的形成性评价是激发学生学习和提升学生能力水平的关键因素. 并且,有效的形成性评价也与系统管理、积极推动和监控学生进步等是分不开的. 在这样的环境下,评价也是判断学生成就的教学工具. 教师最好将每天的课堂练习作为观察学生成长的材料,并让学生参与到评价中去,让学生评价自己的强项和弱项,同时教师为学生提供改进的意见. 以下部分将着重讨论如何在教学实践中实现形成性评价(French,2006).

二、形成性评价的实现

要很清晰地区别学习评价(Assessment of Learning,简称 AoL)和促进学习的评价(Assessment for Learning,简称 AfL),学习评价是用于等级评价及报告的,这种评价有完整的程序步骤. 而促进学习的评价需要的是一个不同的优先等级,有一个新的评价程序和目的(Assessment Reform Group,1999).

最初评价的设计目的是为了说明认证学生的某方面的能力,但这种学习的评价就像是总结性评价,以其有限的能力来扩展个别学生的知识和理解力. 因此,期末测试只是简单地记录了学生在期末时的分数和排名而已. 只有从细节中入手来进行评价,并将教与学的影响带入到实践课堂中,此时的评价才会形成对学生有直接益处的形成性评价. 而不恰当的总结性评价,不仅会打击学生的自信心,还会让他们消极对待学习.

当然,总结性评价也可以以一种形成性的方式进行,那就是教师或单个学生将测试结果用于对自己强项和弱项的研究,并将其用于改进日后的教学或学习策略中去. 同样的形式可以应用到很多模式中,无论是对单个家庭作业评分还是期末考试分数. 然而,为了学习的评价,或形成性评价,形成性地运用总结性评价中的分数数据来使评价更有效.

很不幸,太多的总结性评价自然而然地促使教师更加关注考试,而不是在理解学生的基础上来使用评价,更不会用评价来促进学生的学习. 事实上,已有研究显示,努力地在课堂中进行优秀的评价实践,不仅会提升学生的学习动机和理解能力,而且会使学生获得更高的总结性评价分数. 以下是具体实践中涉及形成性评价的各个层面(French,2006).

1. 教学目标

为了有效地进行形成性评价,首先教师要知道学生的学习想要达到怎样的效果. 和学生分享学习目标,让学生意识到他们要学什么以及为什么要学. 要用学生理解的语言来阐述教学目标,还可以尝试如下做法:在整堂课中,将教学目标一直呈现在黑板上;口头分享教学目标;提问学生能力范围内的问题;作为惊喜,学生意识到教学意图,并用适当的分数表现出他们所获得的知识水平.

学习目标需要设计过去和将来的学习内容,还要和教学内容相关,而不是叙述任务或活动,并且有助于提高学生成绩. 例如,"能够在给定直角三角形的两条边的条件下,计算出第三条边的长度"这样的学习目标就清楚地写出了需要学生成功地做些什么;反之,"完成练习 2 第 1 题到第 10 题"或"完成'勾股定理'的练习题"这种只是告诉学生要完成什么任务而已.

优秀的联系包括恰当的、清晰的、涉及学习内容,并且能够应用到课堂中,以便强调正在学习的知识点. 它包括建构课程来使每个学习目标得到重视,并在课程间隔中得到复习,通过诸如提问、同侪评价、自我评价、书面或口头反馈的方式来实现. 根据学习目标灵活应用这些方法,并明确教师希望学生能够展现出什么样的表现.虽然,学习目标是很重要的,但其他计划也是有价值的.那些出人意料产生的有趣想法应该作为任何课堂中的一部分加以利用.

学习目标的常用语:

能够定义……   理解……

能够计算……   建立……之间的联系

能够组织……   能够解释……

一些教学目标侧重于学生善于表现的能力,并且提供了考查学生是否掌握了知识或技能的参考标准.另一些教学目标则偏向于理解力和知识之间的联系.这些目标就模糊且需要很长的时间才能达到,因为这些目标都致力于那些看似基本,却需要长时间才能形成的能力.例如,对勾股定理的理解就是个不断扩展和深入的过程(图 2 - 17),当然不可能在简单的一节课中就完成.

有关勾股定理的一系列教学目标
- 能够定义直角边所对应的斜边.
- 能够理解两条直角边的关系.
- 已知两条直角边,能够算出斜边的长度.
- 已知直角三角形的任意两条边,能够算出第三条边的长度.
- 能够理解根据三边关系检验所得边的长度的正确性.
- 知道如何调整长度到一个精确程度.
- 根据文字描述画出简略的直角三角形图.
- 能够根据给出的直角三角形解决简单的问题,例如,求出等腰三角形中某条边上的高

图 2 - 17 勾股定理的教学目标(改编自 French,2006,p.6)

2. 提问与反馈

口头反馈都是即刻的、有情境的、恰当的.因此,它具有适应性、促进性、通用性和激励性.口头反馈不需要一个立刻指导反馈的对或错.一个深刻的提问通常就是一个好的策略,而不是单纯地从错误答案中提炼出来而已.

有效的口头提问和反馈要花费时间,需要提前计划,还要在一个支持学习的环境中进行.它可以是直接针对个人或小组进行,抑或是间接的,听和思考别人所讲的.花不了多少时间便可以在班级发展一个这样的环境,使改正错误成为很好的学习机会,但这需要坚持不懈地、创造性地使用问题和评论.

一些实用性建议,教师不妨尝试:(1) 在让学生回答之前,尽量停顿一会儿,这会鼓励每位学生都去思考,包括那些通过不恰当的猜想得出错误答案的学生;(2) 规定学生不需要举手回答,然后随机选择学生回答;(3) 让学生写下自己的答案,并单个作答,要求写下答案是为了确保班上的每个人都进行了思考;(4) 在学生作答之前,让学生两两一组或以小组形式进行头脑风暴.

给每个人都提供反馈是有限的,快节奏的提问会导致不假思索的作答.延迟的反馈主要是保证学生作答正确,并给予一定的表扬,是鼓励学生而不是发展学生的理解力.当然,这两方面都要留有空间,尽可能让反馈达到拓宽学生思维,并促进学生得到问题的解答方法的目的.

反馈通常以提问更深入的问题形式出现,因为这可以帮学生再次思考,并看到问题的多种解答方法,或者将问题联系到更熟悉的问题情境中去.可以以多种形式进行反馈.例如,你为什么这么回答?你能按照这种方法猜出其他问题吗?你是如何确认答案的?你能回答哪些更简单的问题吗?你认为他为什么那样回答?你能给出一个接近的问题吗?你还能怎样表达?有合理的答案吗?你是怎么写出答案的?

提问的类型会影响学生的技能和理解力,也会影响教师给学生反馈的性质.除了要设计一些检查学生对知识的记忆程度或对技能的掌握程度的题目,还要有一些检查学生理解力的提问,将这种方法带入不同的问题情境中,促进学生更高水平思维的形成.

制定促进高水平思维方式的问题和任务的同时,不要忘记检查基本的知识和技能.花时间构思有价值的问题是有必要的,这让学生意识到学习更多地是依靠于自己有头绪的思考和对自己理解的讨论,而不是单靠得到正确答案的能力.

威廉(Wiliam,1999)指出,内容丰富有意义的提问对学生的思维提高特别有用,在这个过程中,学生会暴露出自己的概念迷思.这样的问题不必在较难的主题中使用,但是所提问题需要具有一定程度的含糊性、开放性以及能够揭示概念迷思的潜能.这些问题可能不符合传统形式的总结式问题试卷.但伴随着接触单个或整个课堂的学生表现,学生会显露出自己的思路和迷思,以下是些示例(French,2006,pp. 10 - 13):

(1) 321 除以 3.

这里通常的错误是遗漏0,而得出17.需要讨论合理的答案是什么:大概是什么?300 除以 3 是多少?

(2) 计算 $2.5 \times 3.7 \times 4$.

学生容易盲目地第一步开始计算 2.5×3.7,而意识不到 $2.5 \times 4 = 10$ 应该是计算的第一步.要鼓励学生停顿,在进行计算之前要思考.这就叫做磨刀不误砍柴工.

(3) 0.55 与 0.6 的大小.

会回答 0.55 大,通常原因都是学生对小数不理解,忽略了小数点,55 大于 6.画数轴或借助钱的例子可以帮助小数形象具体化,但一些能力弱的学生可能会认为 0.6 元钱就是 6 分钱.

(4) 给出 0.25 和 0.3 之间的一个数.

从一个像是 0.17 之类的错误答案,就会得知学生对小数的理解没有掌握.

(5) 你能化简 $3a + 2b$ 吗?

一些学生会得出 $6ab$.将数字代入代数式中,让学生看结果发生了什么变化,以此来帮助学生理解是有必要的.例如,$a = 5, b = 4$,则 $3a + 2b = 23$.而 $6ab = 120$,所以结果肯定是错了.

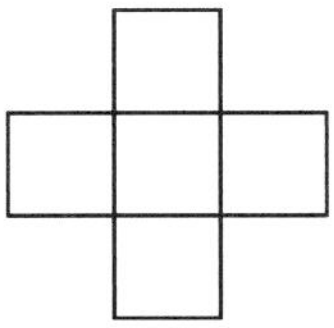

图 2-18

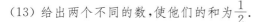

图 2-19

（6）当 $d = 2$ 时，$5d^2$ 为多少？

讨论哪个答案是正确的，20 或 100，并且用代数语言解释．画出右图（图 2-18）中这个十字形状，其中 d 是小正方形的边长，并用代数语言强化其含义．

（7）如果 n 是整数，那么 $3n-1$ 是否永远是奇数？

如果式子中有两个奇数，会使式子结果看起来是奇数，但和 3 相乘，会使结果是奇数或偶数．列一个算术表（图 2-19），可以很好地说明．

（8）如果等腰三角形的一个角是 80 度，那么另外两个角是多少度？

这里有一个含糊的条件，80 度的角可能是底角，也可能是顶角．让学生自己意识到有两种可能性，而不是直接告诉他们，给他们更多思考的机会．

（9）一组数据的一半大于这组数据的平均数，对吗？

如果平均值是中值，就是正确的．但是除非数值分布均匀，否则是不会和中间值相等的．理解平均值，并让学生要认真讨论需要什么条件才能计算出平均值．

（10）找到 $y = 3x - 5$ 上的点．

开放型问题，但它考查了学生是否掌握了方程的思想．

（11）给出一个通过点 $(2, 3)$ 的方程式（图 2-20）．

以点开始是很有意义的，同时促进学生掌握方程的思想，并理解梯度的意义．

（12）计算周长为 20 cm 的矩形的面积．

当然，会有很多答案．通常用画图的方式说明是很有效的．用具体的示例进行连续的讨论，帮助学生减少对周长和面积的困惑．题目变化成给出面积来求可能的周长．

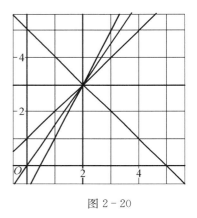

图 2-20

（13）给出两个不同的数，使他们的和为 $\frac{1}{2}$．

此题是对分数的加法的变式练习，它会暴露出学生的概念迷思，可以给学习能力较弱的学生出简单的题目，让学生更有信心．

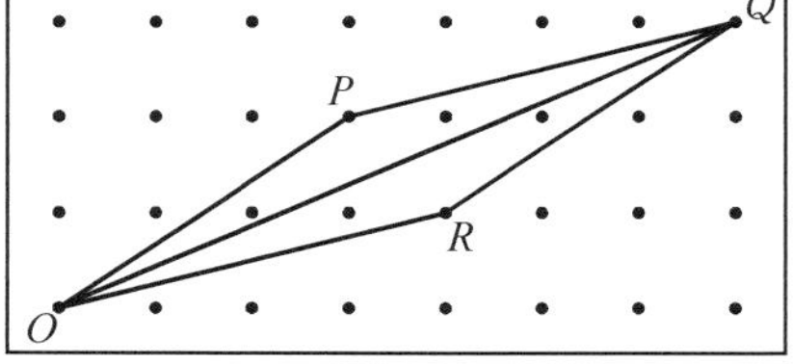

（14）找出位于 $\frac{1}{2}$ 和 $\frac{1}{3}$ 之间的一个分数．

此开放型问题可能会得出多种答案，这就会显示出学生的思路，并打开更多讨论和反馈的机会．

图 2-21

（15）当 a, b, c, d 是正数时，为什么 $\frac{a+b}{c+d}$ 总是在 $\frac{a}{c}$ 和 $\frac{b}{d}$ 之间？

通过 $\frac{2}{3}$，$\frac{1}{4}$ 和 $\frac{3}{7} = \frac{2+1}{3+4}$，比较图中 OP, OR, OQ 的梯度（图 2-21）．

这些问题可以应用在课程中的不同时间段．在课程开始的时候，用于检查学生之前的知识；在课程当中，用于检查学生当下的理解程度；在课程结尾时，用于考查学生对整堂课

的理解和想法.问题可以以多种形式呈现:

（1）整个班级讨论的基础.

（2）用于小组讨论,可以以班级报告形式或海报、幻灯片等形式展现.

（3）在迷你白板上回答一系列问题.

（4）对个别学生给予书面反馈.

3. 课程中对项目的监制

随着课程的推进,连续地收集每位学生的反馈信息,并根据反馈作出回应,这是优秀数学课堂的必要元素.要监测每位学生的进度,并以此作为项目进程的基础.当监测的学生都给出了合理的反应,且没有明显的错误时,就可以判定所有的学生都理解了.

下面是课堂中的一些监测方法(French,2006,pp. 17 - 18):

（1）让学生写下口头提问的答案.然后让一些学生回答他们各自的答案,并将不同的答案写在黑板上.如果学生给出了多个答案,就让学生分别举手示意自己属于哪个答案,这些答案都将包括在讨论范围之内.

（2）给学生进行一些口头常规测试,当学生完成一到两道题时,就停下来核查答案.

（3）当学生进行常规任务时,在初期,教师要在教室内快速地移动来查看每位学生的最初答案或所出现的错误.

（4）给每位学生一张答题纸,并让他们写下关键问题的答案,并且不要写上自己的名字.然后收齐答题纸,按随机顺序排列在学生面前,将答题纸按答案的不同进行分类.你会发现答案各式各样,你可以做一些小手脚,让其中较严重的错误成为明显回答最多的答案.

（5）白板或电子平板应用范围很广,不仅是在课程的开始,还可以用在课程进行中,尤其应用在考查新思维的掌握中.

（6）提问那些易产生歧义或难回答的题目,也就是有意义的题目,这样会促进学生思考,而不是盲目地应用规则定理.

（7）让学生找到题目的多种解法.例如,画出面积为 24 平方厘米的直角三角形.

（8）给学生明确的时间来思考你的口头提问,短暂的停顿和等待会得到更多经过深思熟虑的回答.

（9）让学生先安静一会儿,然后以一对或小组形式讨论之前在班中得到的所有答案,并保证每位学生都参与到了讨论中.

（10）交通指示灯、笑脸等都可以用来表示学生对于新想法和新知识学习的自信程度（表 2 - 18）,或者在告知正确答案之前,他们对自己的答案的态度.然而,值得注意的是,男孩容易对自己的答案过于自信,而女孩又往往会低估自己的能力.

表 2 - 18 　自信程度表(改编自 French, 2006, p. 18)

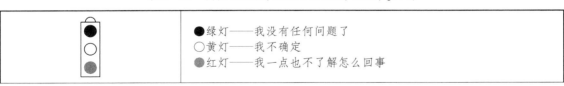

	●绿灯——我没有任何问题了
	○黄灯——我不确定
	●红灯——我一点也不了解怎么回事

续　表

	☺ 容易理解 😐 不确定 ☹ 一点也不懂

4. 理解与记忆

成功的形成性评价包括鼓励学生思考和理解,而不仅仅是将知识点记住. 当学生理解了,记忆就会显得尤为简单了;相反,没有理解便会盲目地记忆,导致快速地遗忘.

在简单水平中,通过对学生提问相关知识的关键词,来帮助学生记忆知识点,或者显示易混淆的内容.

(1) 八边形——八条边的多边形.

(2) 双边——两条边.

(3) 类似——一个有着精确含义的数学词.

很多有关知识记忆的建议表明,要在不同的公共和个人情境中去重复这些知识. 鼓励学生用多种方法解答,并将其应用到其他学习情境中,这比起单纯地在不同情境中重复这些知识更有效.

练习不会总是完美无缺——当学生已经遗忘了一些知识,参照之前的策略是很好的学习方式. 建立知识间的结构是很有帮助的. 例如,一位学生忘记了平行四边形面积计算公式,教师要鼓励他们将平行四边形的性质和矩形作联结——平行四边形与其等底等高的矩形面积相等,或平行四边形由两个全等的三角形组成. 如果学生能够看到自己的答案是正确的,那么就会增加他们的自信心.

5. 反馈的书写

反馈要求是高质量的而不是多数量的. 评论要语言明确且叙述详细,像是"好""努力"这些词语并不能为学生提供进步的正确方法,即使是"好"学生也是需要进步的.

对任何作业都要涉及其中的可取之处,当然还要指导性地告诉学生,如何在已有的水平上,通过改正错误和方法来提高自己作业的质量. 要让学生能够做对每件事情,要不断地用问题来挑战他们,这能够让他们的思维更深远. 在任务的特定部分,教师要直接用言语表扬学生. 例如:

"你在关于一个平行四边形是由两个三角形组成的这部分的评论非常好."

"这样检查答案是非常好的方法."

"如果三角形不是全等的,会怎样?"(French, 2006, p. 21)

同样地,当学生出现错误时,教师要提出详细的建议:

"一旦你出现了错误,就要检查每道题的答案."

"仔细观察,你多了几条线——试着将纸翻折或者剪一个和纸上相同的形状."

"尝试写出几个短句来描述你所注意到的,而不是简单地写出几个关键字."

(French,2006,p.21)

评论中要明确已经做了哪些事,还有哪些需要改进以及如何改进.对于那些学生全部回答正确的地方,可以在评论中涉及更具挑战性的问题,促进学生思维的发展.教师很显然需要清楚地了解单元主题的进展,以及能够预知学生的迷思和困难.将每项书面作业的每部分每个细节都做详尽标记是不切合实际的.要详细地规划书面作业任务,这样才能使详尽的标注更有效.

让学生浏览评论,并根据评论改进自己,要让这作为整个学习过程的一部分:有效的反馈促使正确思考的产生.寻求帮助也是学生学习的一部分,这让他们有机会相互讨论学习方法.整个学习过程是促进学生的自尊和自信,而不是毁灭:当学生意识到评论是详尽的且有益的时候,自信心会进一步得到强化.

长期的排名和分数评价制度对评语评价产生了消极影响,当评语和分数同时存在时,会让学生不重视评语.尽管这样,我们中的很多人仍然坚持定期地进行精确评论.分数和排名不能告诉学生如何改进自己的作业.尽管分数能在特定的目标中偶尔起到指导性的评论,但是仍没有必要给每篇作业都评分数.不断地评分数,国家课程标准评级或预测考试分数都会让一个看不到自己进步的孩子受挫.即使是分数很高的人的压力也是很大的.提供增强自信心的反馈和提供改进他们学习的简单方法都是很重要的事.

高质量的反馈,显然是要花费时间和努力的.如果一位教师负责五个或更多班级,每个班三十多位学生,那么他每周都要写周密且高质量的反馈是体力所不允许的.因此,要有明确的计划蓝图,有选择地、定期地写详细的书面反馈.如果这份计划要让其他学科也能应用其中,最好整个学校都可以使用,那么就有利于高层管理,也有利于教师、学生还有家长的理解和分享.

要有效地运用打分策略,需要在任务开始前制定评分策略,并告知学生,其目的是强调作业的性质,而非学生答案的正确与否.以下方法可作为参考:

家庭作业,请完成 1 至 10 题.用前 7 道题来建立你的自信心.我只给最后的 3 道题打分,并且我会仔细看你的解答方法.

完成制图题,如果你来评分,你会注重考察图表的哪 10 个特质,用彩色笔标出.

(French,2006,p.23)

2.3.2 自我评价和同侪评价

自我评价是有效学习的一个必要部分:学生开始学会表达自己关于将要学什么以及为什么要学这些知识等观点,并且学生开始能够自我管理,并掌控这些在日后生活中逐渐变得重要的内容. 只有当学生清楚教学目标且知道如何完成优秀的工作时,这种评价才可行. 教师要向学生提供优秀的数学书面样本. 例如,适用于当前学生水平的问题或证明的解决方法,数学符号及语法的正确使用.

教师在规范学生数学学习习惯方面起到了重要的作用,教师阐述清晰的解题过程,以及简洁正确的推理证明,这些都为学生的数学行为提供了范本. 学生需要看到大量优秀的数学书写,并不只局限于课堂板书,还有完整的数学作业样本,并用彩色笔标出其中优秀的地方. 浏览不佳的作品和无效的解答也能够从中获得改进的益处. 以下是要在课堂中一遍又一遍渗透的事:

(1)展示学生优秀的解答,解释其优秀的原因,并用彩色笔标出关键特点.

(2)让学生标出优秀样本中的特点,并解释其优秀的原因.

(3)展示学生不佳的解答,用彩色笔标出特别的缺点,并解释其不符合标准的原因.

(4)展示学生不佳的解答,并让学生解释为什么不符合标准.

显然,任何学习任务的评价标准都要解释给学生听,让学生清楚地知道,要达到的作业目标标准和成功完成目标的意义. 要明确地教授学生合作的习惯和技能,不仅因为其中包括内在个人价值的教育,还因为其中包括的同侪评价也能够促进自我评价的发展. 促进学生学会分享学习目标,帮助学生建立自信心和归属感.

这些技能不易形成,需要花费时间和努力去发展,但如果动用整个学校政策来发展自我评价和同侪评价,这就会变得简单些. 总结性评价同样也可以作为其中的一部分,让学生去评价测试卷通常会有帮助. 如果最开始便要求学生制定评分框架,或者甚至让他们自己整合问题和答案,这也对学生的发展特别起作用. 教师可以将时间用在特别难的问题讨论上,其余的问题就交给学生之间指导完成.

让学生不必对同侪执导感到自责,每位学生要明白,越深刻越严谨的理解就越需要对自己思想的解释和同伴指导. 以下是弗伦奇(French,2006)实现自我评价和同侪评价的一些具体途径.

一、复习和总结

通常,复习和总结最初是为了落实课程所需的主题思想. 事实上,这些活动不仅能够检查每位学生是否记住了相关知识点、精通了相关技能和程序,而且能探究学生的深层理解力,扩展学生的思维. 复习过程不要只局限在课前进行,也可以在课上不同的时间点检查关键知识点,还可以在课程结束时复习所有内容.

迷你白板上的小问题

在最简单的阶段,设计的问题要能检查最简单的知识点和技能,并在后面附上错误以及错误概念. 迷你白板可以这样来使用:教师提一个问题,学生写下答案,然后教师说"请亮白板",学生同时亮出白板. 下面是一些问题示例(French,2006,p.31).

问　　题	答　案
正方形有几条对称轴？	4
$\frac{1}{4}$ 千米是多少米？	250
$3 \times 29 = ?$	87
3.5 吨是多少千克？	3 500
2^3 是多少？	8
当 $a = 5, b = 4$ 时，$2a + 3b$ 是多少？	22

问　　题	答　案
闰年有多少天？	366
三棱柱有几个顶点？	6
有两对邻边相等的四边形是什么形状？	风筝形状
$5, 7, 8$ 的平均数是多少？	8
三角形中，如果有两个角分别是 $50°$ 和 $60°$，那么第三个角是多少度？	$60°$
当 $a = 5$ 时，求 $2a^2$ 的值.	50

二、蜘蛛图或思维导图的使用

让学生结对或组成小组，以便他们交流想法. 交流的想法可以以海报、幻灯片、PPT 等形式展现. 比起教师，学生更能够理解他们同龄人的想法. 当然，要给学生交流想法的机会，因为这类活动会暴露出学生迷惘的概念，这为评价活动提供了丰富的评价资料. 除此之外，活动还为教师提供了扩展学生理解力的机会. 尽管如此，这类活动还是不易明确表露出学生是如何正确心算出数学计算题的. 让学生作出蜘蛛图或思维导图是个很好的途径.

蜘蛛图或思维导图示例：

（1）通过 $9 \times 25 = 225$，你还能得出哪些算式？答案示例如图 2-22 所示.

（2）计算 8×19 有多少种方法？答案示例如图 2-23 所示.

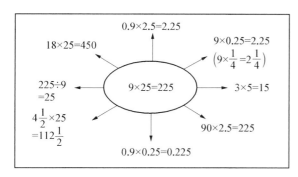

图 2-22　答案示例 1（改编自
French，2006，p. 33）

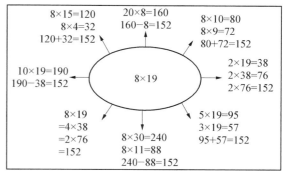

图 2-23　答案示例 2（改编自
French，2006，p. 33）

- 哪种方法最好，为什么？
- 你最喜欢哪种方法，为什么？
- 哪种方法最简洁，为什么？

- 你通常使用的方法是哪个，为什么？
- 你从来没用过哪种方法，为什么？
- 你不理解哪种方法，为什么？

（3）通过 $1 \times 16 = 16$，你还能得出哪些算式？答案示例如图 2-24 所示.

（4）还有哪些与 $2x + 6 = 4x - 8$ 等值的方程？答案示例如图 2-25 所示.

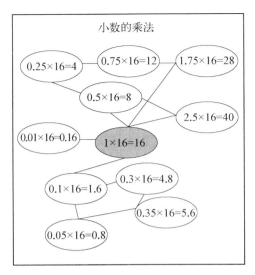

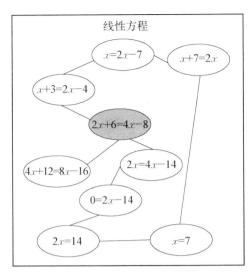

图 2-24 答案示例 3(改编自 French，2006，p.34)　　图 2-25 答案示例 4(改编自 French，2006，p.34)

三、环形卡或多米诺牌

在环形卡或多米诺牌上附上数学题目,以班级或者小组游戏形式展开,或在配对卡练习之前完成环形.这种形式能促使学生自我检查,因为他们必须要答对每个位置的数值才能完成环形.牌上的题目可以是各种形式:计算和答案,文字和定义,方程和解法,形状和名称(图 2-26 至图 2-29).

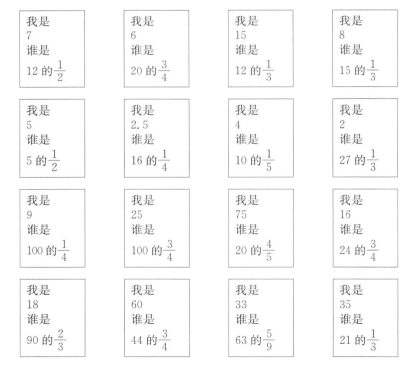

图 2-26 计算和答案(改编自 French，2006，p.35)

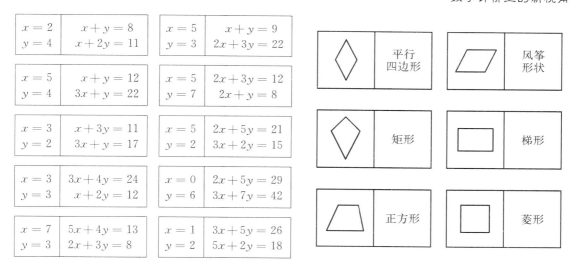

图 2-27 方程和解法（改编自 French，2006，p.36）　　图 2-28 形状和名称（改编自 French，2006，p.36）

四边形	三条边都不相等的三角形
正五边形	至少一对边平行的四边形
正方形	有两个边相等的三角形

不等边三角形	有五条长度相等的边和五个大小相等的角的多边形
梯　形	有个角是直角的菱形
等腰三角形	四条边

图 2-29 文字和定义（改编自 French，2006，p.37）

四、发生性选择

对所有学生或小组展示出下列陈述，并让学生在纸上或迷你白板上对每个描述的发生性进行选择：经常；有时；从不；不确定. 每个陈述都要做好充分的准备，以便能促进良好的讨论. 学生的反馈会暴露出各种概念迷思，鼓励学生精确自己的表达，从而完善他们的思维. 此外，还要考虑到意外或特殊情况的发生. 以下是弗伦奇（French，2006）的问题示例.

1. 假设 n 代表一个自然数

（1）$2n-1$ 是一个奇数；（2）$3n+2$ 能被 3 整除；（3）$2n-3$ 是一个偶数；（4）$5n-3$ 能被 2 整除；（5）$2n+6$ 是 6 的倍数.

以下是师生对话示例：（P 表示学生，T 表示教师）

P：不认为 $5n-3$ 从不能被 2 整除.

T：你为什么这样认为？

P：因为 5 和 3 都是奇数.

T：那请给 n 赋一个值.

P：$n=3$，那么 $15-3=12$ 是一个偶数！

T：那结果永远都是偶数吗？

P：不，$n=2$ 时，$10-3=7$ 就是奇数.

T：哦，那我们能看出些什么呢？

P：结果有时是偶数．

T：你能说是什么时候吗？

P：$5n$ 必须是奇数，那么就是 n 必须是奇数时．

T：原来如此，就是说，当 n 是奇数时，$5n-3$ 是偶数；当 n 是偶数时，$5n-3$ 便是奇数．（改编自 French，2006，p.38）

2. 思考解答方程的方法

(1) 每个数有两个平方根；(2) 一个二次方程有两个不同的结果；(3) 一个三次方程有两个不同的结果；(4) 一个三次方程至少有一个结果；(5) 一对线性方程组只有一个结果．（改编自 French，2006，p.38）

3. 与几何相关的陈述

(1) 梯形属于四边形；(2) 一个四边形是平行四边形；(3) 一个矩形的对角线互相平分；(4) 一个风筝形状的对角线互相垂直；(5) 一个梯形的对角线的长度相等；(6) 一个正方形是一个菱形；(7) 一个菱形是正方形；(8) 等边三角形没有对边；(9) 等边三角形的角都是 60°；(10) 等腰三角形有两条边相等；(11) 一个等腰三角形有一个钝角；(12) 一个等腰三角形有两个钝角．（改编自 French，2006，p.39）

4. 假设 x 是任意数字（或任意正数）

- $x > x+1$.
- $x > x-10$.
- $x > 3x$.
- $x > \dfrac{x}{3}$.
- $x > 2x$.

- $x^2 > 2x$.
- $x^2 > 5x$.
- $x^3 > x^2$.
- $x > \sqrt{x}$.
- $x > \dfrac{1}{x}$.

（改编自 French，2006，p.39）

五、分类任务——维恩图

让学生在维恩图中填入正确的数字（图 2-30）．开始的两个示例，填入 1 至 20 的任意数字．然后改变标签，并重新设置数字的可能性范围．或者让学生找出维恩图中错误的地方．

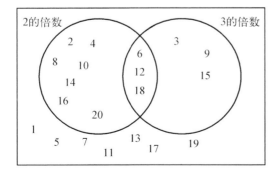
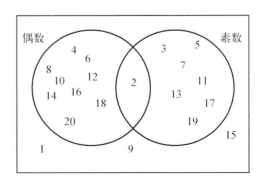

图 2-30 维恩图 1（改编自 French，2006，p.40）

在下面例题(图 2 - 31)中,将 $\frac{1}{12}$ 到 $\frac{11}{12}$ 中的数分类. 如果将左边的标签改成"小于 $\frac{1}{2}$",分类将如何改变.

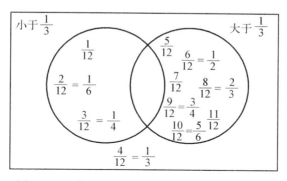

图 2 - 31　维恩图 2(改编自 French,2006,p. 40)

六、海报

让学生做一张海报,说明一些数学思想或解决方法的过程,详细的步骤有助于检查学生思考的过程,也有利于学生了解学习的主题. 此活动适用于课程结束时或家庭作业中进行. 写出下面方程式的具体步骤,可以展示在班级的板报上,这样会鼓励学生认真对待题目且暴露出不懂的地方. 同样的方式,让学生制作说明课程关键词意义的海报,这有利于巩固他们的知识点并暴露出自己的困惑. 以下为问题示例.

问题 1:你如何解答并检查方程式? 以图 2 - 32 的内容为例.

$$5x - 2 = 2x + 13$$
两边同时加 2
$$5x = 2x + 15$$
两边同时减 $2x$
$$3x = 15$$
两边同时除以 3
$$x = 5$$
检查:$5x - 2 = 25 - 2 = 23$
$$2x + 13 = 10 + 13 = 23$$

图 2 - 32　方程解答和检查海报(改编自 French,2006,p. 41)

问题 2:与圆形相关的关键词有哪些? 参考图 2 - 33.

图 2 - 33　圆形海报(改编自 French,2006,p. 41)

问题 3：通过线性方程的解法(图 2 - 34)，你学到了什么？

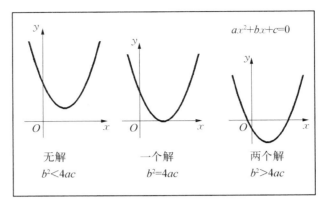

图 2 - 34　线性方程及解海报(改编自 French，2006，p. 42)

参考文献

Ann Arbor Public Schools. (1995). *Alternative Assessment*. Dale Seymour Publications.

Assessment Reform Group. (1999). Assessment for Learning: Beyond the Black Box. University of Cambridge School of Education. Available: http://arg. educ. cam. ac. uk.

Battista，M. (1999). The mathematical miseducation of America's youth. *Phi Delta Kappan*，80(6)，425-433.

Bryant, D. & Driscoll，M. (1998). *Exploring classroom assessment in mathematics*. Reston，VA: NCTM.

Depka，E. (2007). *Designing Assessment for Mathematics*. California: Corwin Press Inc.

French，D. (2006). *Resource Pack for Assessment for Learning in Mathematics*. Leicester: The Mathematical Association.

Labinowicz，E. (1988). *Learning from Children: New Beginnings for Teaching Numerical Thinking*. Menlo Park，CA: Addison-Wesley，1988.

McTighe. J. & Wiggins，G. (1999). *The understanding by design handbook*. Alexandria，VA: Association for Supervision and Curriculum Development.

Ofsted. (2003). *Good Assessment Practice in Mathematics Reference: HMI 1477*.

Schmoker，M. (1996). *Results*. Alexandria: VA: Association for Supervision and Curriculum Development.

Stenmark，J. (1991). *Mathematics Assessment: Myths，Models，Good Questions，and Practical Suggestions*. Reston，VA: NCTM.

Wiliam，D. (1999). *Formative Assessment in Mathematics Part 1: Rich Questioning' in Equals*，5(2)，15-18.

第 *3* 章

数学评价方法、策略、模型

本章主要从评价方法或模型以及评价策略的角度来思考数学教育评价. 就数学教育评价方法或模型来说,主要选用了一些比较典型的方法或模型,并且这些方法或模型在数学教育评价中产生了较大的影响,具体包括:基于"能力项目"的评价方法,通过开放题,表现性任务,探究与试验,学生记录及学生档案袋等途径,得出对基于一个顺序的教学阶段的重要的教育成果的评价,并以优秀的教学实践的例子加以展示. 能力项目评价重视对成果的理解,并整合多方思想;基于域理解力的评价方法,与传统评级方法之间的区别在于,对于领域内概念的理解不仅仅是列举出事实和过程的过程,而且是建立知识之间的关系的过程,或者是新知与旧知之间的相互联系和整合. 学生在具体领域内的理解力的成长通常呈现出间歇性和偶发性,而不是线性或阶段性. 因此,基于域的理解力评价,则是侧重学生在数学思想,新情境中对固有知识的使用,以及问题解决过程中所陈述的逻辑推理这三者之间所形成的新的关系,而非是确认学生是否理解了教学中强调的数学事实与过程;运用图式知识的评价方法,是基于认知观点下的评价,其中特别讨论了它所相应的评价模型 SPS 的含义及开发. SOLO 评价模型,目的是消解数学评价中已有的现存问题,进而尝试去建立专业的,支持教师学习并运用该模型在他们的教室中的发展框架;诊断性评价,关注的是学生对知识的理解和学生的数学学习困难. 通过准确定位学生的误区,可以有效避免学生在数学学习上产生的恐惧感. 该诊断性评价允许教师根据学生现有的理解进行教学. 尽管学生会表现出特定的困难,不过诊断性评价技术可以使得教师像定位学生的学习一样准确定位学生的困难;平衡性评价,关键原则是保持课程的平衡性,其中每个评价都包含一组不同长度和不同风格的任务,这些任务结合起来,就反映了一种课程目标的平衡方式;QUASAR 的能力评价,QUASAR 项目主张提高课程目标测试的一致性,倡导使用多个来源的评价信息,和建议考虑在评价的使用方法及恰当利用评价信息上给予更多的关注. 该项目认为,对于数学能力的一个"真正的"评价,需要处理像问题解决、沟通、推理、倾向以及概念和程序等这样的领域.

至于评价方法中会涉及的评分方法或需遵循的基本原则、评分模式和 BEAR 评价系统则是很好的例证. 评分模式将评价进行量化,它的评分步骤使得教师可以对反馈的整体质量以及学生所呈现的思维水平进行评估. 这里具体介绍了评分的相关准则,以及评价准则的开发. BEAR 评价系统包括四个原则,每一个原则都不仅涉及一个实用性的"模块",同时也包含使得四个原则整合在一起的措施. 它原本应用于自然科学的课程嵌入系统,但是它在其他诸如高等教育领域,大规模评价领域,学科领域诸如化学学科,以及本章的主题——数学学科中有着清晰的,有逻辑关联的扩展. BEAR 评价系统的优点主要在于:为各种不同种类的学习理论以及学习领域提供模型化的工具.

除了具体的评价方法以及其中会涉及的评分方法或需要遵循的基本原则外,评价方法中还有个重要的方面就是评价任务的设计.也就是说,再好的评价方法,如果没有合适的评价任务,也是起不到理想作用的.关于评价任务这部分,我们选择颇具有影响力的 VCE 课程的评价任务.其中就测试项目的主题和任务设计,具体的评定方案进行了介绍,同时就教师在整个评价项目中的具体的角色进行了论述.总的来说,评价技术和评价活动并不是一成不变的,一些一线教师或教师协会会开发一些适应课程的评价活动和技术.

§3.1 数学评价方法、模型

3.1.1 基于"能力项目"的评价

"能力项目"(power items)的说法来自库尔穆(Kulm,1994,p.41),其中包括开放题,表现性任务,调查研究,实验,学习日志和档案袋等.每个部分的阐述也是引自库尔穆(Kulm,1994)的相关研究,主要采用优秀的教学实践的例子来加以阐述.这些例子试图提供一系列专注于实际表现的教学思想,并且更贴近事实地给出学生的水平可以到什么程度的指示性标志——这些结果更像是学生每天实际会做的真实的学习任务,或是与在之后的课程中需要做的一些数学思考相一致的学习任务.

一、开放题

我们从开放题开始讨论.很多数学教师都曾在日常的小测试或考试中使用开放题.然而,开放题在大型评价中却没有被特别使用.此外,大型评价所带来的压力使得教师更倾向于在课堂中使用选择题的方式来组织测验.斯滕马克(Stenmark,1989)给出了开放题的定义:给定学生问题的情境,要求学生写出交流反馈.开放题的问题可以简单地只让学生写出为了解决问题所需要做的工作.另一个端点上,开放题可以包含复杂的情境,需要学生给出问题假设,转换成数学情境,写出问题解决的方向,发现新的相关问题,或是对问题作出一般化的总结.这些项目有助于在教学评价和好的课堂提问策略之间作一个配套联结.下文给出此类开放题的一个例子:

一个朋友说他正在思考一个数字.当 100 除以这个数时,结果在 1 和 2 之间.给出满足以上情境的至少 3 个数字,并写出你的推理过程.(Stenmark,1989,p.16,转引自 Kulm,1994,p.42)

开放题给出了一个探究学生错误概念理解的途径,使得教师可以对学生的解题工具和策略作出评估.更长远的好处包括:判断学生的思维是否清晰,是否会归纳,是否能抓住问题的关键点,是否能对信息进行捕捉和转换.开放题允许学生用图表,或用针对特定受众的写作来表述自己的结果.这种类型的评价项目同样可以判断学生是否能够使用合适的数学语言和合适的数学表述.

事实上,开放题也可以用于程序性知识的评价.美国数学教师理事会的标准中指出,程序性知识的评价应该包括:学生是否可以掌握正确的解题步骤,并且在情境中发现或使用它们以解决问题.显然开放题可以用来测量此类能力.

有效的开放题超越了要求学生给出解答过程的模式,并留有一定的空间让学生去探究,有意义地将概念性知识和程序性知识结合在一起.

教师经常困扰的一个问题就是开发好的开放题需要大量的时间和精力.库尔穆(Kulm,1994)建议了两条在实践中比较快捷的路径,教师从中可以获取需要的问题.一个是从问题集、课本中的挑战性项目以及课外辅导资料中寻找资源.另外一个就是改编课本中的标准应用题.这些题大多数都是相当封闭且没有趣味性的练习.项目的目的通常是让学生运用和联系已学的算法.但是经过简单的改编,课本中的应用题可以为开放性评价任务提供参考.考虑下面的例子:

原始版本:两个小孩想给父母买价值 50 美元的礼物,如果其中一个小孩存了 15 美元,那么他们还需要多少美元?

改进版本:从宣传手册或报纸的广告版面中为父母挑选一样价值 10 至 15 美元的礼物.你将如何挣到并存够钱来给父母买礼物?制订一个计划来说明你的想法,在你的计划中要包含你能挣多少,并为之花多长时间.(改编自 kulm,1994,p.44)

在改进后的版本里,任务被个性化了,学生被定为问题的主角.另一种修饰问题的方法是:要求学生为虚拟的人物制订计划.当学生融入故事情节中,参与其中时,我们可以对他的知识掌握情况作出更清晰的评估,这就将学生自然地融入需要解决的实际问题的开放题.这是对传统评价进行改进的最简单的途径.

二、表现性任务

在传统的数学教学中,表现性任务往往被理解为动手操作.近年来,学生在操作活动中的表现已被视为操作活动(诸如,几何画板、十进制积木以及代数拼图等操作活动)的重要部分.当这些活动成为观察学生数学知识技能的中心视角时,他们就成为数学教育评价的一部分.

接下来给出些表现性评价的例子.

(1)用绘图板和红色的橡胶来做一个直角边分别为 1 厘米和 3 厘米的直角三角形.在你的格子纸上画出这个三角形,解释为什么此三角形的面积是 $1\frac{1}{2}$ 平方厘米.

(2)用代数瓷砖演示说明为什么 $2x + 5x - 3x = 4x$.

(3)给出一个矩形,估计一下它的周长为多少厘米?用尺子量出它的周长,你的估计值与实际值差多少?(改编自 Kulm,1994,p.44)

这些表现性任务能很好地测查学生对概念的理解.例如,对于 9 至 10 年级的学生,基本上都能确定哪种图形是直角三角形,能运用公式求出它的面积.但只有少部分人会准确地解释如题(1)那样的题目.表现性评价需要被测者运用自己对概念的理解和综合各概念之间关系的能力来得出一个结论.题(2)和题(3)需要高层次思维,虽然通过题(2)可能可以评价出学生对于题中描述的关系的理解,但是对于估计和测量等能力则很难给予评价,除非通过一些实际动手操作,如题(3)中所要求的.

随着新科技的出现,特别是计算器和电脑,为学生的表现提供了更大的空间.以下是一些实例:

(4)用电子表格的方式列出 0～4 五个整数的倍数的表格.

(5)编一个 LOGO 程序:在一个正方形内画一个正方形,使得里面的正方形的顶点正好是外面正方形的边长的中点.

(6)用 TI – 812 画出 $y = 2\sin 3xy$ 的图像.设置 x 和 y 的范围,使得图像可以完全显示在屏幕上.用跟踪(Trace)键找出图像与 x 轴交点的坐标.(实例改编自 Kulm,1994,p. 45)

以上几种表现性任务均需要学生知道如何使用科技产品.题(6)直接侧重测试计算器的使用方法的掌握情况.题(4)更加普遍,它着重测试的是学生使用某种软件来解决问题的知识和能力.题(5)中,软件是执行问题解决的一个工具.

表现性任务有两个主要的维度:一是行为的记录,如做实验;二是对作业结果的评价(Baker,1990,转引自 Kulm,1994).这些任务可以被分配给群体或个人,或者几个班级来完成.一个好的任务的目的是激起学生的好奇心.表现性评价问题中也可以添加其他的科技工具.例如,把学生完成任务的过程录制下来,或是让他们自己制作录像带或录音带.作为评价主体的一部分,可以将学生对于他人的学习评价作为评分的一部分.随着表现性评价项目的使用,其他领域的内容也可以整合到数学任务中以拓展学生的能力.

与开放题相似,表现性评价项目也有一些优点.教师可以评估学生在与群体合作时以及个人完成时的能力.可以检测学生在使用多种数学模型来思考和解决问题时的灵活性.同样,它可以直接地评估学生使用教具、设备、计算器或电脑的技能.此外,我们可以评估学生使用科学方法的能力.例如,设定假设的能力,设计实验和探究的能力,测验假设的能力.学生的表现应该成为评价的主角,因为它是通过动手活动来学习数学的核心.

三、探究和实验

探究和实验式评价活动是另一种重要的动手活动的类型.它包含各种学习数学的工具,并且为长期的或自主的工作提供了可能性.很多有关问题解决和各学科间的内容的目标可以通过学生在个体、小组、群组内完成的实验来实现.实验要有科学的导向,用数学的方法(例如,研究钟摆的摆动),或者是基于数学学科的(例如,对于程序或模式的探究).下面是这一类型的评价项目的几个例子:

(1)你是一个专业营养师.你接到了一项工作:为一个四口之家设计一周的菜单,要求三餐都要营养均衡.家庭成员包括两个成人,一个 6 岁的男孩,以及一个 13 岁的女孩.选择参考一定的食品标准,以及其他介绍成人及儿童所需营养的资料.写出你的一周菜单计划,利用食品店的广告内容,算出你所制订的计划每周将花费多少元钱.

(2) 你是一个著名的设计师.为男性和女性设计几套服装.选择其中的两套,将制作它们所需的材料列表写出来,估算每套衣服包含材料费和人工费在一起的制作费是多少.

(3) 地震信息中心提供地球上的地震的位置定位及其他数据.用电脑的调制解调器来得到这些数据,并且对这些地震数据跟踪一个月.在世界地图上标出这些定位坐标,找出一种记录每一次地震的破坏力和其他数据的方法,作一个报告来阐述你的发现,包括关于地震位置和频数的任一模式.(改编自 Kulm,1994,p.46)

用探究和实验作为评价的项目让我们了解学生假设、分析以及数据综合的能力.这些任务同样使得学生可以用多种模式思考,运用创造力和聪明才智,以及在长期项目中坚持到底的毅力.换句话说,探究和实验帮助我们评估高层次思考技能.

很多教师不安排学生进行探究活动,认为它耗费时间并且很难评估,特别是当学生进行小组活动的时候.不过,我们清楚地意识到,学生在数学主题之间建立联结的能力以及将数学与科学和其他学科领域联系起来的能力的重要性.项目和探究是达到这一目标的理想手段.尽管需要仔细的计划,一个项目也能在一定程度上表达很多传统的数学内容目标.例如,很多项目需要进行计算,准备图表,做测量,以及展示其他重要的程序和技能.在长期项目的背景之下可以给出一些有关这些基本技能的指导.评价可以实时进行,对实验或探究的总结也是如此.评价不仅可以在实验或探究结束时展开,也可以在实验或探究进行过程中展开.和其他形式的学生作品一起,探究和实验式活动为评估学生的数学学习提供了一个变式且丰富的环境,特别是在高层次思维方面.在给分或定等级方面的困难不应该成为使用这种有效教学策略的阻碍.

四、学习记录

关于学习记录的介绍主要是依据卡特等人(Carter,Ogle,& Royer,1993)的工作,包括什么是学习记录,为什么要使用学习记录以及学习记录怎么用等.

1. 学习记录是什么

学习记录不仅可以运用在数学日志记录中,也可以运用在其他专业领域.这些学生写下的词汇、图表以及图画的集合可以被用来连续、系统地测试(这名学生)的思维过程以及概念理解情况.学习记录条目是数学学习计划中一个需要被细心计划的部分,并能被各年龄层的学习者所使用.

教师可以通过提出以下几个问题来把在数学学习中运用学习记录的这种想法植入到整个班级理念中.例如,"你学习了多少关于轴对称方面的知识?"或者"你将如何描述通过十进制方式重组和解决问题的步骤?"在引出学生口头的回应之后,教师将答案写到黑板上或通过投影仪作为模板展示给学生.教师的这些记录为学生如何书写自己的答案、回应等提供了模板.通过班级 2 至 3 周的工作,就可以帮助学生做好准备写出他们自己个人的学习记录条目.

当学生已经熟练地运用学习记录来反映他们的思考时,学习记录便可以以不同的形式来组织起来. 一本活页笔记本、一本活页装订夹的一部分,又或者双袋夹里保存的纸张都可以用来作学习记录. 学生通常将学习记录放在课桌上或者便于阅读的工作站中. 在教室里,学生如果能一直接触到电脑,学习记录可以通过文字编辑程序创设出来,并存录在个人的硬盘当中. 学习记录要频繁地去做,也许一周几次,以便在数学教学以及实践体验中来预测、反馈并作总结. 这些工作(学习记录)用日期标签记录,并被教师和学生保存下来,以便在整个年度当中随时复习查看.

学习记录中所包含的一些重要数据将被用在进度报告以及家长会的准备工作上. 重点是理解并交流数学概念和过程,而非拼写或语法. 可以提倡更年幼的学生通过画一些图画或是用自己发明的书写方式去表达自己的信息.

教师需要每周浏览几次学生的学习记录条目情况来评估学生对于概念知识的理解情况. 学习记录充分提供了学生的内在信息,教师往往想要看完并给所有的学生写下评语. 然而,有时候教师只会选择或者阅读几篇有代表性的学生学习记录作品,并用这些有价值的信息来指导和调整教学. 评论页通常包含在每个学习记录的首页,可以写一些问题,建议以及一些点评. 查看学习记录所花费的时间通常要比查看传统书面作业的时间要短. 在教师阅读这些学习记录的同时,教师又可以获取有关学生概念发展以及思维过程的更多信息.

2. 课前学习记录条目

学生可以在一节课开始的时候使用学习记录,如列出他们所知道的所有多边形或者写下所有可以用来测量的"工具". 在一个新的概念演示出来之前,用学习记录去思考如何延伸,就如同在内心已经提前铺设好了平台,去迎接即将学习的概念知识. 学生也许会被要求写一个条目清单或者预测一个概念将如何被使用. 课前条目的列出使学生能够触碰到为事物即将发生前所准备的知识和经验. 以下示例来自卡特等人(Carter, Ogle, & Royer, 1993,p. 89)的研究.

情境: 一个 3 年级数学课堂上非常关注心算策略的使用. 学生已经学习了数数的心算方法,及其在不同情境下的应用.

任务和学生的反应: 在一节课开始前,让学生想想"倒着数数"的方法. 想想它会是怎样的,以及如何用它.

学生凯凯的回答: 我认为倒着数数就像是减法,你放进去一些后,你再拿出来,像是 3 到 2 到 1. 例如,你可以说公园里面有 13 只鸭,2 只游走了. 或者,当你遇到像 20—3 或 30—1 或 10—2 的问题时,你可以用这个方法(倒着数的方法来计算).

阐释: 凯凯运用其已知的关于数数的知识准确地预测出"倒着数数"的形式和运用. 他想到的用 3 到 2 到 1 的倒着数的方式,表明他已经把前面所学的正着数的知识运用到一个新的语境中.

反馈：让凯凯告诉全班同学他所思考的，以此让所有同学了解他是如何用正着数和倒着数进行比较的．

3. 课中学习记录条目

纵观整个课时，学生的学习记录可以用作描述他们的思想及其顺序的安排．他们的记录可能包括关于解决一个问题的数据或者接下来的重组或者解决问题的步骤．尽管在授课时，教师可以随时得到学生的口头反馈，但是，用学习记录可以得到评估所有学生所需的数据，以及是对每一位学生概念知识的一个永久记录．以下为示例，来自卡特等人（Carter，Ogle，& Royer，1993，p. 90）的研究．

情境：在制定好的教学中，小学生可以从"把计算器当作一个工具"中受益，特别是在问题的解决、预估以及数位值上．把计算器放在课桌里的学生可以常常在数学教学和实践中使用它．

任务和学生的反应：要学生使用计算器来练习数位值，以及说出这样做的原因．与一个搭档合作，由他们来决定按哪些键，去消除一个给定的数的百位数字．燕解释了她是如何去掉 962 中的"9"的．

燕的记录：你需要减掉一个 900．我知道，如果你只是按一个"9"，你减去的只是个位数；如果你按的是"90"，那么你减去的是十位数；因此，你只有按一个"900"，这样你去掉的才是（962 中的）"9"．

阐释：很明显，燕很明白在百位数上的 9 所代表的含义．她运用逻辑推理以及附加说明展现了她对数位的思考十分清晰．可以给这个学习记录一个 A 或者 A$^+$的分数，以表示她的理解很到位．

反馈：燕获得了教师的口头表扬；同时，教师让燕用投影展现她的思考以及推理过程来向全班阐释她的思路．

4. 课后记录条目

用学习记录去总结学习收获有很多种方法．例如，问题的解决方法，或是对一个特殊的心算问题的成功解决，或者其问题解决策略进行一个评价．学习记录同样能够帮助教师发现那些尚未理解概念知识的学生，或是那些思维过程不够完整的学生．以下情境来自卡特等人（Carter，Ogle，& Royer，1993，p. 92）的研究，两位学生在同样的问题上，反馈的方式迥然不同．

情境：利用计算器来强化"跳过计数"和解决问题．

任务和学生的反应：小组任务，要求学生在解决问题后记录他们的想法．问题：布兰顿说："我身高在 50～60 英寸之间，当你每 9 个数跳着计数，便会发现我的身高了．"请问，布兰顿的身高是多少？

学生甲：我们知道布兰顿的身高介于 50 英寸与 60 英寸之间．同时我们知道每隔 9 数数便会知道他的身高是多少．当我们以 9 递增数数，我们得到 9，然后 18，还有其他在 50 下面的数字；接着，我们继续这样数下去,就得到一个在 50 与 60 之间的数,那便是 54.

学生乙:我的计算器帮我跳着去数了,并且告诉我应该写下的答案.

阐释:学生甲利用了供应的信息(需要找出一个 50 与 60 之间 9 的倍数),他(她)的关于计算器上跳着计数的知识以及逻辑推理得出了一个正确的解决方法.学生乙展现了计算器所能展示以及回答的情形,但是在看完这个记录之后,教师还不能确定这位学生是否真的已经明白其中的原理.于是,教师尚需和这位学生进行进一步的讨论.

反馈:给学生甲的留言:"你运用了 9 的倍数,并且知道应该需要一个大于 50 的数.想法很好!"给学生乙的留言:"请告诉我如何利用计算器去跳着计算,让我们来一起讨论一下吧."

5. 为什么使用学习记录

学习记录是联结语言和数学文化的桥梁.自从口头语与书面语的使用在发展数学思维方面开始成为重要角色,学生同时使用口头与书面的数学语言进行交流就变得十分必要了.尽管上述语言的运用,需要学生去解释模糊或者不正确的表述,但通过经历书写的过程,学生有能力感受理解并内化吸收这些数学方面的经验.

学习记录的另一个优点就是给传统的书面作业提供了一个构建思维的方案.不同的记录,包含着同他人分享的词汇、图像以及图表,给练习以及评估提供了一系列的选择.

当学生学着使用多元的学习策略时,学习记录为满足学生多样化需求提供了契机.同样地,学习记录通过反馈学生的想法、解决方式以及思维过程,积极地囊括了他们所有的元认知行为.当学生再次阅读他们的学习记录时,他们通常会扪心自问:"现在,我当时是怎么解决的,让我们来看一下.首先,我……"之后,便沉入到自我反馈以及自我评价之中.

学习记录不仅增加了培养学生思维的机会,同时也给教师提供了一扇可以观察学生思维的"窗户".当学生处理具体材料或是图像化的表征时,它的作用就更为凸显了.

学习记录也会通过口头交流和书面评论为教师和学生之间创建对话的机会.这种问题以及想法的交流为学生提供了修正和延伸思维的机会.同样地,教师也可以视情况利用这些信息来组织数学课,设计数学经验以及再次教授个人或小组.

6. 怎样利用学习记录来评估学习的掌握程度

学习记录可以在整个数学教学中被用来收集关于学生理解情况、掌握程度的证据.教师设计一节数学课的同时,要谨慎地考虑一些细节,或是关于学生是否达到预期效果的依据.对于学习记录的每一个条目,诸如在前面例子中所列举的那些具体的标准,需要在后面的过程中建立可以接受的结果或是预期的学生反馈.当教师阅览学习记录时,会寻找其中清晰的描述或作图、有逻辑的思维过程,以及运用恰当的术语和数学语言.这些标准就形成了成功标准的条目,以便于为保留的记录打分.

成功的标准(示例)如下(Carter, Ogle, & Royer, 1993, p. 95).

哪些可以接受作为对于"等值分数"概念知识的掌握？

学生会写或是说什么？学生会做什么？

- 解释部分与整体之间的关系.

- 利用大量模块来展示等值性.

- 解释等值的意思.

- 画图来展示等值性.

- 把例子中的分数简化成最简分数.

由于学习记录的条目是持续的,学生、教师以及家长可以随着时间的推移观察到孩子的成长.学生成长的许多方面都在学习记录上有所显示,因此学习记录可以作为和学生家长交流学生进步的一个非常有用的工具.长此以往,学生、教师以及家长可以讨论并选择需要复印或是直接放到学生作品集中的学习记录.这些作品集包含了每位学生整个学年在各个领域所作出的最佳的思考以及成果.其他形式的评价,诸如学生访谈、事前经详细设计的笔试亦可以用作装饰作品集,也是对于学习记录所阐释的理解的一种证明.

7.学习记录总结

学习记录是一种提高学生数学读写能力的数学规划的策略组成成分,是数学课程的一个不可或缺的组成部分.学习记录使学生可以有机会去学习或者使用数学语言去展示他们对于概念或是知识点的理解,同时也给学生提供了思考和自省的机会.教师所扮演的角色是通过在具体、图像或是符号层次上各式各样的大量丰富经验来设计数学教学计划,并不断抛出能引起发散思维以及强调结果性的学习记录条目的深入性问题.由于教师关注成功的标准、学生的反应以及交流情况,因此学生理解和掌握情况的评估已经变成持续教学过程的一部分.科学、持续地把学习记录作为一项评估方法可以:(1)提升学生自省和自我评估;(2)为教师提供学生思考以及概念理解情况的持续记录.数学的交流技巧和能力是近年来各国课程标准中所强调的重要内容之一.或许实现这一标准的要求最重要的方法就是为学生创造数学化书写的机会.

五、学生档案袋

关于档案袋的相关介绍,我们在第 2 章的 2.1 节有所描述,这里主要从多元的目标来讨论档案袋的使用意义,引自库尔穆(Kulm,1994)的工作.

学生档案袋在同一时间创设一个诊断性的、格式化的以及总结性的记录方面是有很大优势的.他们提供给教师最原始的有关学生的薄弱和强项的信息,而这些信息正是他们调整教学所需要的.学生档案袋可以兼容不同的学习类型,可以减少评价过程中的文化依赖和偏见(Stenmark,1989,转引自 Kulm,1994).学生档案袋同样提供了一份丰富且复杂详尽的学生能力的蓝图,这一蓝图对于帮助学生决定是否要进入高阶的班级或者职业规划的咨询都是很有用的.

对于学生档案袋而言,任一早期的专业性的抉择都应与它的目的和用途相关.教师、学生、家长以及教育管理者可能会有不同但是互补的目标.例如,教师可能对于测试学生数学发展或提供学生用变式的方法展现自己所理解的数学知识的机会更感兴趣;从教师的角度,学生档案袋为学生的评价和评估提供了一个宽广且有效的基础.学生可能只希望在学生档案袋中保留自己最好的作品,只反映部分领域的实力以及最终能取得好的排名,这就只反映比较强的一些方面,致使总体排名较靠前.父母希望学生档案袋成为记录下孩子的每个脚步的记录或"纪念品".教育管理者可能只是简单地希望拥有学生档案袋以显示他们的学校是走在教育评价实践的最前沿.当策划学生档案袋时,有关学生档案袋的目的的决策需要让每个人都清楚,可能还需要把它同清单(用来记录项目设置的标准以及所包含的材料的类别)一起记录下来.

学生档案袋可以提供不同的任务,使得学生成就可以通过不同的途径显示出来,并且提供出一份数学知识的全景图.学生档案袋提供具体的学生作业的例子作为引起支持和建立明确标准的基础,从而成为家长会上一个重要的交流工具.学生档案袋的另一创新用法是:给评估教学的教育管理者使用.相比较依赖单独的一课或班级测试的平均分来评判教师的教学影响,教育管理者可以转向学生档案袋的研究,从中发现丰富的有关数学学习成果的信息.

学生档案袋中项目的选择与它的目标紧密相关,并且是可以包含学生、教师以及家长的关键决策.很多学校和教师开发了综合的规程来和学生及家长一起使用学生档案袋.教师和学生一起商讨,和家长一起讨论,请教他们来决定要建构档案袋的内容.理想的情况下,学生要有机会在其中加入他们所认为正确的内容,这样能帮助学生元认知能力的开发.家长的参与对于讨论这一数学项目是很有帮助的,他们参与的重要性加强了学生数学技能发展和自信心的成长.

学生档案袋的设计应该着重于概念性理解、问题解决、推理以及交流能力.学生档案袋不应只是简单的文件收集——学生在分散的技能方面的一些训练和练习的作业,也不应只是简单的学生所说所做的一个记录的仓库.很多学生作品都是合适的档案袋材料,可能包括项目照片、学生描述、项目报告以及视频或音频表现.

学生档案袋中包含的项目数量有很大的变动空间,但是太多则会冲淡主题.10 至 12个比较适当.一些教师认为,项目应该包括不同的时间段,如在学期或学年的开始、中间以及结束等时间段.所选的任务可以是学生解决数学主题的手写内容.范例项目可以从学生个体或群体已经创作过的作品里面选取.

学生档案袋中包含的学生的选择、建构、复习、反思的步骤与实际的内容一样重要.很多教师将这些步骤作为学生档案袋的结构和必需内容的一部分.学生为档案袋创设了一个组织架构以及目录,其中包括题目、每个项目的简介,以及其他相关信息:数据、数学内容、参与档案袋开发的其他同学的名单.学生常被要求给出选择某个项目的原因:它提供了学习有难度的概念的好的机会;它是学生感兴趣的任务;它是学生认为很重要的问题.最后,学生有时会被要求写出所学的重要数学概念及策略的总结.这一任务是学习单元或一段时间内的学习的综合性的总结.数学常被学生看作是一些分散而无关联的思想、法则以及过程的集合,学生档案袋为帮助学生宏观地看数学,综合所学知识,以及重要思想的反思提供了一个背景.学生档案袋可以增强学生的实力,使他们在学习数学时能有一种自我的掌控感和责任感.

3.1.2　基于域的理解力评价

基于域的理解力的评价是来自谢弗和龙伯格(Shafer & Romberg,1999)提出的有悖于传统的关于理解的评价.使用基于域的方法开发了学生理解力的合适评价方式,同时为家长、管理者以及普罗大众提供足量的有关学生学习的信息依据.

基于域的方法与传统评级方法之间的区别在于:对于数学领域的"理解"的定义不同,即对于领域内概念的理解是对于所寻找、测试,以及意识到的知识之间的关系的建立过程,或者是新知与旧知之间的相互联系和整合.随着理解力的增强,相应的事实、关系,以及过程成为一种资源,这种资源帮助我们用常规方法解决常规问题,并且帮助我们理解非常规情境.该评价所针对的是:学生在与特定领域相关的课时、与其他领域相关的课时、一个年级的教学以及年级层之间的教学的进展过程中,知识变化的方式.主要目的是给出学生数学理解力水平的文件形式的证明,通过对思维活动中学习能力的提高这一视角来关注学生数学知识的成长情况.

以下内容将介绍如何设计和实施基于域的理解力评价,是引自谢弗和龙伯格(Shafer & Romberg,1999)的研究.

一、设计一个合适的评价项目

1. 对理解力评价视角的关注

由于在数学学习的过程中,理解力随着时间,通过数学思维活动慢慢地发展起来,因此在设计基于域的方法进行评价时,具体规划上是有别于传统的考试评价.关于学生个体在特定领域内知识的学习情况的收集,可以从以下两种途径来进行:在所有与该领域相关的课堂中,以及在涉及该领域概念的其他课程课堂中收集.

一个基于域的评价项目的开发包括正式和非正式的评价活动的开展.

(1) 非正式评价

教师在课堂教学实施中运用的非正式评价手段可以获得众多有用的信息,不仅包括一些书写的反馈.例如,作业、小测验或考试中所获得的信息,也包括课堂讨论.课堂讨论使得教师可以充分收集到有关学生推理的信息.其中可以发现许多包含学生寻找解题模式,以及寻找和检验推论,推导一般化的思考过程.这样的非正式评价所提供的信息可以用来指导进一步的教学.例如,教师可以在已有的问题上进行细微的改变,以促进学生进一步思考;换一个方式进行概念的教学;鼓励学生寻找数学思想之间的关联;或是让学生口头或书面陈述自己的想法.

（2）正式评价

正式评价主要表现为单元测试或期末测试.项目选择或编写的准则是：体现出学生所学,而不是体现出学生所不知.单元小结评价要求学生选择和运用合理的数学工具来解决问题,问题的情境与课本中时常提到的情境是不同的.这样的项目可以帮助教师了解学生在不同情境下使用同样概念解决问题的灵活性;同时,由于单元小结评价的完成是无互动的,因此要提供给学生书面解释和交流的机会,来表达自己的解答及思维过程.

学期末评价为学生数学知识发展提供了一个不同的观点.因为它不与特定教学课时产生直接联系,学期末评价可以考查学生更加娴熟地对概念、过程、推理的应用能力.尽管理论上所有领域都要包含在评价里面,但是没有任何评价项目可以同时兼顾质量和容量.所以,学期末评价的项目通常的设计方向是：考查学生对课程中相对重要部分的相关理解.这些项目提供了特别好的机会来评价学生对多个领域内容的思考,同时也包含了对学生将数学知识内化能力的评价.

（3）关注理解力的成长

由于领域知识的理解需要较长时间,因此评价应该反映理解力发展的连续情况.理解力的成长是一个渐变的过程,其中包含学生对概念应用能力的进步和退步.所以,评价应包含正式和非正式评价的设计,关注学生在特定知识点上所建构的知识关联,且该关联是随时间变化的;关注学生在新情境中运用领域知识的能力;关注学生运用推理的熟练程度.所获得的信息可以指导教学设计,从而更长远地促进学生的理解和学习.例如,促进学生形成概念间关联,或为概念的应用提供不同的背景.

2. 对于推理水平的关注

随着特定领域理解力的不断提高,学生在概念和程序的使用程度上也愈强.因此,基于域的方法的评价包含对学生推理水平的关注.

（1）重现

重现思维活动包括对事实、定义以及程序的记忆的重现;对诸如特定计算、解方程、构造图表的标准过程的充分应用.如果评价只停留在领域知识重现水平上,就限制了该领域知识的评价,因为项目测试不到学生在数学推理和交流中使用领域内资源的行为.所以,评价还应关注学生在新情境中运用和思考数学;发展对数学概念和过程更深层的理解.

（2）联结

在数学思想间作联结包括：数学领域中和领域之间的联结;信息的整合;解决非常规问题时选用合适的数学工具.数学思想之间的联系是学生在固有知识上投射新的知识.在建立联结的过程中,学生需要建构新思想和固有知识之间的关系,同时,也建立固有数学思想与其延伸和应用之间的关系.

（3）分析

复杂水平上的数学思考包括：翻译、分析、推论、建构模型、发展策略以及经验和结论的一般化. 评价项目通常设置在真实的情境中, 可供分析的评价项目应是开放题型, 需要学生选择合适的策略和数学工具. 由于学生常有创新解答, 因此要求他们的解答中要包含全部的假设和所用到的推理, 以及支持该结论的数学论述. 可供分析的评价项目使得学生的思维活动得到了锻炼, 也发展了学生的理解水平. 学生必须对已有知识进行搜索才能理解新情境. 而这一过程包括反射、联结的建构、拓展、数学知识应用、思路清晰的解答等. 由于可供分析的评价项目要求学生选择适用的数学思想和工具, 因此该项目对学生数学内化的评价十分有用.

总的来说, 领域知识的理解包含对概念、过程以及策略的使用. 对于理解力的评价则包含：使用正式和非正式评价的多元评价手段；对学生理解力成长水平的及时跟进；关注推理水平等.

接下来, 我们选用谢弗和龙伯格(Shafer & Romberg, 1999)研究中的一些具体实例来说明基于域的理解力评价的实施, 并建议一些能够为学生理解力发展提供反馈的途径, 从中可以看出, 学生在评价反馈中所体现出的知识, 反过来又可以为教师在理解力发展方面的教学提供设计指导.

二、评价项目的例子

下面描述的评价项目例子中, 学生被要求建构文字和可视化表述之间的联结, 并且在对所给信息进行理解的过程中, 拓展和应用自己的数学知识. 在学生向教师介绍自己的作业以及参与讨论时, 期望学生对自己的策略以及数学知识的使用进行反思, 以便修改和整理自己的数学结论. 通过对情境问题的数学思考与运用, 学生在数学内化上获得了长足的进步. 学生的策略、结论, 以及之后的讨论(都是一对一的, 以及全班参与的)提供给我们关于学生在概念理解上的有价值的信息.

1. 非正式评价

关于重现的评价通常是非正式评价. 接下来, 我们来看项目是如何提供学生参与思维活动的机会, 并且对联结和分析层次的推理进行了评价.

案例1 追赶问题

哥哥和妹妹比赛跑步. 哥哥希望公平竞争, 他在妹妹跑到 200 米标志处才开始出发, 下面是关于这次比赛的图表（图 3-1）.（改编自 Shafer & Romberg, 1999, p. 166）

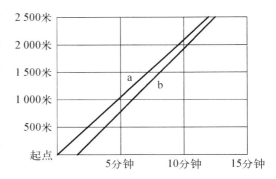

图 3-1 来自追赶问题的评价项目
（改编自 Shafer & Romberg, 1999, p. 166）

学生需要完成：标出 a 和 b 所代表的名字，并说明原因；谁赢得了比赛，失败者落后了多少米？谁跑得更快？给出理由.

以下是来自两个学生对案例的回答.

学生 A：

我认为 a 代表妹妹，因为她先出发，而 a 正好在起跑线上.哥哥是退后 200 米才出发，和图表吻合，b 是哥哥；妹妹是冠军，哥哥落后约 3 米；哥哥跑得更快，因为一开始的时候，他落后 200 米，而结束时仅落后一点点.说明，尽管他出发得晚，但是他是有能力追上的.

学生 B：

a 表示妹妹，因为 a 先出发，符合题意；a 赢得了比赛冠军，并超过对手 20 秒；哥哥跑得更快，因为他出发时落后 1 分钟，而到达终点时只落后了 20 秒.

2. 知识的拓展与应用体现

追赶问题要求学生对独立数据点与直线图的连续性之间的联系进行探索，并且从总体以及特殊点两方面对图像进行描述，并将图像与给定的情境之间的联系编写成故事.作为一个嵌入在教学材料里的评价，该问题允许学生对该子领域的代数知识进行拓展与应用.为了解决这个问题，学生要将最大值和最小值、斜率、题目和图表中所给的各种信息进行整合.因此，该问题创造了一种可供学生对数学思想之间进行联结的情境.

从案例学生的解答来看，学生 A 给出了正确的结论：尽管妹妹赢了比赛，但是哥哥跑得更快.首先，学生 A 指出了图表中已核实的路线；接下来，学生 A 指出哥哥落后冠军 3 米而不是 200 米.在具体实践中，这个解释需要对图表中的特定信息进行读取，为了更深入地理解学生 A 在代数方面的思维和知识，教师可以通过问问题来确定所认定 3 米距离的策略是否有效，并且提示学生对图表信息进行表述.学生 A 对题目中最后一个问题的回答，尽管是对的，但缺少数学的重点，使得教师对她图表知识的拓展和应用能力很难做出评价.更理想的反馈可以是：包括哥哥输给妹妹的距离，对开始时间和结束时间的探讨，或对直线斜率差的解释.

学生 B 对第一问的回答同样是正确的.不过，回答缺少关于图表与文本之间关联的清晰解释.在具体实践中，教师可追问该生的具体推理过程.在第二个问题的回答里，学生 B 选择用秒（而不是米）的形式来显示两者结束的时间差，尽管与众不同，但是同样适用和准确.在最后一个问题的回答里，学生 B 运用了图表中的信息来支持他的观点.在回答中，特别是第二个问题和最后一个问题的回答，学生 B 显示了自己拓展和应用代数知识的能力.

从上述案例中，我们可以看出，学生的回答提供了他们关于获取特定知识的能力，以及对图像整体信息进行加工和推理的能力.

3. 反思

案例 2　观察视角

观察视角评价项目（描述阴影是什么，阴影和暗斑之间的相似处是什么）的目的是引导学生对几何概念进行反思.

在评价项目中,学生要观察当视线(或光线)打在物体上时,暗斑(或影子)结构的变化.通过探索,学生会意识到,光线的类型(人造光源还是阳光)、视线的角度(或光线照射的角度)、给定物体的高度造成了暗斑的尺寸(或阴影宽度)的不同.为了完成这项任务,学生必须考虑光源和物体对暗斑(或阴影)尺寸的影响,然后对阴影和暗斑之间的相似性作推论.这个项目中,学生需要对教学中的数学活动进行反思,用分析来将情境数学化,探究自己的解决策略,用书面形式解释数学.同时,他们也需要选择是用图表还是模型的方式来支撑自己的推理,以便同学和教师可以理解自己的结论.(编者标注:无学生回答案例及相关分析)(改编自 Shafer & Romberg,1999,pp. 167-168)

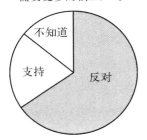

需要更多的核工厂吗

图 3-2 饼图计量评价项目
(Shafer & Romberg,
1999,p. 169)

4. 关系建构

案例 3 饼图计量

图 3-2 是玛丽、军、凯瑞和琳达在准备写一篇关于核工厂的文章时,收集到的一个扇形统计图,其中表达了对建核工厂的不同态度.

依据这个扇形统计图,他们分别表达了自己的理解.

玛丽说:"多数人反对."

军说:"是的,大概 $\frac{2}{3}$ 的人反对."

凯瑞说:"只有超过 60% 的人反对."

琳达说:"我感觉有 70% 的人反对."

对比这些说法,选出你认为最合理的,并给出理由.

以下是学生给出的一些回答.

学生 A:我认为玛丽的陈述是最好的.玛丽说大多数人都反对核工厂建设,而饼图中显示 $\frac{2}{3}$ 的人是反对的. $\frac{2}{3}$ 就代表大多数.

学生 B:我觉得军的是最棒的,因为军说, $\frac{2}{3}$ 的人反对,和饼图中所示相符.

学生 C:我觉得凯瑞的最好.她说,只有超过 60% 的人反对,与饼图中的显示接近,因为 $\frac{2}{3}$ 就是大约 66%(图 3-3).

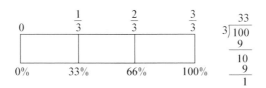

图 3-3 学生在确定分数的 $\frac{2}{3}$ 和百分数 66% 之间的关系时所用的策略展示
(改编自 Shafer & Romberg,1999,p. 170)

学生 D：我觉得琳达的是最棒的．她说，大约 70％ 的人反对，70％ 比凯瑞所说的 66％ 更接近饼图中所显示的 $\frac{2}{3}$．(Shafer & Romberg，1999，p. 169)

饼图计量评价项目是让学生建构数字子领域(分数与百分数)与数学整体领域(数字与统计)之间的关系．基于学生的不同回答，可以观察出他们使用分数和百分数知识的情况．其中，包括数感策略(A，B 和 D)和可视化工具——百分数条策略(C)．

书面反馈中所包含的信息或许不够，如果无法获得课堂互动中的依据，教师就要寻求别的依据．例如，教师可以问学生 D，是如何确定 $\frac{2}{3}$ 大约是 66％ 的，其反馈或许会是其识记的结果，或通过计算器进行了转换的结果．

5. 数学内化

案例 4　数据的视野

数据的视野评价项目是让学生明确地表达数字与数据图表之间的关系，并且明确地表达出基于数据所传递出的信息．学生要写一篇关于豆子随时间成长的报告．在这一评价项目中，学生对数据进行统计总结．这一过程中，他们提出了一些在数据分析过程中必然会出现的问题："数据的分布是怎样的？""存在异常点或丛集吗？""为了比较不同组之间数据集的情况，最初描点绘图时哪些是关键点？""哪个统计量最适合用来对数据进行总结？"如果数据中出现异常点，学生可能会选择中值来对数据进行总结，因为异常点不会影响中值．(编者标注：无学生回答案例及相关分析)(改编自 Shafer & Romberg，1999，pp. 170 – 171)

我们可以通过对学生小组互动的倾听，以及各类形式作业的观察来进行信息的收集．为了更好地表达思想和结论，学生试图从探索、表达、解释，以及数据分析等几个方面来加深数学的内化，并且改善数学论断以支撑结论．

正式评价

6. 单元末评价

案例 5　果酱行动

水果酱质量有高低之分，它取决于其所含水果的百分比：水果百分比越高，质量越好．

(1) 有三瓶樱桃水果酱，分别是 500 克的大瓶，含 43％ 的樱桃；350 克的中瓶，含 45％ 的樱桃；300 克的小瓶，含 55％ 的樱桃．你对这三瓶樱桃水果酱有什么看法？

(2) 这种黑莓水果酱的包装有大瓶(含 60％ 黑莓)和小瓶．在贴标签的时候，小瓶水果酱被遗漏了，请你补上这一百分数标签，并说明你的思路．

(3) 一瓶 450 克的黑莓水果酱，含 60％ 的黑莓，它含有多少克黑莓？并解释你的答案．

(改编自 Shafer & Romberg，1999，p. 172)

果酱行动评价项目可以安排在百分数单元评价中．在这个单元中，学生学习将百分数看作量之间比较的一个有效的统计方法．本单元不强调算法，而是让学生利用数学工具来支持自己的思路、估计和计算．这样，学生有机会在现实问题中建构对百分数的概念理解．

"果酱行动"的评价项目是由和百分数知识有关的三个问题组成的.因为该教学单元的重点不包含过程或思考百分数的特定背景,所以该项目关注学生数学内化的途径.此外,这一项目也能测试学生建立联结和分析的能力.

该评价中的问题(1)、(2)使得学生对百分数的相似性质进行反思和联结.问题(1),要求学生比较三种果酱的质量,结论需要学生考虑每种水果酱的水果含量,而不是果酱的大小和含量.问题(2),要求学生求出小瓶果酱中水果的含量百分比,需要学生掌握对百分数相关性质的理解:由于每罐包含的酱的配方是一样的,因此酱中水果的比例在每罐中必须是相同的.问题(3),在已知水果比例以及酱的总量的情况下,确定一罐酱中的水果的含量,在学生的回答中,他们要用合适的方法才能找出估计或计算水果含量的方法.

以下是学生对问题(3)的一些回答:

学生 A：采用百分数条来求解.

学生 B：450 的 10％是 45,60％是 6×10％,6×45＝270.

学生 C：60％是 $\frac{60}{100}$.

学生 D：10％是 $\frac{1}{10}$,60％是 6×10％,所以 60％就是 $\frac{6}{10}$,$\frac{6}{10}$×45＝270.

(Shafer & Romberg,1999,p. 173)

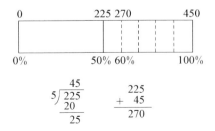

图 3－4　学生的策略
(改编自 Shafer & Romberg,1999,p. 173)

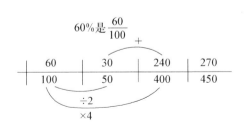

图 3－5　学生的策略
(改编自 Shafer & Romberg,1999,p. 173)

学生用了四个不同的数学工具：百分数条用来估计百分数,10％(作为基准)策略,比率表,分数与百分数之间关系的运用.

A 百分数条模型图

图 3－4 中所示的学生反馈包含了百分数条的使用以及用数感来确定 50％与 225 克是等价的,10％与 45 克是等价的.最后的水果含量是通过将 225 克与 45 克(50％＋10％)相加得来的.

B 10％策略

学生 B 所示的是基于 10％的数感策略,先确定 450 的 10％是 45,然后通过"60％是 10％的 6 倍"这一策略,用 6×45 得出答案.

C 比率表模型

图 3-5 所示的是学生在比率与百分数之间作出的联结.该学生写出了表示 60% 的比率,然后用比率表来将等价的比率集合起来,直到出现对应于 450 克的比率的出现.

D 百分数与分数间的关系

学生 D 所示的反馈显示了学生对于百分数与分数之间关系的理解,使用知识:10% 可以写成 $\frac{1}{10}$,60% 可以写成 $\frac{6}{10}$,然后将百分数的知识转化成分数的知识进行计算.

这些问题使得教师可以对学生知识运用的灵活度以及多种数学工具的使用情况进行评价.教师也可以在课堂教学过程中通过学生对问题的反馈来观察学生个体对概念与过程的运用能力的变化.随着教师对课堂交流与互动中学生个体作业信息的收集,教师可以更清晰地了解学生个体在特定领域知识的成长情况.

7. 期末评价

案例 6　摩天轮

摩天轮问题分为多个子问题.

问题(1),需要进行知识重现的整数计算.已知:共有 36 个篮子,每个篮子可承重 4 个人,要学生求出最大载客量.这一计算很简单,正如一位学生说的:"144——我把 4 加了 36 次"或"144,因为 36×4=144".

问题(2),将学生的注意力转到摩天轮图形上,需要学生确认篮子个数的方法.由于无法数出篮子的数量,因此需要学生拓展和应用圆的相关知识.尽管问题不难解决,但这个问题的解答很值得分析,因为它使得学生可以一题多解.有学生的反馈包括:"将摩天轮分为两部分,数出每部分的篮子个数,再乘以 2","数一半的篮子数,然后乘以 2".还有学生找到了更为现实的方法.例如,有学生回答只包含数数这一领域的知识:"当摩天轮是满的时候,先数有多少游客从上面下来,再除以 4".(改编自 Shafer & Romberg,1999,p.174)

问题(3),学生要用到更为抽象的理解.从远处看,摩天轮像一个大圆,学生想象坐在篮子里,然后画出自己的运动轨迹.这个问题可以观察学生如何将问题情境数学化,并且容许学生自己发挥.问题使得学生可以拓展自己的几何知识,以及在情境问题数学化的过程中学会数学的内化.

图 3-6 所示了两个解答.第一个解答,首先画出了从圆中央垂下的篮子,然后画出以篮子为中心的另一个圆.第二个解答,圆被均分了,篮子被画在每个分点上,然后以篮子的轨迹作另一个圆.这些解答殊途同归,都可以从中找到学生将数学内化的依据.

问题(4),给出了摩天轮以及一部分放大的图(图 3-7),要求学生测量由轮轴所形成的角.此题的设计意图是:让学生找出数学思想

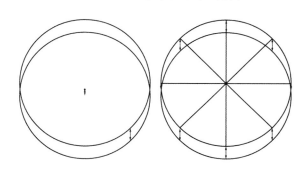

图 3-6　摩天轮评价项目中的学生回答
(改编自 Shafer & Romberg,1999,p.175)

之间的联系,选择合适的数学工具,运用圆的相关知识.这里,学生可能会选择量角器来量角度,或根据分割的个数来进行计算.(Shafer & Romberg,1999,p. 175)

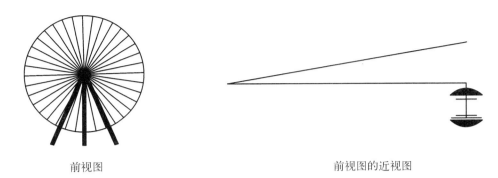

前视图　　　　　　　　　　　　　　　　前视图的近视图

图 3-7　摩天轮放大图(改编自 Shafer & Romberg,1999,p. 176)

　　问题(5),给出了摩天轮的一个部分的放大图(图 3-7),问题是凯斯认为图中画和实物实际不是一个尺寸,请解释为什么凯斯的说法是正确的.该题的设计意图是考查学生对于相似概念的表征能力,以及对作图比例的理解,从而拓展和应用数学概念.在解答过程中,学生需要检查角度和篮子的尺寸.要注意的是,有学生可能给不出完全的推理过程.例如,如果是正确的话,那么上面的篮子会打到下面挂着的篮子;或因为篮子更大一点等这样的回答,这些也折射出学生个体的思维,可以连同其他依据一起来对学生的领域知识进行评价.(改编自 Shafer & Romberg,1999,p. 176)

　　刚刚所讨论的评价既提供了学生接近不同于课本的实际问题的机会,也提供了学生表达与几何和比例有关的非一般性问题情境问题解决思路的机会.学生的反馈可以提供他们在新情境中运用数学知识的能力依据,准确表达对领域内概念的理解,以及在问题情境数学化过程中进行的数学内化.

　　8. 理解力成长评价

　　为了对学生概念理解力进行评价,教学过程中的评价项目关注于学生在新情境中运用已知知识的能力;数学思想之间建立的新联系;以及应用在问题解决中的推理水平.例如,对有理数概念的评价,开始是基于学生对于有理数的直观认识的项目,然后将其与分数、百分数、小数以及比率等运算相联系.评价项目也关注数不同表征之间的关系,基于这些联系之上的计算的灵活性,支撑有关有理数概念推理的数学工具,及其对推理的描述等.以下案例从不同层面对这一概念进行说明.

　　案例 7　三明治

　　三明治评价项目是 5 年级数概念第一单元末评价的一部分.本单元主要向学生介绍了分数的加减乘除中使用数感策略而不是正式的计算.

　　问题:是否一个 78 英寸长的三明治可供 25 个人分,给定每个人分得 $3\frac{3}{4}$ 英寸长.(改编自 Shafer & Romberg,1999,p. 177)

　　在学生的回答中,有学生 A 详细阐述用到"重复加法"策略的结论.在具体的解答里,学生 A 先找出可供 5 位学生的三明治长度，然后求出供 5 组 5 位学生的三明治的长度．计算中的较小误差 $\left(18\frac{3}{4}+18\frac{3}{4}=33\frac{1}{2}\right)$，造成了三明治长度的不准确．但是，由于学生的计算结果大于给定的三明治长度，所以不影响结论．在写出结论之后，该学生又写出了她的解题策略，从中可以看出在向教师和同学汇报之前她已经对问题作了反思．

案例 8　时间分数

时间分数评价项目也是单元末评价．本单元的重点是分数的常规四则运算，以及分数、百分数、比例、小数之间的关系．

时间分数问题：某家报纸对 600 人进行调查，来确定最受欢迎的市长候选人．要求学生用分数描述，但表述方式不限，来表示每位候选人的选票．（改编自 Shafer & Romberg，1999，p. 179）

这里选用学生 B 的估算策略来进行分析．该生选择将分子进行近似处理，直到自己有能力进行计算．例如，将 $\frac{182}{600}$ 写成 $\frac{180}{600}$；然后进行约分化成 $\frac{18}{60}$，$\frac{9}{30}$，$\frac{3}{10}$；最后用约分后的分数来表示结果．学生 B 展示了 $\frac{182}{600}$ 与近似值 $\frac{180}{600}$ 的差距，同时也显示了他对分数、除法之间关系的知识掌握情况，以及小数计数．

在评价学生个体能力随时间成长情况时，所收集的依据可以以数学知识成长的形式进行总结．假设之前的依据是来源于一位学生的进步过程，接下来的问题可以指导对其领域知识进步的思考："学生是否在使用领域数学概念及过程中获得了大量的方法和策略？""学生对符号与过程的使用是如何随时间变化的？""在什么情境下学生会使用非正式方法？又是何时使用更多正式的符号和过程？"这一系列的问题可以由更多特定领域的具体问题加以补充．基于有理数的概念，可以补充如下问题："学生在分数、小数、百分数和比例之间建立的是什么关系？""学生如何利用分数、小数、百分数和比例之间的等价关系进行解题？"这样的问题可以带给教师关于学生理解力成长方面的反思，并且可以成为数学知识随时间成长的综合依据．

三、实施基于域的评价中遇到的教师鉴定问题

用基于域的方法来证明学生理解力时，教师将思想从"教学单元结束即掌握技能"转变为"随时间发展对概念的理解"．这说明，学生不需要在对知识比较生疏的情况下，在下个单元（或年级）开始前实现对概念的掌握．

> 这就像是和实施者一起走钢索，就像经常说的那样，我们还是会希望可以实现对概念的掌握……问题是，我们是否可以将过程做得更好，或者是否应该说，"好的，东西都在这儿，这个，这个，这个，好的，下面来看下个单元．"你永远不知道该如何划分界限（Shafer，1996，p. 98，转引自 Shafer & Romberg，1999，p. 181）．

以上这位教师的反思强调的是理解式学习方法的重要性，配套该方法的特定课程的规划，以及当计划创设评价机会时所要考虑的特定概念（课程中的）的教学顺序．

对于刚开始实施基于域的课程的教师而言,在创建课程领域内的联结以及开发能够起评价作用的特征问题上,还是具有很大的挑战性.

> 关于单元本身,我认为我不了解之间的联结,或许以前或下一年会了解……这些事对我们来说出现得很慢……更多的是我正在一天天沉浸在挣扎中,但是我知道的是,随着我们的成长,这些东西会越来越显而易见(Shafer,1996,p. 93,转引自 Shafer & Romberg,1999,p. 181).

在教师指南中,对它进行列举并不够,但是随着教师不断地教授理解式数学,他们会逐渐明晰这些联结,在教学中建构它,并且用它来对学生的知识成长进行评价.

对于正式评价来说,它也需加以改变以评价学生对数学思想之间关系的理解,以及对数学分析的使用.随着教师对理解力的不断关注,他们开始意识并寻找在反馈中呈现的推理等级间的区别.

随着评价的变革,教师面临新的问题——更难的评分任务,以及对学生在逐渐复杂的情境中的知识运用能力的评价.丰富和开放的题目更可以显示学生个体的技能与概念理解.因此,相应的反馈也会更难诠释,或许好的评价实践最重要的一步就是对学生反馈的理解,不单要理解书面和口头交流的实际内容,还要理解其实际意义.

> 自然地,学生对过程要清晰描述.所以,交流分应加入到评分中去.还有,对主题的探究程度并不等同于交流程度……(Van den Heuvel-Panhuizen,1996,p.85,转引自 Shafer & Romberg,1999,p. 182).

寻找合理答案往往比寻找正确答案要好.这就意味着要站在学生的角度看,以确定答案的意思或学生的推理过程.这样的方式使得评分更加公正;同时,为学生掌握情况提供了更多的信息.尽管评分准则可以在打分前编制,然而学生对问题的意外解释也应该在评分过程中加到细则里面,以便更好地进行分析研究.

另一个问题出在教师记忆力的局限上.如果教师能把在课堂上进行评价所收集的信息编制成文件,这不仅可以使教师能够在评价学生进步情况时进行查阅和反思,还可以在与家长及教师同事开会时进行分享.将信息整理成册并展示,可以使得教师对学生理解力评价的信心得到加强.

四、结论

这里,主要探讨了什么样的方式可以更好地对学生在理解式数学学习过程中的成长进行评价.寻找测量关键认知活动的方法,它需要的不仅是基本技能掌握情况的测量,以及标准测试所提供的记忆性的项目.如果我们要让人们相信数学理解是有价值的,那么我们就需要设计和实施展示其有价值的方法.

当然,评价结果要以易懂的方式报告给学生、家长以及其他教师.如果我们要真正理解学生的想法,那么就需要保持信息的丰富度.如果信息只覆盖了一个年级或数字化的分数,那么将传统测试(及教法)用多样化资源代替也没有多大的益处.

随着文件记录形式的使用,更多的关于学习、成就、认知过程以及理解力的个人档案和组别档案会被开发出来.这些档案不仅起记录作用,同时也是一种更丰富的资源——为后面的教学方案提供参考,为学生的成长成就绘制出更深层次的路线.

在这里,我们引自谢弗和龙伯格(Shafer & Romberg,1999)的研究介绍了一个可能的评价项目,并指出其中的挑战和可能的应用.这里介绍的只是模型,且仅仅是开始,随着我们向课堂层面的延伸,需要进一步反思.同时,随着越来越快的技术革新,我们认为,对有价值数学的掌握(数学的理解抑或公式与过程的记忆)都会发生改变,并对测量与报告"成就"的方式进行重组.

3.1.3 图式知识评价

在这部分,我们将介绍一种认知的科学方法来评价高层次思维,引介于马歇尔(Marshall,1990)的研究.引入这一方法的一个基本前提是:为了使测试中所作出的改变有意义,我们需要引入关于教学和测试循环的三个相一致的中心元素,分别是:关于专业知识领域的概念;该领域的学生学习模型;对于测试项目反映知识领域和学习情况的期望值.在接下来的具体介绍中,讨论以算术故事问题为载体,解释所相对应的评价模型的含义,并且给出一些评价项目的例子.

一、评价模型的意义

在测试上,我们通常做的包括如下三个部分:所测试的主题、学生关于该主题的知识的掌握情况,以及所对应的测试.这三部分可以简述为图 3-8 的关系.测试就是将学生对知识的理解表现出来的媒介.尽管这三个部分之间有着清晰且紧密的联系.例如,对知识掌握情况的测试,应该充分地对该领域的知识进行覆盖,但这个关系中漏掉了一个重要的部分,也就是关于记忆的综合模型(图 3-9).记忆模型的作用是将学生学习、学习重点以及

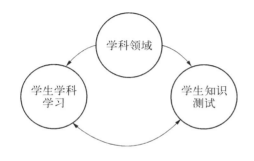

图 3-8 测试过程
(Marshall,1990,p.156)

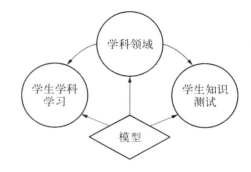

图 3-9 模型驱动下的测试过程
(Marshall,1990,p.156)

对重点内容的测验整合起来. 我们可以用它来解释学生在学科领域内对哪些知识进行了编码, 又是如何编码的; 根据我们对学生的学习期望, 可以用它来对领域内的知识进行模型架构; 它还可以为测试的设计提供基本原理. 不仅如此, 记忆模型通过协调一般知识表征中的不同部分, 来驱动整个测试过程. 它可以指导我们对于该领域的分析, 可以提供有关学生模型的框架, 可以为我们解释测试结果提供理论基础.

目前, 我们一般不会使用图 3-9 中的那种整合模型, 而是些独立的模型, 如, 作为信息集合体的学科领域模型, 以及基于分层抽样与独立信息所构建的测试模型. 因此, 测试无法反映我们所希望评价的学科领域观点. 这一矛盾冲突可以被称为分裂与整合. 为了应对这一矛盾冲突, 马歇尔 (Marshall, 1990) 采用了一个新的模型——图式: 它们是由很多独立信息组成的, 但是在学生的头脑里有着很好的联结.

具体的解释, 可以简化成图论的形式来进行. 考虑一个有若干节点或点的图 (图 3-10), 节点可以有若干联结, 联结指向的是不同的片段, 如图 3-10(1) 所示, 或者是所有的片段都联结在一起, 如图 3-10(2) 所示. 在一个联结良好的图里, 每一个节点都可以与另外的节点通过联结达到互通. 在一个存在一些联结的图里, 路线都很短, 并且大多数的节点都不能与原始节点联通. 现在假设我们选取一些未知联结信息的独立节点, 然后对每一个特定节点的存在性与不存在性进行测试. 当一个节点的不存在性表明它不可以与其他节点产生联结时, 与之相反的存在性也并不表示可以产生联结. 事实上, 对于如上的例子, 我们无法获知任何有关联结的信息. 我们只能知道节点的联结在图中是存在的. 对于图的充分描述需要包含至少两个方面: 节点的数量和联结的程度. 我们目前的测试只能反映前一个要素——独立元素的个数.

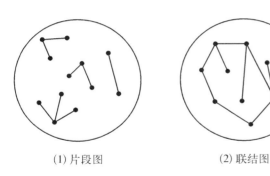

(1) 片段图　　　　　　(2) 联结图

图 3-10　简单图 (Marshall, 1990, p.157)

将学科领域和学生所掌握的学科领域, 用图的方式描绘出来是很有用的. 在领域图式里, 我们将重要事实、概念、策略、过程以及支配整个领域的原则集合在一起. 图式特别适合做学科领域的呈现, 因为它使得我们可以建构灵活的模型. 任何特定的信息节点都可以与其他节点联通, 并且不存在特定的法则规定可以取回节点. 图式使我们可以建构一个信息网, 网中的信息来源于对任意一个节点的评价.

图式作为学生学科领域知识的模型也是恰当的. 其结构与最新的神经心理学和认知科学相一致 (例如, 语义网络、平行分步加工、联结主义). 有关学生知识的图式或网络比学科领域的理想图形要简单得多. 随着学生学科领域知识的专业发展, 他们的图式会与理想图形接近,并且伴随着更多的节点和更多的联结.

这一图式使得我们对测验有了一个新的视角,即对于形成学科领域知识的良好联结体的等级评判. 显然,如果领域是由节点和联结所构成的,那么对于领域的测试就要对节点的存在性和不存在性均进行评价,同时对于学生知识中联结的程度也要进行评价. 为了设计此类测试,我们需要一个成熟的有关学习和记忆的心理学模型来对"学生图式"中的内容进行定义,同时对学生知道的和不知道的、已知的和未知的知识进行评估.

关于图式知识评价的具体构思则建立在相关的心理学理论基础上,其中最重要的是图式理论.

1. 图式理论

马歇尔曾提出了一个明确的关于图式本质的观点(Marshall,1989). 图式有四个基本构成成分,每个成分都代表了一个对于图式的发展和运用都很必要的不同种类的知识. 这四个构成是:(1)特征识别知识;(2)约束知识;(3)规划知识;(4)实现知识.

特征识别知识:这一部分包括帮助一个人识别图式的决定性特征、特点以及事实. 特别地,对于运用图式的情境,人们期望能拥有它的原型案例以及一般描述.

约束知识:关于图式运用的法则和限制. 这些约束细化了图式所需要的重要信息. 比较容易想到的是,将这些部分看作是情境组成成分间的隔板.

规划知识:这部分的知识涉及目标设定、期望构建,以及问题解决规划步骤. 本质上,规划是特别重要的. 解决方案是自下而上形成的.

实现知识:这一知识是步骤、法则,或可以实现目标和子目标的算法.

每一部分都可以看作是有内部联系的知识片段的独特的网络. 网络内部联系越紧密,到达它的任一部分就越容易. 这些部分也同时在一个更大的网络中相互联系;在一个建构良好的图式中,任一部分与其他部分都是联结的. 同样的道理,在一个好的问题解决者的记忆里,图式在整个学科领域的范围内联结在一起.

基于这一结构,我们在图式知识的评价中有一些等级和许多部分需要考虑的. 我们可以就单个部分进行提问,如特征识别部分是否构建良好. 我们可以通过考查两个或两个以上的特定部分是否联通来判断图式的联通性. 或者,我们可以通过考查图式之间的联通程度来研究图式网络的联通性.

2. 图式知识评价模型的特殊性

与其他的测试理论和模型相比,马歇尔(Marshall,1990)认为图式知识评价模型具有一定的特殊性,主要表现在如下层面:

(1)抽样问题

测试理论的发展通常取决于抽样理论. 例如,假设测试项目是领域内知识的随机抽样. 也就是说,项目的每一个抽样都有平等的作用,基本原理就是假设所有的项目对于领域知识有同等的代表性.

不过,就图式方法的测试模型来说,不同项目测试联通性具有不同的等级(例如,在一个部分的网络里、图式网络里,或者领域知识的网络里).所有等级对于图式知识的评价都很重要,但是所测试的项目的地位并不是同等的.它们不能被看作一模一样的抽样产品.这一点是两个理论在领域知识测试中的基本不同点.而在抽样模型中,领域中的测试元素都是同等重要的,但是在图式理论中则不同.

(2)独立性和启动

关于标准测试理论,常见的情况是假设项目都是独立的,意味着:对一个项目反馈的能力不影响对另一个项目的反馈.假设我们只有两个项目,分别测试不同的知识点,如果知识点之间是相互独立的话,那么学生对第一个问题的记忆检索不影响第二个问题.

而如果信息点在图式中是联通的,那么它们的反馈就要相互影响.该过程称为激活.激活的发生取决于项目之间是否具有独立性.

激活是网络的一个重要特征.一旦网络中的任一成分被激发,与之相关的其他部分就会在一定程度上被激活.考虑到激活的性质,人类的记忆里储存了大量的知识片断和碎片,它们都被储存起来,并且不容易被激发(例如,我们"知道"的事实往往不能回溯得出来).我们对于特定事实的回溯的意识取决于在回溯过程中所涉及的相应的知识片断的激活情况.能够被激活的部分成为有效记忆的一部分,而只有有效记忆中的知识才可以在认知过程中出现.

与此相关的是关于激活的独特视角,称为启动(primming).启动在心理学中被广泛研究.它是关于:由一个信息片断的激发而引发的其他相关信息的回溯的方式的改进.例如,为了解决两个问题中的第一个问题,我们回溯了一个知识点(为了直接解决这个问题),第二个知识点因为和第一个知识点相联通,所以也被激发了.这第二个知识点就被启动了,并且为下一个问题认知过程的发展做了准备.拥有认知联通网络的个体会更倾向于对第二个问题反馈的回溯;而拥有零碎知识的个体会需要再一次进行记忆搜索以获得正确反馈.如果学生只掌握了两个知识点中的一个,那么对他而言要想获得第二个问题的解答就很困难.

(3)陈述性知识和程序性知识

初等数学测试倾向于有两种类型的项目:需要进行计算的项目,以及需要进行识别的项目.计算题评估的是学生执行一系列法则或程序的能力,如方程的求解.识别题评估的是学生对于特定事实、概念或特点的识别能力,如对菱形的辨识.

这两类题目与两个著名的有关记忆的心理学概念有关:程序性知识和陈述性知识.一方面,程序性知识由"如果—那么"的结构组成,这样的结构使得我们可以通过对"如果……"的部分进行评估来处理加工知识.不论"如果"是真是假,"那么"都会出现.加减乘除的算术算法都被人们假设成是用这种方式在记忆中编码的.一些数学知识不需要计算,只需要进行查验,这就是陈述性知识.例如,像圆形和三角形形状命名这样的知识.

图式理论同时包含陈述性知识和程序性知识.很多特征的识别都被陈述性地储存了.相似地,约束知识和实现知识与所学的程序步骤有关.基于图式的评价超越了陈述性知识和程序性知识的评价,并且包含了对程序性知识和陈述性知识在问题解决中同时作用的效果进行评估.

3. 测试的影响

为什么教育学家和心理学家设计了传统的测试框架?最基本的一点就是,它是符合统计学原理的.如果一个人在这样的测试中,如试题都是随机抽取的,并且重要性相同,又相互独立,得了一个分数,那么我们就可以用平等的眼光看待他的分数,并且用正确或错误来给每一题打分,将分数进行加和.然后,我们可以通过观察总分,算出平均分和标准差,来进行统计试验.然而,这些过程都是考查考生的理解水平的有限指标.

二、SPS 中的图式评价

1. SPS——故事问题解决者(Story Problem Solver)

SPS——故事问题解决者作为图式评价的载体而开发,是为成人学生提供关于算术故事问题的教学而进行的.在现有的研究中,SPS 主要用在代数补习班或大学新生中数学基础较弱的学生中.

2. SPS 教学

SPS 教学的目的是使得信息以这样一种方式呈现:促进学生形成关于算术故事问题的强有力的图式联结.图式的焦点是描述故事问题中出现的五种语义关系——改变、分组、比较、重置和改编,这样领域知识就描述成包含五个基于语义关系的基本问题解决图式.教学侧重于语义关系和强调重要的特征识别、约束、规划知识,以及与它们相关的实现策略.教学期望是学生在完成了整个教学后,可以建构一个基于语义关系的图式,可以运用图式来解决复杂的故事问题.

在教学中,学生凭名称认识这些基本语义关系,并且通过一系列不同的教学环节来关注这些关系的特点,在这其中,他们学到了每种关系存在的必要条件,并且形成在多步的故事问题中定位关系的能力.

马歇尔(Marshall,1990)用五种类型题来评价 SPS 中的图式知识.第一种题目类型是一个识别任务,用来评估特征知识的复杂性.形式并不新颖,是那种建立在传统数学测试基础之上的题目.这类题目的目标是让学生识别出问题中所描述的情境.学生不需要计算出算术结论.通过转变对计算的重视,SPS 帮助学生专注于对问题中所表述的关系的理解,以及这些关系是如何嵌入故事情境中的.这种理解能力的一个重要部分就是关键特征的识别.

图 3-11 是第一类题的一个可供选择的版本.在这里,学生通过选择代表情境的图表而不是选择情境的名字来进行反馈.

解　释	指导：用鼠标选择最适合该问题的表征图片
给学生指导待解决的问题	杂货店里，红苹果 89 美分一磅①，青苹果比红苹果便宜 40 美分一磅，所以青苹果是 49 美分一磅
学生点击图片进行反馈 正确答案是右下角图，表示重置	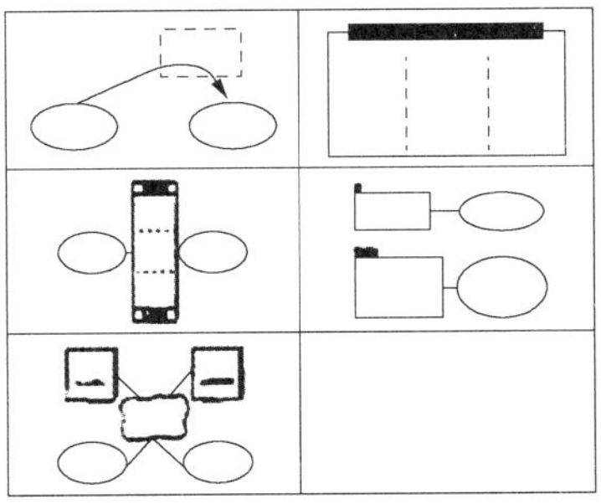
	确定　浏览

图 3-11　特征识别知识的评价项目：图表（改编自 Marshall，1990，p.162）

第二类题的类型强调对单个图式中出现的不同元素的理解. 对于这个任务，SPS 在计算机辅助教学中使用了图表. SPS 中的一个重要的目标是让学生形成关于故事问题中出现的基本情境的合适的图式. 对于每一个图式和相应的情境而言，我们有相应的特定限制. 这些限制的中心是：构成情境的不同元素或部分. 图表对这些部分作了强调. 学生最终要形成这样的能力：在不依靠额外图表帮助的情况下，将新问题组织成合理的图式. 在教学最开始的时候，图表的作用是将问题中的关系呈现出来. 因此，考查约束知识的测试题应由通过正确图表来表述的问题构成. 要求学生将问题中的片段（单词或短语）填入表格的对应部分. 图 3-12 给出了一个例子.

解　释	指导：将问题中呈现的部分分别填入图表的矩形和椭圆形中
给学生指导待解决的问题	Mary 存了 700 美元去度假，为了准备度假，她去超市买东西花了 250 美元，现在她只剩下 450 美元用来度假了
学生通过鼠标选择合适的词或短语填入图表进行反馈 正确答案：700 美元填入左边的椭圆，250 美元填入矩形，450 美元填入右边的椭圆	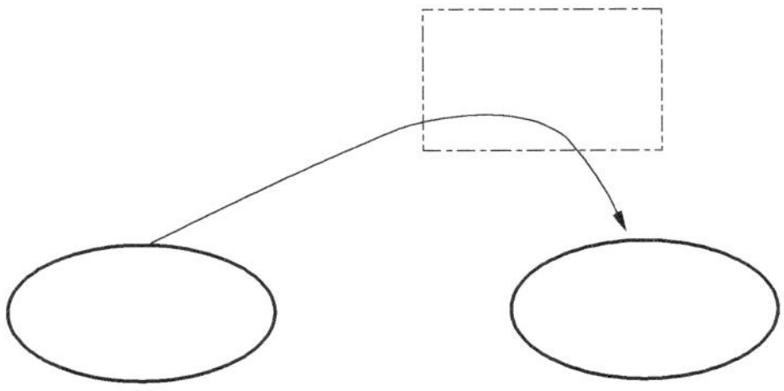
	确定　浏览

图 3-12　限制性知识的评价项目（改编自 Marshall，1990，p.163）

---

①　1 磅约 0.45 千克.

认知视角所要考虑的一个基本问题就是：知识的整合.在算术故事问题领域这种整合体现在多步问题中.SPS 的教学的一大部分专注于多步问题，所强调的是：对于故事中主要情境（问题）的识别，以及对于次要的情境（子问题）的识别的必要性.同样重要的是，对于图示与相应的图表是如何匹配的这一类的认知.对于多步项目的理解的评价分为两步：第一步，简单要求学生对与所提出的整个（或基本）问题相一致的情境进行识别和命名；第二步，对于完全解决问题前所要回答的嵌入（或次要的）问题进行识别和命名.这一任务的完成取决于学生对步骤的规划能力.学生必须选择符合特定图示的特征知识和约束知识.一旦符合，学生就要制订问题解决方案.由于是多步项目，解答中需要给出整体回答之前的嵌入性子问题的解答.为了将评价学生对整体情境和次要情境的理解放在首位，SPS 所使用的问题都需要经过两个步骤得到解决，并且要求学生在每步中都要对相适应的情境进行识别（图 3-13）.再次重申：不包括算术解答.

解释	指导：阅读以下问题，用鼠标选择进行反馈
给学生指导待解决的问题	格林维尔（Greensville）距梅普尔格罗夫（Maple Grove）有 40 英里①，雪松城（Cedar Town）距梅普尔格罗夫有 13 英里，橡树区（Oak Corner）比雪松城与梅普尔格罗夫的距离远 15 英里，哪个镇离梅普尔格罗夫比较近？格林维尔还是橡树区？
学生第一反馈：选择整体情境，正确答案是"比较"	整体：改变 分组 比较 改编 重置
学生第一反馈：选择次要情境，正确答案是"重置"	次要：改变 分组 比较 改编 重置

图 3-13　计划性知识的评价项目（一般性框架）（改编自 Marshall，1990，p.164）

另一类专注于多步问题的项目同样需要学生对解题步骤作规划.该任务包含图表.要求学生辨别图表中的哪些部分是可以用问题中的已知信息作填充的，哪些部分只能通过嵌入问题或次要问题的解决而得到填充，以及哪个部分与所提问题相一致.图 3-14 给出了这样的一个项目.

最后，SPS 中的第五类项目的目标是评价学生在给定情境下选择合适的运算的能力.这些项目伴有不同的情境，并且在此基础上设立多种不同的问题.情境最核心的不同点是关键.我们希望学生基于根据自己对关键词的理解，而不是固守成规.评价中使用的项目要求学生选择合适的数学方程、等式或表述来表达他们的正确解答.图 3-15 是一个例子.

①　1 英里约 1.61 千米.

解　释	指导：阅读问题及以下图表,判断必要信息是否已经给出,你是否可以通过给出部分回答而找出隐藏信息,或是可以直接给出最终答案
给学生指导待解决的问题	朱莉为公寓装修准备了 1 200 美元的预算,她找到了一间租价 625 美元的五人间,价值 350 美元的床,价值 195 美元的衣柜,如果还剩下钱的话,还有多少供她购买余下的杂项?
	已经给出　　部分答案　　最后答案
学生通过鼠标将问题中的词或短语填入图表中 正确反馈：左边椭圆（改变量）,右边椭圆：最终结果（问题的整体未知结果）	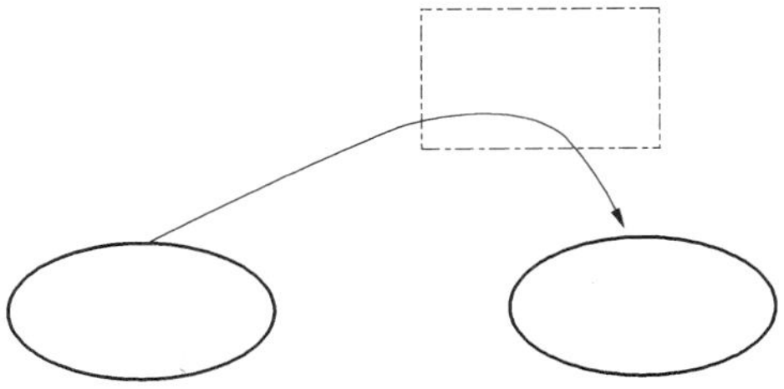
	确定

图 3-14　计划性知识的评价项目(特定部分)(改编自 Marshall,1990,p. 165)

给学生的指导：阅读下列问题,选择你可能需要的步骤.
待解决的问题：爱丽丝带着 35 美元去杂货店,买过东西后,带着 19 美元回家了,她花了多少美元?
可能的步骤： 35 美元加 19 美元; 35 美元乘以 2 再加上 19 美元; 35 美元除以 2 再加上 19 美元; 35 美元除以 19 美元

图 3-15　实现性知识的评价项目(改编自 Marshall,1990,p. 166)

　　这五个项目类型针对学生问题解决所提供的信息比传统项目所提供的信息更加多样,因为传统项目主要是要求学生求出答案. 从第一类项目中,我们可以窥见学生对于每个图示的特征知识的建构. 从第二类项目中,我们知道学生是否完全理解了情境的不同部分以及这些部分是如何联结在一起的,这一任务需要的是约束性知识. 从第三类和第四类项目中,我们可以看出学生是否可以组织一个解题计划并且将图示联结起来. 最后一个项目类型测试了学生的实现性知识.

　　如果想要获得关于学生是如何加工信息,以及整合并运用知识的能力的信息,我们就需要构造这样一种可以为这种能力的测试提供特别视野的测试项目. 一种选择是：构建像之前提过的那些项目——针对问题解决中的中间步骤进行提问. 另一种选择是：提出一般性问题,并将反馈用一种完备的学习理论的形式表述出来. 在接下来的关于图式开发上的讨论中会有些相关的例子.

三、SPS 的相关评价以及图式开发

上面提到的评价项目还只是图式知识评价的一部分.为了更好地了解评价学生的知识和能力,马歇尔(Marshall,1990)研究还设置了一些访谈,让学生陈述对于语义关系的一般结构的理解.问题都很宽泛且开放(例如,"谈谈你对数学中'改变'的看法"),答案不唯一.

更进一步,研究针对类似"谈谈你对数学中'改变'的看法"这样的问题的三类一般性反馈进行了观察.首先,很多学生仅对 SPS 中用来介绍语义关系的最开始的例子有印象,一些学生用 SPS 之后所举的例子来描述"改变".偶尔有一位学生通过使用练习问题来给出描述.相当罕见的反馈是:用一系列的独特的例子来说明这一语义关系.综上,学生不具备给出对语义关系的一般化描述的能力,并且只能通过例子来进行讨论.

研究中观察到的第二种反馈,是对于抽象陈述的简洁化.例如,"改变发生在事物增加或减少的时候".这样表述的学生通常不具备用高于举例的方法来对描述进行润色.

最后,同样发现,一些学生可以用条件和约束所定义的形式来为一种关系给出准确的描述.例如:"改变随时间的推移而发生,并且包含三个要素:最初的量、改变量以及最终量."这些学生具备举例的能力,并且对于描述的每一部分进行详细阐述.

从学生的反馈以及用来建构 SPS 的图式理论中,可以做出以下关于学生对语义关系的理解的阶段.首先,采用例子来进行描述的是最基本且能够反映理解能力的最低水平.随着学生对于关系的认知和熟悉程度的增长,他们可以对关系进行一般性的描述.一旦到达这样的水平,他们的能力不会再重新返回到举例说明的层次.马歇尔(Marshall,1990)在一些组别的学生中对于这种理解力的发展进行了观察追踪,没有发现不支持以上说法的例子.用约束的形式进行描述的方式对学生而言意义重大,在这种反馈中,学生试图用充足的信息来描述特定的关系会出现的情境.同样,也没有发现学生的能力有上述回溯的情况.

在图式知识发展上,马歇尔(Marshall,1990)发现,学生首先通过在记忆中对能说明该知识的一个突出的例子进行编码,从而进一步学习.这通常是来源于教学的例子.随着理解的深入,学生将知识架构成记忆网络,并且生成属于自己的说明性例子.例子通常来源于自己的经验.这些例子显示出新信息与已有信息之间的整合.随着教学的跟进,学生有能力给出抽象的特征描述,在这一理解层面上,学生对于例子之间的相似点进行识别,并且可以用一般的形式清晰地表述它们.

从评价的角度来看,图式知识评价的重要性在于:答案不唯一.它的价值不在于判断答案的正确性,而是在于评估学生反馈中所体现的理解力水平.

四、结论

如今我们有很多关于数学和科学的新型测试,心理学的认知模型以及认知过程可以为新试题的编撰提供理论基础.基于图式的评价方法已然给数学教育者和测试研发人员提供了广泛而多样的选择.图式理论就是一种对所要评价的领域知识的组织方式.就其本质而

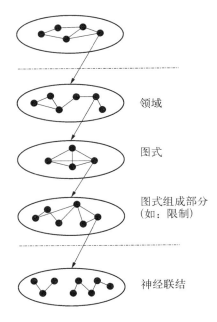

领域

图式

图式组成部分
（如：限制）

神经联结

图 3 - 16　网络的水平级
(Marshall，1990，p.168)

言,图式将我们的视角重心从单独的片段知识上转移到了连贯的知识网络.

很多教育者已经公开要求对"高层次思维"进行测试.该思维究竟包含什么？迄今为止对于该问题有很多解释,但是很少有操作方面的定义.图式理论的模型可以将这一构想付诸操作实践,只要教育者率先将这一构想作为教学的基础,测试开发人员就能将它融入测试中.

图式理论的一个优势在于,它提供了一种将认知科学和数学评价合并的方法.它不仅与课程水平上的宽泛单元容易联结,与小单元(如同神经科学模型所研究的)联结也是容易的.图 3 - 16 展示的是关于这个关系的一般化图示.依据不同的评价目标,从个体图式到课程整合,我们可以聚焦于对不同层次知识的评价.

图式理论已然成为教学系统和相应的评价系统的理论基础.它证明了将评价聚焦于知识的整合比聚焦于知识的片段更有效.它为数学思维评价的改进,以及将认知科学与相关的评价领域的合作提供了基础.它的价值在于,将如下这三者协调起来：要测试的内容、学生如何学习它以及测试如何去检测它.

3.1.4　认知水平的 SOLO 评价模型

SOLO 评价模型在这里是作为一种不同于传统评价中注重结果的概念化评价.这里将对 SOLO 评价模型作一简单介绍,并提供具体使用实例,相关内容主要是引介于佩格(Pegg，2003)的研究.

一、SOLO 模型

SOLO 模型(在早期的作品中,通常称之为 SOLO 分类法)最初是在比格斯和科利斯(Biggs & Collis，1982)的文章中作为智力发展的总体模型来描述的；后来,在后续一系列的文章中不断被修饰完善.SOLO 理论可以追溯到皮亚杰(J. Piaget)发展概念以及 20 世纪 70 年代的信息处理概念.它同大量作者都提到的新皮亚杰构想有着很大的共同点,这些作者有卡斯(Case，1992)、哈尔福德(Halford，1993)以及费希尔和奈特(Fischer & Knight，1990).

在 SOLO 范畴分类法中,教师或研究人员的任务是要分析学生各个想法的模式,要能够分辨学生思维中个性化的变量内容与推理的方式或结构.这个过程就是分清结构与内容.这里有一个矛盾：过少的相关内容会使得描述词缺乏关于学生以及他们发展的具体信息；太多、太仔细的内容则会使其产生提供的理论应用性和价值性大打折扣,因其只能运用少部分描述词在学生身上. 于是,SOLO 理论提出了一个折中平衡的理论观点,它能和每一个个体相关,但同时能关注一个具体的主体领域. 反过来,这个理论深刻理解了团体理解力的情况,对于课堂教学是非常重要的. 这样,SOLO 理论是存在于社会化构建主义传统之中(Ernest,1992,1993).

SOLO 理论和皮亚杰理论最根本的不同关注点,在于从关注一个个体发展的内部构造到关注学生反馈回答所展现的学习质量. 从一个 SOLO 的观点出发,理解力被看作更为具体化甚至具体情境中的个人特色. 因此,SOLO 的出现是作为一种描述个体在特定时间里表现情况的本质结构,而这仅通过一个人的反馈来测定. 描述任意反馈回答的结构就是单纯地描述其本身,不含所谓地展现一个学习者特定的智力情况. SOLO 关注的是将结果分类,而不是将学生分类(Biggs & Collis,1982).

二、SOLO 模式以及层级

该模型关注的是"学得有多好(定性方面),而不是学了多少东西(定量方面)". 这个区别在数学学科十分重要,因为近年来学校数学开始加大强调理解应用问题以及发展解决问题的能力.

在 SOLO 理论中,发展是用两种不同的方式进行描述,一种是基于任务(或反馈)的本质或是抽象性(指模式),另一种是基于个人的变化,如在收集相关线索处理事务的能力(指反馈的层级)上的变化.

佩格(Pegg,2003)指出,SOLO 理论假设所有的学习过程都会在以下五种"功能模式"的其中一种模式时期发生. 这五种模式指的是:感知运动阶段、图像阶段、具体符号阶段、正式阶段以及后正式阶段. 思维的五种模式阶段见表 3-1.

表 3-1 SOLO 模型中的模式概况(Pegg,2003,p. 242)

感知运动阶段	一个人对于外界物理环境的反应. 对于非常小的婴儿而言,这种模式时期是动作技能习得的时期. 这时候对于以后的各种体育发展都有着非常重要的影响
图像阶段	一个人通过将动作变成图像的形式内在化吸收. 在这个模式时期(大于等于 2 岁),小孩将发展代表物体或事件的文字以及图像能力. 对于成人而言,这种功能模式能帮助欣赏艺术以及音乐,并且使得产生一种称之为直觉的知识形式
具体符号阶段	一个人可以运用诸如书面语言以及数字系统的符号系统来进行思考. 这是小学(从 6~7 岁开始)、初中阶段学习最为常用的模式
正式阶段	一个人可以考虑更多的抽象概念. 可以被称为在"原则"和"理论"的指导下工作. 学生(从 15~16 岁开始)不再受到具体的指示限制. 在这种模式更为高一级别的时候,它包含了自律这一点的发展
后正式阶段	一个人(一般从 22 岁左右开始)有能力去质疑或挑战现存的基本理论或纪律结构

这一模式同皮亚杰发展理论层级非常相似,并且与科利斯(Collis,1975)早期的观点相一致. 例如,科利斯认为大多数 13 至 15 岁的孩子是"具体事物总结者"而非"正式的思

想者". 这同模型中具体符号阶段是相一致的. 也就是说,学生在这一年龄阶段中,仍旧依赖于他们(她们)的具体实际经验. 例如,一些具体的实例便能让他们对于一个定理深信不疑. 更为具体地来看,小学和初中的大部分学生能够在具体符号模式下进行运算、学习. 不过,有些学生对于刺激物的反馈仍旧停留在图像阶段模式,而另外一部分学生在一些领域已经达到正式推理的阶段了,具体以个体学生的具体情况而定. 更为重要的是,每一种模式都有其独特的"身份"特征,有着各自具体的特质特点.

在每个模式当中,随着学习过程的不断进展,学生的回应反馈也会变得越发复杂. 这一成长过程也可以用于对每一个模式定义的总称来划分层级. 这里的层级指的是从一位学生的所言所行中显现出来的一种思维方式. 当观察结构性的层级时,必须作出一个假设,如学生所想的有一定的特点、连贯一致,即可称作有一定的逻辑性,不一定非要是教师或者研究者的逻辑.

表 3-2 描述了一个发展循环的三个层次. 这些层次的字面描述显示出学生处理和特定模式相关的特定任务时,熟练程度在不断地增加.

表 3-2 SOLO 模型中三个层级概况(Pegg, 2003, p. 243)

单结构级	学生集中精力在这个领域(或问题),然而只能用到一个相关数据,容易出现前后矛盾
多结构级	用到两个或两个以上的不相干信息数据,没有整合的情况发生,因此前后不一致的情况可能会比较明显
关系型级	所有的数据都用上了,且都编织成所有关系的一个整体马赛克(或一幅巨制图画). 整体都变成了一个连贯的结构,在已知的系统里,不会出现前后不一致的情况

* 有的时候,还有被称作"未结构级"的第四个层级存在. 当回应反馈低于目标类型时,用这一层级来表明. 这种情况下,学生经常被和问题不相关的各个方面分心、误导,因此表现得更低层次. 未结构化的反馈则没有用到问题中相关的模式方面内容.

在学生的所言所行所展现的思维方式中,表 3-2 中提到的三个层级是观察结构性认知化的相似. 单结构级的反馈代表只用到一种模式;多结构级的反馈代表用到几个不相交的方面,通常是顺接的;关系型级的反馈则代表前面所有层级中确认的各方面的整合.

每一个层级都涵盖了前一个层级,并且在逻辑上是需要前一层级的元素. 同时,每一个层级形成了一个有逻辑、经验化串接的结构整体. 产生的一个重要结果是所有的学生反馈应该能被分配到一个特定的层级、一个混合的层级或是一个相连层级的融合(指的是过渡间反馈).

SOLO 模型的优点是联结了学习的天然循环性和认知发展的天然层级性. 一个循环内功能化的每一个层级都有着各自的整体性、特殊的选择性以及数据的使用. 尽管如此,每个层级都为它的下一个更高的层级提供了构建模块.

三、一个模型下的两个层级循环

20 世纪 90 年代对于 SOLO 模型的研究(例如,Campbell, Watson, & Collis, 1992;

Pegg，1992)确认了在具体符号阶段呈现的层级循环.具体符号阶段的第一个循环图展示在图 3 - 17,并用术语 U_1,M_1,R_1 分别代表单结构层级、多结构层级以及关系型层级.在第一个循环中比关系型层级还要更先进的反馈变成了在第二个层级循环中的一个新的单结构层级.这第二个循环层级用 U_2,M_2 和 R_2 作为代码.

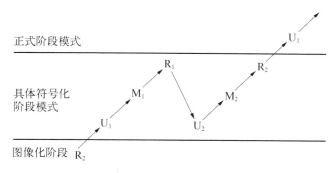

图 3 - 17　具体符号化阶段相关层级图示（Pegg，2003，p. 245)

在具体符号阶段的两个循环中,反馈回答的本质,如抽象化的程度,仍旧保持了不变.举例说明,在具体符号阶段的模式中,第一个循环中的 U_1,M_1,R_1 以及第二个循环中的 U_2,M_2,R_2 与正式阶段中的循环在基于经验主义线索上的独立性有着明显区别,反馈层级从 U_1 到 R_2 的发展标志就是由于以经验主义为支撑的独立性的降低.

数学（Pegg & Coady，1993；Pegg & Faithful，1995）以及科学（Panizzon & Pegg，1997)方面最近再次利用 SOLO 模型来确认正式阶段模式中的两个成长循环.这一模式如同一面镜子,照映了之前具体符号阶段中确认的情况,而第一个循环则显示了具体符号阶段模式发展到通常称之为"正式阶段"的一个过渡阶段.

这个过渡对于新的正式阶段模式而言非常有趣.正式阶段模式并不是包含具体符号化阶段模式,尽管这一模式(具体符号化阶段模式)仍然有效存在.由于学生通常选择在低一些的层级上思考问题,因此如果一种层级模式去完全吸收另外一种层级模式,那么是不可能完成的.这是一个非常重要的问题,特别是当评估学生的反馈情况时,是要坚持在 SOLO 模型反馈的概念范畴化里,而非学生的范畴化里进行分类.

四、SOLO 理论在数学中的运用

佩格（Pegg，2003)在 SOLO 应用上给出具体的实例,包括算术(分数)以及代数(表达式概括)领域中的应用.

案例 1　分数

问题：将 9 块苹果派平均分配给 16 个人,每个人将得到多少？

以下部分是来自对学生回答的分析.

表现为第一个循环层级的回答是这样试图去解决这个问题：考虑问题中的需求(行动),就是平均去切派,通常来说就是对半切.当他们按照这样的方式切好派后,一个问题出现了,那就是他们发现这样做的结果并没有让每个人都获得相同的量:"将每个派对半切,最后会剩下 2 块"(对于这些学生,他们仍旧还有一个派未分).事实上,这些学生并没有真正解决这个问题.这些回答应该被归类为 U_1 层级.

第二种回答(M_1 层级)仍旧将每一个派平均分切,但问题是最后一个仍旧有待解决,因此便有:"将其中的一块派均分 16 等份,其他的对半切."

第三种回答(R_1 层级)主要考虑切分后的效果.这一类回答相当于略均等切分,而不是提供一个关于每个人能获得多少的总结性观点."将每个派都切成 16 块,那么每个人都可以获得 9 块."这一回答所缺少的是标准分数概念的使用.

第四种回答便属于一个新的单结构层级(U_2 层级),这些回答提供的信息更为清晰,同时分数概念也运用到解决这个问题的不同部分."我会把 8 个派每个对半切,另外的一个派则切成 16 等份.因此,每个人得到 $\frac{1}{2}$ 和 $\frac{1}{16}$ 个派."这样的回答显示了学生在书面语言中轻松熟练地使用分数概念,这就代表了第二个循环层级的开始阶段.这一新的循环即表明了分数作为数字的一种发展.

新的循环中的第二个层级(M_2 层级)则将前面提到的分数结合起来.这一方法使用了一个均等的分数,这个分数是把所有分数重新结合,并使用相同的分母重新描述."将 8 个派切半,并给每个人一半,之后将最后的派等分 16 份,再给每人一小块. $\frac{1}{2}+\frac{1}{16}=\frac{8}{16}+\frac{1}{16}=\frac{9}{16}$,则每一个人获得 $\frac{9}{16}$ 的苹果派."这是把分数运用到一种更为系统和算术化的过程中.

这是从所有回答的情况中得到的最高层级的回答.当然,我们也可以预测下一个层级,即第二个循环中的关系化层级,这种情况下学生可以用各种各样的方式去解决这样的问题.他们(她们)可以提供大量的书面解决方案,同时也能够流利地用口头方式来回答.不过在佩格(Pegg,2003)的研究中这种情况并没有出现.

案例 2 瓷砖问题

第二个例子即为关于正方形游泳池中的瓷砖问题,来自佩格(Pegg,1992)早年的研究.为从 7 至 10 年级(12~15 岁)的学生提供了边长为 1 个单位(最小)的正方形到边长为 6 个单位(最大)的正方形图形.这些图代表了"游泳池".

这个活动的目的是为了发现正方形泳池所用瓷砖数量的规律,所用瓷砖都是边长为 1 个单位的正方形.对于第一个边长为 1 个单位的游泳池,需要 8 块瓷砖(给定);对于边长为 2 个单位的则需要 12 块瓷砖;接下来一个则为 16 块,依此类推.可以预见的是,学生可以用言语或符号来表达出某种形式的答案,这些都直指对于任何泳池所需的瓷砖数为边长的 4 倍,另外再加 4 块.

以下是对学生回答的分析.

在符号化阶段模式中的第一个循环的 U_1 层级的反馈内容会把重点放在数一个泳池的周边瓷砖数目,如"这个泳池的周围围了 8 块瓷砖";"每一块都算上的话,总共有 8 块";"你要想把所有泳池所用的瓷砖都数过来,那会很长时间,而第一个正方形泳池很容易看出来是 8 块瓷砖".

当学生解决这个问题在 U_1 层级和 M_1 层级的部分过渡性回答时,就是从第一个泳池数瓷砖,然后继续数下去,如"第一个正方形泳池是 8 块瓷砖,再数剩下的正方形,再把后面数的加起来".

下一层级回答是归为 M_1 层级. 这时,学生的回答反馈主要着重在数出所有给定的泳池的瓷砖数. 一般来说,学生将获得的数据以某种方式列表,如"1.8, 2.12, 3.16, 4.20, 5.24, 6.28"或者"1 个(平方单位)泳池=8 块瓷砖;4 个(平方单位)泳池=12 块瓷砖;9 个(平方单位)泳池=16 块瓷砖……".

第一个循环中的关系型层级(R_1 层级)反馈展现了学生已经从给所需的瓷砖制图表向前迈进了一步. 这时候,学生已经可以分辨出连续变化的泳池所需瓷砖数字所存在的简单数字关系. 这一类学生回答中具有代表性的是:"(那是)由于每一个数字相差一个'4'";"泳池四周所用瓷砖数目的规则是和 4 有关";将每一个尺寸的泳池所需的瓷砖列出来,可以由"每一个都比前者多需要 4 块瓷砖";"只要将每一个泳池相较于之前的泳池多加 4 块瓷砖就可以了".

在具体符号阶段中的第二个循环层级反馈回答中,所表现出来的特征是不再过度地依赖于数数或是依靠提供的图表来画出所需的瓷砖. 第二个特征是,关注的焦点不再是依靠于前一个泳池所需的瓷砖数对后一个泳池所需的瓷砖数的影响. 相反地,学生意识到,应该更好地利用连续的泳池所增加的 4 块瓷砖这一点去归纳总结就单独一个泳池所具备的规律. 这一个循环层级中的第一个层级 U_2 层级的特征是关注泳池的周长. 这里,学生记录了每个泳池之间的属性关系以及所需砖数的连续性. 这些基于"多 4 块的特征"的回答在 R_1 层级的回答中意义重大. 学生的回答诸如"求出泳池的周长,并加上 4.""把 4 加到周长上.""把 4 块瓷砖分别加到每个泳池的边缘交界处.""周长加 4.""规则就是用周长乘以 4."这个回答的结构和上面回答的结构是在同一个层级上,不同的是,学生选择了错误的运算方式.

下一个层级的回应被称为 M_2 层级. 学生的回答在这个层级上利用基础、有用的元素,而不是用周长去建立一个概括性的规则,会比前面的层级的回答走得更远,也利用"边长". 这一提供的规则不是特别的简洁,甚至有些复杂. 这些规则的演变有它们的连续性. 下面提供三个例子:

"先数出一条边所需要瓷砖的数目加上 2,然后乘以 4,最后减去 4."

"(长+1)×2+(宽+1)×2=所需的瓷砖数."

"先取边长的长度乘以 2;然后取边长的长度加上 2,再乘以 2;最后,把前面两次计算得到的数相加."

最后一个明显的类别属于 R_2 层级的回答. 这时候学生用最简单的运算给出一个十分简洁的规则,并且把边长作为一个变量. 学生的回答如下:

"泳池侧面的面积乘以 4,再加上 4."

"将边长乘以 4,再加上 4 块一样边长尺寸的瓷砖."

"所用瓷砖的数目等于泳池的长度乘以 4,然后加上 4."

正式阶段层级的答案在佩格(Pegg,2003)的研究中并未出现. 如果假设,我们可以想象后面的阶段,学生会关注运用运算公式而形成的变化规则,这些可以在 R_2 层级上初见端倪,同时也可以用代数方法去形成一些新的规则公式.

在提供的两个上述例子中,可以看出具体符号阶段的层级循环十分明显地存在着. 在两种情况下,第一个循环有着非常强的视觉特征,由于这时候学生主要发展基础概念方面的知识,因此这些概念可以演化成一个基础模块,成为第二个循环的建设模块. 在第二个循环中,同样的结构发展还会重演,只不过形式上更加数学化.

这一研究有效地佐证了从小学的中期到初中的早期数学教育中,具体符号化运算系统的强化是十分有必要的. 具体符号化运算意指基本的系统假设和推理过程主要基于学生观察到的事实. 我们不能忽略学生的具体水平,就去把新的思想建立在推理的基础上. 具体符号化阶段的学习者不能够把所有分开的系统联结起来,除非到达了正式阶段的层次. 在正式阶段的层级中,强调的重点已经从元素在自然真实世界中的表象转移到对于这些元素之间的关系的研究和理解.

从使用 SOLO 模型所获得的信息类型可以看出,这一模型对于常模参照以及标准参照的评价都是适合的. 此外,这里还要强调一下 SOLO 模型的一个至关重要的优势,即为它和教学的相关性. SOLO 层级可以显示出学生掌握了多少、理解了多少以及可以做到多少. 它同样让教师洞察出哪里运用教学指导可以达到效果最大化. 因此,不像大部分的评价(量化)方法,SOLO 模型标准范畴化使得正确的实施教学决定成为可能.

总而言之,SOLO 模型至少和教育的三个领域产生了关联:学生表现评价、课程分析以及丰富教学过程的机制.

五、结论

使用 SOLO 理论,教师就拥有了一件帮助他们去理解学生所掌握的知识、知识的本质以及何时何地才能合适地去指导学习的过程的工具. 这一观点同维果斯基(Lev Vygotsky)的学习备注和最近发展区理论十分相似. SOLO 理论在帮助实施这些想法的过程中,成了一个十分有效的工具.

由于 SOLO 层级组成了学习的一个连贯性的循环,因此运用这个模型的教师很少有可能会对将学习拆分成许多小的个体目标满意. 相反地,在这个模型之下会鼓励学生在任何一个特定的学习循环中获得一个关系型层级的理解. 这样一种层级的理解包围了那些可以联结所有识别在多结构层级中的单个元素,并为学生提供了一个紧密结合的知识包.因此,学生在学习过程中出现的一些小错误是一种自然发展现象,而非粗暴地定位于粗心所致.这一点会影响教师去构思更多合适的发展计划以及更好的干预和纠正策略.

基于发展化的 SOLO 评价方式强调了作为一个强有力的认知理论体系,鼓励教师去合理地结合学生在教育学上的功能层级需求以及已经习得的部分来安排具体的教学计划.

3.1.5 理解误区的诊断性评价

这里将介绍用于诊断学生理解的特定评价技术.评价关注的是学生对知识的理解和对学生数学学习困难的诊断.诊断性评价技术通常包括假设、问题和一系列反应三部分.该技术主要是获取学生原有的理解和在教学中可能不容易发现的误区.这使得教师可以根据学生特殊的需要进行选择性教学.以下部分将介绍诊断性评价技术的具体组成部分及相关应用,主要引介于罗斯等人(Rose & Arline,2009;Rose,Minton,& Arline,2007)的相关研究.下面,我们从以下几个方面来了解该诊断性评价.

一、诊断性评价探究的结构

罗斯和阿利纳(Rose & Arline,2009)指出,诊断性评价探究的结构主要包括两个层次:引发,引出常见的理解和误解;细化,用于个别学生思维的扩展.每个层次都会在下面得到详尽的描述.

1. 层次 1:引发

罗斯和阿利纳(Rose & Arline,2009)主要介绍了五种类型问题用于引出学生的理解和误解.

(1)多个选择性的题目

两组或多组问题,每道题有一个主干、一个正确的答案和一个或多个干扰项.例如,

表达式 πr^2 和 $2\pi r$ 相等还是不相等?请解释.

表达式 $2(l+w)$ 和 $2l+w$ 相等还是不相等?请解释.

表达式 lwh 和 hwl 相等还是不相等?请解释.(改编自 Rose & Arline,2009,p. 11)

(2)相反的观点或答案

给学生提供一个或多个语句,要求学生选择他们赞同的语句,并说明理由.例如,学生正在讨论两个周长相等的图形.

A. 因为它们的周长相等,所以它们的面积也会相等.

B. 我认为根据数的大小,它们的面积可能不同.

C. 面积不可能一样,因为周长和面积彼此之间没有关系.(改编自 Rose & Arline,2009,p. 12)

(3)实例和非实例列表

给出几个实例和非实例,要求学生只能根据给出的语句来检查示例.

如果 $m = 5$，圈出下面的语句中表示 $3m$ 的正确的语句.

A. $3m = 35$.

B. $3m = 3$.

C. $3m = 3 + 5$.

D. $3m = 3$.

E. $3m = 15$.

F. $3m = 3$ 乘以 5.

G. $3m$ 意思是斜率是 $\dfrac{3}{5}$.

H. $3m = 3$ 英里.

解释你圈出的每个语句，并说明推理过程.（改编自 Rose & Arline，2009，p. 13）

（4）证明合理

两个或多个单独的问题或语句，选择合适的答案，并证明答案是合理的.

阅读下面语句，并选择合适的标出：

A. 平均值总是……

B. 平均值有时是……

C. 平均值从不……

a）这个值的获得，是通过该组里一组数目的数据的总和除以这组数据数目得到的.

b）等于代数项中间的值.

c）当每个数据增加相同的数量时，它会改变.

d）当把 0 加到数据里作为其中一个数据时，它会受到影响.（改编自 Rose & Arline，2009，p. 13）

（5）引出策略

给一个问题提出多个解决方案的策略. 学生要提供解释，并弄懂每个策略. 例如，

$11.5 + 2.7$，你的加法策略是什么？

山姆和皮特不同的计算方法如下：

山姆的方法："我把 2.7 分开."

$11.5 + 2.7$.

$11.5 + 2 = 13.5$.

$13.5 + 0.5 = 14$.

$14 + 0.2 = 14.2$.

皮特的方法："我凑一个整数，然后减去增加的."

$11.5 + 2.7$.

$11.5 + 3 = 14.5$.

$14.5 - 0.3 = 14.2$.（改编自 Rose & Arline，2009，p. 14）

2. 层次 2：细化

在这一阶段中,学生针对第一阶段的回答进行详细的说明.不论学生的答案正确与否,数学教师通过研究学生对答案的解释获得大量的信息(Burns,2005).尽管在第一阶段,我们根据学生的一般理解和误区设计答案与干扰项,但在第二阶段,教师就要更深入地研究学生的思维.学生通常由于理由不充分选择了对的或错的答案.学生也有很多正确解决问题的方法.因此,第二阶段使得教师可以探究学生所用的方法和思维趋势.

案例　罐子里的橡胶球

A、B 两个罐子中放着黑色和白色的橡胶球(图 3 - 18).

A 罐子：3 黑 2 白.

B 罐子：6 黑 4 白.

下列哪句话最好地描述了拿到黑球的概率?

(1) 从 A 罐子中拿出一个黑球的概率比较大.

(2) 从 B 罐子中拿出一个黑球的概率比较大.

(3) 从 A 罐子和 B 罐子中分别拿出一个黑球的概率是相同的.

解释你的理由.(选自 Rose,Minton,& Arline,2007,p. 10)

A 罐子　　　　B 罐子

图 3 - 18　罐子中的橡胶球问题探究
(Rose,Minton,& Arline,2007,p. 10)

该探究会比较容易揭示学生概率中的常见错误,如太关注确切的数值或对概念的理解不当.从两个罐子中分别拿出一个黑球的概率实际上是相同的.A 罐子中拿出黑球的概率是 $\frac{3}{5}$,从 B 罐子中拿出一个黑球的概率是 $\frac{6}{10} = \frac{3}{5}$.用于此问题解决的思路有很多.例如,可以用数值加倍、比率或者百分比等策略.有些学生尽管能选出正确的选项,但解释却是错误的.例如,有学生认为不能确定哪个概率大,因为 A 和 B 都有可能发生,而这种解释则说明学生缺少对可能性概念的正确理解.还有学生则表现出对概念的局部理解.例如,有学生认为每一个罐子中的黑球都比白球多,所以选择 C.

还有一些学生解释为 A 罐子中的白球比 B 罐子中的少,于是从 A 罐子中取出黑球的可能性要大一些.其他学生则发现 B 罐子中的黑球比 A 罐子中的多,于是认为从 B 罐子中取出一个黑球的可能性比较大.在这两种情况中,学生在比较两者的概率时仅仅关注了黑球的具体数量而忽视了其相对于总体的数量关系.学生有时也会因为计数错误或计算错误而选择 A.

二、诊断不同类型的理解和误区

诊断性评价探究(图 3 - 19)旨在揭露学生的理解和错误观念,用于教学决策而不是评价决策的制定.就具体内容来说,理解则包括概念性和程序性知识,错误观念则分为常见错误或过度概括(Rose,Minton,& Arline,2007).

1. 理解：概念性和程序性知识

对于概念的理解,似乎再怎么强调也不为过.概念性理解可以从如下方面来进行观察：

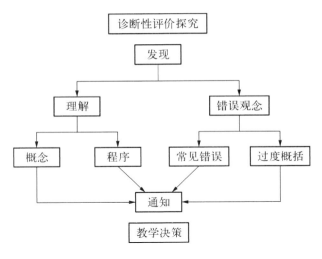

图 3-19　诊断性评价探究
(Rose, Minton, & Arline, 2007, p.3)

识别、标注并生成实例和非实例的概念；使用相互关联的模型、图、教具等；了解及应用事实和定义；比较、对比集成的概念和原则；识别、解释和应用的迹象、符号和术语；解释假设和在数学式中的关系.

程序性知识的表现可以从如下方面来观察：选择并应用合适的程序；用具体的模型或符号法来核实或证明一个程序；扩展或修改程序来解决问题设置中的因素；使用数值算法；理解和创作曲线图和表格；执行几何作图；执行非计算机的技能，如凑整和排序.

引出概念性理解或程序性理解需要一定的合理设计，这里以"数的位值"的探究为例加以论述.

案例　数的位值

问题：圈出所有对 2.13 这个数来说是正确的陈述.

A. 3 在个位上.

B. 2 在个位上.

C. 21.3 有十分位.

D. 13 有十分位.

E. 1 在十分位上.

F. 3 在十分位上.

G. 21 有百分位.

H. 213 有百分位.(Rose & Arline, 2009, p.3)

大部分学生能够正确地选出 B(2 在个位上)和 E(1 在十分位上)，但是不会选出 C(21.3 有十分位)和 H(213 有百分位)，这些都是缺乏在位值上的概念理解. 以下是学生的回答案例：

我们知道对于一个像 253 这样的整数来说，2 代表 200，5 代表 50，但小数却恰好相反，因为它只是整数的一部分. 对于 2.13 来说，3 在百分位上，它表示那是 $\frac{213}{100}$(Rose & Arline, 2009, pp.3-4).

在实践中，可以这样引导学生，如 2.13 是 $2+\frac{1}{10}+\frac{3}{100}$. 十分位是多少？看一下 $2+\frac{1}{10}$ 或者 0.1 加上额外的 $\frac{3}{100}$ 或者是 0.03. 在百分位上是多少？把这三个结合起来.

2. 错误观念：常见错误和过度概括

错误观念是一类问题，它有两个原因：第一，当学生使用这些理论来解释新的体验时，这些错误观念会干扰学生的学习；第二，对于他们的错误概念，学生的理解是感性的和理性的结合，因为他们总是积极地建构这些理论.

3. 常见的错误模式

常见的错误模式指的是，使用错误的或低效的程序或策略. 通常，这种类型的错误模式表明，学生对一个重要的数学概念是不理解的. 常见的错误模式的例子包括在一个运算上，滥用工具或算法步骤，如一个不准确的程序计算或对测量装置的误读. 下面是一个常见的错误模式的示例.

一个"测量是什么"的理念探究（图 3-20），旨在引出学生对零点的理解. 有相当多的较大的孩子（如 5 年级学生），并不是从零开始测量目标物体，而是仅通过简单的阅读，并不管尺子对齐的物体末端的数是什么，我们也发现了许多中学生也经常犯同样的错误.

正确答案是 A、C、D 还有 E. 学生之所以选择错误选项 B 而不选 D 和 E，是因为他们的错误都是典型的不考虑测量物体在尺子上的有关起始点.

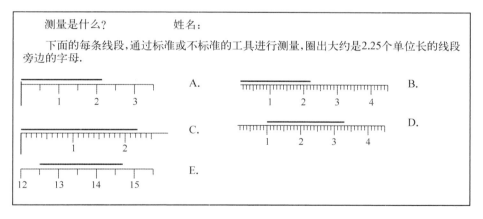

图 3-20　测量是什么？（改编自 Rose & Arline，2009，p. 5）

4. 过度概括

学生学习算法或法则时通常把这些信息用不恰当的方式扩展到另一个情境中，这些错误理解，通常是来自学生先前已有的对教学的过度概括. 在教学上使用一种方式来避免出现任何错误概念是不可能的. 学生会做一些不正确的概括，而且这些不正确的概括时常不被发现，除非教师做一些特定的努力来发现这些错误概念.

以下的例子说明如何引出学生的过度概括.

案例 它是一个变量吗?

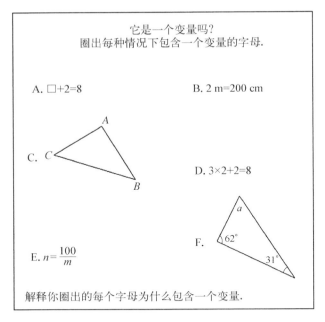

图 3-21 它是一个变量吗?(Rose & Arline, 2009, p. 6)

探究(图 3-21)旨在发现学生在使用字母和符号表示变量过程中的过度泛化. 学生经常对一个变量和表示一个数量的一个字母或符号的一般定义作较笼统的概括,这就有可能导致了将用于数学处境中的字母或符号都看作变量. 学生会用这种方法来过度概括,因而错误地选择 B、C 还有 D.

三、诊断性评价探究循环

这里介绍的探究循环模型(图 3-22)是罗斯和阿利纳(Rose & Arline, 2009)在劳克斯-霍斯利(Loucks-Horsley)等人(2003)开发的行动研究基础上提出来的. 要了解学生对一个特定概念的理解,可以向学生进行提问(提问学生对学习目标的理解);用探究来揭露学生对概念的理解和误解(揭露学生的理解水平);检测学生的学习情况;寻求认知研究的联结,来驱动在教学上的下一个步骤(寻求认知研究的联结);基于调查结果,提出另外的问题来推进学习(教学启示).

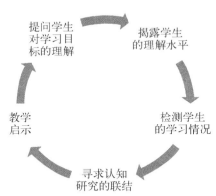

图 3-22 探究循环模型
(改编自 Rose & Arline, 2009, p. 15)

1. 提问学生对学习目标的理解

这一部分不仅可以帮助教师关注该探究获取的信息,还能提供恰当的等级信息. 例如,案例"罐子中的橡胶球"探究可把学生水平按等级划分,依据全美数学教师协会(National Council of Teachers of Mathematics,简称 NCTM)的标准和认知研究就可以确定学生的数学发展水平. 深灰色代表与标准相符的年级水平, 浅灰色代表尚低于标准的年级水平(图 3-23).

年级	K~2	3~5	6~8	9~12

图 3-23　提问学生对学习目标的理解(Rose，Minton，& Arline，2007，p. 15)

在学习概率时, 学生有没有深入地理解部分与整体的关系?

2. 揭露学生的理解水平

同样利用"罐子中的橡胶球"的探究, 下面展示了一个利用评价探究发现学生理解水平的例子.

罐子中的橡胶球的内容标准: 数据分析和概率变式.

罐子中的橡胶球Ⅱ(Ⅰ适用于 3 年级至 5 年级)和罐子里的橡胶球Ⅲ(没有加倍的变式适用于 7 至 12 年级). (Rose，Minton，& Arline，2007，p. 15)

3. 检测学生的学习情况

这一部分包括与认知学习相关的题干、正确答案和干扰选项. 针对获取的理解和误区, 对学生的回答进行解释. 下面就用罐子中的橡胶球问题的学生学习情况加以说明, 其中关于程序性知识或陈述性知识和一般的错误与过度概括的错误, 在下面的说明中用**加粗的字体**列出.

这些干扰选项可能会反映出学生的常见错误, 如学生只关注物体确切的数量或者对概率的概念的理解不当, 没有认识到概率是指对可能要发生事件的预测.

● **正确的选项是 C**: 从每个罐子中取出一个黑球的概率是相同的. 从 A 罐子中取出黑球的概率是 $\frac{3}{5}$, 从 B 罐子中取出一个黑球的概率是 $\frac{6}{10} = \frac{3}{5}$. 与该探究相关的思维方式是多种多样的, 它可以加倍, 可以是比率, 也可以是百分比. 一些学生也许准确地选出 C 选项, 但是他们的解释却是错误的, 如"我们不能确定是因为任何情况都有可能发生", 而这种解释则说明学生缺少对可能性概念的正确理解. 其他学生则表现出对概念的局部理解, 如他们可能认为每一个罐子中的黑球都比白球多, 所以选择 C.

● **干扰项 A**: 一些学生解释为 A 罐子中的白球比 B 罐子中的少, 于是从 A 罐子中取出黑球可能性要大一些. 其他学生则发现 B 罐子中的黑球比 A 罐子中的多, 于是认为从 B 罐子中取出一个黑球的可能性比较大. 这些学生在比较两者的概率时仅仅关注了黑球的具体数量而忽视了其相对于总体的数量关系. 学生有时也会因计数错误或计算错误而选择 A.

● **干扰项 B**: 学生发现 B 罐子中的黑球比 A 罐子中的多, 于是认为从 B 罐子中取出黑球的可能性要大一些. 这些学生在比较两者的可能性时仅仅关注了黑球的数量, 但是没有考虑其相对于整体的比例. (Rose，Minton，& Arline，2007，p. 16)

4. 寻求认知研究的联结

这部分为教师进一步研究该主题提供了更多的信息. 例如,

罐子中的橡胶球探究,学生可能没有掌握可能性实验的过程模型,因为他们没有预想到一次实验结果的数据仅仅是很多种可能性中的一种,随着实验的不断重复,实验结果是不断发生变化的. (NCTM,2003,转引自 Rose,Minton,& Arline,2007,p. 16)

5. 教学启示

为了帮助学生更深入地理解概率,在研究中应考虑下列想法和问题,以罐子中的橡胶球探究为例.

在教学中关注的问题:学生应该经历可能事件比较少的实验来探究概率;学生应该知道概率衡量事件发生的可能性的大小;在验证实验数据和理论数据是否接近时,计算机模拟则为处理大样本数据提供了一种快捷的方法;学生首先对结果进行预测,然后与真实结果作比较是纠正学生认识误区的一种有效方法;学生虽然不能确定各个事件的概率,但是可以预测各种结果的频率;牢固地掌握比率和比例的概念对理解相对频率是至关重要的;3 至 5 年级的学生应该能够利用简单分数表示一个可能事件的概率. 当学生对概率的思想产生困惑时,我们应该考虑以下问题:当计算概率时,学生是否关注相对大小? 学生是否认为概率衡量事件发生可能性的大小? 经过多次练习后,学生是否能够根据事件发生的可能性作出预测? (选自 Rose,Minton,& Arline,2007,p. 17)

3.1.6 平衡性评价

平衡性评价遵循的关键原则是课程的平衡性,即其中每个评价都包含一组不同长度和不同风格的任务,这些任务结合起来,就反映了一种课程目标的平衡方式(Bell,Burkhardt,& Swan,1992).

课程的有效性,评价任务本身就代表了学习活动的高教育价值. 这样,花费的大量时间就代表了对学生学习的一种帮助,而不是对学生学习的一种损害. 这样的建议还必须满足可靠性和经济的合理约束. 不过,具体实践中的挑战还是非常大. 以下将就如何设计平衡性评价进行阐述,并提供具体的实例加以说明,依据贝尔等人(Bell,Burkhardt,& Swan,1992)的研究来介绍.

一、平衡性评价设计

平衡性评价设计的目的是,在数学活动和观察学生的表现中达到平衡,以课程目标为基础,根据价值判断来分配学分.

首先,必须确定范围和任务类型的平衡,这是"目标群体"学生应该能够做到的. 进行头脑风暴和搜索,直到一套合理的、引人注目的任务被发现. 其次,设计每个任务的陈述形式,引导学生理解什么是需要的以及怎样处理这个任务. 最后,试着让学生解决任务,观察学生的表现并修订陈述,重复开发周期直到学生活动的范围与预期的结果相匹配(或者放弃任务). 根据学生回答的样例(书面的或别的其他方式),分配学分并设计一个等级计划.

在具体设计中,任务类型主要考虑的是应用数学及纯粹数学这两大类型的任务. 前者是一个情况或问题,如在可能性问题上产生一个优化方案:在给定的区域内,哪条路线是邮差绕行的最佳路线? 或者考虑可能的路线以及质疑别的路线是可能的吗? 这类问题在原始情况下,通过适当地建构和操纵一个数学模型来解释结果. 这样,认识纯粹数学问题的原型就是认识数学系统中的关系,并概括它们,修改约束条件以及观察结果. 提供真正纯粹的或者实用的数学,一方面展示数学活动的模式特点,另一方面为学生在数学概念和技巧上安排一个合适的范围.

对学生的回答给予学分的方法,是任务设计和开发中的一个重要部分. 基本问题是要判断,哪些回答应该得到多少学分,这也是课程的核心议题. 例如,在应用数学来解决一个实际问题时,如果问题解答上只呈现了一部分数学内容且是严谨准确的,怎么给予学分? 此外,还需要考虑的是分级的方法涉及的技术性问题,如对学生的尝试式做法应该采取什么程度的整体观点? 根据类别来分析应该达到什么样的程度? 当然,这些问题也是关系到问题的效度和信度.

分级计划的开发,如评分方案或评分准则条例,需要教师用合适的效度和信度来衡量评价,这也是实际评价设计的中心部分,是作为一种低成本高效益的方式来监测教师评价的机制.

二、平衡性评价任务维度

贝尔等人(Bell,Burkhardt,& Swan,1992)强调全面观察任务的重要性,具体维度包括如下:

1. 任务的长度

执行和使用数学包括解决各种各样的任务,从快速心算到数学实际问题,在不同的地方会经常用到数学. 任务的长度可以分为短暂的任务(从几秒钟至 15 分钟)、长期的任务(这可能需要 15 分钟至 2 小时)和扩展的任务(花费数小时,甚至延伸至几周).

2. 自主性

传统的数学课程在很大程度上是模仿,学生需要解决的仅仅是任务,这些任务类似于展示怎样去做. 而现实生活中,大多数问题表现的并不是整齐、标准的形式,这就需要学生自主和灵活地使用他们的技能和理解来解决问题.

3. 陌生性

一些任务完全是熟悉的,这就是常规性任务. 但是,为了发展学生的能力,以适应和拓展他们的数学,非常规问题是必不可少的. 非常规问题不仅与学生的自主性紧密地联系起来,而且这类问题在解决路径上需要更高的战略.

4. 实践性

一些任务包括在实际生活中的应用,而其他任务是纯粹数学上的运用.

5. 情境性

应用数学覆盖实际情境的一个非常广泛的范围,评价任务应该覆盖一些学生感兴趣或有经验的情境.

6. 数学内容

数学内容上的强调不需要赘述,值得注意的是,任务应该具有抽查数学内容范围的策略,考查概念和整个课程理解目标的技能.

三、平衡性评价任务示例

1. 数学技能的测试

短期任务在平衡性评价任务中是教师和学生都比较熟悉的区域,这些任务满足:少于15分钟就可以完成;都集中在数学技能和概念理解的特定区域;一般都有开门见山的特性.这样的任务称为短期任务.

测试学生的数学技能的首选任务是短期任务.不过,即使有了那些合适的任务,测试仍需要外部系统来进行一些课程的指导,如具体技能的理解以及评分方案等.下面以跨栏比赛为例进行说明.

案例 1　跨栏比赛(选自 Bell, Burkhardt, & Swan, 1992, p. 132)

草图 3-24 描述了三名运动员 A,B,C 在 400 米跨栏比赛中的表现.假设你是这场比赛的评论员,请尽可能仔细地描述每个运动员的表现,不需要任何精确的测量.

这个问题的评分方案旨在对以下技能提供有效的表达:(1)用语言或图形来解释数学运算的表示;(2)把语言和图形转换成数学表示;(3)在数式表示之间进行转换;(4)用语言和图形描述函数关系;(5)以不同的方式提供相应的信息,并在适当情况下作一个相关的推论;(6)用数学表示来解决由现实情况引起的问题;(7)描述或解释使用的方法和获得的结果.

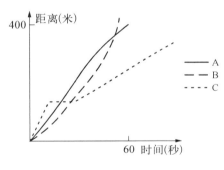

图 3-24　跨栏比赛
(Bell, Burkhardt, & Swan, 1992, p. 132)

表 3-3 是评分方案,给出了对特定问题的学分以及对六位学生的反应做了标记性奖励.

表 3-3　评分方案

得　分　标　准		学　　生					
		A	B	C	D	E	F
选中 1 个得 1 分	开始时,C 领先		1	1		1	1
	过了一会,C 停止	1	1	1	1	1	
	接近终点时,B 超过了 A		1	1	1		1
	B 赢了		1	1	1	1	

得　分　标　准		学　　生					
		A	B	C	D	E	F
选中 4 个的得 2 分；选中 2 个的得 1 分	A 和 B 超过 C		√	√			
	C 再次开始跑		√		√	√	
	C 以较慢的速度跑					√	
	A 慢下来或者 B 加速了	√	√	√	√	√	
	A 第二名,C 最后		√	√	√	√	
评析质量		0	2	1	1	2	0
总　　分		1	6	5	4	6	1

案例 2　情绪

(选自 Bell，Burkhardt，& Swan，1992，p. 134)

图 3 - 25 显示了一个女孩在一天内感觉上的变化.

她每天的时间表如下：

7:00	起床	13:30	做游戏
8:00	去学校	14:45	休息
9:00	集合	15:00	学法语
9:30	科学	16:00	回家
10:30	休息	18:00	做家庭作业
11:00	数学	19:00	去打保龄球
12:00	午饭时间	22:30	上床睡觉

A. 试着对每个图表(图 3 - 25 至图 3 - 27)的形状作一个解释,尽可能地充分.

B. 她吃了几次饭？哪顿饭用时最久？她吃早饭了吗？她吃午饭用了多长时间？她最喜欢的是哪门课？什么时候她开始累并感到沮丧？为什么是那个时候？当什么时候,她饿了但仍感觉很快乐？为什么是那个时候？

C. 绘制一个图表来表示你的情绪在一天内是怎样变化的,看看是否你的伙伴可以正确地对它作出解释.

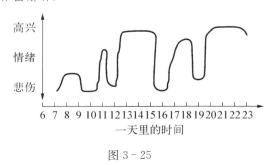

图 3 - 25

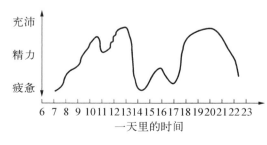

图 3 - 26

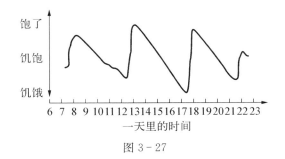

图 3-27

2. 数学策略的测试

数学策略的测试被广泛地用于调研研究,偶尔也会用到公开考试中.证明策略的测试主要用于区分如下三个方面:(1)学生期望合理性的程度(一些人漠视明显的矛盾);(2)解释回答质量的证据;(3)技术证明或者逻辑转换等的复杂水平.

案例 3 添加并取走

选择答案	
	1
	11
	9
	20

图 3-28

10 以内的整数,任选一个;

把这个数加到 10 上;

从 10 中减掉第一个选中的数;

将最后两个数相加;

从 9 开始做同样的事情;

表明答案还是 20(图 3-28).

小红说:"从 1 开始,答案是 20;从 9 开始,答案是 20;从 1 至 9 之间的任一数字开始,答案都是 20.所以,答案总是 20."

小明说:"你有多于 10 个的数,你增加少于 10 个的数,你添加和拿走同样的数.因此你的十位总是 2.所以,答案总是 20."

(1)对于答案总是 20,你认为谁的推理最好?小红还是小明?

(2)请解释为什么.(选自 Bell, Burkhardt, & Swan, 1992, p.136)

示例——"添加并取走"的测试,是为了区分两个提到的论点:第一个是检查许多案例,第二个是适应于所有情况的一般论点.学生在这个项目上的回答,很多都是含糊不清的,例如,"小明解释得更好"或者"小明的推理是完全基于事实的".

这是个典型的评价项目,项目要求学生解释那些众所周知的原则,但学生的回答却不是那么令人满意.

案例 4 角度

巴里想证明在一条直线上,任意两个相邻的角组成 $180°$.

旨在证明 $\angle 1 + \angle 2 = 180°$(图 3-29).

巴里的证明是这样的:

首先他延长 CD 到 E,使图看起来像这样(图 3-30).

步骤 1,$\angle 2 = \angle 3$.

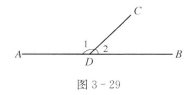

图 3-29

步骤 2，∠1＋∠3＝180°，因为 CE 是一条直线.

步骤 3，结合步骤 1 和步骤 2，∠1＋∠2＝180°.

步骤 4，因此，在一条直线上两个相邻角的和是 180°.

解释步骤 1 至步骤 4 为什么是正确的或错误的.

（选自 Bell，Burkhardt，& Swan，1992，p.137）

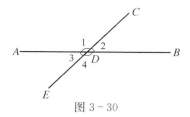

图 3-30

质量高的回答可能是这样：步骤 1 是正确的，因为它们是一条直线上的对角；步骤 2 是错误的，因为如果可以假定成这样，那么就没有必要证明步骤 1；步骤 3 是错误的，因为这一切都是从步骤 2 中分离出来的；步骤 4 是错误的，因为它是步骤 3 的推理.

案例 5　四边形

四边形测试的是学生对定义的理解.

在这个问题中，对四边形给出如下的陈述：

定义：如果你在一个平面上，获得 4 个点 A、B、C、D，并把它们用直线段 AB、BC、CD、DA 连接起来，那么所得到的图形就是四边形.

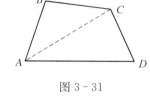

图 3-31

霍雷思说："四边形的四个角之和总是 360°. 每个四边形作一条对角线为辅助线，都可以得到两个三角形. 因为每个三角形的内角和是 180°，所以 $2×180°＝360°$."

沃里克说："看我的四边形.

$50°＋70°＋60°＋60°＝240°$.

我的角度和是 240°，所以霍雷思是错的."

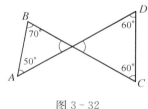

图 3-32

（1）沃里克画的是一个四边形吗？是或不是.

（2）霍雷思说的第一句话是正确的吗？是或不是. 解释为什么是或为什么不是正确的.

（3）解释霍雷思的证明哪些是正确的，哪些是错误的.

（改编自 Bell，Burkhardt，& Swan，1992，p.138）

案例 6　旋转箭头

对图 3-33 中箭头做两次变化，P 和 Q.

P：使箭头指向它的相反方向.

Q：使箭头绕 NS 轴与 WE 轴的交点顺时针旋转 90°.

箭头初始状态指向北方.

（1）做完 P、Q 之后，会指向哪个方向？

（2）做完两次 P 之后，会指向哪个方向？

（选自 Bell，Burkhardt，& Swan，1992，pp.138-139）

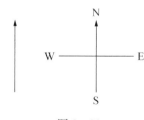

图 3-33

旋转箭头的案例是为了测试学生用符号表示的能力. 独立的运动 P 或者 Q，学生似乎都能准确地操作，但涉及运动组合，就会导致学生减少对序列规则的概括. 例如，这些规则有：（1）运动符号出现的顺序是无关紧要的；（2）P^2 是一个同一性运动，实际上就是 Q^4 等. 这些概括可以减少代数式规则的使用，也可能改善正在使用的代数式规则.

3. 概括能力的测试

案例 7　垫脚石

一圈的"垫脚石"有 14 块石头(图 3 - 34).

图 3 - 34

一个女孩绕着这个环跑,她有三次换脚的时间,并且都要停下来换步.她注意到,当她绕着这个环跑三次时,她必须在 14 块石头中的一块进行换脚.

(1) 现在绕着环跳.每当她跳 4 下,她就停下来换一次脚.这样,她就不会停在任何一块石头上,不管她绕着这个环跳多久.请解释原因.

(2) 每当她跳 n 次就停下来换一次脚,请思考当 n 为何值时,她会在每块石头上停下来换脚?

(3) 当这个环多于(或少于)14 块石头时,找出符合 n 值的一般规则.

(选自 Bell，Burkhardt，& Swan，1992，p. 142)

"垫脚石"是用来测试学生的概括能力.对于这个问题的解决包括:(1) 这个女孩怎样用偶数块石头设置障碍;(2) 确定 n 的值,来限定对每块石头的变化. 也就是说,那些可分割的既不能被 2 整除也不能被 7 整除的数字;(3) 来概括这些数字. 在一个环的解释中,石头的数目没有共同的因数. 因此,第一部分包括试图给定一个简单的情况,来显示对问题的理解;第二部分需要是对别的数字的判定组织来覆盖所有的情况;第三部分涉及的是制作、说明和解释一个概括.

3.1.7　QUASAR 能力评价

这里关于 QUASAR 能力评价主要引自西尔弗和莱恩(Silver & Lane，1993)的研究.

考虑到 QUASAR（Quantitative Understanding：Amplifying Student Achievement and Reasoning)项目的目标和期望,是用于监测和评估项目的影响所做的,适当措施和程序是必不可少的. 一组重要的指标是,经过一段时间,学生的知识和熟练程度是否会得到增长. QUASAR 项目主张提高课程目标测试的一致性,倡导使用多个来源的评价信息,建议考虑在评价的使用方法及恰当利用评价信息上给予更多的关注. 就评价方法而言,QUASAR 项目指出,对于数学能力的一个"真正的"评价,需要处理像问题解决、沟通、推理、倾向以及概念和程序等这样的领域.

QUASAR 项目利用或计划利用各种各样的措施来评价学生的发展,包括在一个大群体环境里对个别学生使用纸笔认知评价作业管理;在一个小群体里随机抽取个别学生的认知活动和他们在合作中的表现,分析学生在工作时的表现,这可能涉及操控的方法或计算工具的使用,这也可能是相对短暂的或需要更多的扩展参与;还有非认知性评价主要是针对重要的态度、信仰和情感的考察.

在心理约束和教育需求上,该项目试图保持一种均衡发展的观点. 这种均衡发展的观点是在尽可能地建立选择性评价作为可能的替代品,是对当前标准化系统的重大的补充.

一、QUASAR 能力评价特征

基于西尔弗和莱恩(Silver & Lane,1993)的研究,QUASAR 的两个重要特征可以从中总结出:

1. 概念化

概念化刻画了 QUASAR 对数学能力和数学功力关注的基本观点. 概念化在很大程度上也在课程标准中有所表述(NCTM,1989),其中暗含了概念性理解和程序性知识、成为数学问题解决者、学习数学推理、在数学主题和数学课堂以外的世界之间的联结,以及学习数学思想交流的重要性.

在这种观点中,数学问题是概念化的问题,它涉及的问题是复杂的,会产生多个解决方案,要求判断及解释,需要寻找框架及找到问题的解决路径等,但并非可以立即找到解决路径. 而且,在解决数学问题上的成功被视为相关的,至少也是部分地依靠学生在数学本质及问题解决、态度、对数学的兴趣及社会文化背景下的信念等方面的具体体现. 对 QUASAR 评价任务的具体要求是基于这些概念化的数学熟练程度.

2. 多元性

QUASAR 能力评价在许多方面都是敏感的,这些方面包括数学推理、数学交流、知识及使用策略和交流、知识与数学概念、原则和程序等. 此外,评价还注意如下事实,即与各种不同的数学内容领域相互作用,如数感、几何和统计.

为了测量教学成效和在 QUASAR 项目上的增长,测试任务呈现多样化(如要求学生证明所选的答案和显示的解决方案过程可以得到相同的答案)和步骤限制(如画一个图表,生成一个用数字表示的答案). 此外,正如贝克(Baker,1990)所指出的那样,针对其他可用的信息和预期使用的分数,任何测量过程都应该是被理解的. 因此,QUASAR 也会获得关于课堂教学过程、学生的课堂作业与评价、教师的知识及对数学的看法、学生对数学的看法和意向等方面的信息. 这些信息可以组合在一起,产生一个涉及重要程序环境特征的、关于学生的业绩和成就的相对较完整的画面.

二、QUASAR 认知评价工具

这里主要介绍的是 QUASAR 认知评价工具(QUASAR Cognitive Assessment Instrument,简称 QCAI)发展的概述——一个在大群体背景中,通过管理学生个体的纸笔测试的数学评价工具.

一般地说,QUASAR 评价旨在提供纲领性的信息,而不是提供个别学生的信息. 换句话说,他们不是为了评价个别学生提供指标的;相反,他们是从个别学生中收集数据,并设计了一个系统,但仅仅是在大纲水平上提供可靠、有效的评价信息. 因此,QCAI 的每个项目网站的管理均由一个相对较大的评价任务(目前约 36 个)组成,但在每个管理场合中,每位学生仅需完成少量的任务(约 9 个).因此,他们使用这个方法集中进行项目评估,这可以让他们在一个小的范围任务中避免取样困难,但它允许对学生的数学知识和成就进行有效的概括.随着时间的推移,它还计划发布一些评价任务和增加一些新条目.每年,这个新添加的任务将允许 QCAI 扩大到不仅仅是反映一般教学重点和主题的任务,而且也可能是为反映教学项目特征而量身定做的一些任务.

考虑到 QUASAR 项目是关于教学计划重点的内容目标,QCAI 任务已经发展到在广泛的内容区域来评价学生的知识,远远超出了整数和四则运算的范围.此外,考虑到与高阶思维和概念理解相关的目标,QCAI 任务关注的是数学推理、问题解决、建模和沟通;还有关于学生的理解特点及描述数学概念和它们之间的相互关系.

三、QCAI 任务构成

经过数学教育工作者组成的团队、数学家、认知心理学家和心理计量学家等人的协同努力,QCAI 评价任务和计分准则得到进一步的发展.他们的方法与选择性评价有类似之处,但在框架上又略微不同.QCAI 任务明确指定的四个部分是:认知过程、数学内容、表现方式及任务背景.主要侧重于数学的问题解决与推理,包括以下指定任务发展的认知过程:理解和表示问题、辨别数学关系、信息整合、使用步骤、策略和启发式进程、阐述推测、评价答案的合理性、概括结果以及证明答案或程序.内容类别包括如下:数量和操作(包括小数、分数、比率、比例);估算(包括计算和测量);模式(用数字表示的和几何或空间模式);代数(特别是从算术到代数的相关转化任务);几何与测量;数据分析(包括概率与统计).在任务开发的方面,包括书面语、形象化、图示、表格、算术及代数符号的表示.至于任务背景,如果可以不要求学生有过多的阅读的话,将试图在一个合适的环境中嵌入尽可能多的任务.

四、QCAI 任务评分准则

对于每项评价任务来说,值得关注的是评价学生反应的整体评分方法.评分准则关联到:数学概念和程序性知识、策略知识及沟通.关于数学概念和程序性知识,这里主要讨论的是学生描述的数学概念、原则和程序等知识的深度.例如,理解问题元素之间的关系;利用数学概念为推理打基础;使用相应的数学术语或符号;执行程序;验证程序的结果;生成新的程序来扩展熟悉的程序.对于策略知识领域,这里主要研究的是学生使用的模型、图表、符号及整合概念等能力,以及有计划、有步骤地应用策略的能力.在沟通这个领域,涉及学生在写作、象征性地或视觉上用数学词汇、符号和结构来表达想法时,传达他们数学思维的能力;描述数学关系;数学模型的情况.有些任务需要对答案进行推理;其他任务需要描述策略或模式.在开发评分准则中,标准要明确每个 5 分水平(0~4)相应的领域(数学知识、策略知识和沟通)的水平.根据在每个分数水平的明细规范,为每项任务开发制定了明确的评价准则.在评分准则使用的过程中,除了评定学生回答的分数外,还需要仔细地分析,学生在思考过程中的错误及误解的本质,及成功的数学知识运用和认知过程,并关注学生的表现和策略的使用.

五、QCAI 样本任务

这里将以两个任务案例来加以说明 QCAI 的任务使用.

案例 1　模式识别

看看以下图形的模式(图 3-35)：

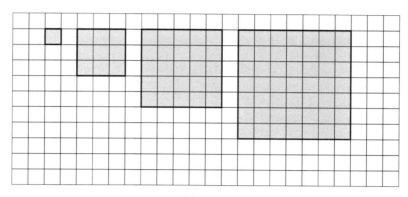

图 3-35

(1) 在图 3-36 中画出第五个图形：

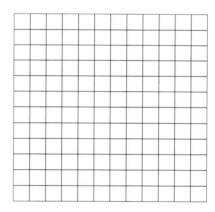

图 3-36

(2) 描述这种模式.(选自 Silver & Lane, 1993, p. 65)

对于这一任务,理想地,学生会在提供的格子里(图 3-36)画一个 9×9 的正方形,并用阴影覆盖这个正方形. 至于学生怎样描述模式,则可能会有很多说法. 例如,这里呈现一种模式,正方形的边长是奇数 3,5,7,9,11,…；或者模式被描述为把每行、每列都增加 2 来得到下一个正方形等.

案例 2　数字和操作

下面显示了不同的公共汽车的票价成本：

繁忙时公共汽车票价

单程票　　　　　　　　1.00 元

周票　　　　　　　　　9.00 元

伊冯在周一、周三、周五是乘公交车上下班. 在周二和周四,她是乘公交车上班,是和朋友一起骑车回家. 为伊冯做一个合理的决定,她是否要买周票更划算呢? 并解释你的决定.

(选自 Silver & Lane,1993,p. 66)

在这一任务中,期待学生能呈现一个清晰的推理过程. 例如,一位学生可能回答"不应该",并提供一个解释,如"伊冯这周搭八次公交,这将会花费 8 元. 因为公车周票是 9 元,所以她不应该购买周票."这是合理的. 也可能有学生回答"应该",也会提供合理的逻辑推理,如"伊冯应该买周票,因为她一周乘坐八次公交的花费是 8 元. 如果她在周末乘坐公交(去购物等),她将会再花 2 元甚至更多,而那合起来将会超过 9 元,所以她买周票可以节省钱."正如示例表明的那样,任务呈现了开放式的格式,这将允许多样的正确答案出现.

对于这些问题,学生也可能会产生多种可能的答案及多个解决方案. 在学生给出具体的回答后,具体回答就将被评定一定的分数. 具体的分数评定将依据事先制定的评分准则而进行,分配一个在 0 到 4 之间的分数. 除了这些整体的判断外,学生对这些样例任务的回答也会受到进一步的分析,来确定认知过程的信息、策略使用的数据、系统误差模式以及其他与学生的数学知识和成绩有关的重要数据. 评定的分数以及进一步的分析数据将会汇总成一个详细的报告,为教师与家长了解学生提供依据.

如前所述,QUASAR 倾向于使用一个广泛的评价程序. 例如,QUASAR 是从 QCAI 的非认知评价中,针对重要学生的态度、信念、情感等信息来获得认知信息外的信息. 至于认知测量,除了使用 QCAI 的任务来测量学生个人的认知活动之外,QUASAR 也会试着在团体和小组群体中去分析学生的表现. 因为合作学习和团体问题解决是 QUASAR 教师使用频繁的教学实践模式. 学生表现的分析可能包括操纵材料或计算工具(如计算器)的使用,以及在任务方案实施中体现的知识贯通等. 此外,教师还会在项目网站上提供的学生作业的样本. 这些补充的信息在一定程度上被看作评价数据的一部分,为学生数学能力的发展提供另一种指标和思考范围.

§3.2 整体评分方法与 BEAR 评价系统

3.2.1 整体评分方法

许多选择性评价方法中关键的一个组成部分就是针对学生作业提供多种评分方法. 大多数的评分手段使用了"整体"评分方法,这里将对此作简要的介绍,引自于库尔穆(Kulm,1994)的研究.

整体评分方法摒除了传统中那种基于解答正确率的做法,也超越了那种对于有误或未答完整的题目只给一部分分数的做法. 特别是在评估问题解决或其他高层次思维上,整体评分方法是一个难得的工具．它的评分步骤使得教师可以对反馈的整体质量，以及学生所呈现的思维水平进行评估（Pandey，1990）．因此，在进行这样的评价任务时，教师可以获得对于学生理解水平的更长远的见解．同样，对于学生在问题解决过程中的必要成分：方法、过程、策略的质量的评估也是可以实现的．运用整体评分方法，我们可以将学生的选择题的答案作为一种问题解决的过程进行追踪．最后，这种评分方法还可以对决策制定进行评价，如学生作出判断的原因；学生的观察与结论；与其他数学课题或其他学科的联系；以及任何学生所能作出的一般性总结等．

一、评分量规

对于整体评分而言，其中一个重要的设置便是设计一个帮助评分过程标准化的指导性的量规（Kulm，1994）．量规是一个由教师设计或使用的，适用于特定的一群学生或数学任务的框架．量规一旦设计好，就意味着所有的评价类别都会被细化并且用数值来进行评分．

以下是一位几何教师所使用的一个简单的量规：

问题理解

4 分——完全理解；

2 分——有些困难；

1 分——理解匮乏．

解答

4 分——解答正确；

2 分——基本正确；

1 分——有解题倾向．

解释

4 分——完整而准确的解释；

2 分——不完整的解释；

1 分——糟糕的解释．（来自 Kulm，1994，p.87）

这一量规向学生展示了如下的观念：对于问题的理解和对于解答的解释与解答本身同样重要．学生会意识到：如果对于问题的理解是透彻的，给出了几乎正确的解答，并且对解答作了完整的解释，那么就会得到 10 分以上甚至 12 分的成绩．这一量规使得学生明晰了学习中最重要的东西是什么．尽管该量规很简单，但是仍然具有很强的导向性，能向学生传达教师所期望的，并在问题解答的评分也显示出其灵活性．

二、一般性或整体性量规

是否关注诸如问题解决、交流、推理以及证明的数学过程是评价的一个关键性决定．一种选择就是：使用一种一般性（整体）的量规，该量规可以应用到一般的数学过程或数学课题中去．一般性量规常常使用在两类教学评价中：国家或省（州）的教学评价；其他大规模的数学测试．其中，美国加州数学委员会所使用的这个量规是一个很好的例子（表 3-4）．

表 3-4　美国加州数学委员会量规(Stenmark, 1989，转引自 Kulm, 1994, p. 88)

证明能力
典型反馈(6 分)——通过明确、连贯、清晰且讲究的解释给出完整的反馈;使用简明的图表,与有异议的听者进行有效沟通,对于开放题的思想及过程有着自己的理解,明确问题中的所有重要因素,可以举正例,也可以举反例,给出强有力的论断等
能力反馈(5 分)——给出相当完整的反馈,解释相当明确,使用合适的图表,有效沟通,对于问题的数学思想和过程有所理解,明确问题中最重要的因素,提出一个可靠的论断
满意的反馈
有小瑕疵(4 分)——令人满意地完成了问题,给出了含糊的解释,论断不完整,图表不清晰或不合适,理解潜在的数学思想,有效地使用数学思想
有较严重的瑕疵(3 分)——正确地开始解决问题,最后结果没有做出来,忽视了重要的部分,无法完全理解数学思想和过程,计算错误,误用或错误使用数学术语,使用了不恰当的解题策略
不充分的反馈
问题解决有尝试却没有完成(2 分)——无法理解的解释,图表不清晰,对于问题情境不理解,计算错误等
问题解决处于开始阶段(1 分)——图表解释不合理,复述了问题却没有给出解答,不清楚题中的合理信息
无做题意图(0 分)

注意到一般性量规旨在评价总体分数而不是特定过程的分数,这一方式适用于更有总结性的评价,如专业测验或考试. 它无法为教师和学生提供大量有关过程和数学内容的特定反馈,而要想得到这些反馈往往需要更长期的关注或指导. 不过,这一量规能够可靠且有效地对大规模学生的开放题及非常规题的解答情况进行评价.

对于每一类分数的描述都足够详尽,这使得教师及其他人可以很乐意地在接受短时间的培训之后就使用这一评分模式. 尽管大多数教师不会将他们所用的量表中对分数的描述正式地写出来,但是他们对每个分数的含义都相当明确. 与学生交流分数的含义同样也很重要,学生需要知道的有: 例如,在对他们的问题理解能力进行测量的量表上,4 分代表什么含义. 对于这些分数段的讨论本身就可以提供一个用记号来探索关键问题的机会,如理解一个问题到底意味着什么,或者一种解答的正确性包括哪些,对这些问题的探索超越了简单的问题解答所能带给我们的东西.

三、Anaholistic 准则

这里将介绍库尔穆(Kulm, 1994)提到的另外一种整体评分方法——Anaholistic 准则. 学生的试卷可以用不同的方式评分,考虑到将分数加和得到一个总分的可能性,"anaholistic"这个词被用来描述这种评价方法,使得它成为整体评价的另一个面:这一方法中,一个一般性量规被用来得出试卷中的一个分数. Anaholistic 方法总体上为评价任务提供了更多的信息,并且给出了不同的视角. 这一方法指出了学生学习上的优势和劣势,使得教师和学生明确了长远工作所要针对的领域.

Anaholistic 准则另一种重要的应用是在学生的总体概念性知识、问题解决、程序性知识评价上.以上这些都是数学教育的核心,并且可以用任何形式的数学任务来进行评价的.以下是一些可以用来评价这三个重要领域的 Anaholistic 准则的例子.它们改编自美国俄勒冈州四特质分析评分模型(Arter,1993).

1. 程序性知识

程序性知识评价的依据是通过正确选择和应用程序的能力显示出来的.程序性知识包括数值运算和操作以及阅读和绘制图表的能力,画出几何构造和图形,及凑整和排序等的技能.最后,它还包括证明和核实一个使用事务模型或其他展示物品的程序过程的能力,以及在必要的时候扩展或修改程序的能力.

1 分——程序使用错误,计算或表述中存在较多错误;不太知道使用该程序步骤的原因.

2 分——程序运用恰当,计算仅有少量错误;具有一些解释或描述程序的能力.

3 分——程序运用正确,计算无错;具有描述程序以及解释自己是如何操作的能力.

4 分——具备程序和计算的扩展运用的能力;对于步骤可以给出不同的解释和推理;可以扩展、应用或者发现新的程序.(源自 Kulm,1994,p.89)

2. 概念性理解

概念性理解的依据是通过在情境、相关信息、结论之间阅读和转化数学语言的能力显示出来的.概念性理解能力包括:将模型、图表以及其他的概念呈现方式相互关联起来的能力;对比和比较相关信息的能力;翻译概念中的假设和关联的能力.

1 分——知识性理解中有较大空白;较多的概念误解;没有或极少使用专业术语、图表或符号来表示概念;对于相关的数学程序缺乏概念性理解.

2 分——概念性知识有些空白,或是一些概念的错误理解;部分使用模型、图表以及符号来表示概念;合理使用数学解题步骤,但是会出现错误,显示出概念理解方面可能出现的弱项.

3 分——对于概念的理解有些许空白或误解;准确使用模型、图表以及符号来进行表征模式之间的转换;对于概念以及相关步骤的意义及解释的部分掌握.

4 分——理解和运用概念;进一步地,会将模型、图表以及符号进行表征方式之间的更多方面的转变;对于概念的意义及解释有很强的认知.(源自 Kulm,1994,pp.89 - 90)

3. 问题解决

问题解决的评价依据来源于:解释问题和为了找到问题解决策略而选取适当信息的能力.学生通过计划、启发、推理和策略性的思考来理解、计划,给出以及解释对于常规、非常规以及应用性问题的解答.

1 分——不可行方法;未使用或错误使用数学表征;极少使用估计法;缺乏理解.

2 分——策略中的方法、估计以及实现都很合理;尽可能合理地判断;问题的解决包含观察结果.

3 分——可行的方法;有效地使用估计及数学化表达;进行合理的推测判断;解答合理.

4 分——有效或精辟的方法;有效地使用估计;大量地使用数学化表达;作出明确合理的判断;

包含联结、合成或抽象的解决方案.(源自 Kulm,1994,p.90)

4. 数学技能

数学技能评价主要考虑到：计算和估计；对于测量和算术这样的特定数学课题的理解；对于推理、问题解决、交流以及联结的步骤的使用.以下评量量表最初源自美国康涅狄格州的数学学习共同核心的评价项目(Baron,1992)(表3-5),这一准则为广泛的数学学习提供了一个综合的等级评价的方法.

表 3-5 数学技能量评估准则(Kulm, 1994, p. 91)

数学技能分数等级	
计算或估算：进行整数和十进制小数的运算；运用计算器进行大数计算	4——熟练 3——恰当 2——接近 1——不及格
数学关键知识的理解分数等级	
测量：估计；设计和运用测量来描述数学现象	4——充分发展 3——部分发展 2——及格 1——不及格
数量：用多种方式来理解、表示和使用数量	4——充分发展 3——部分发展 2——及格 1——不及格
关键步骤的理解分数等级	
推理：有逻辑且合理地使用概念和计算	4——充分的依据 3——大体充分 2——部分充分 1——不及格
问题解决：用多种表述方式来加深理解	4——典范 3——有效的 2——及格 1——不及格
联结：在多种表征方式之间建立明确或暗含的联结；展现问题计算的推理思路	4——充分联结 3——部分联结 2——及格 1——不及格
交流：将自己的发现和理解传达给别人	4——典范 3——有效的 2——及格 1——不及格

这些评分准则可以长期用来给学生建立一个数学学习文档；指导数学学习能力的成长和进步.尽管这种准则可以给学生提供一个直接的反馈,但是它对于教师而言是一个更有

价值的工具.

四、过程评价准则

选择性评价的一个主要功能就是：为教师和学生进行数学过程的评价提供机会和信息. 其中,数学过程包括推理、问题理解、交流、计划,以及作出决策. 为了对这些过程作出反馈和评价而制定的评价准则对于课堂教学而言是极其重要的. 一个好的过程评价准则应该给出对于每一个水平层次的反馈的特征描述,这样对于学生的反馈就能作出合理且有质量的判定. 接下来的这个例子,来自美国马里兰州的学校表现评价项目,它可以用于从数学交流和推理过程的角度来评价数学任务.

1. 数学交流、推理

交流：

3 分——极为有效且准确地使用数学语言(如术语、符号、记号,以及(或)数学表征),缜密地描述出运算、概念和过程.

2 分——部分有效且准确地使用数学语言,足够缜密地描述出运算、概念和过程.

1 分——在描述运算、概念和过程时,没有有效且准确地使用数学语言.

推理：

3 分——从他(她)的作业中获取信息来有效地、准确地、缜密地作出猜想,并证明结论.

2 分——从他(她)的作业中获取信息来部分有效地、准确地、缜密地作出猜想,并证明结论.

1 分——尝试从他(她)的作业中获取信息以作出猜想,并证明结论.(源自 Kulm,1994,p.92)

从有效、到部分有效、再到作出尝试,这一评价准则的水平层次十分简明. 这种划分等级的方法对于评分者而言十分可靠. 同样可以让学生理解这一等级. 然而这样的准则不能对层次作出很大的区分. 所以,对于要使用不同的推理方法进行解答的试卷往往会被评出不同的分数.

在这种过程评价准则中,每一份试卷上的每一个过程都得到了评价,并且可以得到一份标有独立分数的学生档案. 这些独立分数通常被加起来以得到一个整体的过程评分. 然而,在课堂教学中使用时,分数最好保持独立的状态直到学期结束,这样教师可以用它们来评估学生的个别过程的进步情况.

还有一种开发过程评价准则的方法是：首先,对于要评价的过程进行更仔细的定义；然后,对于各个水平层次进行简明的描述,以使学生可以了解其理念. 这一评价系统可以传达给学生这样的理念：什么样的推理过程是合理的. 事实上,向学生描述一种过程通常比较困难,而开发过程评价准则可以为此提供了一条非同寻常的路径,特别是当学生可以参与定义各种不同的水平时.

以下例子是改编自美国佛蒙特州数学作品评价项目(Vermont State Board of Education,1990),它给出了一些有关数学过程的描述,可以以此作为课堂教学应用的起点. 这一评价准则是基于问题解决的,所以它是基于对于过程的四个主要组成部分进行评分的.

2. 问题解决

理解任务： 所谓的理解包括鉴别相关信息；可以对问题进行解释说明；以及为了推动问题探索而提出关键性的问题．最低水平上的学生情况是：无法理解所问的问题．空白反馈和明显的错误表述被认为是对问题的不理解．这一准则的最高水平要求学生：最开始的时候，止步于问题的表面，转而分析了问题的表述，寻找特例和缺失的信息，等等．

1分——理解完全错误；

2分——部分理解；

3分——理解；

4分——可以对问题进行推广、应用及拓展．

方法、过程、策略： 很多策略都是有价值的，但是那些用合适的方式指向问题的解答的策略是我们的目标．在第一等级里，所选的方法或过程也许不会为解答作出贡献．第二等级的方法或过程对于任务的一部分是有用的．如果该方法可行，且可以指导问题解决，那么就评为第三等级．第四等级是评给那些精妙的、表现出独特的问题解决力和有效性的方法的．

1分——方法过程不合理、无效；

2分——部分有效的方法和过程；

3分——有效的方法；

4分——有效的或精妙的方法或过程．

过程中的选择： 好的问题解决者会进行一些元认知活动；例如，检查自己的总结、反思自己的判断、分析策略的有效性、验证特例，以及用其他方法核实结论．量表的末位描述的是一种企图解决问题但是却没有作出有效的问题判断的学生的情况．如果没有进行或看似没有进行过合理的决策，那么得分就是1分（即第一等级）．第二等级是可能作出了合理的决策．如果一个推论的得出是基于某种程度上的决策，那么就给它评为第三等级．最高的等级描述的是：不论是通过解释还是例子，都清晰地阐明了自己的决策．

1分——没有作出合理的决策；

2分——可能作出了合理的决策；

3分——作出可信的决策或调整；

4分——清晰地显示和阐明了所作出的合理的决策或调整．

发现、结论、观察、内容，及推广： 问题解决的一个基本目标就是：与其他概念相联系、将结论拓展到其他问题、对结论作观察调整．第一等级的分数要求：给出解决方案，但该等的学生只是止于对问题本身的解决．第二等级的分数要求：试图对于问题的意义做探讨，或者对于结论的导向做观察．第三等级的分数要求：学生超出前面所说的简单的观察，而转向与其他数学知识的联系；与其他学科的联系；与其他可能产生的应用的联系．第四等级的分数要求：学生对信息进行综合，或是推广，或是基于对整个问题的观察探讨之后所作的抽象概括．

1分——对解答无扩展；

2分——对解答有观察调整；

3 分——对解答做出与其他内容的联系和应用;

4 分——包含综合、推广、抽象概括的解答.(改编自 Vermont State Board of Education,1990,转引自 Kulm,1994,pp.93-94)

此外,该准则还对学生的数学交流能力进行等级划分.

数学交流能力:

数学表达:数学交流能力包括,可以用图表、模型以及其他的可视性手法来表示信息.此外,方程、函数以及其他符号化的表示法可以与口头的和可视化的方法相联系.第一等级的分数要求:学生没有将数学表达整合进问题的意识.第二等级的分数要求:不够精确地使用数学表达.第三等级的分数要求:准确恰当地使用不同种类的数学表征.第四等级的分数要求:有经验地使用数学表达,用最简明的方法表述自己的数学想法.

1 分——不会使用数学表述;

2 分——部分使用数学表述;

3 分——准确恰当地使用数学表述;

4 分——熟练精确地使用数学表达.

表述的清晰度:学习数学的学生必须学会将自己的思想整合起来,并且明确且详尽地将其表述出来,以此来获得他人的理解和认同.第一等级的分数要求:完全无法跟上其表述.第二等级的分数要求:部分清晰,但是仍有很多不清楚的步骤.第三等级的分数要求:大部分表述清晰,只有一小部分需要读者自己体会.第四等级的分数要求:清楚详尽地对思路作出有组织的表述.

1 分——表述不清楚,无组织,且缺乏细节表述;

2 分——部分表述清晰;

3 分——大部分表述清晰有组织;

4 分——表述清晰,有组织,且完整.(源自 Kulm,1994,p.94)

对于这一完整的评价准则,教师可能希望只用在重要项目,或主要任务上.当然,准则的一部分可以在日常课堂或作业中使用,特别是在关注学生问题解决过程的时候.例如,教师在问题解决中可能会选择对作出决策的过程加以强调,鼓励学生反思自己的想法,以及对于作出决策的过程加以讨论.这一"过程中的选择"评价准则可以用来给学生的表现进行打分,以得出反馈和强调过程的重要性.

3. 过程和表述

在问题答案正确的前提下,对过程和表述的程度进行等级划分.这一准则是由鹤田(Tsuruda),一位来自美国加州的数学教师开发的.他用此量表来对学生的"一周任务"进行评分.

过程:

0 分——方法不清晰,或错误的方法;

1 分——方法可以得出正确的结论,但是其中包含错误或有缺陷的假设;

2 分——清晰缜密的方法,可以得出正确的结论.

表述：

0 分——不清晰，不完整，草率地对问题、过程、结果进行描述；

1 分——部分清晰地表述，草率或粗心地表示结果；

2 分——对问题、过程、结论的描述易于理解，且有组织.

回答：

0 分——不正确或不完整的回答；

$\frac{1}{2}$ 分——正确的回答；

过程、表述、回答的整体最高分：答案正确时是 $4\frac{1}{2}$ 分，答案错误时是 4 分.（源自 Kulm，1994，p.95）

学生会获得一个过程评分和一个表述评分，同样还有半分的正确答案的分数.通常，对于学生的错误解法或者一些尝试，我们倾向于打零分，而这对有解题意图的学生而言是一种打击.鹤田的评分方法能够鼓励学生，尝试去给出一个实际可行的方法，至少可以得到那鼓励的 1 分.此外，值得注意的是，正确的答案是附加分；学生只要过程清晰合理，以及可理解且有组织地表述出结论就可以得到满分，不管最后的答案是否正确.

这些评价准则的例子为我们提供了广泛的选择，并且可以直接或间接地在特定的年级或情境下使用.对于课堂教学上的使用，很明显，评价准则的两个最重要的方面就是：向学生传达数学思想的理念；通过学生对数学过程的运用及其发展，来收集学生的学习信息.

五、分析型评价准则

另一种评价准则则更有针对性，它是用来给特定数学任务的解决步骤或其中蕴含的重要概念进行打分的.该种类型的评价准则有时被称为：分析型评价准则.任务中每个步骤的分数可以以分数加和的方式给出，并且可以按反馈的质量划分一定的比例.以下是分析型评价准则示例.

问题：原点 O 和点 A 表示一个矩形的两个相对的顶点，该矩形的面积是 24 平方英寸.

（1）点 A 有可能的一个坐标集合是什么？再标出两个点，使得矩形的面积为 24 平方英寸.

评分准则：每个正确的坐标给 1 分.

（2）解释你为什么选这两个坐标.

评分准则：说出乘积是 24，给 1 分；说出任何满足条件的点的坐标乘积为 24，给 2 分；说出该问题与 $A = lw$ 的关系，给 3 分.

（3）描述满足以上条件的点的曲线.

评分准则：单画出曲线，给 1 分；画出误与坐标轴相交的曲线，给 2 分；画出双曲线，给 3 分.

（源自 Kulm，1994，p.96）

分析型评价准则必须针对不同的任务进行设计，并且可以反映学生可能会给出的不同种类的答案.这样的评价准则的一个基本目的是：提供有关数学知识和过程的有针对性的信息,确保分数的一致性和可靠性.该类型的评价准则类似于:教师在批改作业和试卷时的分步给分.在使用时必须权衡它在评分方面的精确性和它在设计过程中所要耗费的时间,将优点和缺点综合考虑.该评价准则可能无法提供给教师和学生在思考和解决过程上的有价值的反馈,但是可以提供特定概念和程序步骤的特别反馈.最后,它在大规模评价中十分有用,在这样的评价中,对于评分者而言,只需要简短的训练,就可以对学生的反馈进行评分.

六、评价准则的开发

我们已经提过,在这一过程中,教师必须决定是否对特定过程进行评价,或者是否使用更一般化的评价准则.教师还需做的决定包括:该使用哪种评价准则,以及是否要把准则进行区域的划分,从而对个体的数学过程进行评价.同样重要的一点是:写出准则中所评价的内容的意义,并且就这些内容与学生展开讨论.

在大型评价中,大量的时间要花在评价准则的开发和校验上,使得评价具有高度的评判可信度.评分者可以自己亲身实验,或是在开发之前花时间来讨论一部分学生的试卷.一旦评分者知道怎么做,他们就开始描述在学生的作品中所出现的不同层次的表现.通过探讨和达成共识,评分准则就可被开发出来.在草案成形之后,用它来给一批试卷打分,打分过程中,可以让两个或更多的独立评分人来评一份范例的卷子,然后对分数进行比较.如果赞同率达到 60% 到 90%,那么该评分准则就可以被认为是足够清晰的和有效的.如果赞同率低于 60%,细则会被修改.中间分(如在满分是 6 分的评价准则中,得到 3 分或 4 分)通常对评分者而言是最难做出抉择的.

在评价准则的开发上,对学生试卷做过分析,或是对某一准则进行修改,都要好过那种完全不经过类似调查的评价准则开发.如果可以的话,教师的同事也可以参与到评价细则的开发工作中去.教师的小组合作在大规模评价中所使用的评价准则的开发,制定学校或地区的特定领域最终评估准则中是很有必要的.

准则一旦被制定,在实施之前最好先在一组或多组试卷中进行试验.很多教师给学生评分数等级之前,先对评分系统进行几次测试——将试卷发回给学生,让他们添上自己的反馈.具体地,可以采用分组来进一步理解或改进评价细则(Stenmark,1989).例如,假设教师使用的是一个四分段的评价准则,首先可以将试卷分为两组——"高"和"低",然后每一组进行分类,最后将学生的反馈再阅读一遍,并且与对应的水平描述相对照.这样的过程可以帮助我们形成对评价细则的理解.在设计评价准则时有几个关键问题:学生将实际问题一般化了吗?他(她)对问题进行拓展了吗?我看到了学生原始的思维了吗?结论对问题情境适用吗?学生的表述是经过深思熟虑的吗?整体性评分可以将如下的学生区分开来:只对事实、规则、程序进行识记的学生和使用思维技能来解决问题的学生.

学生有时会在开放题或非常规题以及现实任务中给出令人惊叹的多样反馈.整体性评

分可以灵活地应用于学生刊物、文件夹、表现性项目以及其他学生数学作品和开放题的评价中. 此外,特别是在问题解决和思维过程的评价中还可以使用过程性评价准则. 过程性评价准则用起来也很灵活,并且可以应用在很多种类的学生作业评价中. Anaholistic 评价准则为从不同角度进行评价提供了可能性——从技能,到数学知识的理解,再到过程的推理. 可以将各项分数加起来以得到一个总分,这样的总分常常比一个一般的评价表上的单独的分数更加具连续性和可靠性. 个人的整体性评价分数对于学生在两个或更多领域上的数学学习的文件夹的创建很有用. 最后,分析型评价准则为技能、概念或问题解决策略的特定评价提供了一种选择的方式. 这类准则在评价学生学习过程中是否学习到了关键概念和技巧的评估是很有用的.

一个完备的评价项目应该至少包含一种评价准则. 即便是一个十分普遍化的准则也需要适用于几乎所有的情形,通常情况下,我们需要更多的专业信息,使得教师和学生都可以对进步情况和学习成果进行评价. 理想的评价准则应当同时具备两点:时间上高效;可以提供专业且有用的信息.

七、定级

传统的评级系统基于理解能力来将学生进行分类,它用狭隘的眼光只集中于答案的对错. 整体性评价的优势在于,可以给予学生的总体评分,并对内容知识以及程序性能力进行评级,而不是仅仅看学生的答对率而评级. 很多数学教育工作者相信传统的评级手段对学生产生了不良影响. 低分明显挫败了学生的信心,高分往往使学生为了高分而学习,而不是从兴趣出发去学习. 学习是一辈子的事情,重要的是让学生把它看作在成长过程中可以一直用来充实自己的事情. 传统的评分方式可能是最能使学生与长远的数学学习相疏远的事情了.

在使用过程评分法的时候,重要的做法是保留独立的分数,而不是立刻将它们加和起来. 学生和教师都喜欢用百分比或者字母分数的形式来打分,所以这一转变对他们而言很难.

下面是来自对一位优秀学生的评分的案例. 使用的部分评价准则如下:

典范(5分)——用清晰、连贯、明确且考究的解释完成了所给任务;可以进行有效沟通,展现出对于数学和教学的思想及过程的极好的理解;重点均很明确,可以给出例子和反例;展现出了自己的创造力和极好的教学设计.

胜任(4分)——用尽量清晰的解释和例子完成了所给任务;包含了适用的资源,并且进行了有效的交流;展现了自己对于数学和教学的思想及过程的理解;重点部分明确;展现了完备的计划和组织. (源自 Kulm,1994,p.99)

这位优秀的学生得分是 4 分或 5 分. 这位学生抱怨道:她所完成的作业比通常的 80 分或 B 级要好. 教师对她的说法表示同意,但是指出这里的 4 分或 5 分和 B 级并不相等价.

这里"4分"表示你进行了有效的交流、理解以及完备的计划和组织. 不过,教师认为她的作业可以再清晰一点,在例子和理念上可以再具创造性一点. 尽管该生还是不是很开心,但是接受了这一解释. 她的下一个作业得到了货真价实的"5分". 它比之前的那个好了很多——更具创造性,并且展现了更深层的思考和理解. 最后,该学生在这门课程中得到了 A 级.

在评级时很重要的一点就是:教师不仅用评价准则来打分,而且还要据此与学生沟通各个分数代表什么意思,如何提高自身的表现. 将 4 分或 5 分转为 80 分,或是将 3 分或 4 分转化为 C 级,这样的做法会完全毁掉选择性评价的意义以及评分准则的用途. 这样的做法将注意力转到分数等级上,而不是评分准则中所涉及的关于学生表现的标准或细则. 百分制分数或字母分数鼓励学生专注于分数线,而不是需要发展的过程和技能. 如同"理解——4分""问题解决——4分""问题解释——2分"这样的分数比单独的一个分数或等级所提供的信息更丰富. 单独的过程分数鼓励学生思考. 例如,他们必须专注于在下次的任务中将答案解释的工作做得更好.

随着时间的推移,单独的过程分数会得到监控,学生在特定数学思想领域所获得的进步会被清晰地描绘出来. 这些资料对于教师理解学生的学习情况也是十分有用的——判定哪些学生需要在特定过程中做更多的工作,或是教学活动使得学生在哪些领域的发展获得了进步或进步不显著. 持续关注学生过程的教师会逐渐发现,学生对这种形式的作业反馈也会渐渐接受,并且认为它是非常有价值的.

实施选择性评分系统最主要的障碍之一就是将它应用于"真正的"考试时所遇到的挑战. 通常,教师用过程分来给家庭作业、项目、小组作业或小测试作评级,但是用于总结性考试时则显得犹豫. 一种好的方法就是:在学生"不怎么重要"的作业中使用这种评价方法,或是在正式评级之前先做下试验. 不过,除非在重要的测试中运用该方法,否则学生还是会觉得传统的评价方法比较具有导向性.

3.2.2　BEAR 评价系统

近年来,伯克利(Berkeley)评估与评价研究中心进行了一项评价系统的研发,称为BEAR(Berkeley Evaluation and Assessment Research)评价系统. 该系统包括四个原则,每一个原则都不仅涉及一个实用性的"模块"(Wilson,2005),同时也包含使得四个原则整合在一起的措施. 它原本应用于自然科学的课程嵌入系统(Wilson, Roberts, Draney, & Sloane,2000),但是后来在诸多领域有了广泛的应用,如在数学学科中有着相当程度上的扩展.

这里主要介绍 BEAR 评价系统的四个原则,源于威尔逊等人(Wilson & Scalise, 2006;Wilson & Carstensen,2007)的相关研究. BEAR 评价系统是基于一个使得课堂层面和大规模评价紧密联系并具备互动关系的构想(Wilson & Draney,2004;Wilson,

2004).因此,在讨论这种大规模应用的过程时,会出现一些针对课堂层面的应用,或者更进一步的,针对将两者结合在一起的普遍框架的论证和举例.

一、评价三角与 BEAR 方法

美国国家研究委员会的报告"了解学生所知道的"中提出了评价三角的概念,该概念中指出任一评价所应依赖的三大元素(National Research Council,2001,p.296)(图 3-37).

图 3-37
"了解学生所知道的"评价三角
(Wilson & Scalise,2006,
p.646;Wilson & Carstensen,
2007,p.312)

一个有效的评价设计需要:

● 一位学生学习和认知领域的研究模型;

● 经过良好设计和测验过的评价问题和任务,通常称为项目;

● 在特定应用情境下对学生能力进行推断的几种途径.

对于学生学习的研究模型应当专注于学生完成情况中最重要的角度来进行评估,这些模型给我们提供了一些研究的线索.所谓线索即为如下两个方面:可以引出评估依据的学习任务的类型;可以将观察结果与学习模型和认知思想联系起来的推断类型.为了收集充当高质量依据的学生反馈,项目本身需要同时结合学习模型及对学生反馈的后续推断进行有组织的开发.项目需要被提前测试,测试结果需要进行系统地检验.

威尔逊等人(Wilson & Scalise,2006;Wilson & Carstensen,2007)介绍,BEAR 评价系统是从四个原则的角度诠释评价三角.这四个基本原则是:(1)发展的视角;(2)教学和评价相匹配;(3)引发高质量的评价依据;(4)指导者进行合理的反馈、前馈和随访的管理.四个基本原则的三角位置在图3-38中阐明.下面,分别讨论以上四个原则及其实施办法.

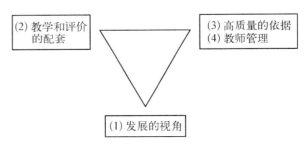

图 3-38　BEAR 评价系统的原则
(Wilson & Carstensen,2007,p.313)

二、原则一:发展的视角

用发展的眼光看待学生的学习的意思为:跟随时间的发展来评价学生对于特定概念与技能的掌握情况.举个反例:只在学习阶段的末尾或所谓重要的时间点上给学生做一个独立的测试评价.多年来,教育者一直要达到具备发展视角的标准,但事实总是充满挑战.这些方面,如评价什么和怎样评价,是专注于普遍的广义学习目标还是特定领域的知识,以及各种教学理论和学习理论的发展,都会影响到体现发展性评价原则的方法确定.值得注意的是,由于学科课程的多样性以及它们的目标和哲学基础的不同,"一个模式走到底"的评价方法的开发不能适应所有课程的要求.BEAR 评价系统的优点主要在于:为各种不同类型的学习理论以及学习领域提供模型化的工具. 在每一个 BEAR 评价应用中,专家、教师以及(或)课程开发人员都会参与,给出关于需要测评什么以及如何考量的意见.

建构模块 1. 进步变量

进步变量(Masters,Adams,& Wilson,1990;Wilson,1990)使得"发展的视角"这一个原则得以具体化:对于学生成就及进步的发展性视角的评价."变量"这一术语来源于每次专注于评价一个特点的测评观点. 进步变量是一个经过周详考虑和研究所得出的可以定性地给出不同表现水平的量. 变量明确地定义了测评的对象,因此足以给课程中需要评价的不同的要点提供可参考的指导,尤其是对其他课程与评价部分的开发起到指导作用. 当变量的设置与教学目标有关时,设置的变量也就成为部分的教学内容. 进步变量同时给出了教学与教学评价挂钩的模板. 进步变量也提供了一个关于大规模评价如何有原则地与学生在课堂上所学知识产生联系,同时又保持了特定课程内容的独立性.

这种方法假定,在一门给定的课程中,学生在进步变量上的表现可以在这门课程的一整个学年中进行追踪,以促进对于学生学习情况的更具发展性的评价视角. 对于学生特定概念和技能的掌握情况的进步程度的评价,需要一个关于学生在这段时间(教学时间)内学习情况发展的模型. 一个进步发展的视角可以帮助教师从"只有一次"的测试情境中走出来,从断章取义地评价学生进步情况的方式中走出来,投入到一个关注学习过程,以及过程中学生的发展的评价视角. 在学生通过对教学材料掌握的进步中,评价系统的有效构建,需要明确定义学生期望学什么,以及(构建)该期望如何开展的理论框架.

对教学和评价的明确调整也可以解决评价系统的内容有效性的问题. 传统的测试练习——标准化测试及教师自编题测试中,由于其重复度过高所导致的只能对基础水平的内容知识进行测试,却忽略了综合水平层面的知识理解的弊端而为人诟病. 基于进步变量的研究而选定所要测试的技能,意味着评价将注重于测量有用且重要的技能,而不是那些容易评测的技能. 再次指出,这一思想加强了课程教学对象的中心地位. 变量具体化了教育目标(如"标准"),同时指导实施所期望的教学评价. 在一个大规模的教学评价中,进步变量的数据呈现比简单的"算对算错"的分数统计或者普通学生中的排名情况更加有用.

使用进步变量同样使得评价巨大效率化成为可能,尽管每门新课程都标榜自己可以带来该学科的新气象. 事实上,大多数的课程只是累积了一些一般性内容,随着国家标准的影响力增强,这一点会越发凸显,这些课程也越来越容易编撰. 因此,我们可以期待一些创新型的课程,它可以包含一个甚至两个进步变量.

为了更清楚地理解进步变量的概念,让我们来看一个关于国际学生评估测试项目(Programme for International Student Assessment,简称 PISA)中的数学素养水平(PISA,2005a,2005b). 数学素养就是 PISA 测试中的"描述变量"(如 PISA 中对"进步变量"的术语表述),它是由一系列完成数学任务连续的层次水平来表述的.

数学素养水平具体如下：

Ⅵ. 在水平Ⅵ的标准中，学生可以概括以及运用基于调查研究和复杂问题情境中的建模的知识信息. 学生可以联系不同的信息资源及表述方式，并且灵活地在它们之间进行转化. 这一水平层的学生有能力去思考和推理一些高阶的数学问题. 这些学生在解决新颖的情境问题的时候，可以应用他们自己的视野和见解，也可以运用掌握符号化技能和有条理的数学运算的能力，来探索新的解决方案和策略. 这一水平的学生可以明确地表达，精确地交流他们的问题处理措施，能对与问题发现、解释、争论有关的内容以及原始情境的适用性进行反思.

Ⅴ. 在水平Ⅴ中，学生可以依据复杂情境的模型进行探索工作，找出限制条件，以及作出假设. 他们会选择、比较、评估合适的问题解决策略以解决与模型相关的复杂问题. 这一水平的学生可以策略性地运用广泛且完备的思考推理技能，与问题有适当联系的表述，符号化和正式地描述，以及与情境有关的自我见解来解决问题. 他们可以对自己的问题处理措施进行反思，明确地表达及交流他们对问题的解释和推理.

Ⅳ. 这一水平的学生可以高效地运用明确的模型来解决复杂的具体情境的问题，这些问题中可能还包含一些限制或需要作些假设. 他们会选择及整合多种包括符号化在内的不同的表征方式，直接将它们与现实中的情境问题作联结. 这一水平的学生可以灵活地运用完备的技能和推理，在这些背景之下再加入自己的见解. 他们可以就自己的解释、争论及问题解决措施来构建和交流他们对此的解释及论点.

Ⅲ. 这一水平的学生可以执行给定的步骤程序，包括一些需要作连续判断的步骤. 学生会选择及应用一些简单的问题解决策略. 这一水平的学生可以解释和运用多种不同的信息资源的表征方式，并且可以直接从这些表征中推理下去. 可以就他们的表述、结果及推理作一个简短的交流报告.

Ⅱ. 这一水平的学生只能依据背景信息进行直接推断. 他们可以从单一资源中提取相关信息，并且在单一的具体模式中使用信息. 这一水平的学生可以使用基本的算法、公式、步骤，或惯用方法来解决问题，也可以接受直接性的推理及结果的字面解释.

Ⅰ. 这一水平的学生可以回答熟悉的背景情境中的问题. 这些背景情境中，所有的相关信息都给出了，并且问题清晰明确. 在明确的情境背景下给出一些直接的指导，学生可以识别信息并且想出常规解题步骤. 学生可以解决一些显而易见的问题，并且在给出提示的情况下，可以很快地给出反馈.

三、原则二：教学和评价的配套

在 BEAR 评价系统中，教学和评价之间配套的原则是通过两个主要方面来建立和维护的：以上提到的进步变量，以及这部分所论述的评价任务和活动. 进步变量建立的主要动机在于它可以为评价活动提供一个框架，同时是一个使得测量成为可能的方法. 然而，第二个原则清楚地告诉我们，评价框架、课程框架和教学应该统一. 这并不意味着必定以评价的需要来驱动课程的推进,也不意味着课程的描述完全决定了评价活动,而是评价和教学必须齐步走——他们的设计必须是为了完成同样的一件事(学习目标),不管这些目标是什么.

运用进步变量来组织教学与评价活动是一种确保教学与评价活动能在同一水平线上的方法,至少在计划层面如此.为了使这种同一性变得具体,这种配套也必须存在于课堂互动水平中,因为在这种互动之中评价任务的性质才能显示出重要性.评价任务需要反映出课程教学实践的范围和风格.评价任务必须在教学"节奏"中占有一席之地,通常在教师需要了解学生对于特定主题的知识掌握的情况时运用.

一种很好的实现方法就是:同时制定教学材料和评价任务——调节出一个好的教学顺序来得出评价反馈,将评价活动发展成为成熟的教学活动.做到这些,便将课程设计的丰富性和活力带到评价活动中去,同时也将评估数据的自律和严谨带入教学设计中去.

将评价任务作为课程材料制定时,可以根据与教学内容直接相关的内容来制定.评价活动也可以隐藏在教学活动之中,同时又不阻碍高质量的,有对比性、站得住脚的基于个体学生班级的评价数据的生成.

模块 2. 项目设计

项目设计在课堂教学与多种多样的评价活动的配套中起到了主导的作用.项目设计存在于 BEAR 评价系统中一个重要的因素就是:每一个评价任务都与至少一个变量配套.

评价系统中可以包含多种不同的任务形式,根据特定情境的需要进行选取.评价情境中,在选择题运用上经常存在争议:一方面,选择题型方式被认为会帮助设计更可信的评价活动;另一方面,评价活动的其他方式则被认为可提高测试情境的有效性.BEAR 评价系统则包含了可以解决该争议的多种不同形式的项目设计.

在课程中运用 BEAR 评价系统的时候,一个特别有效的模式被称为"嵌入式评价".运用这种评价方式,评估学生进步和表现的机会被整合到教学材料中,融合到每天的课堂活动,几乎不被察觉.我们发现,把教学活动以及学生学习比喻成一条小溪,教师不时地涉入"学习的溪水"中去评价学生的进步以及表现情况,是非常行之有效的.在这一隐喻或称之为模型中,评价是教与学过程的一部分,我们可以把它想成为学习所作的评价(Black,Harrison,Lee,Marshall,& Wiliam,2003).如果评价也是学习的一部分,那么它就不会占用教学太多的不必要时间,评价任务的数量也可以为了提高结果的可靠性而有效率地增加(Linn & Baker,1996).但是,为了让评价完整和有意义地嵌入到教与学的过程中,评价活动必须与特定的课程相关联.也就是说,它必须依赖于课程,不依赖于课程的评价活动必然是存在于许多高风险的测试情形中(Wolf & Reardon,1996).

在课堂的嵌入式评价中,如同教学任务有多种形式一样,这里也有诸多不同种类的评价任务.这里可能包括个体和小组的"挑战",如利用数据解决问题,甚至于诸如"模拟社区会议"似的教学和评价活动.这样的任务可以是"反馈建构型"的,需要学生完整地解释他们的认知反馈以得到高分,或者也可以使用选择题的形式,以将教师从辛苦的作业批改中解放出来(Briggs,Alonzo,Schwab,& Wilson,2006).

在实践中具体运用进步变量也可以有很多变式的方法,从运用不同的评价模式(选择题,实时表现评价,混合模式,等等),到学生评价频繁度的变化(一周一次、一月一次,等等),再到嵌入式评价的变式(所有的评价均嵌入课程,一些评价用更传统的测试手段进行,等等).

在大规模测试情形中,混合模式的评价方法不同于嵌入式评价. 很多大规模测试同时受制于开展测试的时间协调问题,用于打分的财政支持问题. 因此,尽管实时表现评价由于其被认为的高可靠性而被赞赏,然而单凭在实时表现评价中所获得的数据不可能获得足够的信息来评估每一个被测者的熟练水平;选择题需要较少的时间来回答,并且可以用机器计分来取代人力,于是可以用它来增加大型评价的可行性和可靠性.

还是用 PISA 数学素养的例子,这里选用的例子是函数、矩形和差值. 数学素养每个项目都是依据主题领域和数学建模的需要而设定的. 主题领域指:算术、几何与代数. 建模类型指:技术过程、数值建模和抽象建模. 技术过程这一维度需要学生给出一个经过操作验证的运算操作,通过这个运算操作可以给出诸如运用标准步骤所得出的运算结果——参考后面函数项目的例子. 数值建模需要学生运用给出的数字,用一步或多步的方法来给出问题解决方案——参照后面矩形的例子. 相反的,抽象建模需要学生用更一般的方式来明确地表述规则. 例如,通过给出一个方程或用一些方式来表述一个一般性的结论——参照后面作差的例子. 由于所有项目的集合是经过科学实验设计的,因此学生的反馈情况也会如同这些心理实验所预设的数据般呈现.

示例

函数

考虑到已知方程 $y=2x-1$,填入表 3-6 缺少的数值.(选自 Wilson & Carstensen,2007,p. 321)

表 3-6

x	−2	−1	0		3	...	
y						...	19

矩形

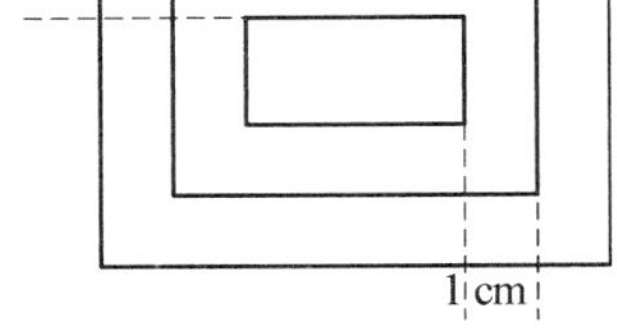

在一个小的矩形周围再画第二个矩形,在第二个矩形的周围再画第三个矩形,以此类推. 相邻矩形的边长之间的距离总是 1 cm,如图 3-39.

问题:在矩形之间,长度、宽度和周长是怎样增长的?(Wilson & Carstensen,2007,p. 321)

图 3-39 矩形增长
(Wilson & Carstensen,2007,p. 321)

差值

将数字 3,6,1,9,4,7 放入下面的空格里,以便两个三位数的差值最大(每个数字只能用一次).

第一个数＿＿＿＿＿＿；第二个数＿＿＿＿＿＿．

（选自 Wilson & Carstensen，2007，p. 321）

四、原则三：教师管理

为了使得评价任务和 BEAR 分析的数据对学生学习有用，它们必须以项目的形式表达出来，因为这种方式可以和进步变量有关的教学目标产生直接的关联．如果要使用建构型反馈任务，它必须是快速的，可读的，能够可靠计分的．分数的分类法则必须是在教育环境中比较容易解释的，不论所谓的教育环境是教室，还是父母，或是一个策略性分析的环境．分数和学生实际反馈之间关系的透明度的讨论就是建构模块 3 的内容．

建构模块 3. 结果空间

结果空间是一些结果的集合，这里的结果指的是：学生的表现根据与特定进步变量相关的项目分类之后所得到的结果．实际上，学生的反馈是作为分数的样式呈现在评价任务中的．这是 BEAR 评价系统里面教师实施专业评断的基本方法．这里用"标本"加以补充：每个任务和变式组合中不同分数水平的学生作业的例子，以及"蓝图计划"，提供教师一个有关在课程中实施基于不同进步变量的评价活动的规划．

为了使有关评价的信息对教师更有用，它必须用与教学目标有关的进步变量所直接相关的项目来表述；而且，它必须用一种想法和操作上都有效的方式来操作．得分指南的设计必须符合以上两点．

得分指南意在使评价活动中的表现的评价标准变得清晰明确，不仅对教师而言，也对学生、家长、管理人员，或其他评价结果的受益者而言．事实上，我们强烈推荐教师与管理者，学生及家长分享得分指南，以帮助他们认识到什么样的认知表现是所期望的，以及做到所期望达到的效果．

此外，学生很重视得分指南在课堂上的应用．例如，在对使用 BEAR 评价系统的学生的一系列访谈中发现，学生不由自主地向研究人员表达了他们的感受：这是他们第一次了解到教师对于学生的期望，他们感觉自己知道得高分所需要的是什么．而且，教师发现，学生常常为了得到高分而愿意重新做一遍作业．

五、原则四：高质量的依据

诸如可靠性、准确性、公正性、一致性的技术性问题，对任何想要测量以上提到的进步变量的值，或者甚至是开发一个合理的框架都是至关重要的．为了确保不同时间和空间的结果之间的可对比性，具体步骤如下：（1）检查使用不同的方法所搜集的数据是否具有一致性；（2）将学生的表现用进步变量表呈现出来；（3）依据进步变量描述责任制中的结构性要素——任务和评估者；（4）依据质量控制指标，如可靠地去建立系统运行的统一水平标准．不过，这种类型的讨论可能太过技术性，因此还要考虑到评价标准体系中的传统因素，如准确性或可靠性的研究，不均衡或平等性的研究，用这些因素来控制评价的质量，并且确保该证据是可以立足的.

建构模块 4. 赖特地图

赖特地图呈现了高质量证据的原则. 该地图是在进步变量上结合数据和经验的呈现，可以让我们解释和探索学生越来越复杂的表现. 赖特地图是源于对学生评价数据的实证研究，是依据评价任务从易到难的顺序编排的. 该地图的关键特点是，学生和任务都可以被定义在同一维度里. 它可以用来描述特定学生的进步情况，或是一群学生进步的内在模式，从不同的班级到不同的国家.

赖特地图在大型测试中很好用，因为它可以提供一些从平均分或传统的整合数据中无法获知的信息. 例如，赖特地图在 PISA 考试的评估报告（Programme for International Student Assessment，2005a）中的应用，见图 3 - 40.

分对数	学生	主题			
		算术	几何	代数	水平
3	X				
	X				
	XX				
	XXX				·
	XX				·
2	XX				·
	XXX			A	
	XXX				
	XXXX			A N	V
	XXXX			N	
	XXXXXXX				
	XXXXXXX		A A		
1	XXXXXXX	N			IV
	XXXXXXXX		N N		
	XXXXXXX	N	T	T	
	XXXXXXXXX		T	T	
	XXXXXXXX	A			
0	XXXXXXX	A			III
	XXXXXXX				
	XXXXXXXX				
	XXXXXXXXX	T			
	XXXXXXXXXX	T			
-1	XXXXXXXX				
	XXXXXXXX				
	XXXXX				·
	XXXXX				·
	XXXXX				·
	XXXX				
-2	XX				
	XX				
	XX				
	X				
	X				
	X				
-3	X				

图 3 - 40　数学素养进步变量的赖特地图（Wilson & Carstensen，2007，p. 324）

在这个地图上，"X"表示一群在同一评估水平上的学生. 左边的分对数是赖特地图的单位——它表示学生在某一项目上成功回答的概率. 符号"T""N""A"分别表示技术过程、数值建模、抽象建模项目，主题领域在表栏的题头. 如果学生的表现被定在某个项目附近，那么意味着该生答对题的概率是 50%. 如果学生被定在某个项目之上，那么意味着答对的概率大于 50%，越往上表示对的概率越大. 如果学生被定在项目之下，那么意味着对的概率小于 50%，越往下表示对的概率越小. 因而，这幅图即根据数学素养层级以及项目设计中的主题领域以及建模来说明数学素养进步变量. 主题领域则反映了算术要比几何和代数更早地运用到课程中.

建模类型的排序一般通常与之前所认为达到的水平目标的定义相一致.

赖特地图相对于传统的只用分数大小来反映学生水平的方法至少有两个优点：第一，它允许教师通过学生的平均表现水平或特定的表现来判定学生的掌握熟练程度；第二，它把评价学生熟练程度相对难度的误差考虑进去了.

一旦建构好了地图，它可以用来记录和跟踪学生的进步情况，阐述学生已经熟练掌握的技能和正在学习的内容. 依据把学生的表现记录在地图上所提供的连续记录，教师、管理者以及公众可以通过建立在进步变量基础上的评价标准有效地阐述学生的情况. 赖特地图可以有多种形式，在课堂和其他教学环境中也很好用. 为了使教师和管理者更容易建构地图，已有相关的建构地图的软件供教师使用. 例如一款称为"等级地图"的软件（Kennedy，2005），允许使用者嵌入给学生的评价分数，然后将分组学生的表现用地图呈现出来，并可以在特定时间或一段时期内完成以上工作.

六、学习表现的标准设置

BEAR 评价系统的最后一部分是将四个建构模块统一为一个完整系统，以便在大范围测试中使用，其中包括开发学生表现的标准设置——建构分界点图（Wilson & Draney，2002）. 分界点图会让我们发现任何在给定标准水平之上的学生表现中的一些细节，这有助于对分界点的设置.

图 3-41 是一个分界点图的示例，测试项目包括选择题和两个主观题项目（WR1 和 WR2），分为 5 个打分段（Wilson，2005）. 最左边的一竖列包含一列数据，用来判别是否符合要求的评分标准，以及对表现水平的最终标准评分.

这一测量是对传统分数测量的变式. 为了得到 500 这个平均数，从大约 0 开始到 1 000（选择这种测量方式有点武断，但是这种方式可以防止小数和负数的出现，小数和负数是让标准设置人员很头疼的事情）. 接下来的两列包含了选择题的位置（用考试中该选择题的题号数字标记），以及一个人在定点（横列）每一道题都答对的概率. 接下来的两个竖栏则显示了两个主观题的（结果）阈值，如对于主观题 1，获得 2 至 3 分是用 1.2 和 1.3 分别表示的（尽管这次考试的每个主观题目都是用 1 至 5 分来评的，获得这里所记录部分分数的人，

范围	多 项 选 择		WR 1		WR 2	
	题 号	答对的概率	阈值	答对的概率	阈值	答对的概率
620						
610						
600						
590						
580						
570	37	0.30			2.3	0.26
560	15	0.34				
550						
540	28 39	0.38				
530	27	0.41				
520	19 38	0.45				
510						
500	34 43 45 48	0.50	1.3	0.40		
490	17 8 20 40 50	0.53				
480	4 31	0.56				
470	11 32 33 44 47	0.59				
460	5 9 12 46	0.61				
450	3 6 7 10 16 29	0.64				
440	36	0.67				
430	8 14 22 23 26 35	0.69				
420	13 24 25	0.71				
410	41 42	0.73				
400	1 21 30 49	0.76				
390						
380					2.2	0.56
370	2	0.82				
360			1.2	0.40		
350						

图 3-41　分界点图(Wilson & Carstensen，2007，p.326)

通常在两个项目中能够达到 2 至 3 分)，以及一个 500 分水平的人达到每一个项目的一个特定分数水平的概率.

选择题的位置分布是越来越难的，这有助于区分考生. 例如，如果设置人员正在考虑将 500 分作为一个表现水平的分水岭，可见对于能力为 500 分的考生，诸如第 34、43、45 以及 48 题都是有 50% 的正确率，难一点的题目像第 37 题应该会有 30% 的正确率，简单一点的项目，比如说第 2 题应该会有 82% 的正确率. 选择题的题集这样分布的原因是，它们是根据题目的难度逐渐上升的顺序排序的，这样设置人员就可以预测到学生对于题目的理解以及对应的该题的实际可能获得的正确率. 设置人员同样会知道：达到那个分数(比如 500)的学生，在主观题 1 中得到 2 或 3 分有同样的概率(均为 40%)，在主观题 2 中得到 2 分的可能性比得到 3 分更大(56% 的概率对 26% 的概率). 这一水平学生的例子对设置人员考虑如何分析和解释数据很有帮助. 设置人员对那些被选中的学生反馈情况进行检查，标出他们在图表上的位置，以判断出其水平.

之后，设置人员会在达成共识的情况下设定图表上的分界点，并利用题目反馈的标准刻度来对照那些预测性的回答.学生的分数分布以及进步变量刻度值的分划有助于解释目标.分界点图不仅允许教师(或设置人员)用标准参照的方式来注解分数的分界点,同时也让年复一年的等分度量刻度的相似标准得以保留.这样,用连续测试中的项目去关联同一个刻度处的数据流,就可以保持着一个刻度处的标准.这样,某年的分数界点的设置就可以在接下来的几年里同样适用.

七、讨论

BEAR 评价系统作为一种途径使得大规模评价可以和学生所学知识更加紧密地联系起来,其中关键之处在于如何运用进步变量来给出纵观课程的概念性框架.

随着此类评价在课程中的广泛应用,题目编写的难度越来越小,因为评价任务的理念和语境可能适用于共用进步变量的多个课程.课程的积累性通过以下方面表达:(1)教育评价中越来越多的难点;(2)运用评价得分指南来得到更高分数需要学生思考得更加成熟.由于拥有同样概念性的课程和评价,教师、政策制定者和父母都能明确每项教学活动及评价的最终目的,并能使得对学生评价反馈的诊断性解释变得更加有效和简单.

进步变量不是一个全新的理念——它是在传统的测试方法的基础上发展起来的.传统方法中,大多数测试都会对特定类别的题型分配一个"蓝图"或规划,主要考虑的是,题目使用的缘由.不过,进步变量的概念远远超越了这一点,因为它对于评价的选择和使用有更深入的研究,如在课程进展过程中与学生的进步联系起来;同时,还可运用经验信息对评价内容进行校正.

尽管 BEAR 评价系统中蕴含的理念并不是独特的,但是通过将具体的思想观点和技术方法整合在一起得出一个有用的系统.在这点上,它确实为教育评价的发展迈出了新的一步.BEAR 评价系统的经验可以鼓励越来越多的关于广泛适用于课堂教学实践和大规模评价的技术性讨论以及实验验证.

§3.3 基于课程的评价任务设计

近年来,数学课堂活动的任务设计引起了各方的密切关注,其中包括拓展性任务设计,因为这些任务强调发展更优秀的数学表达能力,如利用数学术语来组建一个问题的能力、选择合适的教学手段来解释、交流数学方面的结果.然而,这些课程发展的实施受到大部分当下评价方法的限制,因为我们还是在用那些人为制造的语境中的封闭式的任务去评价独立的数学教学手段.这些封闭式的任务打分非常方便,并且分数也是非常可靠,但是对于数学教学的反馈情况往往是灾难性的,因为这样的测试问题必定会使课堂成为演练这些问题的场所.因此,这里要讨论的是去探索那些可以拓宽评价实务活动以包含我们认为有价值的数学表现方面的方法,其中包括一般的评价任务设计维度(Swan,1993)以及 VCE 课程评价任务(Money & Stephens,1993)的介绍等.

3.3.1　评价任务设计维度

在设计和评估评价任务时,川(Swan,1993)提出了如下需要仔细考量的 6 个维度:

(1) 评价的成就对象;

(2) 评价的合适方法;

(3) 任务的开放度;

(4) 所需自主性和灵活性的程度;

(5) 任务的延展性和连贯性;

(6) 任务所在的语境.

以下就 6 个维度分别加以解释.

一、评价的成就对象

关于评价任务设计,我们首先考虑的是要评价学生的什么.

1. 事实与技能

事实是本质上不联系或是任意的信息条目.这些包括矢量-矩阵(例如,记住(2,3)意味着在笛卡儿平面上横 2 竖 3 的点)以及这些概念附含的名称(如"原点").技能则为良好建立起来的多步骤程序(如展现快速准确的长除法能力).

通过或者不通过对于以下提到的概念的理解,事实和技能都是能够被记住的.

2. 概念性结构

概念性结构是概念以及关系网络充分地联结.它们让数学事实变得有意义,支撑了技能的表现,并且这一表现也包括适应新情形下的策略使用程序的能力展现(如将一个片段的信息转化为其形象化的可视性表征).

3. 通用策略

通用策略指导包括选择合适的技能,并且使得学生能够运用数学去解决一些陌生的问题.这一过程将包含作出决定、计划、分辨重要与不相关的信息、分类、觉察类型、总结、检查、提高以及交流所有数学策略的能力.

对于评价任务设计,这一维度的重要性不言而喻.事实以及技能的掌握情况也许可以通过封闭式的任务来得到评估,但概念性结构以及通用策略的存在只能通过开放式的任务得以评估,这些任务需要学生去作出决定、去推理、去解释.事实上,一些策略性的技能只能通过一些延伸性的任务才能得到评估(实例会在后面给出).

用于评价的任务同以往传统的考试题目风格有所不同,其侧重点更多强调的是学生在非常规情况下进行推理以及交流的能力.

以下是一些问题案例和评价标准,用来说明如何注重学生在非常规情况下进行推理及交流的能力.

案例 1　攀爬游戏

这是个双人游戏.一块筹码上放着标有"开始"的点上,表示比赛的开始,如图 3-42(1)所示.由萨娃和鲍勃参加.接下来游戏者轮流向上滑动筹码块,按照以下规则:每一次,筹码只可以按一下的方式移动到相邻、高的一点.每一次移动只能按照图 3-42(2)方向.第一个将筹码滑动到"结束"的玩家获胜.

(1)图 3-42 显示了一场比赛.萨娃的移动由实线箭头——表示.鲍勃的移动由虚线箭头----表示,现在轮到萨娃移动了,她有两种移动选择.选择其中一种路线,萨娃可以确保获胜,另一种路线鲍勃则一定会获胜.

(2)如果这个游戏从头开始,萨娃还是第一个移动,她只要正确地移动,她始终可以获胜.解释一下萨娃该如何移动可以确保获胜.(源自 Swan,1993,p.203)

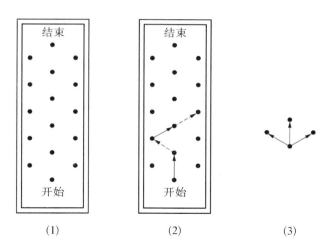

图 3-42　攀爬游戏(Swan,1993,p.203)

对于"攀爬游戏"的评分标准,可以在以下几个标准下打分:

● 展现对题目本身的理解;

● 有机地组织信息;

● 描述并解释所使用的方法以及所获得的结果;

● 公式化语言组织一个总结或规则,或以代数方法表示.

案例 2　描述形状

想象你正和班上的一位同学打电话,并且希望他(她)能按照你的提示画出一些图形.其他的同学不能看到这些图.写一些提示语,这样那位同学才可能准确地画出下面的图形(图 3-43).(源自 Swan,1993,p.203)

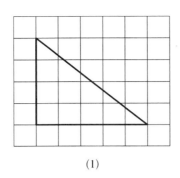 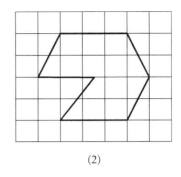

(1)　　　　　　　　　　　　　　(2)

图 3 - 43　描述图形(Swan, 1993, p. 202)

对于"描述图形"这个问题,评分标准可以在以下情况下给出满分:

学生可以利用数学理念有效地给出一个连贯的描述,这个描述可以直接引出准确的边长和方向确认.对于图 3 - 43(2)部分,如果可以使用坐标的话,连接它们的方向也就不会不清楚了.这样的解释就会十分容易地被描述出来.

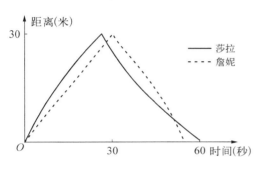

图 3 - 44　游泳比赛(Swan, 1993, p. 203)

案例 3　游泳比赛

这个草图(图 3 - 44)描述的是,莎拉和詹妮参加一个 60 米仰泳比赛的情况.试想你是这场比赛的评论员.尽可能全面仔细地去描述发生了什么情况.你并不需要把所有都测量得很准确.距泳池边缘的距离单位:米;时间单位:秒.(源自 Swan, 1993, p. 203)

案例 4　旅行向导

雇佣一位向导每天要 120 英镑.旅行的组织者打算对参加这次活动的每一名参与者收取同样的费用.画出一个草图,可以显示出票价随着团队人数的变化而变化的情况.对于所画草图的形状,用自己的话解释,并用笔写下来.(源自 Swan, 1993, p. 203)

"游泳比赛"以及"旅行向导"的例子需要学生利用现实情境中的图形变化去描述和交流问题.在游泳比赛问题中,很明显可以知道学生会将两条曲线分别描述阐释,一部分时间里,给出莎拉领先的情况,另一部分时间里,再给出詹妮随后领先的情况.

二、评价的合适方法

在评价的合适方法上,主要从两个层面加以讨论:一个是"目的性的"和"偶然性的"评估;另一个是话语及实践能力的评估.

1."目的性的"和"偶然性的"评估

对于一位学生是否知道、理解或者能够使用一个数学特定知识的评估可以是有"目的性的",也可以是"偶然性的"."目的性的"评估意味着提供给学生任务,有目的性地让他们使用特定的数学方面知识."偶然性的"评估是在教师在日常教学的课堂上讲课时,随机指出来的相关知识.这样,评估便被看作一个不断增加的情报收集.

尽管偶然性的评价会对学生的成绩有着更为直接、真实的反应,产生较少的压力感,并且允许更多开放式的可能活动. 不过,"偶然性"的评价在教育性上存在明显不足,并且它确实需要一个有效可靠的记录系统,这使得"偶然性"的评价在教学实践中的应用增添了一定的困难.

案例 5　屋顶

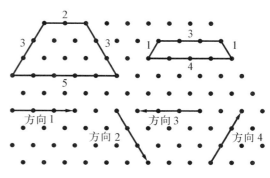

图 3 - 45　画屋顶(Swan, 1993, p. 202)

可以利用给出的点来画不同的形状、大小的屋顶. 第一个屋顶是 2353;第二个屋顶是 3141.(第一个数字告诉你,你需要在方向 1 上画几个单元,第二个数字对应方向 2,第三个数字对应方向 3,第四个数字对应方向 4)(图 3 - 45). 画一个 2242 以及 4151 的屋顶. 试着去画 3251 以及 1434,说说什么情况发生了. 找出其中的规律,这个规律可以让你知道,不用画图,你也可以从给定的四个数字判断是否可以画出一个屋顶. 解释一下,为什么这个规则行得通. 如果我们把这四个数字分别称作 a、b、c、d,那么你能利用这四个字母更简洁地解释下规则吗?(源自 Swan, 1993, p. 202)

在屋顶,学生必须理解一个不熟悉的符号并与它工作. 这个任务可以评价学生推理、交流和使用代数归纳法的能力. 条件是寻找 $a+b=c$ 和 $b=d$. 学生可以讨论,要么以经验为主地看一些可用的代码,要么通过在结构上查看图形的特征进行演绎. 这些方法都可以接受.

有一个可以简化这些问题的方法就是提供给学生一个标准的版本,并鼓励他们(她们)去告诉教师,他们(她们)何时、如何满足了这些特定的标准. 这样就把评估的一些责任转移到学生身上,并且鼓励了反射性的活动. 不过,要注意的是,这里潜藏着一个风险,那就是学生也许只想满足标准,而忘记了体验活动真正目的的原因.

2. 话语以及实践能力

我们评估的方法通常需要学生在非常大的时间压力下独立完成任务. 对于这种情况下获得的评价信息是否可以产生对于未来这位学生进入职场中的潜在表现的有用信息,这也就变得有些疑问了. 此外,对于纯手写方式的反馈强调,可能会让我们对于很多学生的能力产生低估效果. 因此,我们有必要去寻求在一个更为贴近实际生活的环境中来评价一个个体,把着重点更多地放在话语能力以及实践能力的评估上.

三、任务的开放度

两个十分明显需要考虑的方面:学生在处理任务时可能使用的方法,以及被采纳的可能回答或终点的数量. 大部分传统任务需要学生使用一个给定的方法去获得一个确定的答案. 当前更多的关注已经转移到任务的发展上,这样的任务可以让学生能自己选择使用的方法或是可以允许出现各种答案的情况.

案例6 数字型任务

完成下面的列表,并解释如何获得答案.

六边形的数量需要的边数(图3-46).

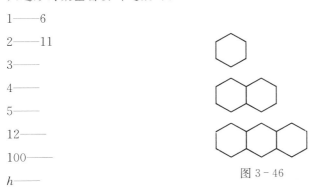

1——6

2——11

3——

4——

5——

12——

100——

h——

图3-46

(选自 Swan,1993,p.205)

这一任务可以用来评价学生是否能够完成一个列表或者辨认一种简单的模型,以及用语言或代数方法表达出来.川(Swan,1993)表明,在一次实验中,教师让学生开展这项活动,让学生在布满规则点的纸上画出自己的图形,并按自己选定的简单规则慢慢地变化图形.之后让学生判断这种增长如何可以被测定,然后作出预测判断以及概括总结.当这些由一位12岁的学生组成的班级完成时,结果让人大吃一惊.很多学生做出的设计远超预估(参见图3-47).例如,一些学生甚至做出了二次方变化型,这种类型是他们这个阶段还没学到的代数知识.

封闭式的任务对于学生可能性的表现有着一定的局限作用,然而开放式的任务则在学生的回答反馈方面会有所不同.学生会有更多的机会去展示他们真正的潜力.尽管学生无意选择展示一些技能(在上面的例子中:代数),但他们能够展现出策略方面的技能.因此,开放式的任务的评分标准里应该清晰地阐明要鼓励这种行为技能.如果在学生开始做任务之前,就向他们表明任务评价是依据哪几条广泛的大标准之下打分,学生会很受启发.

四、任务的自主性和灵活性

通常而言,一个任务的难度和这个任务所需要的数学技巧有很大联系.然而,现在越来越多的人意识到,在相似的情境下展现某技能,与能够同其他技能一起在一个自主化非一般场景中展现该技能有着一定的差距.这意味着,评价需要高度自主以及灵活性的任务.如果评价任务对于大部分学生而言都是可评估的话,那么该任务可能包含大量的较低需求的数学技能展现.

五、任务的延展性和连贯性

数学中包含了各种各样的任务,从快速心算到整合不同数学知识才能计算的延伸实务性问题,等等.我们发现通过任务的长度来辨明这非常有用,其中任务长度的厘定同3.1.6节平衡性评价(见本书第102至108页)中介绍的任务长度是一致的.

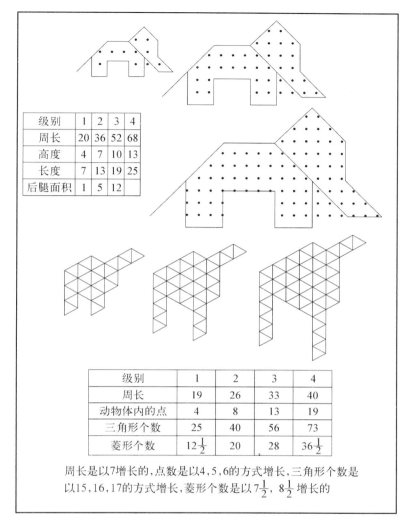

级别	1	2	3	4
周长	20	36	52	68
高度	4	7	10	13
长度	7	13	19	25
后腿面积	1	5	12	

级别	1	2	3	4
周长	19	26	33	40
动物体内的点	4	8	13	19
三角形个数	25	40	56	73
菱形个数	$12\frac{1}{2}$	20	28	$36\frac{1}{2}$

周长是以7增长的,点数是以4,5,6的方式增长,三角形个数是
以15,16,17的方式增长,菱形个数是以$7\frac{1}{2}$,$8\frac{1}{2}$增长的

图 3-47 对于数字型开放任务的一些回答(改编自 Swan,1993,p.206)

● 短任务(占用几秒钟至 15 分钟之间);

● 长任务(占用时间从 15 分钟至 2 个小时之间);

● 拓展任务(有时候占用几个小时,通常占用长达几周的时间).

传统意义上,大部分的评价包含了各式各样的短任务,但是最近一些年,长任务以及拓展任务已经变成了主流.这主要源于对于策略化思考的关注不断增强.

无论任务的时间长度是多少,它的连贯性至关重要.关于这一点,我们是指一个任务可以被分成很多小的、短的次级任务的程度.我们通常会发现拓展任务是由许多小的封闭式任务组成,这些封闭式任务一路引导学生按照预设的路线去走.很明显地,这样会降低学生展现他们策略性思考的程度.

拓展任务的成功很大程度上依靠学生自我驱动的程度,让任务转化为自身需求.这样就能充分地让学生在进行任务的过程中,参与其中.鼓励学生同教师商量以便保证任务的顺利完成.

案例7 设计一个形状分类器

我们通常会给小孩"形状分类器",以帮助他们发展手和眼的协调性.你认为一个好的"形状分类器"应该由什么组成?把你认为想要的特征列表写出来.自己设计形状和形状分类器,并用纸板把它们做出来.写下关于你是如何设计的以及为什么这样设计.把你设计的形状分类器给小孩玩.观察小孩觉得哪些形状容易放进去,为什么?哪些形状很难放进去,为什么?

(来自 Swan,1993,p.208)

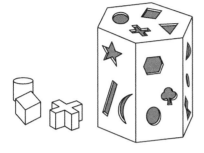

图 3-48 分类器
(Swan,1993,p.208)

以一位 15 岁的学生为例,她决定设计并做一个形状分类器,使用一个类似房子的模型.一开始,她画了几个设计草图,并附加了满足标准的要求:

● 每一个形状只可以穿过唯一的孔槽;

● 当这些插入到孔槽后,回收或者说再拿出来的方法要容易.

在设计了房巢以及一些块状模块之后,包含一些规则的多边形结构,她做出了一个值得称赞的模型(图 3-48).

也许,她可以紧接着去考虑放入不同形状到分类器中的相对难度,并可以在几个小孩的身上试验一下,以测试她的假设.

案例8 余数问题

以下是一位 13 岁的学生关于"余数问题"的探索过程.

尽管整个探索过程看起来没有什么特别之处,但整个探索过程是学生不断努力的过程,且最小公倍数的概念也在整个探索过程中创造出来.

原始问题是:"如果一个小孩每隔 4 颗来数他的糖果,那么剩下 2 颗.如果他每隔 5 颗来数,那么剩下 1 颗.他总共有多少颗糖果?"调查一下其他类似这样的问题……

学生的探索过程记录(改编自 Swan,1993,pp.209-211):

我在思考这个问题的时候,是这样写的:

4r2①

得到 6,26,46,66,86,…

5r1

这个小孩可能拥有的第一个糖果数量为 6,但之后,却有很多可以满足以上要求的数字,并以 20 递增.我注意到 4×5=20,并且数字是以 20 递增的.

后面的记录过程主要围绕以下三个问题来开展:

(1) 该如何确定第一个数字?

(2) 这些可能的数字每次增加的是多少?

---

① 4r2 表示一个数除以 4 余 2,其余类似情况同此解释.

（3）当增加到 3 或者 4 次的时候,发生了什么?

首先,我尝试去发现第一个数字应该为多少.但是,这个问题看起来并不容易.因为如果按照前面写的式子,有很多例外的情况会导致你加起来不是 6,也就无法让自己一定得到准确的第一个数字.

想了一会儿,我决定先不去思考这个问题,而是去探究数字递增多少的问题.我找出了刚开始的一些数字,当把它们相乘,便可以得到递增的数字,后来发现相类似的两个例子:

4r2 　　　　　　　　　　　　　　　　4r3

　　得到 22,34,46,… 　　　　　　　　　　得到 19,31,43,…

6r4 　　　　　　　　　　　　　　　　6r1

这使得我认为数字的递增通常是这两个数字的积(比如 4×6＝24),或者积的一半(比如 12).

当第一个数字为质数(比如 19)时,则递增的数字应是两个数的积(如 24)①;但是当这两个数字不是质数(如 22)时,则递增的数字为两个数积的一半(比如 12).但是接下来的一个例子则拓展了这一结论.

3r1

　　得到 10,16,22,28,34,40,46,…

6r4

按照之前的理论,这次每个数字应该以 3×6＝18 来递增,不过事实上,它们是这样递增的: 3×6＝18,18÷3＝6,即如果两个数中大的数是小的数的倍数(如 6 是 3 的 2 倍),那么满足条件的数字递增量为两个数的积除以两个数中较小的那个数.

这个例子引出的规则是,如果数字之间没有联系,那么它们增加的数字为两个数的积;如果其中一个数字为另外一个数的倍数,那么有递增的数为两个数中较大的那个数.

下面,我试图举一些同时有 3 到 4 个数的例子,例如:

2r0

3r1

4r2　　　　　　　得到 58, 118, 178, 238,…

5r3

因为 4 是 2 的倍数,递增的数字为 2×3×4×5÷2.

在下面的一个例子中,由于数字之间没有联系,因此递增的数字为 2×3×5×7＝210.

2r1

3r2

7r4　　　　　　　得到 95, 305, 515,…

5r0

我还发现了表 3-7 至表 3-9 中的第一个数字.

---

① 这是学生的探索过程.当一个数字是质数(比如 19),数的递增实质上还是两个数积的一半(比如 12).

表 3－7

	3r0	3r1	3r2
5r0	0	10	5
5r1	6	1	11
5r2	12	7	2
5r3	3	13	8
5r4	9	4	14

表 3－8

	4r0	4r1	4r2	4r3
5r0	0	5	10	15
5r1	16	1	6	11
5r2	12	17	2	7
5r3	8	13	18	3
5r4	4	9	14	19

这些数字按顺序从 0 到 19(在表 3－8 的例子中).在这一模式中,数字从 0 沿斜对角线的左上角往下.

表 3－9

	2r0	2r1
3r0	0	
3r1		1
3r2		

接下来,你想要下面的一个数字,由于超出了表格,因此需要水平的交叉来看 2.接下来,3 已经超出了表格,因此你需要垂直看 3 应该在的位置.4 同样也超出了表格,你必须要从水平方向来寻找它;接下来,通常都是斜对角线式地往下,直到你到达了底部,这个表格也就完成了.

这种数字关系通常都是以这种模式发展的(图 3－49).

数字从这里开始→ 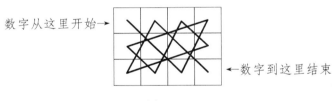 ←数字到这里结束

图 3－49

这一表格模型(表 3－10)对于任何数字都是适用的:

表 3－10

	11r0	11r1	11r2	11r3	11r4	11r5	11r6	11r7	11r8	11r9	11r10
4r0	0	12	34	36	4	16	28	40	8	20	32
4r1	33	1	13	25	37	5	17	29	41	9	21
4r2	22	34	2	14	26	38	6	18	30	42	10
4r3	11	23	35	3	15	27	39	7	19	31	43

我们知道这样的表格是如何变化的,因此可以通过使用这个表格来得知第一个数字应该为多少,而不需要把所有的数字都写进去.如果这个数很大的话,这样会花费我们很多时间.

总结:

我无法发现一个非常有效的方法来预测第一个数字应该是多少,只能通过列表法.我所发现的数字递增的模式在早前已经提到.我所使用的超过两个计数方式所得到的结果看起来是一样的,并且适用于两种计数方式的任何形式以及规则.

对于此类工作的分级方案通常是简历型的,如先分几大条来评定分数:总体的设计与策略、数学内涵、准确度、清晰的论点以及表现力.然后评估学生的表现:对任务的理解以及回答,推理以及作出推演,任务的操作度以及对于工具的使用和交流能力等.在每一个大标题之下,提供许多原始的标准.不过,这种打分的最终信用度还是要靠教师在考试委员会制定的外部标准应对区别度的专业判断.

六、任务所在的语境

关于任务,还需要考虑的是情境.例如,纯数学任务——该任务的焦点在于对数学结构本身的探索;应用数学任务——任务的中心仍旧是在数学思想上,但它在现实中或者模拟现实的运用使其具体化了;现实生活任务——这一类型对于现实世界获取更为清晰的新见解有着很大的不同关注点.

近年来,学校考试中开始引进更多的现实性问题.这些任务需要对于数学技能以及非数学技能的整合以及分配运用.它们也许会包含过多的信息,也许会信息不足,解决方法通常都有实用价值.不过,大部分现实问题都需要进行粉饰.例如,在图 3 - 50 中阐述的金属台面问题,就是"包装化"的三角函数知识运用到现实情境中.

1. 金属台面

图 3 - 50 给出了一个金属台面的一些边长数据,交叉的两条腿(等长)形成了角 x,利用图中的数据计算出角 x 的度数.(源自 Swan, 1993, p. 212)

下面的问题真正地展现了"现实生活"问题.

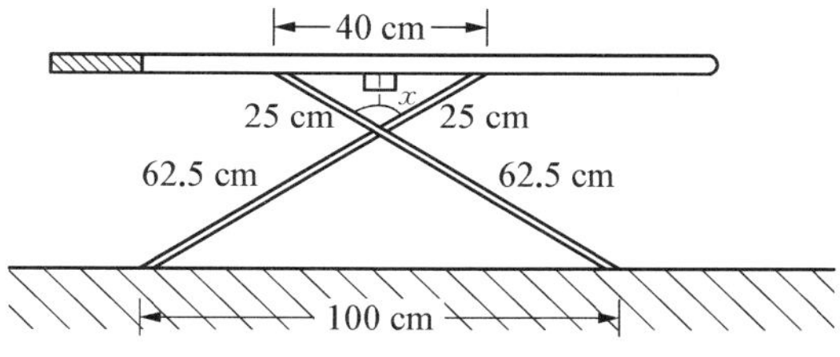

图 3 - 50　金属台面(Swan, 1993, p. 212)

2. 做出一个聪明的采购计划

思考一下你常常在商店中购买的便宜商品(如早餐谷物或咖啡),你如何选择"最好的"品牌、最佳数量,等等? 去发现别人是如何购买这个商品的;去发现这种商品在不同商店里卖的不同种类;计划并实施一次对比不同品牌该种商品的质量情况.写一份你所发现的情况的总结报告,说一说你的研究对以后的购物会有怎样的影响.(源自 Swan, 1993, p. 213)

这一任务并没包含任何对学生或教师如何使用该任务的指导.在实践中,有教师进行了约 15 个小时的具体指引,以及提供一些建议.例如,这样的课堂活动被分成了四个阶段:

阶段 1,从经验中学习.让学生听或者观看一些对消费者的采访节目,以及采访一两位学生,如采访学生关于橙汁的消费等.然后,让学生分析采访节目,以及学生实际采访所获得的数据,讨论消费中的重要因素.

阶段 2,研究前准备.让学生选择一个自己拥有的东西来研究,并决定他们的消费目标以及方式.

阶段 3,实施研究.学生设计并实施调查,包括班级内以及班级外的调查.实施实验并考虑如何最好地呈现他们所发现的内容,这些可以涵盖写报告之外的海报或者口头阐述.

阶段 4,展示以及评估报告.写的报告在班级里传看,并且每个小组都希望可以做一个口头说明.让学生评论小组报告将会如何影响他们的未来购物选择.每一份报告由班级的其他同学评价,并且每一组可以根据其他人的评价完善修改自己的报告.最终的版本可能会被复印,甚至为学校做成一本消费杂志.

任务评价将关注学生是否能够做到:

- 在作出决定中所应考虑的重要因素;
- 从对话采访中获取信息以及解释信息;
- 从图表当中获取信息以及解释信息;
- 分辨可能的研究目标;
- 选择合适的研究方法;
- 设计合适的方法,以对数据进行收集和组织;
- 用简洁、有组织的方式呈现研究的总结;
- 从研究数据的集合中得到一个合理的结论;
- 评价一个报告,并且提出改善意见.

此外,每位学生的作业材料夹都会被评估.因此,这项任务是一个有着不同概念性以及策略性的目标的、实质性的复杂活动,这些目标都有可能被教师评价,以及会紧接着接受外部管理部门规定的评价标准进行评价.

3.3.2 VCE 课程的评价任务

这里将介绍维多利亚教育证书(The Victorian Certificate of Education,简称 VCE)中的课程评价任务,是引自莫尼和斯蒂芬斯(Money & Stephens,1993)的具体工作来进行的.VCE 是一种课程与评价项目,本课程在学生完成高中两年的必修课程之后开设(11 年级和 12 年级).澳大利亚维多利亚州所有 11 年级和 12 年级的数学课程都要求学生进行数学项目研究.维多利亚州要求 12 年级的学生必须完成四个数学项目.所有的 VCE 课程都是为数学研究单独设计的.它将不同的内容领域、工作要求和与之匹配的评价任务结合在一起.这些评价标准包含学生的成绩,这适用于 12 年级所有的课程.课程分为独立的三部分,每年实施一部分.第一部分是"数与图形",包括算术与代数、几何、三角形和相关的代数问题;第二部分是"变化与近似",包括坐标几何、微积分和相关的代数问题;第三部分是由概率、统计、逻辑和相关的代数问题组成的"推理与数据".目前,94%的学生在 11 年级学习第一、第二部分,75% 的学生在 12 年级继续学习,其中约有 65% 的学生学习第三部分或进行"拓展"课程的学习.每一部分约有一半是集中设置的主题,剩下的课程内容则具有一定的选择性.

以下三个工作要求是确定学生学习 VCE 课程的满意度和颁发证书的基础,它是由教师精心制定的,教师预期在规划和管理课程的过程中使用工作要求,以便在学生做什么和如何进行评价之间建立清晰的联系.每一部分的工作要求都占全部课程的 20% 至 60%.

(1)项目:拓展课程主要涉及数学的应用.

(2)问题解决和建模:应用数学知识和数学技能创造性地解决情境中的问题,也包括现实生活中的问题.

(3)技能练习和标准化应用:通过学习和练习数学算法、法则和技巧进行研究,并利用这些知识找到解决问题的方案.

实现以上三种要求的主要有四种类型的评价任务:

CAT1 是以主题设定为中心的研究项目.在指定期间实施评价任务,运用课堂内外时间相结合的策略.该调查开设在第一学期.

CAT2 是指从各门课程中选择具有挑战性的难题.学生一般需要 6 至 8 个小时建立模型并解决问题.该活动开设在第二学期.

CAT3 的"实践和技能任务"和 CAT4 的"任务分析"是 90 分钟的测试,它们开设在第二学期.CAT3 中的测试内容是常规的数学知识.CAT4 虽然测试的内容有限,但是它考查学生更高水平的能力,如理解、解释和交流数学思想的能力;将概念的学习转移到新的情境中的能力;分析复杂情境的能力;应用逻辑语言的能力以及作出结果预测的能力.

限于篇幅,这里只介绍 CAT1 里的一种任务——调查项目的管理方案和等级评定.关于等级评定、认定技术和证实的评论同样适用于其他 CAT 任务.

一、数学项目的主题和任务

每年的项目因主题的不同而不同.为了制订有效的课程计划,教师会提前收集相关的内容信息.第一学期初学校会收集相关的文件,教师和同事会讨论与项目相关的主题范围和具体的等级评定过程.学生利用 12 周的时间选择主题,并进行相关调查.学生应在 15 至20 小时内完成调查(12 小时用于调查,3 至 5 小时写调查报告),其中至少有一半的时间在学校内完成.教师根据不多于 1 500 字的书面报告进行评价.下面将介绍一个调查项目,最初是来自 Victorian Curriculum and Assessment Board(1990).

案例　最佳路径

该调查的目标是发现和选择最佳路径,它主要考查推理和数据知识.教师鼓励学生主动独立地实施该项目.

一般建议

在特殊的情境中选择最佳路径是常见的数学问题.有时它表示空间距离,如穿越城市的最短路径;有时它并不代表空间距离,而是数学上的最佳路径,如建筑楼房的最佳方法可以看作一个网络路径,它表示不同的建设任务是如何相互依赖的,以及每个任务所用的时间.

正如解决问题要求学生寻求最佳路径一样,你还需要明确什么方法是最好的.记住,最佳路径可能有很多种.

尽管学生可以通过实验和试误解决问题,但他们还要明白利用何种数学技术解决更复杂的问题,这同样适用于真实的商业情境.

认可用到的数学领域:概率、统计、逻辑、代数.你可以开发一个计算机程序或利用电脑包解决问题,其中也要包括自己对问题的分析.

起点

学生可以调查任何与主题相关的问题.他们必须与教师讨论对问题的选择以及与主题的联系,下列显示了一些项目的出发点,不过这不是强制性的.

制定事件的日程安排并检查延期的可能性

- 确定盖房子的时间表,指出承建商的时间和订购材料的时间;
- 安排制作电影和广告的完成日期;
- 制定大型聚会的时间表.

制订旅游计划

- 找出乘坐汽车或其他交通工具从一个城市到另一个城市的最短的或最快的或最容易或最便宜的路线;
- 为了在有限的时间内参观博物馆、主题公园和外国城市,制订周全的计划;
- 为 5 岁儿童规划参观动物园的时间.

欧拉和汉密尔顿路径

- 为货币交易、垃圾回收、街道清洁或邮政服务规划有效路径;
- 调查旅行销售员的历史和其他解决方案.

其他应用

- 设计送货路线的系统方案;
- 研究从一个城镇到另一个城镇的交通路径,并找出不同路径的区别,在哪里放置是最有价值的?

其他的调查主题

- 空间和数量:周期性、分形学和循环设计;
- 近似变化:物体移送的路径,错误和相似,指数和对数式缩放;
- 推理和数据:预测不确定事件和数据模拟.

(选自 Money & Stephens,1993,pp.181 – 182)

二、教师在项目研究中的角色

教师帮助学生选择、实施调查项目,指导学生学习、应用恰当的数学知识,与学生交流评价结果.教师可以参与到:组织相关的资源并与学校图书管理员保持联系;将与调查项目相关的技能和工作要求写入时间表中;通过实例解释相关数学任务的基本要求和评价标准；介绍主题和可能的起点；将问题的起点与学生的兴趣和数学优势建立联系，选择恰当的主题；帮助学生关注调查目标，开发详细可行的行动计划；为学生提供建议和反馈；抓住组织集体学习的机会；审核项目报告的初稿和性质；鼓励学生努力将符号转变成书面报告．

此外，教师和学生利用特例和相关的评价标准进行合作．例如，提高评价报告的真实性，并在以下方面进行指导：(1) 学生在 7 至 10 节课之内实施调查项目；(2) 教师在上课期间与学生讨论任务的发展进程并提供咨询；(3) 学生必须和教师确认有关他们选择的话题以及它与主题的关系的信息，实施调查的计划，第一个报告草案；(4) 要求教师记录认证程序．

规范的报告格式如下：(1) 标题页——项目的标题、目的和相关发现；(2) 主要内容——详细陈述主题并介绍如何与主题建立联系，包括：选定主题后的一系列导向变化，进行一系列调查，包括学生的角色，数学和相关的数据、图表；(3) 结论——评价结果、讨论问题的局限性，并进一步调查各种思想；(4) 结合案例，总结数学方法；(5) 鸣谢教师的帮助以及使用的资源；(6) 参考文献；(7) 附件——如数据表格等．

三、等级评定方案和范例

项目报告一般分为十个等级：A＋，A，B＋，B，…，E 等．有时教师也可能用到没有等级的评价．"NA"表示"没有评价"，它可能意味着学生错过了提交的时间，或者表示教师无法证明报告的真实性．

下面是一个关于"最佳路径"为主题的调查项目的等级评定范例．"最佳路径"问题是为了将报纸从偏远的乡村分配到九个地方，一位学生调查了四种交通工具的最佳路径．学生收集了详细的信息，包括交货点、时间和距离．该问题主要研究邻近算法并进行应用．此外，还有学生开发并利用原始的"循环路线"算法：

步骤 1：按比例画出所需的地图；

步骤 2：在地图上识别循环路线；

步骤 3：明确不包含在循环路线的城镇的角度；

步骤 4：将该城镇纳入循环路线，此时出现了新的角度；

步骤 5：重复步骤 3 和步骤 4，直到所有的城镇都包含在路线中．

不过该算法相比"邻近法"还是不宜操作的，因为邻近法是不需要按比例绘制地图就可以得到短的路径，但是不一定是最短路径．

为了等级评价结果的真实有效性，学校最初对项目作出评价，教师通过参与学校间的讨论与交流来确定解释、等级评价，以便确保内部一致性．"VCE 数学评价表"是每个项目报告的形式，它为进入计算机系统的课程提供了评价建议．该系统将在每个年级随机选择两份报告，这些报告的等级是"A＋"或"E"，这有利于评价委员会验证全州的标准，并考查和解释评价标准的一致性．

如果评价委员会的评价与学校的评价等级存在多于两种不同之处，这时评价委员会就不需要再次抽样,学校要改变原有的等级水平.如果所有的样本等级都不一致,那么学校所有相关等级的报告要被召回.

为了避免以上情况,学校通常会与其他学校共同讨论课程和评价方案,以确保最初的建议是尽可能精确的.

参考文献

Arter, J. (1993). *Designing scoring rubrics for performance assessments: The heart of the matter*. Paper presented at the annual meeting of the American Educational Research Association, Atlanta, GA.

Baker, E. L. (1990). Developing comprehensive assessments of higher order thinking. In G. Kulm (Ed.), *Assessing higher order thinking in mathematics* (pp. 7 – 20). Washington, DC: American Association for the Advancement of Science.

Baron, J. B. (1992). *Performance-based assessment in mathematics and science*. New Haven: Connecticut State Department of Education.

Bell, A., Burkhardt, H., & Swan, M. (1992). Balanced Assessment of Mathematical Performance. In R. Lesh & S. J. Lamon (Eds.), *Assessment of Authentic Performance in School Mathematics* (pp. 119 – 144). Washington, DC: American Association for the Advancement of Science.

Biggs, J., & Collis, K. (1982). *Evaluating the quality of learning: The SOLO taxonomy*. New York: Acadenlic Press.

Black, P., Harrison, C., Lee, C., Marshall, B., & Wiliam, D. (2003). *Assessment for learning: Putting it into practice*. Buckingham, UK: Open University Press.

Briggs, D., Alonzo, A., Schwab, C., & Wilson, M. (2006). Diagnostic assessment with ordered multiple-choice items. *Educational Assessment*, 11(I), 33 – 63.

Burns, M. (2005). Looking at how students reason. *Educational Leadership: Assessment to Promote Learning*, 63(3), 26 – 31.

Campbell, K. J., Watson, J. M., & Collis, K. F. (1992). Volume measurement and intellectual development. *Journal of Structural Learning*, 11(3), 279 – 298.

Carter, P. L., Ogle, P. K., & Royer, L. B. (1993). Learning logs: What are they and how do we use them? In N. L. Webb (Ed.), *Assessment in the mathematics classroom* (pp. 87 – 96). Reston, VA: NCTM.

Case, R. (1992). *The mind's staircase: Exploring the conceptual undetpinnings of children's thought and knowledge*. Hillsdale, NJ: Laurence Erlbaurn Assoc.

Collis, K. (1975). *A study of concrete and formal operations in school mathematics: A Piagetian viewpoint*. Melbourne: Australian Council for Educational Research.

Ernest, P. (1992). The nature of mathematics: Towards a social constructivist account. *Science and Education*, 1, 89 – 100.

Ernest, P. (1993). Constructivism, the psychology of learning and the nature of Mathematics: Some critical issues. *Science and Education*, 2, 87 – 93.

Fischer, K. W., & Knight, C. C. (1990). Cognitive development in real children: Levels and variat. ions. In B. Presseisen, *Learning and thinking styles: Classroom interaction*. Washington, DC: National Education Association.

Halford, G. S. (1993). *Children's understanding: The development of mental models*. Hillsdale, NJ: Lawrence Erlbaum Associates Publishers.

Kulm, G. (1994). *Mathematics assessment: What works in the classroom*. San Francisco: Jossey-Bass Publishers.

Kennedy, C. A., Wilson, M., & Draney, K. (2005). *GradeMap 4. 1* [*Computer program*]. Berkeley, California: Berkeley Evaluation and Assessment Center, University of California.

Loucks-Horsley, S., Love, N., Stiles, K., Mundry, S., & Hewson, P. (2003). *Designing professional development for teachers of science and mathematics*. Thousand Oaks, CA: Corwin Press.

Linn, R., & Baker, E. (1996). Can performance-based student assessments be psychometrically sound? In J. B. Baron, and Wolf, D. P. (Eds.), *Performance-based student assessment: Challenges and possibilities. Ninety-fifth Yearbook of the National Society for the Study of Education* (pp. 84 – 103). Chicago: University of Chicago Press.

Marshall, S. P. (1989). Affect in schema knowledge: source and impact. In D. B. McLeod & V. M. Adams (Eds.). Affect and mathematical problem solving: a new perspective (pp. 49 – 58). New York: Springer Verlag.

Marshall, S. P. (1990). The assessment of schema knowledge for arithmetic story problems: A cognitive science perspective. In G. Kulm (Ed.), *Assessing higher order thinking in mathematics* (pp. 155 – 168). Washington DC: American Association for the Advancement of Science.

Masters, G. N., Adams, R. A., & Wilson, M. (1990). Charting student progress. In T. Husen, and Postlethwaite, T. N. (Eds.), *International encyclopedia of education: Re. 'iearch and studies. vol. 2 (Supplementary)* (pp. 628 – 634). Oxford and New York: Pergamon.

Money, R., & Stephens, M. (1993). A meaningful grading scheme for assessing extended tasks. In N. L. Webb & A. F. Coxford (Eds.), *NCTM Yearbook: Assessment in the mathematics classroom* (pp. 177 – 186). Reston, VA: NCTM.

National Council of Teachers of Mathematics. (2003). *Research companion to principles and standards for school mathematics*. Reston, VA: Author.

National Research Council. (2001). *Adding it up: Helping children learn mathematics*. Washington, DC: National Academy Press.

Pandey, T. (1990). Power items and the alignment of curriculum and assessmen. In G. Kulm (Ed.), *Assessing higher order of thinking in mathematics* (pp. 39 – 52). Washington, DC: American Association for the Advancement of Science.

Panizzon, D., & Pegg, J. (1997). *Investigating students' understandings of diffusion and osmosis: A post-piagetian analysis*. Proceedings of the 1997 Annual Conference of the Australian Association for Research in Education, Brisbane, November, available electronically.

Pegg, J. (2003). Assessment in mathematics: A developmental approach. In J. Royer (Ed.), Mathematical Cognition (pp. 227 – 259). Greenwich, Conn: Information Age Publishing.

Pegg, J. (1992). Assessing students' understanding at the primary and secondary level in the mathematical sciences. In J. I. M. Stephens (Ed.), *Reshaping assessment practice: Assessment in the mathematical sciences under challenge* (pp. 368 – 385). Melbourne: Australian Council of Educational Research.

Pegg, J., & Coady, C. (1993). Identifying SOLO levels in the formal mode. In Hirabayashi et al (Ed.), *Proceedings of the 17th International Group for the Psychology of Mathematics Education Conference* (pp. 212 – 219). Japan: University of Tskuba.

Pegg, J., & Faithful, M. (1995). Analysing higher order sills in deductive geometry. In A. Baturo (Ed.), *New directions in geo'metry education* (pp. 100 – 105). Brisbane: Queensland University of Technology Press.

Programme for International Student Assessment. (2005a). *Learning for tomorrow's world: First results from PISA 2003*. Technical report, Paris: Organisation for Economic Co-operation and Development.

Programme for International Student Assessment. (2005b). *PISA 2003 Technical Report*. Technical report, Paris: Organisation for Economic Co-operation and Development.

Romberg, T. A., Zarinnia, E. A. & Collis, K. F. (1990). A new world view of assessment in mathematics. In Kulm, G. (Ed.), *Assessing higher order thinking in mathematics* (pp. 21 – 38). Washington, DC: American Association for the Advancement of Science.

Rose, C. M., & Arline, C. (2009). Uncovering student thinking in mathematics, grades 6 – 12: *30 formative assessment probes for the secondary classroom*. Thousand Oaks, CA: Corwin Press.

Rose, C. M., Minton, L., & Arline, C. (2007). *Uncovering student thinking in mathematics: 25 formative assessment probes for the secondary classroom*. Thousand Oaks, CA: Corwin Press.

Shafer, M. C. (1996). *Assessment of student growth in a mathematical domain over time*. Unpublished doctoral dissertation, University of Wisconsin-Madison.

Shafer, M. C., & Romberg, T. (1999). Assessments in classrooms that promote understanding. In E. F. T. Romberg (Ed.), *Mathematics classrooms that promote understanding* (pp. 159 – 184). Mahwah, NJ: Erlbaum.

Stenmark, J. K. (1989). Assessment alternatives in mathematics: An overview of assessment techniques that promote learning *prepared by the EQUALS staff and the Assessment Committee of the California Mathematics Council Campaign for Mathematics*. Berkeley, CA: Regents, University of California.

Swan, M. (1993). Improving the design and balance of mathematical assessment. In M. Niss (Ed.), *Investigations into assessment in mathematics education* (pp. 195 – 216). Dordrecht, The Netherlands: Kluwer Academic Publisher.

Van den Heuvel-Panhuizen, M. (1996). *Assessment and realistic mathematics education*. Utrecht, The Netherlands: Center for Science and Mathematics Education Press: Utrecht University.

Vermont State Board of Education. (1990). *Looking beyond the answer: Report of Vermont's mathematics portfolio assessment program*. Montpelier: VSBE.

Victorian Curriculum and Assessment Board. （1990）. *Mathematics Study Design*. Melbourne：Victorian Department of Education.

Wilson, K. , & Draney, K. (2004). Some links between large-scale and classroom assessments：The case of the BEAR Assessment System. In Wilson. M （Ed. ）, *Towards coherence between classroom assessment and accountability: One hundred and third yearbook of the National Society for the Study of Education* （pp. 132 – 154）. Chicago：University of Chicago Press.

Wilson, M. (1992). Measuring levels of mathematical understanding. In T. A. Romberg（Ed. ）, *Mathematics assessment and evaluation: imperatives for mathematics educators* （pp. 213 – 241）. New York：State University of New York Press.

Wilson, M. (2004). A perspective on current trends in assessment and accountability：Degrees of coherence. In Wilson. M （Ed. ）, *Towards coherence between classroom assessment and accountability: One hundred and third yearbook of the National Society for the Study of Education* （pp. 272 – 283）. Chicago：University of Chicago Press.

Wilson, M. (2005). *Constructing measures: An item response modeling approach*. Mahwah, NJ：Lawrence Erlbaum Associates Publishers.

Wilson, M. , & Sloane, K. (2000). Frorn principles to practice：An embedded assessment system. *Applied Measurement in Education*, 13(2), 181 – 208.

Wilson, M. , & Draney, K. (2002). A technique for setting standards and maintaining them over time. In S. Nishisato et al（Eds. ）, *Measurement and multivariate analysis* （pp. 325 – 332）. Tokyo：Springer-Verlag.

Wilson, M. , & Scalise, K. （2006）. Assessment to improve learning in higher education：The BEAR Assessment System. *Higher Education*, 52(4), 635 – 663.

Wilson, M. , & Carstensen, C. （2007）. Assessment to improve learning in mathematics：The BEAR assessment system. In A. H. Schoenfeld （Ed. ）, *Assessing mathematical proficiency* （pp. 311 – 332）. New York：Cambridge University Press.

Wilson, M. , Roberts, L. , Draney, K. , & Sloane, K. （2000）. *SEPUP assessment resources handbook*. Berkeley, CA：Berkeley Evaluation and Assessment Research Center, University of California.

Wilson, M. (1990). Measurement of developmental levels. In T. Husen, and Postlethwaite, T. N. （Eds. ）, *International encyclopedia of education: Research and studies*, *vol. Supplementary vol. 2* （pp. 628 – 634）. Oxford：Pergamon Press.

Wolf, D. P. , & Reardon, S. (1996). Access to excellence through new forms of student assessment. In J. B. Baron, and Wolf, D. P. （Eds. ）, *Performance-based student assessment: Challenges and possibilities. Ninety-fifth yearbook of the National Society for the Study of Education* （pp. 52 – 83）. Chicago：University of Chicago Press.

第 *4* 章

数学内容的评价

这章主要讨论的是数学内容的具体评价方法.具体内容包括算术、代数、几何以及统计等.

算术评价主要基于算术理解的动态本质以及相应测评工具的贫乏,开发了可运用到每个孩子的具体方法,如标准测试、系统探究和临床访谈等;也讨论了可以被教师用在课堂里的方法,包括课堂观察等.此外由于分数相关的评价引起了研究者的极大关注,因此我们将分数评价部分单列为一个节,用具体案例描述的方式,来展示不同的评价方法,如结构化评价、总结性评价以及访谈评价等.这也展示了学习理解分数这一主题的复杂性以及不同评价方式带来的资源潜能,从而更好地帮助学生学习.

代数评价主要从代数能力和理解两个方面来讨论.就代数能力评价来说,我们首先是理解学生在初等代数学习中的基本能力,如对函数的理解.现有的大部分代数评价都是关注问题解决的熟练程度,而非真正的代数能力.给出一些包含代数各个方面能力的多步骤问题和应用题是有效的途径之一,同时也需要一些略显简单的问题来评价代数学习中的非计算方面的能力.就代数理解评价来说,代数理解包括代数的三大主题思想:思维习惯、变量与函数、等式与方程.硅谷数学评价合作组设计的关注代数思想的评价任务能帮助教师理解学生对这些主题的理解程度.

统计评价主要从两个评价视角来进行展开,一个是真实性评价,另一个是案例评价.就统计的真实性评价而言,主要考虑的是很多数学测试都注重学生的计算能力,很少有测量学生理解程度的."实践活动"给出新的评价工具,这为教师提供有价值的反馈,教师可以了解学生对统计术语掌握,对统计知识的理解以及对数据的描述等情况.此外,从更为一般的角度来说,我们介绍了关于学生及教师在学习统计知识时应该了解和思考的框架,其中主要就统计图的理解及评价进行了分析.

几何评价中主要就学生的验证、猜测、归纳能力和推理能力的理解和评价进行了讨论.验证、猜测和归纳能力评价方面,不仅给出了如何进行有效的数据收集,分析数据和评价数据,也给出了一套测试题目,并且给出具体的评分示例.推理能力评价主要讨论了如下的四个问题:哪些内容要求学生进行推理;被用来评价推理能力的项目类型;如何来评价学生在这样的项目中的表现;评价与教学之间的相互作用.

§4.1 算 术 评 价

关注学生思维的评价主要考虑到,人们普遍认为数学应该被作为一种思维活动来传授.这就需要评估者和教师获得学生的思维活动,理解他们在程序和概念上的困难.然而,很多时候,教师似乎不理解数学思想是什么;评估者给教师提供的评估也无法启发教师的思想认识;教师自身看上去也没有掌握合适的方法来获得有关思维的信息. 在这种情况下,很有必要去开发新的方法来评价学生对一系列关键数学信息的理解,包括整数运算.

即使是看似简单的算术题目,理解起来也是复杂的,并且要具备很多评估它们的方法. 有些评估方法对评估者(学校心理学专家、数学专家、评估专家等)可能是有用的,而有些评估方法完全适应于教师在课堂上使用. 同样,理解并不是一件简单的事情,而是很多的流程和功能的集合.

如下的讨论框架具体为:首先,简要概括儿童对算术的理解;然后,为了实现不同的使用目的,将介绍几种不同类型的评估方法. 这些评估方法包括:(1) TEMA(Test of Early Mathematical Ability)系统探究,研究人员要对儿童在学习算术时遇到的困难水平有个界定,并对他们的理解能力有所洞察;(2) 诊断面试技巧,要评估儿童对乘法和分数的理解;(3) 课堂评估,教师不仅要评价儿童已有的数学思想,而且要促进它在儿童头脑中的发展. 下面,主要依据金斯伯格等人(Ginsburg et al. , 1992)以及罗斯等人(Rose,Minton, & Arline,2007)的研究进行介绍.

一、算术理解的本质

尽管研究强调算术理解的不同方面,不过多数研究表明算术理解不仅仅是精确的计算和死记硬背的"基础知识"(Mack,1990;Pirie,1988;Van den Brink,1989). 在维果斯基(Vygotsky,1962)研究的基础上,金斯伯格等人(Ginsburg et al. , 1992)试图建构一个更大的算术理解心理环境,包括:非正规知识、正规知识和发展这些领域之间的联结;促进这种联结的中介模式;对数学知识的转移、推广和应用的规则;学习潜能;自我意识、语言流畅和元认知;高阶信念、态度和情感.

1. 非正规知识、正规知识和联系

在自然环境中,婴儿及儿童对世界充满了好奇心并试图去了解它. 在这个过程促使儿童构建不同形式的"自发的知识"(Vygotsky,1962),其中包含"非正规数学". 自发知识一般来源于实物和生活环境,因而非正规数学是个人的、非系统的、有力的、务实的,但往往不够深思. 非正规的体系通常不包含书面数字或符号,这些家长也不会去教. 因此,3 岁的儿童更关心的是有多少糖果而不是拥有这个结果.

研究表明,非正规体系是复杂的,包含了或多或少的概念特点、基数的原则、计数的规则和列举对象,并有加减的过程和概念. 此外,该体系在文化跨越上比我们最初假设的更有力、更广泛. 例如,数字的原始区分在产生后就很快地发展了(Antell,1983).

几乎所有的 4 岁儿童都能够简单而有效地运用加减法(Ginsburg,1989);巴西的流浪儿童为了销售糖果也能进行复杂的计算(Carraher,Carraher, & Schliemann,1985);不同文化背景下的儿童虽然很多失学,但至少他们有足够的非正规运算体系(Saxe & Posner,

1983). 通常,当学校介绍正规数学时,儿童已经拥有一个相当复杂的合理的非正规数学体系,其中也包括他们在婴幼儿时期,父母在家中可能已经开始教他们这些内容.学校正规数学体系是书面的、明确的、系统的,并代表了文化智慧的积累.已经相对熟练的非正规数学体系的儿童现在尝试了解这个新体系的材料,包括书面符号、标准程序、明确的原则和正规模式.

2. 中介模式

有时,教育者通过介绍"中介模式"或"桥梁"尝试着促进正规算术体系的发展.这些人工教具,旨在促进孩子正规和非正规数学的联系.在低年级,通常中介模式涉及的"教具"如小棒、木块或日本人的瓷砖方法(Kaplan,Yamamoto,& Ginsburg,1989).这些操作的设备是联结非正规程序(如计数或排序)和正式概念(如书面数字或交换律)之间的桥梁.因此,儿童看到 4 根小棒加到 3 根小棒中得到 7 根小棒.感知和观看比较小棒结合相加,然后书面表达 $4+3=7$ 和 $3+4=7$.最终,儿童的视觉形式和其他各种图像从实物教具中得到内化,之后就不再需要实物作为中介.这个过程中,无论是对于身体还是精神,重要的不是操作本身,而是中介的联结作用.

不管有没有从中介物体中受益,儿童在学校里都会试图形成正规数学意识."理解"正规数学包含一些特色,或许最主要的是联结非正规数学、正规数学和中介模式.儿童解释一个给定的正规算术会用到非正规概念、程序,中介模式,各种其他正规概念、程序这些内容.设想一个简单的例子,假设儿童遇到学校活动或学校课程中要处理 $2+3=5$ 的情况,儿童可以用几种不同的方式处理这个问题.一方面,儿童可以尝试记住数字组合,这和其他事物没有任何联系.无论成功与失败,对于这种尝试,儿童都不会产生很大的兴趣;在这两种情况下,没有涉及理解,只是简单地死记硬背.另一方面,儿童可以尝试简单的数字和其他数学知识相联系.儿童或许联结有效的计数程序,实现两个元素与三个元素的结合,总的计数,5 就是结果.两种方法相结合,其结果,后者好于前者.

儿童联结数组合 $2+3$ 的各种形式的思想或程序.因此,儿童可能想到数射线:如果你从 2 向前移动 3 格,你将得到数字 5.反过来,可以用正规的原则,如交换律,使儿童认识到从 3 向前移动 2 格也能得出相同的结果.

儿童可能把数字组合和中介物体,如立方体,相联系.因此,儿童意识到 2 与两个立方体对应,数字 3 和三个立方体对应,而+指的是结合,然后 5 就是相结合的结果.孩子认识到两个立方体正如两个手指,所以结合两个和三个立方体与结合两个和三个手指的结果相同.在这里,立方体就作为联结书面符号和非正规知识(数数,加法),概念和正规数学的程序(数字 2,3 和符号+,以及交换律的概念).

3. 对数学知识的转移,推广和应用的规则

从最早的心理学得知,"转移"已经作为一种理解测试而被接受.如果儿童能够理解,那么他们就能运用于新情境下.如果儿童理解 $2+3=5$,那么他们就能使用这些知识来确定

两个物体与三个物体的和,能解决一个故事里涉及的两个和三个物体,可以用来解决涉及200和300个对象的问题,并使用类似的程序解决2+4.相反,根据波多野(Hatano,1988)的研究,引进新问题是产生困惑和冲突的一个关键性因素.因此,要促进理解的动机.

4. 学习潜能

相关测试的理解是学习新材料的一种能力.因此,如果孩子真的理解2+3=5,那么他们是可以得出2+4=6,因为这里涉及了相似原则和程序.从某种意义上说,适度地学习新材料类似于对新情况中程序和概念的推广.

5. 元认知

这个过渡词语是指除了其他方面的各种自我意识,儿童意识到他如何解决问题:可以通过语言媒介,向他人介绍这些程序;可以显示思维过程并核对他们的思维过程,一般也能意识到他们的数学思维.因此,理解2+3的儿童知道"计算"过程并可以用于回答,并能告诉别人如何执行这个过程;可以监控检查计算过程;并可以描述如何处理有关的数线模型.

6. 高阶信念,态度和情感

使人们处于理解的状态是非常重要的.从心理学角度来看,理解和认知活动一般不是凭空存在的,而是需要大的心理环境以及人的作用的发挥(Ginsburg,1989)——个人信念,态度,目标转移(Saxe,1991)和情感.因此,数学有意义这个信念是理解的一个先决条件或者是它的一部分.

这一切都很复杂,上面描述的各种特点联系了知识、转移和推广、学习潜能、信念和态度的各个领域.这对理解是有帮助的或者是理解的一部分.毫无疑问,理解的其他方面也被证明是有用的,但在此不作描述.这不是理解唯一或简单的标准,当你说理解和不理解并不是抽象的观点.事实上,越多孩子远离死记硬背和远离机械地运用孤立的程序,越多孩子就更趋向丰富的联结,灵活地推广,积极地学习并产生坚定的信念.这样,他们理解的程度会越高.

二、算术理解评价的方法

鉴于对上述动态系统的理解,评价不仅要关注高阶过程(如元认知),也要关注低阶过程(非正式知识),并把它们联系起来.因此,要用多种方式对理解的不同方面进行评价.问题是,教师在评估学生对算术的理解时面临着两个严峻的问题:第一,可用于评估学生的理解情况的测试工具很少;第二,可用于提供与课堂教学直接相关的信息的工具也很少.以下评估方法的介绍就是为了弥补这一状况.

1. TEMA 系统探究

几乎没有测试标准来检测学生的数学思维,特别是试图检测理解的复杂程度的测验.一般情况下,已有的标准测试为区分学生在各个领域的数学表现提供了可靠的信息.例如,一个标准测试显示出学生对"概念"理解比较强,而"计算"相对薄弱.这种类型的标准测验对学生解决问题是没有太大作用的.他们没有透露一个错误回答是否仅是一个误解的结果. 在联结各方面的有关知识时,他们几乎没有提供有用的信息.

认识到这些标准测试的局限性,金斯伯格和巴鲁迪(Ginsburg & Baroody,1990)开发了一种旨在实现目标的数学思维能力测试——测试早期的数学认知能力或 TEMA,其主要目的是提供有关学生在多个关键领域的数学工作的表现,包括正式的和非正式的. 由于大多数的数学思维能力的测试不全是以完善的数学理论知识为基础,因此金斯伯格和巴鲁迪开发了一个测试,侧重于从幼儿园到 3 年级各个方面的非正规和正规的数学知识. 事实上,在过去几十年间,关于数学思维的测试项目来源于数据收集程序,又运用于认知过程的研究. 测试项目用于非正式的加法、心理数字线、基数的概念、简单的数字组合和加减法的校准程序等事项.

简单地说,TEMA 利用目前的研究测试儿童的相对表现,在标准测试条件下,在关键的数学思维领域,我们相信本次测验与以前可用的测试相比提供了更多的信息. 它重要的作用是鼓励评估者,教师和接受过评估的人,对儿童的数学思维有不同的想法. 测试的特点和内容促使评估者考虑到数学思维的正规和非正规部分,考虑到特定类型的策略和概念.

TEMA 项目中的每一项探究都涉及三个主要特点. 首先,试着了解儿童是否已经理解了基本问题. 通常,儿童对问题的相关概念有错误理解,所以他们会给出错误的回答,探究也尝试区分这种情形——因为儿童错误理解相关概念,所以他们并没有理解问题. 其次,探究尝试确定解决问题时运用的策略和经历的过程. 例如,除精神情况外,探究尝试判断儿童是否使用手指、心理计数、记忆数字的事实. 再次,探究尝试证实学生的学习潜能. 问题是儿童是否根据少量提示了解相关材料或者是否还需要大量的教学. 第一种情况下,儿童是"理解"的;第二种情况下,儿童没有理解.

以下部分是选择来自罗斯等人(Rose,Minton,& Arline,2007)的四个案例,包括对学生在数的大小、小数、负数运算以及百分数上的理解,并采用类似的结构进行解说.

(1)评价实例:学生是怎样理解大小和数量的?

哪一组的笑脸数多?你是怎么知道的?(图 4-1)

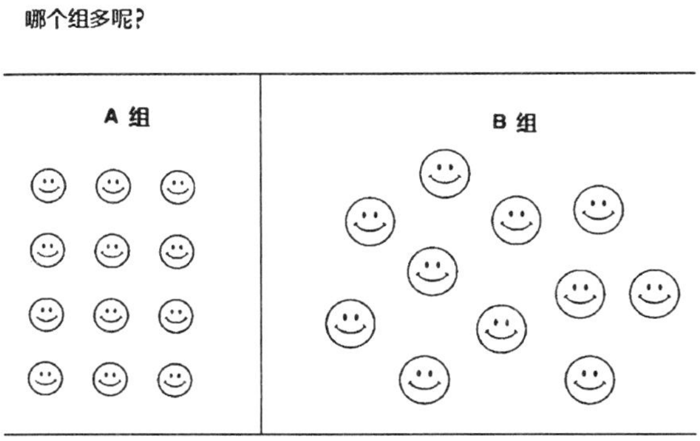

图 4-1 笑脸组(Rose,Minton,& Arline,2007,p.32)

变式问题：哪组鸭蛋多？（笑脸换成鸭蛋，见图4-2）

圈出下面能够告诉我们每个窝里的鸭蛋数量的句子.

A. 鸭A有更多的鸭蛋；

B. 鸭B有更多的鸭蛋；

C. 鸭A和鸭B有相同数量的鸭蛋.

你怎样选择？（源自 Rose，Minton，& Arline，2007，p. 37）

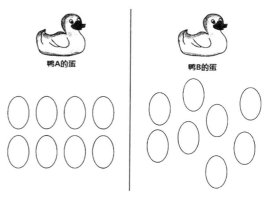

图4-2 鸭蛋组

检查学生工作

一些错误可能是常见错误或是对概念知识认识的缺乏.

● 正确的答案是A组，选择A组的学生看到两个组的数量，而没有受到物体大小的干扰.

选择A的回答样例：

学生1：A组有更多的笑脸，因为我数了一共有12个.

学生2：我数了在A组一共有12个笑脸，B组一共有11个笑脸.12比11多.

（源自 Rose，Minton，& Arline，2007，p. 36）

● 选B组的学生可能只关注笑脸的大小，占据空间大的看起来就多.

选择B组的回答样例：

学生3：我认为是B组，因为它们比较大.

学生4：B组更多一些，因为它看起来有更多的笑脸.

（源自 Rose，Minton，& Arline，2007，p. 36）

寻找认知研究的联结

对数的理解远不止口头上的计数，还包括确定物体的总数和数之间关系的推理.数据和推理受到数的大小和思考能力的影响.由于数据可用于各种不同的方法和各种符号中，因此语境和符号也是影响儿童理解数的额外因素（National Council of Teachers of Mathematics，1993）.

皮亚杰（J. Piaget）研究了儿童依赖性的长度和密度.当要求儿童比较物体的数量时（两行中含有相同数量的物体），年幼的孩子（大约5、6岁）只重视行列的相对长度.如果行列具有相同的长度，那么就有相同数量的物体；否则，较长行的物体数量一定比较短行的物体数量多.年龄大的孩子根据两排的相对密度进行判断，并指出密集的行中物体数量多.这两个反应是符合直觉规则"A多（行的长度或密度）—B多（物体的数量）"（Stavy & Tirosh，2000）.

涉及大小的活动，像描述全部物体的大小、直接或并排比较物体、判断大小时看有没有量化.例如，A带来了报纸，并把它放在一个桌上.B对她说，"这没有足够大到把桌面覆盖".C和D用积木搭建筑.C对D说："看，我大！"D说："我的更大！"他们把他们的积木结构并排比较谁的高(Clements & Sarama，2004).

大多数 4 岁的孩子可以明显地比较两堆薯条的不同高度,以显著的方式感知,并告诉别人哪一堆更多或更少.能够做到这些的孩子同样能解决使用不同词语的问题"哪堆更大(或更小)".同时,他们也能够解决类似的问题,如涉及比较长度(当把薯条在桌上排成一条线时)和比较重量(当薯条放在天平上称时),并能提供两者在视觉上明显的差异.在儿童头脑里数的概念的发展需要几年时间,一般在 2 至 8 岁.除了能准确地计数并找到"多少"外,培养儿童数量意识和比较数大小的能力也是非常重要的(Bay Area Mathematics Task Force，1999).

数和运算的相关概念和技能是学前班到 2 年级数学教学中一个重点内容.开始教学时,教师就要帮助学生建立他们的数感,从最初的开发基础计数技能到复杂的理解数的大小、数量关系、模式、运算及位值(National Council of Teachers of Mathematics，2000).

教学运用

为了帮助学生更深入地了解小学数量知识,尤其是理解数量与大小的不同,设计下面的想法和问题,结合研究来考虑.

重点指令

注意学生的计算能力;

当学生计算时帮助他们转换表示法;

快速识别少量物体时联系实践;

把数字和现实世界里的量联系起来;

培养学生的直观感受"哪个更多";

引导学生使用相对大小比较数量的代表物体,而不是数字;

通过询问学生两者之间的关系,直接比较数量和大小;

提供鼓励学生推理数据集合的经验;

在教学过程中涉及物体集合的比较时,使用明确的语言;

强调学生从初始的依次排数(计数 1,2,3…)到数大小的理解;

当计算集合时讨论数字关系(如基数和序数的意义);

为学生提供谈论数量猜测的机会;

使用特定的语言来描述物体的大小和数量,在描述物体时能帮助学生运用数学词汇(如一大盒蜡笔是指盒子的大小,而不是蜡笔的数量).

与学生一起学习,他们有了关于大小的想法时,我们要考虑的问题有:

学生是依据集合中物体的大小而不是物体的数量作出决定的吗?

学生使用系统化的方法来计算一个集合吗?

学生考虑一个集合、两个或多个集合的关系有多少项目.学生应该关注什么?

学生能够理解的数量或数字的价值,仅仅是读或写一个数字的能力吗?

（2）评价实例：小数部分（学生对数的整体与部分关系的理解）

B 部分占圆的几分之几？（图 4 - 3）

解释你的想法.（源自 Rose，Minton，& Arline，2007，p. 49）

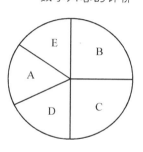

图 4 - 3

变式：分数 ID

圈出是整体的 $\frac{1}{4}$ 的图形.（源自 Rose，Minton，& Arline，2007，p. 54）

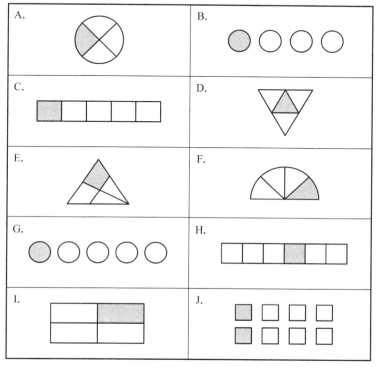

图 4 - 4

检查学生工作

干扰项说明了把整数性质过度泛化地应用于小数部分.

● 回答 $\frac{1}{5}$ 的学生只考虑了圆总共分成了几块,而没有与每一块的大小联系起来.（详见学生 1 和学生 2 的回答）

回答 $\frac{1}{5}$ 的样例：

学生 1：一共有 5 块,B 是 5 块中的 1 块,所以我用 $\frac{1}{5}$ 来表示.

学生 2：一共有 5 部分,B 只占一部分,所以是 $\frac{1}{5}$.

（源自 Rose，Minton，& Arline，2007，p. 53）

● 正确的答案是 $\frac{1}{4}$. 回答 $\frac{1}{4}$ 的学生可能考虑到 B 的大小和整个圆有关. 他们使用了整

体与部分的关系.(详见学生 3 和学生 4 的回答)

回答 $\frac{1}{4}$ 的样例:

学生 3: $\frac{1}{4}$.因为如果你把圆平均分成 4 份,B 占整个圆的 25%,并且 $\frac{1}{4}$ 等于 25%.

学生 4:B 是圆的 $\frac{1}{4}$,因为 B 是半圆的一半.

(源自 Rose,Minton,& Arline,2007,p.53)

● 其他答案.学生选择了其他分数或整数的,表明他们难以界定部分与整体的关系.
(详见学生 5 和学生 6 的回答)

其他答案的样例:

学生 5:我认为是 5 的一半,因为它占圆的一大半.

学生 6: $\frac{5}{5}$ 的 $\frac{1}{2}$,因为 B 和 C 比 A,D 和 E 还要大一点.

(源自 Rose,Minton,& Arline,2007,p.53)

寻求认知研究的联结

所有的方法都可以解释和使用有理数,而且每个有理数拥有独特的数字组成.此外,常见的分数一般写成分数形式(如 $\frac{3}{4}$),因此学生看不到有理数是由几个独特的数字组成.研究证实了许多教师的发现,尽管很多整数性质不能应用于小数部分,但是学生继续使用这些性质.例如,我们常见的分数学生可能会解释说 $\frac{1}{8}$ 要比 $\frac{1}{7}$ 大,因为 8 比 7 大;或者他们可能认为 $\frac{3}{4}$ 与 $\frac{4}{5}$ 相等,因为这两组分数中,分子与分母都相差 1(National Research Council,2001).

学生非正式解决方案的主要特征之一是非正式的分数知识.其中涉及把整体分成部分,并在处理各部分时仍把它们看成整体,而不是处理分数的每个部分(Mack,1990).例如,考虑下面的问题:如果你有 $\frac{5}{6}$ 的蛋糕,且我吃了 $\frac{2}{6}$,你还剩了多少蛋糕?学生常常提到问题中的分数是"数字或块"(如,5 块或 6 片中的 5 片).然而,分数名字的使用(如, $\frac{5}{6}$)是指作为整体的特殊部分(National Council of Teachers of Mathematics,2002).

整数与整数之间的数可以用分数来表示.分数线是最好的划分.在小学使用分数的一些主要的方式是作为整体的部分、作为商的比率、作为一种措施、作为数字线中独立的数,是计算的一部分(Bay Area Mathematics Task Force,1999).

学前班至 2 年级的学习中,小学生除了使用整数外,也应该有一些简单的分数知识.这些知识与日常生活中有意义的问题相联系,就像学生在课堂上经常使用的表达分数语言,如"一半".这个层面上更重要的是让学生认识到把事物分成相等的几部分,而不是专注于分数的符号(National Council of Teachers of Mathematics，2000)．

3 至 5 年级的学生在认识分数时，既要把它作为整体的一部分，又要分开对待．他们需要看到和探索各种不同类型的分数，但主要集中在熟悉的分数，如：$\frac{1}{2}$、$\frac{1}{3}$、$\frac{1}{4}$、$\frac{1}{5}$、$\frac{1}{6}$、$\frac{1}{8}$ 和 $\frac{1}{10}$．通过使用面积模型的阴影部分，学生可以看到怎样把分数和单位整体联系起来．比较整体中的分数部分，并找到等值的分数．在分数进行比较和排序时，学生应该制定一些策略，比如通常使用 $\frac{1}{2}$ 和 1 为基本标准(National Council of Teachers of Mathematics，2000)．

在 6 至 8 年级，学生应加深理解分数、小数、百分数和整数，并且他们已经能够熟练地使用它们来解决问题．至少在一些简单的例子中，3 至 5 年级的学生应该意识到一些等价的分数、小数和百分比(National Council of Teachers of Mathematics，2000)．

教学应用

为了帮助学生在小学对分数知识有更深入的了解，特别是在确定小数的大小比较章节中，结合一些想法和问题进行了以下研究．

重点指导

通过对等价概念的理解，学生应该在数值之间作出大小比较．

我们应该考虑的是在数字系统中分数有它自身的精确位置和价值．

学生应该看到不同的含义和不同的分数形式．如何把它们联系起来并且与单位整体联系起来，它们又该如何表示？

在数轴上和温度计中，我们应该要学生考虑到负数．

用面积模型可以让学生清楚地看到整体与部分的关系．

学生应该构建分数大小比较和排序的方法．

学生应该学会使用基本标准，如 $\frac{1}{2}$ 和 1，来比较大小．

学生应该对等值分数非常熟悉．

当和学生一起工作时，学生可能会遇到的分数问题，我们应该考虑的问题．

当学生学习分数知识时，他们会使用学习过的整数部分的知识吗？

在分数大小比较时，学生能与整数知识相联系起来吗？

学生是否会利用他们的知识对分数进行划分？

学生会使用模型来证明他们的想法并且表明他们对分数知识已经理解了吗？

（3）评价实例：学生对负数运算的理解

通过心算，下面哪个选项是正的？

A. $-(-53+92)$ B. $-34-27$ C. $93-(-56)$ D. $(-24)\times35$

E. $(-34)\times(-54)$ F. $-34+(-56)$ G. $\dfrac{-5}{-2}$ H. $\dfrac{-5-10}{-(-2)}$

请描述你认为是正的选项,并说明理由.(源自 Rose,Minton,& Arline,2007,p. 77)

变式:你确定吗? Ⅱ(排除合理表达式)

你确定吗? Ⅲ （用小数代替整数）

通过心算,下面哪个选项是正的?

A. $-(-24+78)$ B. $-24-17$ C. $92-(-51)$

D. -34×62 E. $(-18)\times(-26)$ F. $(-35)+(-56)$

描述你认为是正的选项,并说明理由.(p. 82)

变式:你确定吗? Ⅲ

A. $-(-24.6+78.9)$ B. $-24.8-17.4$ C. $92.3-(-51.6)$

D. -34.4×62.5 E. $(-18.4)\times(-26.4)$ F. $-35.4+(-56.4)$

描述你认为是正的选项,并说明理由.(源自 Rose,Minton,& Arline,2007,p. 83)

检查学生工作

在对负数操作的过程中有一些普遍出现的错误,比如,过度泛化快捷方式,或缺乏概念理解,或不理解算术运算规则.

正确答案是 C、E、G. 表达式 C 是减去一个负整数,E 是两个负整数相乘,而 G 是两个负整数相除. 在如何决定使用标准的学习规则问题上,思考表达式是否影响正确的答案.(见学生 1 和学生 2 的回答.)这些规则有时称为"快捷方式",并在错误答案中时常被想起或不正确地应用.

回答 C、F、H 的样例如下:

学生 1:我知道无论它是正数或是负数,当两个负数相乘时你肯定得到一个正数. 当你将一个正数和一个负数相乘时,你得到一个负数.一个正数减去一个正数,你可能得到一个负数.不管怎样……

学生 2:一个负数乘或除另一个负数,得数为正.一个正数加一个负数,符号取绝对值大的那个数的符号.

(源自 Rose,Minton,& Arline,2007,p. 81)

干扰项 A.选择 A 的学生通常给第一个整数加负号而不是第二(见学生 3 和学生 4 的回答).

学生 3:负数彼此相消得正数.

学生 4:括号外面的负数和括号里面的负数相乘得正数.

(源自 Rose,Minton,& Arline,2007,p. 81)

干扰项 B.学生选择 B 最有可能使用乘法规则"负负得正."(见学生 6 的回答).其他人认为这是一个乘法问题并使用乘法运算规则(见学生 5 的回答).一些学生认为负数彼此可以抵消(见学生 3 的回答).

学生 5:我使用负数规则,$(-)(-)=+$.

学生 6:这个过程,我使用负数加负数等于正数,同时一个负数减去一个正数也是正数.

(源自 Rose,Minton,& Arline,2007,p. 81)

干扰项 D. 许多学生选择 D 是因为他们看到了一个问题涉及的是加法而不是乘法(见学生 7 的回答). 关于负数的倍数,其他错误的想法是,如果是正数倍,那么得数也是正数(见学生 8 的回答).

学生 7:如果你有一个负数,你必须有一个正数而且这个数比负数大,这时得到一个正数.

学生 8:负数乘以正数等于正数.

(源自 Rose,Minton,& Arline,2007,p. 81)

干扰项 E. 这个错项类似于选项 B,学生误用一个常用的捷径"两个负数相乘得到正数",并且泛化这一结论(见学生 6 和学生 9 的回答). 有些学生统计负数的情况,并认为一个偶数结果产生正数答案(见学生 10 的回答).

学生 9:如果你有两个负数,答案一定是正数. 如果你有两个正数,答案也一定是正数. 但是如果有一个正数和一个负数,那么答案是负数.

学生 10:我看有多少个负数. 如果有偶数个,那么答案是正数;如果有奇数个,那么答案是负数.(源自 Rose,Minton,& Arline,2007,p. 81)

干扰项 H. 学生认为负数除以负数的结果是正数(见学生 11 的回答).

学生 11:负数除以负数等于正数.(源自 Rose,Minton,& Arline,2007,p. 81)

寻求认知研究的联结

过度的练习而没有理解的计算方法往往会遗忘或者记错(National Council of Teachers of Mathematics,2000).

学生误用规则,或把这些规则作为孤立的数学程序来记. 学习定理和算法需要建立在学生活跃的数学知识的基础上(National Council of Teachers of Mathematics,2003).

教学应用

为了帮助学生对负数的操作问题有更深的理解,结合一些想法和问题进行了以下研究.

重点指导

学生在一些问题上普遍表现较佳,从这些问题提出的背景故事(含有债务和资产,分数和罚金)中提炼出正式的方程和表达式.

学生应该花足够的时间探索操作整数,并在操作整数的过程中开发规则和发明联结它们的符号.

课堂上的焦点应该是理解负数的操作和使用有效的方法,而不只是孤立的数学过程.

通常学生把负数操作规则作为快捷方式来进行计算,经常出现多种不同类型的错误,这些大多数是正确方法的一部分.

当学生学习时,为克服负数操作问题,要考虑的问题有:

学生理解上下文问题的答案吗?

学生能否演示产生相同的值的操作?(即减去一个负数和加一个正数是不同的操作,

能产生相同的答案）

学生理解为什么两个负数相除或相乘结果是正数吗？

学生能否笼统地概括带有符号的数字的操作规则？

（4）评价实例：学生对百分数的理解

百分比是什么？

下面的学生通过心算估计 41.9 的 5.3% 是多少.

P 认为答案接近 8；K 觉得答案接近 20；S 认为答案接近 2.

谁的估计是正确的？通过正确的问题解决来支持你的答案.（改编自 Rose，Minton，& Arline，2007，p.84）

检查学生工作

这个错误可能揭示常见的错误，如一个数的百分数在相乘之前，没有转换成小数或分数. 在许多情况下，这些常见的错误源自对百分数概念的理解.

回答正确的是 S，答案接近 2. 各种正确的思考趋势与一些调查相关，其中 40 的 $\frac{1}{20}$ 等于 40 乘以 0.05，取 10% 的一半. 根据推理可以排除 8 和 20. 一些学生可能会正确地选择 2，但其推理过程是不正确的或不完全正确的（见学生 1 和学生 2 的回答）.

回答 S 的样例：

学生 1：S 是正确的.

学生 2：答案是 2. 因为你用 100 除以 5 得 20. 然后用 40 除以 20 等于 2.

（改编自 Rose，Minton，& Arline，2007，p.87）

P 选择的 8，是不正确的. 许多学生选择这个答案是由于错误地除以 40 等于 8（见学生 3 到学生 5 的回答）.

回答 P 的样例：

学生 3：因为 5 的 8 倍是 40.

学生 4：我同意 P，因为 20 太大，2 又太小.

学生 5：我认为 P 是正确的. 因为 40+5=8，这就是 P 认为的答案.

（改编自 Rose，Minton，& Arline，2007，p.88）

K 选择了 20，也是不正确的. 一些学生由于各种原因选择 20，包括把 5% 误认为 0.5% 或认为是原数的一半. 一些人错误地认为应该用 40 乘以 0.05，但不能够进行正确的相乘. 在测试中，一些学生正确地将 5% 转换成 $\frac{1}{20}$，接着得到 40 的 $\frac{1}{20}$ 是 20（见学生 6 到学生 9 的回答）.

回答 K 的样例：

学生 6：K 是正确的. 因为 5% 代表的是一半，所以 40 的一半就是 20.

学生 7：我同意 K 的观点. 因为 40 除以 5 等于 20.

学生 8：我同意 K 的观点，因为如果你用 40—5 得到 35，然后你用 35 减去 15 得到 20。

学生 9：40 乘以 5 是 200，再把这个数用百分数的计算后得到 20。

（改编自 Rose，Minton，& Arline，2007，p. 88）

寻求认知研究的联结

学生可以把简单的百分数看作为小数或分数而不是作为两个量之间的关系. 过分注重分数、小数、百分数之间的相等，导致对含义和使用的遗忘（Bay Area Mathematics Task Force，1999）.

学生对分数的理解能力的研究显示出令人失望的结果. 例如，有研究认为，学生通过对分数的操作，可以暴露他们对其概念的必要理解不够透彻（National Council of Teachers of Mathematics，1993）.

为了给小数部分命名，学生必须关注数的等量换算. 重要的是，它是帮助学生对分数符号的理解，鼓励他们与相应的知识符号联结（National Council of Teachers of Mathematics，1993）.

3 至 5 年级的学生应该学会分数、小数、百分数在一些情况下的等价转换. 6 至 8 年级的学生应该建立和扩展这个经验，能够灵巧地运用分数、小数和百分数（National Council of Teachers of Mathematics，2000）.

通过讨论文中的问题，学生可以用有意义的方式形成有效的方法来计算分数、小数和百分数. 学生对计算的理解可以通过总结自己的方法和分享他人的方法来加强，并解释他们的想法和合理地使用，然后用传统的算法进行比较（National Council of Teachers of Mathematics，2000）.

教学应用

为了帮助学生对百分数有更深的理解，结合一些想法和问题进行了以下研究.

重点指导

建立百分数概念之前，应该需要知道两个量.

帮助学生理解百分数代表的一般关系.

让学生接触关于两个量的百分数的多个问题.

在教计算方法前，给学生最初的关于百分数的指令.

将一般的百分数与熟知的基本分数联系起来，使用整体与部分样例.

提供百分数的用途之一就是比较，如比率.

当学生工作时，为应对百分数的操作，要考虑的问题有：

和 100 比较，学生理解百分数表示的意思吗？

当读到问题时，学生会识别一个百分数的部分是多少吗？

学生理解比率和百分数之间的关系吗？

学生能够把百分数作为联系两个量之间的相关因素吗？

我们相信,在数学和其他领域中的探究是对标准测试的有效补充.探究引出的信息是为了获得更详细的儿童理解的第一步,系统探究在灵活性和力度上是有限的,而分析访谈是一种更有效但难以操作的方法.

三、分析访谈

分析访谈的方法以及涉及的问题都很灵活,这些问题的设计是为了揭示个人的思维特征及过程.这些问题取决于个人的反应,并随着人的不同而改变.分析访谈的技能是有目的地不让它标准化.现在研究人员认为分析访谈的目的是测量认知过程,从而认为分析访谈是一种好的选择方法.它比标准测试更灵敏(但更难以成功地操作).虽然分析访谈是在一个连续的结构中变化,但是比其他方法更有计划性.在这里,将介绍金斯伯格等人(Ginsburg et al.,1992)描述分析访谈过程的结构,以乘法为例.

从介绍水平看,乘法可以定义为在给定的数目组中,每组具有相同数目的元素,求包含的对象的总数量.因此,一个典型的乘法运算问题是:"当有 3 个碟子,每个碟子中有 4 个苹果时,求苹果的总数."这种情况下对于一个系统的了解,学习者必须了解和操作两个不同的分组系统.不像加法和减法,乘法里的两个数字指的是不同类型的数量.在这个例子中,3是组的数目,而 4 是各组中的对象数量.相比之下,除加法(4+3)或减法(4-3)外,这两个数字是指在两个组里的相同量,如 4 个苹果和 3 个苹果.

为了评估学生对乘法的理解,山本(Yamamoto)开发了一种使用图像卡片的结构化面试.面试中,给被试的学生展示两组图片,一组是乘法(有规律分组),另一组是非乘法(无规律分组).每组内有三种类型的图片,如图 4-5 所示.第一类图片显示 3 个盘子,每个盘子有 4 个物块(上面描述的每一组中量相同);第二类图片显示有 3 列,每一列有 4 块(有些类似于乘法概念);第三类图片表现了兔子跳过一条线上的 3 组物体(数线模型).图片是随机放在每个被试者前面.除图片外,不带数字的物块,玩具盘子和其他材料都可以有效地用于问题的处理.

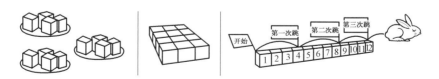

图 4-5 物块类型(Ginsburg et al.,1992,p.274)

要求被试的学生选择出可以用来教乘法含义的图片.一组被试者选择部分或全部"有规律"的照片,并解释他们如何运用乘法.在这种情况下,听取他们的解释后,考官参照选择出的每个图片问以下问题:

(1)"你能写下适合这张图片的乘法算式吗?"(图片或符号的关系)

(2)"你写三个数字,第一个数字(通常是 3 或 4)在图中的含义是什么?第二个数字怎

样？第三个数字(通常是12)是什么意思?"(参照数字)

(3)"你的答案是12,你认为这个2在图片中的含义是什么？那这个1又是什么？如果你这样想,请把图片中代表2的部分用蓝色标记,同时用红色标记代表1的部分."

(4)"你能使用物块和其他材料告诉我6×4吗?"(应用模型)

(5)"你说的所有这些不同图片里都有$3 \times 4 = 12$,告诉我,为什么?"(模型关系).尽管访谈以灵活方式完成,但被试者通常会问的核心问题构成了访谈的框架.

如果选择了"无规律"的图片,那么将设计一组不同的问题以确定被试者选择图片的原因,还要确定被试者是否能够灵活地修改无规律的图形以便用适当的方式使用图片.在某些情况下,被试者努力把他们的理解形式应用于不规则的分组情形中.通常情况下,他们会主动结束一些不一致的或荒谬的解释,并透露他们缺乏对概念的理解.在某些情况下,被试者可以修改图片和解释如何使用图片来处理乘法问题.这通常是通过重组到有规律组或者通过给没有足够数量的小组添加物块.

初步面试包括两组生活在东京地区的日本儿童.一组(控制组)儿童通过使用结构化操作,明确学习乘法运算的概念(如上所述),另一组儿童接受日本教材上的标准指令学习乘法,而且集中于计算而不是概念.在控制组中过半的儿童指着图片中的模型能给出正确的答案,并能给出丰富的解释.在一个典型案例中设计的对话如下:

测试者:在这写下三个数字($4 \times 3 = 12$),第一个数字4是什么意思(参阅每组模型的数量)?

学生:好的,图片中你能看到每个盘子中只有4个物块,那就是4代表的意思.

测试者:那数字3是什么意思呢?

学生:3代表3个盘子.

测试者:很好,图片中12又是什么意思呢?

学生:那是得数.

测试者:你能不能用你的手盖住代表12的部分?

学生:能,像这样(盖住3个盘子里的所有物块).

测试者:好的,现在使用在12里的两个数字,1和2(用铅笔圈出每个数字).在图中你能找到数字2代表的部分吗？如果能,那么请你在图片中用蓝色标记下来.

学生:好的.(圈出第一个盘子中的两个物块)

测试者:好吧,现在,你认为你能够在图中找到数字1所对应的部分吗？如果能,那么请你在图片中用红色标记下来.

学生:好的.(圈出3个盘子中剩下的物块)

测试者:非常棒,这里我们有一些塑料积木和玩具盘子.你认为你能使用这些材料来表示6×4吗?(测试者知道在学校没有教过$6 \times n$这个话题).

测试者:你知道这个问题的答案吗?

学生:哦,等一会儿,(暂停了8秒)答案是24.

测试者：对了，你是怎么得到答案的呢？

学生：6＋6＝12，然后加 6 得到 18，再加个 6.

测试者：非常棒.

(Ginsburg et al.，1992，pp. 275－276)

控制组的其他学生只有一个困难问题就是，以 10 为基数进行分组.

另一组（没有明确的概念教学，主要是按教材上的指令进行）大致有两种回应方式. 尽管受试学生知道数字好用，但他们中大多数却表现出不佳的认识水平. 下面是一个典型的例子：

测试者：选择图片解释什么是乘法(参阅每组模型的数量). 你能写下适合这张图片的乘法算式吗？

学生：（暂停 10 秒）也就是 8×4.

测试者：很好，你知道这个问题的答案吗？

学生：（暂停 3 秒）知道，是 32.

测试者：回答正确，那 8 代表什么意思？

学生：（暂停 7 秒）

测试者：你能用铅笔圈出 8 代表的部分吗？

学生：（圈出了两个盘子里的物体）

测试者：好的，现在 4 代表图中的哪个部分？

学生：这.（圈出第 3 个盘子的物体）

测试者：很好，你知道图片中一共有多少个物块吗？

学生：知道，12.（学生轻松而又快速地说出了答案）

(Ginsburg et al.，1992，pp. 276－277)

尽管控制组学生接受的是非常规教学方式，但是他们对乘法有很高的理解水平. 这意味着普通的学生受益于概念的操作方法，而有些学生更得益于结构化的概念理解上，即使不懂得如何进行概念的操作方法.

初步研究表明，某些方面的理解可以用一种结构化的方式进行测量. 口头问题是对书面材料的具体补充. 这些问题可以提高善于言谈的学生对问题的理解，又可以激发他们表达自己对问题的理解. 一般情况下，有很好的理解功底的学生能够应对面试问题，而那些没有理解功底的学生往往一开始就被卡住，在理解上也不能超越原始问题. 所以，区分不同层次的理解水平是比较容易的.

四、课堂观察

金斯伯格及其团队一直探索的观察技巧可以应用于课堂上. 传统上，教师以标准算法指导学生，主要是为了让他们知道答案的正确与错误. 相反，如果教师鼓励学生参与数学活动、扩展解题思路、探讨数学想法和步骤，并且相信自己的学习方法，教师反倒能相对轻松地了解到学生对知识的理解. 更直接地说，不鼓励学生理解的教师不会对课堂进行测评；而鼓励学生理解的教师又能很好地应对学生的问题以及课堂测评的挑战.

以下内容是来自一位 2 年级的数学教师鼓励学生理解的课堂教学和评估.

面对全班学生,该教师在一张纸上写下一道简单的计算题 $9+7=$ __ . 她告诉学生以自己的方式去解决并把答案写下来. 完成了这一步后,教师用半节数学课去探索儿童的策略,例如,"从 9 里拿走 2,得到 7,$7+7=14$. 再加 2 得到 16. "或者,首先取 7,然后用手指接着 7 数 7,8,9,10,11,12,13,14,15,16. 或者,"我知道 $10+7=17$,但 9 比 10 小 1,所以得数比 17 小 1 也就是 16. "

她要求班里所有的学生说出他们的思考过程. 有时,她要求他们以书面形式描述. 课堂上教师鼓励孩子分享他们的方法,重视方法产生的过程,并尽可能明确地用语言表达思维过程. 从效果看,课堂上涉及了共享、评估、自我反思. 教师展示出课堂上得到正确答案的多种方式. 教给学生一些方法后,接着她问学生选择不同的策略的缘由. 一些学生愿意继续使用以前的方法,而另一些学生选择一种新的方法,理由是"它的计算速度快".

在练习的过程中,学生为自己使用的不同方法提供了非常详细的信息. 教师根据所观察到的方法已经发明出一套简单的方案. 这个方案包括简单的描述过程,即用数字代替文字;具体的计算涉及手指或其他容易获得的物体;心理计数过程和各种重组策略,如"6 与 4 的和是 10,因为我知道 4 和 4 是 8,答案比 8 多 2". 把学生使用的这些方法做一个简单的清单,对教师来说是相对容易的事情. 在这过程中,教师只是试图记住学生所使用的各种方法,而学生在方法的运用上有了明显的提高.

观察和讨论策略之后,教师接着让学生创建一个与 $15+3$ 相关的问题,得到的不同回答有:

我有 15 支蜡笔,妈妈又给了我 3 支,我一共有 18 支.

以前有个小孩 15 岁了,她想知道 3 年后自己多大. 她用 $15+3$ 并往后数 3 个数得到 18. 今天是她生日,她 18 岁了. 她有一个聚会,她非常开心,故事完了.

很久以前,有个女孩上 2 年级. 她不擅长学习数学. 一天,她去上学. 教师说到学习数学的时间了,然后写下 $15+3=$ __ 这个问题. 全班学生都说容易,所以小女孩也说容易. 但实际上她不会,所以她对教师说她不会这个数学问题,教师却说"你可以的". 她真的想通了. 从那天起,她做数学时总是感觉很好. 因为她知道了 $15+3=18$. (p. 234)

像这些故事提供了很多不同类型的信息,这些故事显示出学生如何把现实生活中的故事与数学算式联系起来. 例如,第二个问题里,生日故事把数和年龄联系起来,并描述了解决方法. 最后一个故事,揭示了学生对数学的感情和对解决方法的自我概念. 然而,在两种情况下,有用的信息是从宝贵的教法(即语言艺术和算术的优点的结合)上获得的.

五、有关分数的评价研究案例

近年来,数学评价合作小组给出了多样的评价方法,并将其结果运用到教师专业发展中,提高教学水平. 在这一部分里,主要介绍来自费希尔(Fisher,2007)提出的结构化、总结性的评价以及访谈评价来揭示学生的分数思维,提出关于教学计划和改进的问题.

1. 结构化评价中的分数理解

以下将介绍的案例是来自新加坡的一堂课例研究课——整体与部分的关系.主要内容为用条形图(用长方形条来表示问题中的数量关系)、三角形、四边形、五边形、六边形以及圆来表示整体与部分的关系.这堂课的中间环节试图让学生解决:当分数的分子一样时,分数的大小与分母有关.起初,课例研究组想设计一堂介绍条形图比较分数大小的课.通过激烈的讨论后,决定去调查学生在没有学习新方法时,是用什么方法来解决这个问题的.之后,课例研究小组深入一些课堂收集学生解决此问题所用策略的数据资料.

教师问学生:"$\frac{1}{5}$ 与 $\frac{1}{3}$ 哪个大?你是怎么想出解决方法的?用图或者语言表示你的答案."当学生想好后,教师让学生在黑板上展示自己的解题过程.

让课例研究人员感到吃惊的是,除了一位学生,大家都用圆来表示分数(图 4 - 6).这里有 4 个 3 年级学生的典型答案(Fisher,2007,p.196):

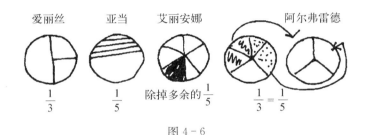

图 4 - 6

从他们的解答中可以看出,爱丽丝和亚当不理解,当用 $\frac{1}{3}\left(\frac{1}{5}\right)$ 表示一个整体中的三部分(五部分)时,每一部分大小都是相等的.艾丽安娜不会画出 5 份来.她的解决办法就是把多出来的"$\frac{1}{5}$"去掉.这一部分等于 $\frac{1}{5}$,但是它不是所画圆代表的整体的 $\frac{1}{5}$.相反,这一部分是非阴影部分的 $\frac{1}{5}$.艾丽安娜是否知道这些?阿尔弗雷德,用到了匹配策略.阿尔弗雷德是这样解释的:"5 份中的 2 份与 3 份中的 1 份一样大,5 份中的另外 2 份与 3 份中的另外 1 份一样大,这样两个圆中都剩下 1 份,所以 $\frac{1}{3}$ 等于 $\frac{1}{5}$."他显然没有看出自己说 $\frac{1}{3}$ 与 $\frac{1}{5}$ 相等有什么问题.我们注意到,所有的 3 年级学生都试图用图来表示分母,却没有学生把 $\frac{1}{5}$ 和 $\frac{1}{3}$ 的分子"1"用阴影表示出来.

这种评价给教师提供了关于分数理解的复杂性的见解,告诉教师,学生需要什么样的经历形成这些理解.它带来一个问题,关于识别教材中图解表示的分数部分和有能力精确表示分数部分来辅助解决特殊问题的差别.学生的解答引发了许多心理学问题.教师该如何帮助学生发展对相等部分的理解？教师该如何让学生理解一个单位不是移去一个与剩下每个都相等的部分？这个年级的学生是否有能力解决分母为奇数的问题,是应该要求他们去画出等部分图呢还是仅仅能画出容易画出的图就可以了？学生是否可以从例子和解释中或都从迷思的讨论中学到有价值的东西？这些方法的好处是什么,弊端是什么？这些问题都是好的评价需要提出的问题.这一评价揭示了学生理解中的纰漏,而这些纰漏通过计算练习是难以发现的.这一评价为我们提供了一个窗口,告诉我们当教学只关注结果时忽略了什么.

2. 总结性评价中的分数理解

用分东西作为背景来介绍分数是一种通用的方法.下面来看 5 年级分比萨的任务.这个任务可以让学生识别分数部分,用图表示分数,用分数分东西.

案例　分比萨

艾瑞莎、贝丝、卡洛斯和迪诺去比萨店点了三个不同的比萨.他们要分比萨,保证每人吃到的数量是一样的.艾瑞莎不吃海鲜,其他人三种口味都可以吃.

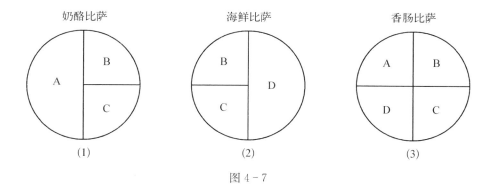

图 4 - 7

如图 4 - 7 所示,A 表示艾瑞莎分到的比萨,B 表示贝丝分到的,C 表示卡洛斯分到的,D 表示迪诺分到的.

(1)艾瑞莎吃了奶酪比萨的几分之几？吃了香肠比萨的几分之几？她吃了多少比萨？

(2)在图 4 - 8 中画出艾瑞莎、贝丝、卡洛斯、迪诺和埃里卡五个人是如何分比萨的.注意,每人分到的数量一样多,而且艾瑞莎不吃海鲜比萨,其他人三种口味都可以吃.

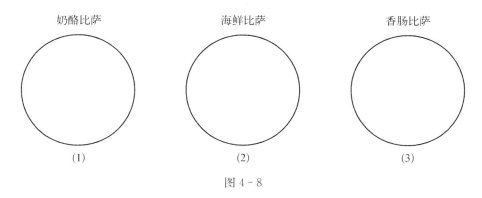

图 4 - 8

这次,艾瑞莎分到多少比萨? 解释说明.

(源自 Fisher,2007,pp.197-198)

这个任务在大约 11 000 名 5 年级学生中做了一次总结性测试.68%的学生能够算出问题(1)的答案 $\frac{1}{2}+\frac{1}{4}$,可是在问题(2)中只有 33%的学生体现出所需的数学能力.

一些学生是这样回答问题(2)的——5 个人分 3 个比萨:

学生 1 解题示意图(图 4-9,原图为手画草图)(Fisher,2007,p.198):

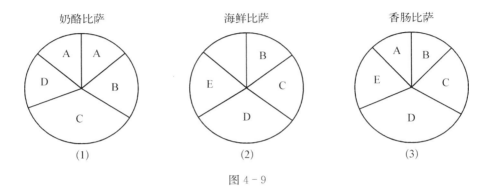

图 4-9

学生 1:这次艾瑞莎吃了 $\frac{3}{5}$ 的比萨.因为有 5 个人,我把每个比萨分成 5 份,又因为有 3 个比萨,从而我知道每人将会分到 $\frac{3}{5}$ 的比萨.(源自 Fisher,2007,p.198)

学生 1 能够清晰表述整体与部分的关系并描述每个人分到的部分.这个学生能够很容易处理艾瑞莎不吃海鲜比萨这个限制条件.

学生 2 通过把每个比萨分成 10 份同样也解决了这个任务:

学生 2 解题示意图(图 4-10,原图为手画草图)(Fisher,2007,p.199):

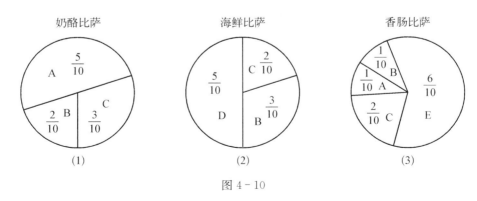

图 4-10

学生 2:艾瑞莎吃了 $\frac{6}{10}$ 的比萨.每个比萨被分成了 10 份,总共有 30 份,每人分得 6 份.(p.199)

学生 3 的回答说明深入分析学生所提供的答案很重要.提供结构化问题可以掌握学生

知道什么,不知道什么.学生3写道:"$\frac{1}{2}+\frac{1}{5}=\frac{7}{10}$",虽然没有给出解释说明,但这个答案是正确的.尽管如此,我们来看看这个学生是怎么做的:

学生3解题示意图(图4-11,原图为手画草图)(Fisher,2007,p.199):

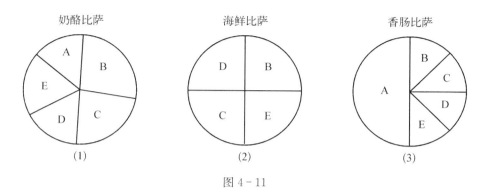

图 4-11

这里,这个学生的答案说明他不知道分母相同的分数单位应该一样大.奶酪比萨中的A并不是$\frac{1}{5}$,学生3并不能很好地处理艾瑞莎不吃海鲜比萨这个限制条件.他似乎也没有发现艾瑞莎、卡洛斯和迪诺分到的并不一样多.A和C都得到一半的比萨加上另一块.C的一半比萨是$\frac{1}{4}$奶酪比萨和$\frac{1}{4}$海鲜比萨,A的一半比萨是香肠比萨.但是他们另得到的一块并不一样大:A得到的看上去是$\frac{1}{6}$的奶酪比萨,C得到的大约是$\frac{1}{8}$的香肠比萨.D得到的更少.学生3的做法和前面3年级学生爱丽丝与亚当的(见本书第172页)差不多:形如$\frac{1}{n}$的分数表示将一个物体分成n份,取其中一份,但是这n份不需要完全相等.这个例子说明,计算的正确不能说明理解分数部分和每一部分之间的关系.

教师只要从学生4的回答中就能看出学生在理解上的漏洞来.

学生4:我数了奶酪比萨和香肠比萨,得到了$\frac{3}{5}$.(源自Fisher,2007,p.200)

虽然这样的答案会产生误导,但好的评价促使教师进一步去探究学生的理解问题.通过学生4画的图,我们可能会想:这个学生仅仅是靠数出来的吗?他是怎么理解"艾瑞莎不吃海鲜"?这个方法正确吗?这个任务的"整体"是什么?这个回答同样引发关于分数经历的问题:学生4有多少机会接触分多个东西?

学生4的解题示意图(图4-12,原图为手画草图)(Fisher,2007,p.200):

评价呈现出让我们仔细检查跨年级工作的趋势.如果我们发现3年级出现的迷思,5年级还有,这说明我们的教学以及教学材料有问题.教材中的表达能否帮助学生发展所需的观念?不同的表示是否对学生有帮助?

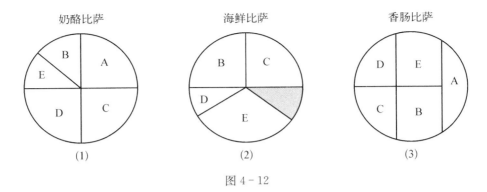

图 4 - 12

六、访谈评价中的分数理解

这部分围绕鲍尔(Ball)和布兰登(Brandon)采访所产生的一些问题进行简短的介绍与评论,是依据匈菲尔德(Schoenfeld,2007)对鲍尔所做的采访(Ball & Peoples,2007)评论而进行的.

首先,此次访谈揭示了两个问题的复杂性:分数的理解意味着什么? 学生对分数的掌握又意味着什么? 分数主题会涉及:从分数到小数再到百分数的交流;用一个分数去乘或除另一个分数的算法;分数的意义是一个整数的部分(每部分是相等的);等值分数和分数等值的意义;分子和分母在分数大小中的地位;比较分数的大小;假分数;矩形、圆形和一些复杂图形中的分数;分数在数轴上的表示;什么样的分数可以约分,为什么;寻找复杂几何图形中的子图形;真分数和假分数的加、减算法;分数乘法的例子;分数计算中的估计.

对数学有深刻理解的人,这些主题都是有联系的,巧妙地将这些主题组合在一起. 但是,对开始学习这些内容的学生来说,这些主题是很难的. 有一些已经形成的和正在形成的联系,有一些漏掉了,也有一些错误的联系. 这就是事实,很有意思. 最好的状态是用评价来揭示一系列无形的联系. 下面一起来看看鲍尔和布兰登的访谈,看看其中为我们揭示了什么. 重点不是要作详尽的评论,而是看一个敏感的评价访谈为我们揭示了怎样的东西.

访谈对象布兰登比较随和,在分数方面掌握得比较好. 在访谈的一开始,他给出分数除法的算法(他刚学了没多久)和用法. 他展示了如何进行分数乘法以及如何来对分数进行约分. 尽管他最初在做 $\frac{2}{3} \times \frac{4}{6}$ 时出现了约分失误. 请注意,他是一个 6 年级学生,面对满教室的成年人,他指出自己的错误,并改正,很自信地证实答案是正确的. 他很自信地把像 $\frac{1}{2}$ 和 $\frac{1}{3}$ 这样简单的分数转化成小数. 自始至终,他都很轻易地把已知分数改写成等价分数,而且他知道如何进行分数的加减混合运算.

在访谈的开始,布兰登指出他对特定领域知识的理解. 在用纸折出一半后,他作了解释,并且用 $\frac{19}{38}$ 和 $\frac{37}{74}$ 来表示一半. 在折三分之一时,他能够折出三等份. 他知道 $\frac{1}{4}$ 也可以写

成 $\frac{2}{8}$ 和 25%．他还知道 $\frac{1}{6}$ 介于 16% 和 17% 之间，并且用 $6 \times 16 < 100, 6 \times 17 > 100$ 证实了自己的结论．

当问到如何用纸来表示 $\frac{3}{2}$ 时，布兰登用除法竖式计算得到 $\frac{3}{2}$ 就是"一个整体再加一半"，他还读出了 $\frac{3}{2}$："二分之三"，他并没有在假分数上花太多的时间．他能从小到大排列 $\frac{1}{2}$、$\frac{2}{3}$ 和 $\frac{3}{4}$，并能在提示下证明它们的顺序．在图 4－13 中，写出阴影部分为 60%、$\frac{60}{100}$、$\frac{3}{5}$ 和 $\frac{6}{10}$，他在图 4－13 中加了一条水平线，并指出阴影部分为 10 份中的 6 份 (Ball & Peoples，2007，p. 227)．

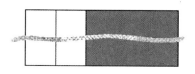

图 4－13

但是之后变得很有趣．鲍尔问："在你写的这三个分数中 $\left(\frac{60}{100}、\frac{3}{5} \text{ 和 } \frac{6}{10}\right)$ 哪一个最大？" 以下是他们的对话：

布兰登：$\frac{3}{5}$？

鲍尔：为什么它最大？

布兰登：因为就像我之前说的，$\frac{3}{5}$，因为一百份实在是太小了……

鲍尔：嗯．

布兰登：我觉得，在我看来它不是取决于分子，我觉得它的大小取决于分母．

布兰登继续画圆形示意图，五等份和十等份的，他说十份的要小一些．

布兰登：所以，它是其中的六份，尽管这个分子比那个分子要大，在我看来，分母的大小决定分数的大小，整个分数的大小．(Ball & Peoples，2007，p. 227)

在鲍尔给出的另一组数中，他指出 $\frac{7}{8}$ 小于 $\frac{1}{4}$，在黑板上把 $\frac{7}{8}$ 的卡片放在 $\frac{1}{4}$ 的卡片的左边．然后他又画了两个图(Ball & Peoples，2007，p. 229)，如图 4－14、图 4－15 所示．(原图为手画草图)

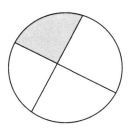

图 4－14

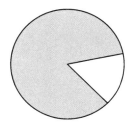

图 4－15

布兰登指出:"因为它,这个是 4 份,这个是 8 份,8 份的要小点,所以其中的 7 份就要放在 8 份里,因为你不能把这 7 份放在 4 份的里面."继续讨论,布兰登说的意思是,当两个分数的分母不一样时,哪个分母小,哪个分数就大,但是两个分数的分母一样时,分子大的分数大.鲍尔想让布兰登来比较 $\frac{1}{4}$、$\frac{2}{8}$ 和 $\frac{7}{8}$ 的大小,来修正他的论述.鲍尔提醒布兰登之前已经说过 $\frac{1}{4}$ 和 $\frac{2}{8}$ 相等.他画出这两个分数的示意图,对话如下:

鲍尔:嗯,你看这两个图,你觉得哪个分数大,是 $\frac{2}{8}$ 还是 $\frac{1}{4}$?

布兰登:嗯……$\frac{1}{4}$?

鲍尔:你为什么觉得 $\frac{1}{4}$ 大呢?

布兰登:嗯,因为它分成 4 份后的每一份比较大,所以这些是全部,比较小,所以 $\frac{1}{4}$ 比 $\frac{2}{8}$ 要大.

(Ball & Peoples,2007,p. 245)

这说明布兰登对分数的理解还没有到位.尽管他已经掌握了一些算法(如计算出 $\frac{1}{4}$ 和 $\frac{2}{8}$ 相等)和一些领域的图形(尤其是矩形,更容易识别相关大小),对于他的一些判断(错误判断),用圆形图示来判断相关大小,他还不确定.他的错误算法使得他得出 $\frac{7}{8} < \frac{1}{4}$,尽管他所作图示说明答案正好相反.事实上,这些混淆是常见的,很多学生都会出现.此次访谈所揭示的是把这些混淆放在一起有多么复杂,又是多么容易忽视这个难点.访谈的第一部分仅仅集中对分数大小比较的程序方面的理解.

在访谈中,鲍尔还实施了她的"教学实验":她给布兰登介绍了一些新的概念,并观察他是如何学习,如何将这些与自己已经学过的知识联系在一起的.布兰登说自己对在数轴上表示数不熟悉,于是鲍尔给他介绍,把他带入一个新的领域.布兰登对在 0 到 1 之间的标记似乎很自信,但当数比 1 大时,他就有问题了:开始他在 1 和 2 的中间标上了 $\frac{1}{2}$,之后他又改为 $1\frac{1}{2}$,然后他把剩下的标记改为 1,$1\frac{1}{4}$,$1\frac{1}{2}$,$1\frac{3}{4}$ 和 2.以下是他们的交流过程:

鲍尔:好的,所以,嗯,你觉得你还能想到什么分数可以写在这里吗?例如,在 $\frac{1}{4}$ 和 $\frac{2}{4}$ 之间是否还有分数?

布兰登:嗯,没有了.

鲍尔:没有了?嗯,我们把我们能写的所有分数写在这里好吗?

布兰登:好.(Schoenfeld,2007,p. 273)

值得注意的是,起初,布兰登把 $\frac{1}{2}$、$\frac{2}{3}$ 和 $\frac{3}{4}$ 进行排序,并指出 $\frac{1}{2} < \frac{2}{3} < \frac{3}{4}$,所以应该遵循 $1\frac{1}{2} < 1\frac{2}{3} < 1\frac{3}{4}$. 这是学习中非常重要的一个事实. 与此同时,布兰登对真分数的理解可能很好地发展运用到 0 到 1 的数轴上来;他对这部分数轴上的分数表示没有什么困难. 总之,学习是复杂的.

之后,鲍尔再次问到 $\frac{1}{4}$ 和 $\frac{2}{8}$ 的关系问题,这一次是用数轴. 布兰登觉得越来越好奇. 鲍尔在 0 到 1 之间标出一些分数来,如图 4-16 所示(Ball & Peoples,2007,p. 244).

图 4-16

布兰登强调 $\frac{1}{2}$ 和 $\frac{4}{8}$ 是一样大的("我觉得,这个数字$\left(\frac{4}{8}\right)$大一些,但它们是一样——因为它们都是一半"),但是他继续指出 $\frac{1}{4}$ 要比 $\frac{2}{8}$ 大.

布兰登:因为从这里$\left(\text{指}\ 0\ \text{到}\ \frac{1}{4}\ \text{之间的距离}\right)$它是像 $\frac{1}{4}$、$\frac{2}{4}$、$\frac{3}{4}$ 和 1(数着数轴上的 4 份). 而这些是 8 份$\left(\text{指}\ 0\ \text{到}\ \frac{1}{8}\ \text{之间的距离}\right)$,它们之间的距离比较小. 这就是为什么 $\frac{1}{4}$ 大的原因. $\left(\text{例如},\text{因为}\ 0\ \text{到}\ \frac{1}{4}\ \text{的距离比}\ 0\ \text{到}\ \frac{1}{8}\ \text{的距离要大},\text{所以}\ \frac{1}{4}\ \text{要比}\ \frac{2}{8}\ \text{大}\right)$. (Ball & Peoples,2007,p. 245)

再次这么说,已经不让人吃惊了. 这么大一个图放在眼前,布兰登的回答很矛盾:他没有用比较 $\frac{1}{2}$ 和 $\frac{4}{8}$ 的逻辑,也没有比较 $\frac{1}{4}$ 和 $\frac{2}{8}$ 之间的关系. 他也没有图,虽然他很快画了一个. 可是他还是没有看出什么矛盾来. 在他看来,两者的关系是独立的,因此也不存在什么矛盾.

在这次讨论之后,鲍尔又换了一个领域. 给出一个分成两份的三角形,布兰登能看出每份是一半. 然后,给出如图 4-17 所示的图形(Ball & Peoples,2007,p. 246):

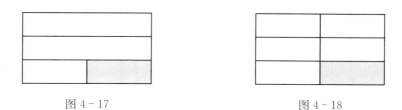

图 4-17　　　　　　　　　　　　图 4-18

他试图说阴影部分是 $\frac{1}{4}$,再给他机会:"可以给图添些什么",他在矩形中画了一条线,如图 4-18 所示(Ball & Peoples,2007,p. 246),之后指出阴影部分是 $\frac{1}{6}$.

这似乎表明对分数定义部分"等份"的掌握.另一个比较复杂的图形如图 4 - 19 所示 (Ball & Peoples,2007,p.247):

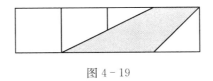

图 4 - 19

这复杂的图给他带了一些麻烦,但是这对许多人来说都不简单.另一方面,他可以把图 4 - 20 改成图 4 - 21(Schoenfeld,2007,p.274),然后准确地说出阴影部分的大小是 $\frac{5}{8}$.

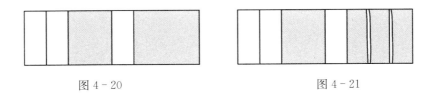

图 4 - 20   图 4 - 21

目前看还不错,布兰登似乎对这种整体与部分掌握得很好.但是图 4 - 22 使他的理解状态又回复到以往了(Ball & Peoples,2007,p.249):

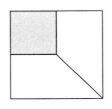

图 4 - 22

可能因为阴影部分和空白部分形状不一样,他找不到相关大小,指出"有两部分是阴影的,所以它是 $\frac{2}{4}$,一半".这个论断给鲍尔的诊断带来了冲击.

在下面的讨论中,布兰登准确地表示出矩形中的分数是 $\frac{3}{6}$,"约分"得到 $\frac{1}{2}$,同时描述了什么是约分,什么样的分数不能约分.因此,他显示了自己在一些简单的领域中有一定的基础,但知识不够扎实.

这时,话题又转移到真分数、假分数和带分数的加减问题上.布兰登清楚地展现了对加法算法的掌握.减法有点复杂,鲍尔又一次进行了指导,又一次揭示了学习过程的复杂性.布兰登将自己已经学过的知识(例如,整数的减法和整数与分数的转换)与新知识联系在一起（例如,计算 $4\frac{2}{6} - 2\frac{3}{6}$）.

接下来,鲍尔让布兰登画一个半块蛋糕的一半,并说出这个蛋糕是多少.布兰登画了

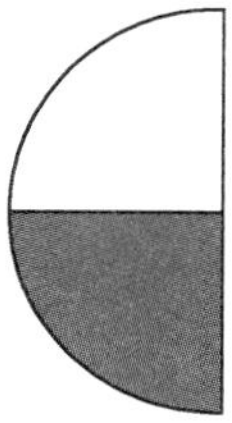

图,并说出问题中的蛋糕(图 4-23,原图为手画草图)是整个蛋糕的 $\frac{1}{4}$(Ball &

Peoples,2007,p. 264).

图 4-23

当鲍尔问:"好的,如果平均地将剩下的蛋糕分给你和其他同学呢?"布兰登

能画出正确的图示来,但是却说剩下的部分是整个蛋糕的 $\frac{1}{3}$. 虽然可以推测,但

很难知道他为什么这么说. 首先,他可能是累了;其次,他看不到整个蛋糕;再

次,结合这两个原因,也许他忘记了分数定义中"等份"的概念. 他只注意到图中有 3 个部

分,所以他标注了 $\frac{1}{3}$.

在他们谈话的最后一部分,鲍尔让布兰登估算一下:$\frac{19}{22}+\frac{52}{55}$.

布兰登之前还展示了自己对加法标准算法的熟练掌握,现在却用一个经常用的(错误

的)算法

$$\frac{a}{c}+\frac{c}{d} \rightarrow \frac{a+b}{c+d}.$$

得到估计值:$\frac{20+50}{20+60}=\frac{70}{80}\approx 1.$

这时,鲍尔引导布兰登观察这两个分数,它们都是约等于 1 的,所以它们的和约等于 2.

讨论

除了赞扬布兰登的聪明、勇气和毅力,以及鲍尔的访谈技巧,他们的交流中有至少两点

值得一提. 但首先必须强调,他们交流的重点,不是评价布兰登;相反,从他们的对话中可以

看到什么是值得我们学习的.

第一点是学习理解像分数这样的主题意义的复杂性. 访谈揭示了布兰登只知道一些数

学背景下的知识,在一些领域他的知识掌握得很熟练,在另一些领域却掌握得不够;他有一

定的信息片段,当将它们呈现出来时,却又显得彼此矛盾. 在他掌握熟练的领域,如像矩形

中,他可以不用数就把它分成相等的几份. 但当图形变得复杂或者他累了,他的表现就不理

想了. 类似地,布兰登在计算熟悉的分数的加法时没有任何问题,但当他估算时,他对那些

分数不熟悉,他就犯了常见的错误,把分数的分子和分子相加,分母和分母相加. 在一些背

景中和一些表示中,他很自信地指出 $\frac{2}{8}$ 等于 $\frac{1}{4}$;但是在另一些情境和表示中,他却指出 $\frac{2}{8}$

小于 $\frac{1}{4}$. 而且他还指出 $\frac{7}{8}$ 也小于 $\frac{1}{4}$. 他是这样来解释的:当分数 A 的分母比分数 B 的分

母大时,那么分数 A 就小于分数 B.

这不是说布兰登混淆或者不理解,这说明他建立了一个复杂的理解网,我们看到他是

在与鲍尔的互动中这样做的,一些部分的理解和误解是自然的,任何觉得这种理解是简单

的人都不理解什么是理解. 这就是为什么说评价是一种微妙的艺术.

第二点是不同评价的潜能、成本和功效有着很大的差异. 很清楚,用纸笔测试是不可能揭示出布兰登分数理解的复杂性的. 简单的选择题测试可以用于问责目的,为学生在学术生涯的知识掌握提供粗略的统计;但这对诊断目的并没有太大用处. 关于学生对分数不同方面的理解,对问责目的和教学支持都有帮助. 但这些都不完善. 教师越多地"走进学生的头脑中",理解他们的思维方式,越能有效地为学生提供帮助. 从某种意义上讲,我们可以培养教师的这种技巧,把访谈诊断加入到教师的技能当中(除了过于正式的评价),我们的课堂教学就会更丰富. 这不是说我们的教师都要给自己的每一位学生做一个 90 分钟的访谈,而是希望在我们的课堂教学中更加注重学生是如何来理解的,可以用一些问题来帮助我们掌握学生的理解. 教师越多地知道学生知道什么,他们越能有效地引导帮助学生学习.

§4.2 代 数 评 价

关于代数评价,首先明确评价什么,即学生在初等数学中能力的各个方面;其次就是关于如何评价的问题. 这里的介绍主要源自麦卡勒姆(McCallum,2007)以及福斯特(Foster,2007)的相关研究.

4.2.1 评价初等代数中学生能力的各个方面

麦卡勒姆(McCallum,2007)就评价初等代数能力的各个方面进行了说明.

1. 代 数 与 函 数

在评价之前,首先应该弄清楚要评价的是什么. 从算术到代数再到函数的过程中,抽象程度不断递增. 在算术到代数的这个过程中,我们学习了用字母表示数,求代数式的值. 在代数到函数这一过程中,我们学习了一个新的概念"函数",以及用字母表示函数. 在代数教学中有两个难点,每一个都可以导致学生在这一过程中的知识学习的缺失.

一个难点是学生在学习函数及函数表达式时使用的一系列符号,如定义一个函数 f, $f(x) = x^2 - 2x - 3$,那么这个 $f(x)$ 只不过是表达式 $x^2 - 2x - 3$ 的一个简记. 这种函数与表达式的表示上的混淆导致等价表示和变形表示的概念混淆. 例如,我们想让学生理解 $(x+1)(x-3)$ 和 $(x-1)^2 - 4$ 是等价关系. 但是,如果没有注意函数与它的定义表达式之间的区别,就会混淆函数的等价和变形表示.

另一个难点是在学习函数时使用的一系列代数表示. 通常,我们会使用多种函数表达来明确函数本身. 函数可以用列表、图像、语言描绘以及代数式来表达. 通过不同的角度来观察同一个对象,是为了明确它的具体表示. 用这种方法,代数提供了观察函数的一种方式,但是函数并不是纯代数研究对象. 在学习代数时过分强调函数会使代数结构变得模糊,太过关注图形和数值方法会破坏数学中的符号表示的数学思想.

考虑到评价的进行,我们所说的代数是狭义的,代数水平仅仅是指符号表示水平.

2. 代数能力

就数学能力来说,NRC(National Research Council,2001)明确了以下五个方面:

- 概念理解:理解数学概念、运算和关系;
- 程序熟练:灵活、精确、有效、适当地运用程序的能力;
- 策略能力:建立、表达、解决数学问题的能力;
- 合情推理:逻辑思维、反思、解释和判断的能力;
- 丰富性情:习惯性将数学看作是明智的,有用的,有价值的,加上自身的勤奋与努力的信仰.

关于代数能力的讨论则是依据这五个方面进行讨论.

下列代数错误每个教师在教授积分时都是有可能遇到过的.

$$\int \frac{1}{2x^2 + 4x + 4} dx = \int \frac{1}{x^2 + 2x + 2} dx$$
$$= \int \frac{1}{(x+1)^2 + 1} dx$$
$$= \arctan(x+1) + C.$$

学生把分母中的 2 提出来,之后就丢掉了.学生通常把这种错误看作是粗心,但是教师经常不同程度地纵容这种错误.防止这种错误的方法就是让学生多练习.这种错误属于程序熟练方面,要么是学生没有掌握代数规则,要么就是练习得太少.

当然,没有足够的数据研究,是不可能准确诊断这类错误的.然而,我们可以借鉴其他领域的诊断经验和结论.例如,它有没有可能是属于概念理解方面的错误? 和学生交流这些错误发现,这可能不是粗心,而是不同方法在不同情境下的混淆.事实上,在有些情境下是可以发生同样的错误的,就像解方程 $2x^2 + 4x + 4 = 0$.因为学生不会区分方程和表达式之间的区别,解方程和表达式的变形,表面上,过程是一样的,但实际却不同.这两个过程都是用等号连接表达式,而这一错误的发生是源于理解而不是计算能力.

对于策略能力,有一个重要方面就是不能充分调动学生去有意识地改正这种失误.退回去并考虑整体给出一个检验方案的策略,就是对答案进行微分.即使没有真正去微分,有策略框架的学生可能会想,分母中的 2 和 4 是哪里来的?

再就是合情推理方面,关注等号的意义和每次写下的结论都有可能让学生在解题时只注意第一行.

最后,可能是丰富性情上的缺失.经验告诉我们,这里所描述的错误常常是无目的地移动符号,而不具备真正踏实地解决问题的心态.这正是学习代数时学生所缺少的.

3. 评价代数能力

许多有关代数的评价都关注解决问题的熟练程度.确实,在学生看来,代数就是熟练解题.我们应该怎样去评价其他各方面能力呢? 一个方法就是,提问一些包含各个方面能力的多步骤问题和应用题.但是,这种问题很少可以达到标准评价所需的水平.同时还需要一些简单的问题来评价有关代数的非计算性的能力.在这里,麦卡勒姆(McCallum,2007)建议关注两种问题.

（1）概念理解

问题：在以下问题中,方程的解取决于常数 a.假设 a 为正数,a 值的不断增大对方程的解有什么影响? 解增大、减小或保持不变? 请给出你的答案,并说明理由,不用解方程.

A. $x-a=0$ B. $ax=1$ C. $ax=a$ D. $\dfrac{x}{a}=1$

答案：

A. 增大.a 越大,x 就越大,这样才能使 $x-a$ 的值为 0.

B. 减小.a 越大,x 就越小,这样才能保证它们的乘积为 1.

C. 保持不变.随着 a 的变化,方程两边同时变化并且保持相等.

D. 增大.a 越大,x 就越大,这样才能使它们的比值为 1.（选自 McCallum,2007, p.160）

这个问题中的方程都很容易解.尽管如此,学生还是觉得这个问题很难,因为这个问题不是要求他们解方程,而是让他们解释一个方程中的数字的意义.这可以让学生学习解方程的本质：方程是含有未知数的等式,解方程的过程是围绕这个定义的一系列逻辑推理.让学生不解方程而解释方程,可以评价学生在概念理解方面的能力.

（2）策略能力

问题：一个小商贩发现,每件 T 恤的价格为 p 美元,一周可以获利 $(p-6)(900-15p)$.根据题意,下列哪种表达式可以清楚地看出最大获利和此时 T 恤的单价?

A. $(p-6)(900-15p)$ B. $-15(p-33)^2+10\,935$

C. $-15(p-6)(p-60)$ D. $-15p^2+990p-5\,400$

答案：B. 因为 $(p-33)^2$ 是一个平方数,永远大于等于 0,只有当 $p=33$ 时才等于 0.在这个获利表达式中,一个负数乘以一个平方数再加上 $10\,935$,所以最大获利为 $10\,935$ 美元,此时 T 恤的单价为 33 美元.（选自 McCallum,2007, p.161）

在这个问题中,不要求学生用不同的方法来表示方程,而是让学生理解为什么会有这些表示,哪一种表示是最适当的.可以问类似的问题：哪种表示利润为 0? 答案为 C.而 A 式表明了利润是由两部分的积组成的,每部分都有其具体的意义.例如,第一部分表示该产品的成本价是 6 美元,而第二部分可以从函数的表达式：$900-15p$ 中得到.

这种问题是帮助学生形成代数表达的思维,知道如何表示出问题所要求的形式,因为通常情况下,学生所使用的表达式并不会考虑到问题的要求.

结论

符号表示是代数的核心.评价这方面能力包括熟练地符号运算,同时也应该包括其他四个方面的数学能力.更为丰富的评价的进行可以在介绍了函数知识,在学习了函数的不同表达方法,经历了现实情境中的应用之后开展,为建立更多的概念和策略问题提供良好基础.

4.2.2　测验代数学习中学生的理解与迷思

福斯特(Foster,2007)就评价代数学习中的核心思想以及评价任务给出了具体论述,这里就是依据福斯特的研究进行介绍的.

学生经常在学习代数时感到困惑不解.代数的基础是对之前所学算术内容的拓展,以及学习用符号表示语言来交流数学思想.所以,学生会感觉代数是抽象的,与现实生活联系不紧密.

在 20 世纪 80 年代,美国曾有过让代数更具体的运动.发明专门的教具给学生提供"动手"的工具.例如,代数模块、正负数计算器、数学天平都是可以买到的有效地使代数学习具体化的工具.

尽管这些工具可以帮助学生学习代数,但它们本身不能提供给学生代数意义或理解.一些教育者认为,它们反而会使学生自动越过代数的抽象理解.研究告诉我们并非如此,物理知识是关于外界可观察对象的知识,而数学知识则是在大脑中建立起来的.因此,数学知识的发展来源于学生的思维(Kamii & DeClark,1985).

同样,如果学生在学习抽象知识时没有赋予其意义,那么他们就无法理解.学生需要经历自己建构概念的过程.学生要知道数学是什么,就必须先理解它.我们在记忆符号移动的规则时,我们是学习了相应知识,但并不意味着我们在学习数学(Hiebert et al.,1997).

为了提供让学生理解代数概念的重要性的体验,教师必须了解学生能够理解什么,学生在什么地方容易产生迷思.学习体验应该建立在学生已经掌握的知识之上,让学生面对自己的迷思.如果学生对符号、单词、表示法或材料不熟悉,就不能达到教师所期望的结果.数学工具被看作是学习的辅助手段.但是,这种学习模式无法立刻进行,它不仅需要观看示范,而且需要对工具掌握一段时间,才能进行尝试.真正将它运用于实践,才能体现其意义.

一、代数的核心

福斯特(Foster,2007)指出,代数的核心内容有三个方面.

1. 思维习惯

识别学生的学习重点是至关重要的.一类观点认为,重点是"思维习惯".思维习惯包含:做与不做,建立函数表达规则,计算中的抽象.

(1) 做与不做.有效的代数思维有时具有可逆性:有能力去做和不去做一些数学过程.

实际上，这不仅包含解题能力，还包含由答案推出条件的更高的理解能力.

（2）建立函数表达规则. 代数思维的关键是定义良好规则来识别模式和组织数据进而表达适当情形的能力.

（3）计算中的抽象. 这是独立认知一些特殊数字计算的能力. 代数的一个特征就是它的抽象性. 但是，什么是抽象的？ 一个很好的例子就是，关于能够考虑一个在算术中摆脱了特定数字的计算的代数思想，也就是从计算中抽象出系统规律（Driscoll，1999）.

例如，使用代数模块来教授二次多项式的分解，学生首先要理解一个模块怎样来代表一个乘法，然后从计算中抽象出来（思维习惯）. 这使得学生在学习中理解怎样用模块来表示因数和结果之间的关系意义，甚至在不知道值的情况下知道如何使用. 在因式分解的例子中，学生还需要理解思维习惯中做与不做，因为因式分解是两式相乘结果的逆运算.

2. 变量与函数

在代数中的一个重要概念是变量，学生第一次接触这个概念是在解方程中. 例如，在方程 $3x+4=19$ 中，满足方程的解只有一个，即 5. 尽管这样，我们还是把 x 称为方程的变量.

让学生理解变量的概念很重要，在典型的函数关系式中，未知数就是变量，因为它会随着给出的确定的数而变化. 学生可以借鉴自己的学习体会来理解函数和变量. 例如，学生可以把一个滑动门看作两个变量之间关系的例子，打开的宽度随着门的轨道移动而变化. 门移动的距离可以看作是自变量，门打开的宽度可以看作是因变量. 学生应该从其他情形中充分理解变量与函数. 如果让学生列出变量与函数的关系，他们可能会写：

蜡烛的长度随着燃烧时间而变化；

孩子的身高随着年龄增长而变化；

液体的温度随着在冰箱中的时间而变化；

物体运动的距离随着推力而变化；

一条绳索的质量随着它的长度而变化.

学生可以从具体的生活体验与抽象概念的联系中获得对代数的理解.

3. 等式和方程

另一个重要的代数概念是等式. 学生尽管很早以前就接触到等号，但只是用来表示"答案等于什么". 例如，在 $45-23=?$ 中，这个等号通常是一个执行算术运算的符号（Siegler，2003）. 在方程中，这个等号代表左右两边的表达式是相等的. 这对那些只知道等号的意义是"答案"的学生来说，是难以理解的.

数学天平可以用来帮助学生理解方程中的等号是怎么用的，方程中的运算又是什么样的. 学生可以用数学天平来表示方程的等号两边. 等号相当于天平中心位置，如果在左边加一个砝码，那么在右边也应该加上相等的砝码来保持平衡. 经历这种在两边同时加移砝码的过程，可以帮助学生建立等价的概念和形成解出未知数的策略.

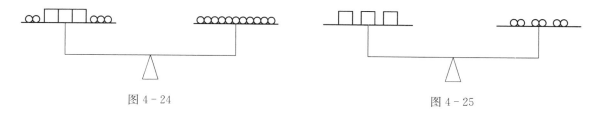

例如,假设让学生来解 $3x+5=11$ 中的 x,学生用数学天平来表示. 左边有 3 个方块,分别表示未知数 x 和 5 个弹球. 右边有 11 个弹球. (图 4 - 24)

图 4 - 24 图 4 - 25

两边同时减去 5 个弹球,这相当于在方程两边同时减去 5,当左边只剩有未知数时,可以对方块和弹球进行分组,找到未知数的值.(图 4 - 25)

数学表达式主要是为了强调数学思想. 只有在学生理解方程与数学天平两边相等所表示的意义一样时,这种表示才有意义. 学生必须理解在数学天平两边加移砝码与算术运算相一致,只有在理解了这些后,学生才能明白解方程的意义.

关于等号的意义和思维习惯的能力,这里有这样一个例子:一个 3 年级学生在解 $345+576=342+574+d$ 中的 d 代表多少时的思考. 以下是该生与教师的对话.

萨姆:两边都有 300,所以我把它减去. 同理可以把 500 也减去. 我得出 45 加 76 等于 42 加 74 加 d. 现在可以重复同样的做法,把 40 和 70 减去,剩下 5 加 6 等于 2 加 4 加 d. 剩下 11 和 6,所以 d 是 5,使得两边相等.

V 老师:萨姆,你是怎么知道可以这样做的?

萨姆:如果等号两边有相同的数,你不用多想,可以把它去掉. 当你去掉相同的数后,式子会变小,然后可以知道 d 是多少.(Carpenter et al. ,2003,引自 Foster,2007,p.167)

通常,一些学生可以很快地利用自己的学习经验,理解数学意义,但有些学生则不能. 学生需要分享自己在这方面的体会. 基于各个学生的想法不同,鼓励学生从不同角度看问题,用多种方法解决问题(Ball,1999). 经验思考、技术及工具都是教师用来培养学生理解代数的重要手段.

二、关注代数思想的评价任务

考虑这一主题的重要性,硅谷数学评价合作组设计了大量的包含评价在内的任务,来帮助教师理解学生对这一主题的理解程度. 学生的参与反馈让评价有价值. 通过测试学生完成这些任务,教师可以明确学生对重要的代数思想的理解,以及共有的迷思. 这一反馈过程是提高代数教学的有力措施. 在这里,给出五个方面的任务例子,每一个例子都给出学生的做法和对方法的理解及迷思的评述. 这些例子均来自硅谷数学评价合作研发组(Foster,2007).

1. 评价做与不做的任务

案例 1　数字机器

在这个问题中,你需要:参与数字链的计算;解释你的推理. 这里有两个数字机器:

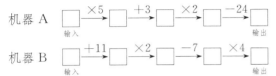

机器 A 输入 $\boxed{}$ $\xrightarrow{\times 5}$ $\boxed{}$ $\xrightarrow{+3}$ $\boxed{}$ $\xrightarrow{\times 2}$ $\boxed{}$ $\xrightarrow{-24}$ $\boxed{}$ 输出

机器 B 输入 $\boxed{}$ $\xrightarrow{+11}$ $\boxed{}$ $\xrightarrow{\times 2}$ $\boxed{}$ $\xrightarrow{-7}$ $\boxed{}$ $\xrightarrow{\times 4}$ $\boxed{}$ 输出

当你在输入格里输入一个整数,经过一系列运算后,在输出格里就会有一个答案.

例如,如果你在机器 A 中输入 3,那么最后得到答案为 12.

机器 A $\boxed{3}$ $\xrightarrow{\times 5}$ $\boxed{15}$ $\xrightarrow{+3}$ $\boxed{18}$ $\xrightarrow{\times 2}$ $\boxed{36}$ $\xrightarrow{-24}$ $\boxed{12}$ 输出

（1）瑞在两个机器中输入 13. 请问哪一个机器输出的数字比较大? 最大的数是多少?

（2）瑞在一个机器中输入一个整数,得到了 196 这个答案. 请问他是在哪个机器中输入的? 输入的数字是几? 解释你怎么知道他没有用另一个机器?

（3）利拉在每个机器中输入一个整数,她发现机器 A 和机器 B 输出的答案一样. 请问两个机器输出的答案为几? 请说明你是怎么做出来的.（源自 Foster,2007,p.168）

有学生是这样解答问题(1)的:他把两个机器写在一起,同时计算填写两个机器,进行比较发现,机器 B 输出的 164 比较大些. 他又从右到左,反过来解决了问题(2).

机器 A $\boxed{13}$ $\xrightarrow{\times 5}$ $\overset{107}{\boxed{65}}$ $\xrightarrow{+3}$ $\overset{110}{\boxed{68}}$ $\xrightarrow{\times 2}$ $\overset{220}{\boxed{136}}$ $\xrightarrow{-24}$ $\boxed{112}$ 输出 196

机器 B $\overset{17}{\boxed{13}}$ $\xrightarrow{+11}$ $\overset{28}{\boxed{24}}$ $\xrightarrow{\times 2}$ $\overset{56}{\boxed{48}}$ $\xrightarrow{-7}$ $\overset{49}{\boxed{41}}$ $\xrightarrow{\times 4}$ $\boxed{164}$ 输出 196

问题(2)部分,他是这样写的:"我认为他不用另一个机器,是因为我从后往前算时,发现 107 不能被 5 整除,所以他不能用这个机器."

这个学生没有解答问题(3).

2. 评价建立函数表达规则的任务

案例 2　正方形模块

在这个问题中,你需要利用正方形小模块写出公式.

玛莉有一些白色和灰色小方块,她利用这些小方块摆出下列图形(图 4-26):

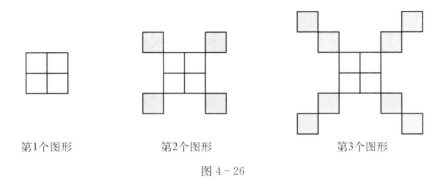

第1个图形　　　　第2个图形　　　　　　第3个图形

图 4-26

（1）下一个图形中玛莉需要多少个灰色小方块?

（2）在第 6 个图形中,玛莉需要多少个小方块? 解释你是怎么做出来的.

（3）玛莉用 48 个小方块摆出一个图形来.请问她摆出的是第几个图形？说明你的做法.

（4）请用公式表示出玛莉在第 n 个图形中需要的小方块总数.

玛莉用灰色和白色小方块制作另一个图形（图 4-27）.

第1个图形　　　　　　第2个图形　　　　　　　　第3个图形

图 4-27

（5）在第 10 个图形中有多少个灰色小方块？

解释你的做法.

（6）用公式表示第 P 个图形中灰色小方块的个数 T.（源自 Foster，2007，pp.169-170）

3. 评价计算中的抽象的任务

案例 3　3 的倍数

在这个问题中，你需要判断论述是否正确；找到与描述相符的例子；解释证明你的结论.

如果一个数是 3 的倍数，那么它各位数字相加也是 3 的倍数.例如，15 是 3 的倍数（15＝3×5＝15），1＋5＝6，6 也是 3 的倍数；数字 255 是 3 的倍数（255＝3×85），2＋5＋5＝12，12 也是 3 的倍数.

（1）用上述规则来判断 4 721 是不是 3 的倍数，并解释你的做法.

（2）用以上规则找出一个五位数，能被 3 整除，并解释你的做法的正确性.

（3）扎拉说："两个 3 的倍数相加，一定能被 3 整除."他说的对吗？说明你的想法.

（4）菲利说："两个 3 的倍数相加，一定可以被 6 整除."他说的对吗？说明你的想法.（源自 Foster，2007，p.172）

4. 评价变量与函数的任务

案例 4　绳索

在这个问题中，你需要解释说明图 4-28 中的信息.

图中有 6 个点，表示 6 条绳索信息.

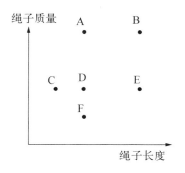

图 4-28

(1) 哪条绳索与绳 D 一样长？ _____

(2) 哪条绳索的质量与绳 D 的质量一样大？ _____

绳索的材质是一样的,但是有三种不同的规格(图 4 - 29):

(3) 细绳有哪些？

(4) 粗绳有哪些？

说明你的想法.(源自 Foster,2007,p.173)

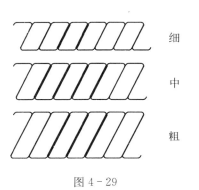

图 4 - 29   图 4 - 30

有学生阐释了对绳索长度和绳索质量之间函数的关系理解.他用画直线图(图 4 - 30)(Foster,2007,p.173)来鉴别绳索的质量和长度,以及质量与长度的比率.

因此,他正确地完成了问题(1)至(4).

5. 评价等式的任务

案例 5　聚会小旗

在这个问题中,你需要根据图 4 - 31 中的信息确定小旗大小,用公式来表示函数关系.

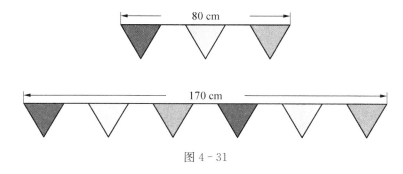

图 4 - 31

埃里卡把小旗拉成一条直线来布置聚会会场.

小旗的规格是一样的,而且它们之间是等距的.

(1) 计算每个小旗的边长和小旗之间的距离.解释说明你的做法.

(2) n 个小旗需要多长的绳子？写出 n 个小旗所需绳长的公式.(源自 Foster,2007,p.168)

学生通过观察图 4 - 31 中所给的信息,建立代数表达式,从而解决小旗之间的距离以及小旗的边长的问题.观察实物模型也可以让学生概括出关于任何尺寸的小旗绳索的公式来.

§4.3 统 计 评 价

4.3.1 学生统计知识的真实性评价

概论统计在幼儿园到高中的数学课程中的地位越来越重要. 根据 NCTM 课程评估标准,学生应该学会应用概率统计知识分析信息,解决现实生活中的问题. 课程标准建议学生亲身经历收集、整理、描述、建立数据的实践活动,包括统计术语的运用、口头交流以及书面报告. 鼓励教师帮助学生学习重要概念(如分布、随机等),获得选择适当方式分析数据的经验. 这里将主要介绍评价学生统计知识的方法——"实践活动",是引介于加菲尔德(Garfield,1993)的相关研究.

一、新评价方法的需求

纵观历史,很多数学测试都注重学生的计算能力,很少有测量学生理解程度的. 一般测验中出现的统计类题目都是测试学生对平均数、中位数的计算准确性以及对图表的解读能力. 由这些题目组成的测试能够测试学生对问题情境的抽象能力,却不能测试学生是否理解这些统计量的意义,如知道什么时候用什么统计量更好. 而且也不能评价学生整合统计知识解决问题的能力以及他们运用统计术语的能力. 我们需要一种评价学生统计知识学习的方法,让教师可以知道学生的术语掌握情况,对统计知识的理解以及对实际数据整合的能力.

二、评价方法之"实践活动"

"实践活动"最初被认为是一种帮助学生整合所学知识来准备考试的学习活动. 这对学生理解统计概念,运用这些概念分析数据的能力起到非常有用的指导,从而使他们给教师提供有价值的反馈,让教师知道哪些地方需要进行额外的指导.

关于实践活动,加菲尔德(Garfield,1993)描述了两种形式:第一种形式,学生收集一组自己感兴趣的数据(由 20 到 40 个数据组成),并对其进行描述及研究. 在班级中可以产生许多这样的组别,从而激励了学生对数据收集的兴趣. 例如,运动项目数据(关于不同团队的数据或某个团队成员的数据)或者有关流行音乐的数据(歌曲的分钟数,不同类别 CD 的价格)等. 学生可以从杂志、年鉴和报纸中收集数据. 一些学生选择自己收集的数据,而不用已有的数据. 例如,一位学生决定找出不同花店中一打玫瑰的价格. 其余的学生在兼职工作中收集数据,如,发票或油价. 这是一个很好地开发学生能力的机会.

另一种形式是,学生收集 3 到 5 周内,关于他们每天的数据,如每天做作业的时间、打电话的时间,或者看电视的时间,或者每天花的或挣的钱. 在开始这些活动之前,每个学生要提交一份关于他们所选择或决定收集的说明,以及数据样本. 教师应该检查学生提交的数据,确保数据量以及数据的分析价值. 要求学生得到测量时间、金钱和体重的精确值,而不是近似值.

三、数据分析指导

分析数据可以个人完成,也可以组队完成(团队选择一个数据集一起来完成).学生应该用计算器来计算统计量.他们应根据以下指导信息来完成分析数据和撰写结果:

（1）描述你所收集的数据.这些数据说明什么?你为什么选择这组数据?你是如何收集它们的?

（2）将你所收集的数据整理到表格里,并用不同的统计图来表示数据.

（3）计算你的数据统计量,包括中位数和可变性.写出计算结果.

（4）写一个数据集的描述:描述统计图中的相关信息、分布形态,以及你的数据集的不同统计图的不同信息;解释数据统计结果,特别是对中位数的理解,以及不同的统计量之间的对比;你的数据分布是否服从正态分布,请说明原因.

（5）从你的数据中学到了什么?对已经分析过的数据还有什么问题?再次收集时将会有什么不同做法?还有其他需要分析的变量吗?

四、评价实践活动

有一种评分方式可以用到这个项目中来,它是从查尔斯等人(Charles, Lester, & O'Daffer,1987)所提出的评价学生解决数学问题的整体评分方式中改编而来的(Garfield,1993).用 0 至 3 分对以下类别进行打分.

交流;

形象化表征;

统计计算;

决策;

结果说明;

下结论.

根据这个评价方案,3 分说明运用正确,2 分说明部分运用正确,1 分说明运用不正确,0 分说明没有足够的信息来评价或未完成.由于这个项目要求学生在分析数据和撰写结果上下功夫,因此在改进的方案中,学生只要在这两方面有所提及,不管正确与否,都可以获得 1 分.下面举例说明评分的类别和相应得分.

交流:恰当地使用统计术语和符号.

1 分——使用不恰当:学生使用了错误的表述或符号,或者所使用的统计表述没有意义.

例如,“所收集的数据告诉我,中位数是反映这组数据的最好方法.它所反映出的信息与平均值很接近,并且具有代表性.”这样的表述很难反映这个学生想要说什么,似乎和一些其他的观点产生了混淆.

2 分——能够部分恰当地使用术语和符号.

例如,"平均值和修正平均值非常相似,我觉得平均值更能说明问题. 中位数有些偏高,它是我全部睡眠时间的中位数,但是很多晚上我是睡不够 7 小时的. 数据的中位数取决于你是如何去找的. "这种表述显示了对中位数的描述错误以及对它所反映的数据信息的认知错误.

3 分——能够正确使用术语和符号.

例如,"直方图偏向右侧或者更高的值. 直方图和箱线图所反映出的信息是一样的. 没有奇异点,大部分值集中在 20 上下. 从箱线图中可以看出,50% 的值在 10 以下,25% 的值集中在 10 到 20 之间. "

形象化表征:建立恰当的图表.

1 分——建立的图表有错误. 例如,在箱线图(图 4 - 32)中未考虑到等距问题.

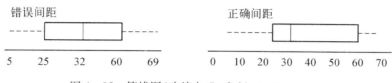

图 4 - 32　箱线图(改编自 Garfield, 1993, p. 191)

注释:虽然这个箱线图的中位数和四分位数是正确的,但是得 1 分仅仅针对作图中出现的错误,计算是单独记分的.

2 分——图表中有一些错误,但大部分是正确的.

图 4 - 33(原图为手画草图)是学生 A 所作的茎叶图、直方图和箱线图. 这个图体现了

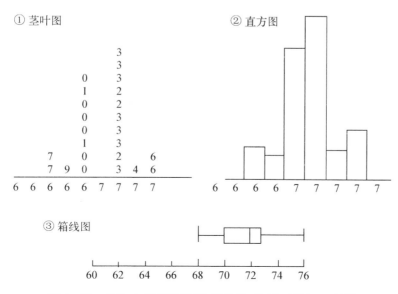

图 4 - 33　学生 A 所作的图(改编自 Garfield, 1993, p. 192)

这个学生在作图方面的薄弱.尽管茎叶图是正确的,但是没有标注信息,不能准确地反映数据信息.直方图没有给出竖直坐标轴,而且水平坐标轴也没有正确的标注.虽然箱线图作得很粗糙,但似乎是正确的.所以这个学生的形象化表征得 2 分.

3 分——能够正确建立图表.

图 4 - 34(原图为手画草图)给出另一位学生的例子.所有建立的图表都是正确的,并且有标注信息.所以,这个学生的形象化表征得 3 分.

① 茎叶图

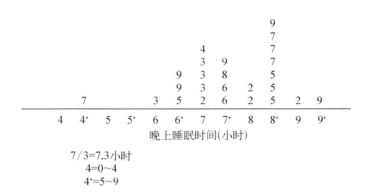

② 直方图

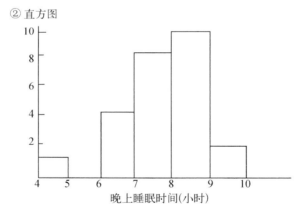

③ 箱线图

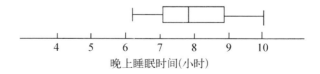

图 4 - 34 学生 B 所作的图(改编自 Garfield,1993,p. 193)

统计计算:采用合理的统计措施并正确计算.

1 分——计算中的错误导致答案不合理,或者公式运用不正确.例如,学生用中间的数来表示中位数,不通过求中间数值的平均数来找中位数,求出的标准差和方差是负的,或求出的平均值明显小于或大于其余的数值.

2 分——一些计算正确,一些计算不正确.

3 分——计算是正确的.

决策:选择恰当的图或表来表示数据;适当地总结计算策略.

1 分——使用的图表不恰当,没有基于数据线索而作出决策.例如,用一个由 20 个短条形组成的直方图来表示一个波动模型,没有图形来表示压缩部分,只存在一小部分条形可以揭示图形的分布规律.

2 分——一些决策合理,一些决策不合理.

3 分——所有的决策都比较合理.

结果说明:有能力利用表达及归纳总结来描述数据.

1 分——学生不能正确识别图和方法.例如,学生不能识别图形的分布(当它呈左偏、钟形、矩形,等等),作出不合理或不正确的陈述(例如,"标准差和四分位数太接近平均数"或"平均数比中位数小一点,说明小于 50 美元的数比大于 50 美元的数要多").分析说明不是正态分布却说是正态分布,或者仅仅给出信息却不加以解释说明.

2 分——解释说明过于简单,没有对重要信息进行解释说明,或者解释存在部分不正确.

3 分——用合理的信息来解释说明数据.

这里有一些学生好的解释说明的例子:

"从条形图上可以看出,平均数、中位数和众数都很接近,数据呈正态分布."

"较大的奇异点会影响平均数."

"修整平均数和平均数很接近,说明没有奇异点."

"我的数据是我 29 天每天的花销.从我的图中可以看出,这组数据是向右偏的,这说明我有一两天花销很大,其余时间的花销并不大.平均数告诉我,我每天平均花 14 美元,但是我没有.第一天我可能一分钱也没花,但是第二天我可能要花 50 美元.中位数似乎比较合理,它说明我有一半的时间是每天花不到 4.5 美元,而另一半时间每天花销超过 4.5 美元."

下结论:有能力对数据下结论,指出不足,或者相关的其他信息.

1 分——学生无法得出结论,或者得出的结论与数据无关,或者得出不一致的结论.

例如,一位学生给出一个关于每晚睡觉的时间数据,范围在 375 分钟,方差是 0.05 分钟.这名学生得出这样的结论:"尽管范围很大,方差和标准差证明我在这三周的时间里,每晚的睡眠时间都差不多(方差 0.05)."很明显这名学生没有意识到 375 分钟和 0.05 分钟的方差之间的矛盾,还错误地认为这种方法可以"证明"他每晚睡眠时间差不多.

2 分——结论太过简单,但是有一些基于数据的尝试.

3 分——在分析的基础上得出结论.结合现实生活给出相关的评论.

例如"我的数据说明通常可以睡 3 至 4 小时或 7 至 8 小时.这是我这组数据的两个高

峰.我觉得这个很有趣,而且它对我来说也很有意义,因为我每个周末的早上都要工作,很少在周末补觉.我试图用一周的时间来补觉."

给学生打分

加菲尔德(Garfield,1993)设计了一个评分表(表4-1),用于对学生表现的打分.这张表订在学生的作业上,它不仅给出分数类别,而且告诉学生哪里丢分了.

表4-1 一张学生的成绩表(Garfield, 1993, p.195)

```
练习成绩表          姓名_____莎娃_____
● 统计语言和符号运用恰当:(3分)_____3_____
评语:
● 图表绘制恰当:(3分)_____2_____
评语:茎叶图中缺少编码和标识.
● 统计计算正确:(3分)_____3_____
评语:
● 能适当地选择图表作出总结:(3分)_____2_____
评语:应该使用正规箱线图来显示奇异点.
● 合理地描述解释数据:(3分)_____3_____
评语:
● 得出合理结论:(3分)_____2_____
评语:你没有讨论奇异点以及它们是怎样影响你的分析和结果的.
总分:(18分)_____15_____
```

五、实践活动的评价与标准的统一

从实践活动中可以了解学生的掌握程度.每一个类别的项目都要给学生打分,还会给出0至18分的成绩.每个人从分数中可以看到自己的优点和不足,这样他们可以弥补自己的不足之处.教师希望能用一个字母代表分数段,作为对学生的成绩水平提示.

实践活动可以总结出如下的优点:

(1)有助于教学的提高.

教师可以根据学生的得分决定在什么项目上安排更多的活动.

(2)符合教学目标.

这种实践活动作为一种评价方法,与教学目标一致.学生通过调查,运用高级思维,与他人交流,参与探索收集数据的活动.

(3)有助于对学生的掌握情况进行描述.

这种方法可以掌握学生如何运用统计知识和技能来解决问题.其结果可以为其他评价(如小测验)作补充,更好地了解学生所掌握的统计知识,并结合其他评价信息对学生的数学知识作更为广泛的描述.

(4)有助于学生得出有趣的结论.

一个额外的好处是学生可以通过这个实践活动,得出一些有趣的结论.特别是通过分析自身的数据,学生可以得到一些关于他们自己的花销、睡眠以及看电视的习惯分析结果.

学生可以从自己搜集的关于花销、睡眠时间等数据中得到自己之前所不了解的信息.

（5）增强学生学习的自豪感.

另一个好处是，尽管学生开始觉得对问题的表述过于烦冗，但他们都承认这个过程对考试、解决问题以及知识的学习是有帮助的. 学生为自己真正"做"过统计感到无比自豪.

4.3.2 统计评价框架

弗里尔等人（Friel，Bright，Frierson，& Kader，1997）提供了关于学生及教师在学习统计知识时应该了解和思考的框架，其中主要就对统计图的理解及评价进行了阐述. 这里我们将依据弗里尔等人的相关研究进行介绍.

中低年级的学生在学习统计的时候，究竟应该了解哪些，又能够做到哪些？对于这一问题的回答归结于学生"数据感"（data sense）的发展，所谓"数据感"，它的内涵包括：对原始问题的理解，对数据的收集和分析，以及将分析结果转换成针对原始问题的答案. 它同时也包括对统计报告（如报纸、杂志、电视等公共媒体中的统计报告）的阅读、听取及评估的能力. 也就是说，所谓的数据感，不仅包括对所报道的统计数据与图表的理解，还包括对基于统计数据分析得出相关信息的统计分析过程的评价.

关于数据感最重要的一个问题是，理解对统计数据的分析是一套程序，该程序包含四个步骤：（1）提出问题；（2）收集数据；（3）分析数据；（4）解释结果——用合理的方式将分析结果还原成对原始问题的解答（Graham，1987；转引自 Friel et al.，1997）. 卡德尔和佩里（Kader & Perry，1994）提出了对数据分析的第五个步骤：交流结果——将结论进行交流. 现有的步骤模型为我们对学生在统计问题的解决中所使用的逻辑推理的类型的理解，提供了一个框架（图 4 - 35）.

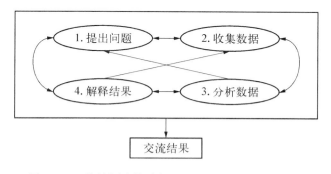

图 4 - 35　统计调查的过程（Friel et al.，1997，p. 56）

对于任何一种解题程序而言，在描述学生对它的运用程度时都必然存在着困难. 一种好一点的方法是，用包含数据分析解题程序的问题来对学生的能力进行评价，然而这样的评价却充满挑战. 我们如何确定学生要了解哪些内容？又如何知道他们是否了解了这些内容？关于这些问题的部分答案，隐藏在对解题程序的进一步理解及相应的统计概念中.

以上内容引导我们思考学习统计图的意义——它是了解和掌握统计的一个重要部分.

一、关于图表知识的问题

对图表知识的理解有几个影响因素:对消减数据的过程的理解,以及对图表结构的理解.从表格和图表的表征形式(展现未经处理的数据),到展现出被分类或被其他形式进行集合了的数据集的转变,称为数据的消减.消减数据的目的是找到合适的表达方式来表征数据,以此将数据中所隐藏的细节显现出来,并据此为特定问题的解决提供充足的信息.

数值数据的图表表征反映出不同程度的对数据的消减,既能够展现出原始的未经处理的数据,也能够展现出经过集合后的数据.例如,折线图和茎叶图能够展现原始数据,箱线图和直方图能够展现经过集合后的数据.低年级使用较多的图表表征(如统计图、条形图),既包括对原始数据的表征,也包括通过原始数据的观察所得到的更细致的数据.高一些年级的学生更多使用的图表表征是关于集合后的数据的(如箱线图、直方图),然而这样的表征形式使得我们难以追溯原始数据.

除了对数据的消减可能产生误解,数据图表表征的结构也能够影响学生的理解.例如,图表表征时使用一维坐标或二维坐标,有时又不用坐标.图表中使用两个坐标时,每个坐标所代表的意义不同,一些简单的图表中,竖直轴表示观察到的值,在特殊的柱状图和直方图中,水平轴还能表示每个观测值出现的频率.当 x 轴和 y 轴所代表的意义不清楚时,可能会使人产生困惑.

二、关于图表理解评价的任务

在非正式的情形下,教师可以列举出学生作业中对图表理解的误区.教学和评价策略是为了学生的需要,帮助他们集中于图表的特征、数据表征间的转换,以及与图表理解相关的不同水平的表征能力.

在笔试和访谈设置中需要用到很多不同的问题.在每个评价任务中,我们将任务埋藏在便于理解的情境中,所设计的问题将学生注意力引向统计分析.也就是说,我们所选择的情境内容和学生的日常生活息息相关.有关问题的实例是关于学生对折线图、柱状图等图标的使用(Friel & Bright,1995).

三、对数据消减的评价步骤

1. 对数据消减的第一步骤的评价

案例 1 葡萄干

问题:学生带了一些不同的食物来到学校,其中很多人喜欢的一种食物是葡萄干,所以大家决定研究一下到底半盎司①一盒的葡萄干有几颗.大家想知道是否每一盒里的葡萄干数目是相等的.第二天,每个人都带了一盒葡萄干,打开盒子,数出每盒中葡萄干的数量,并用线条图表示他们的发现(图 4 - 36):

———————————————

① 1 盎司=18.350 克.

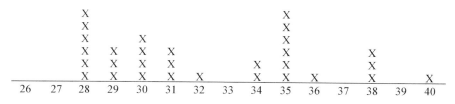

图 4-36 盒子里葡萄干的数量(Friel et al.，1997，p.58)

每盒里有同样数目的葡萄干吗？你是如何知道的？

弗里尔等人(Friel et al.，1997)将学生对数据及图表特征的讨论反馈逐条总结，总结出如下反馈类型：

图表的性质(图表中考虑到了数据的范围和频率)：

不是，因为 X 没有都落在同一个数字上.

不是，因为 X 表示出了有相同数量葡萄干的盒子有多少个，像有 28 颗葡萄干的盒子有 6 个，有 29 颗葡萄干的盒子有 3 个.

不是，如果每盒中有相等数量的葡萄干，那么所有的 X 都应该落在同一个数字上.

从图表中逐字"阅读"数据：

不对，每个盒子里不是有着相同数量的葡萄干，我得出这一回答是通过数据观察，有 28 颗的是 6 盒，有 29 颗的是 3 盒，有 30 颗的是 4 盒；或 6 盒 28 颗，3 盒 29 颗，4 盒有 30 颗，3 盒有 31 颗，1 盒有 32 颗，2 盒有 34 颗，6 盒有 35 颗，1 盒有 36 颗，3 盒有 38 颗，1 盒有 40 颗.

与情境或数据相关的目标：

没有，因为他们是对葡萄干进行称重(标准是半盎司)，而不是数葡萄干的颗粒数.

没有，因为有些葡萄干比较小，所以你可以拿多一点.

条形的频率或高度的频数：

没有，X 在不同的数值上，所以每个盒子对应有不同数量的 X.

没有，因为有些数值没有对应 X，而有些对应很多 X.

其他(包括不完整的、不清晰的、不正确的，或者统计不合理的反馈)：

没有，都存在不同的数量.

在这个问题中，只有有限的学生(6 年级仅仅 28％的学生)能够合理地运用数据中的信息(从横坐标中获得的)以及横坐标所对应的 X 的值出现的频率所蕴含的信息. 即使对于专注于 X 的数量或频数，并认为其中包含数据价值的学生而言，在使用折线图的时候，也会出现些困惑. 弗里尔等人(Friel et al.，1997)发现这样的困惑是发生在学生阅读条形图表时，特别是在对纵轴所包含的关于频数的信息的理解上.

2. 对数据消减的下一步评价

案例 2　上学校的时间

问题：学生对自己的时间利用情况很感兴趣，他们通过头脑风暴，列出了花时间做的事情的清单,如睡觉、吃饭、课余运动等.吉米提醒他们,上学和放学的路上也需要花费时间.有些学生认为,这些时间很少,不需要算在内;另一些则反对这一看法.大家想知道:上学校究竟花费了多少时间?

参与实验的学生需要讨论如何收集数据.第一眼看到这个问题之后,他们决定第二天上学的路上就开始计算时间,所用的工具是秒表(教师可以提供)或用自己的手表.一旦收集到数据,学生就根据数据中的分钟数,作了一个茎叶图(图4-37).

上学所用时间

```
0 | 3 3 5 7 8 9
1 | 0 2 3 5 6 6 8 9
2 | 0 1 3 3 3 5 5 8 8
3 | 0 5
4 | 5
```

注:2|5表示25分钟,其余类似情况同此

图4-37

(1) 班级共有多少名学生?你如何知道的?

(2) 多少学生上学时间少于15分钟?你如何知道?

(3) 写出学生上学路上花费最少的三个时间.

(4) 写出学生上学路上花费最多的三个时间.

(5) 一般地,学生上学需要花多长的时间?对你的答案作解释.

(6) 作一个直方图,将茎叶图中所展示的数据信息反映到其中.(Friel et al.,1997,p.59)

弗里尔等人(Friel et al.,1997)研究发现,在常规统计课教学之后,学生能够正确回答前四个问题,这四个问题要求他们针对给出的茎叶图,既"阅读数据",又"阅读数据之间的关联".问题(5)的回答要求他们"阅读超越数据的内涵",答案可能是多样的,但却能显示出学生对统计手段的正确运用情况的反馈.以下是一些多样化的回答的例子.

识别出数据包含的模式的回答类型:

学生上学所花的一般时间是23分钟,因为班级中更多的学生是花23分钟到学校的.

识别出数据中的时间丛集的回答类型:

10至28分钟,因为大多数数据是落在这个范围里的.

我认为是3至20分钟内,因为有15个人的数据是落在这个范围里的,这一人数超过了一半.

将出现频率最高的数字作为回答的类型:

23至28分钟,因为这个范围内的数字重复的次数多;

3和5,你看看这两个数字重复了多少次(记录:此前该学生已经数过);

可能是3,15,16,23,以及28,因为更多的人的数据是落在这几个数上的.

在上述问题中,前两种类型的回答是合理的.然而,对这两种反馈如何进行评估?它们是否有"好和更好"的区别?我们是否希望学生越过将前一种回答作为工具的过程,而直接

转向后一种的回答呢？ 如果是这样,那么学生所划分的数据丛集的"合理大小"又该如何来强调呢？

四、图表知识评价中的其他任务

通过理解学生对图表思考的解释,我们能够获得很多的信息,这一点也不惊奇. 尽管学生对于图表问题常常给出"正确答案"(事实表明,97％的学生对案例 1"葡萄干"问题给出了正确回答),但是得出答案的推理过程却常常是错误的. 学生对图表的解释与其所隐藏的数学内涵并不一致.

同样的,很多学生给出的回答是模糊的或者不完整的,"因为图表告诉我们是这样的,所以我的回答就是这样的",这样的理解程度反映了对通常所说的数学中"得出答案"的强调,而缺少对为什么得出这一答案的追问的强调. 学生可能只是对追问的解释的书写不够有经验. 学生对答案的解释的困难可能源自我们对学生的期望缺乏清晰的认识,以及缺乏相应的评价标准. 例如,"上学校的时间"中的第 5 个问题,我们并不清楚,在学生通过将数据的出现频数进行计数来回答时,我们应该如何回应. 学生这样的回答能够告诉我们,关于"一般的"这一概念的理解达到了什么程度,以及如何进一步发展他们的理解程度. 我们无从知道这样的反馈反映了学生对问题的最初认识,还是经过充分研究后的认识,或是其他的情况. 有趣的是,这个问题中,只有少数的学生使用了中位数或平均数的概念,尽管这两个概念课堂中都有教过,并且是正确的解题路径. 学生在使用正确的统计概念上的粗心大意,能够告诉我们些什么呢？

尽管基于这么少的关于学生思维的信息,我们还是有可能开发出其他类型的问题,来促使学生在阅读图表时,不仅关注数据的值,还要关注数据出现的频数. 下面的例子中,前两个是关于如何利用数据去创建一个图表,针对"葡萄干"问题. 第三个是关于如何从给定的图表中得出详细的数据解释,针对"上学校的时间"问题.

(1)部分学生打开了 5 盒葡萄干,发现每盒中葡萄干的数量相同. 反映以上数据的线形图是什么形状？ 为什么？

(2)部分学生打开了 5 盒葡萄干,发现其中两盒中葡萄干的数量相同,剩下的盒子中葡萄干数各不相同. 反映以上数据的线形图是什么形状？ 为什么？

(3)在上学校的时间的线形图里,31 上的 4 个 X 是什么意思？ 并解释.

在评价学生图表知识上,选择题目的使用并不是多见的. 不过,我们能够通过一些模型来思考如何开展这类的评价任务. 其中一个模型需要学生在阅读一系列小的问题陈述后,在各种图表表述之间进行选择;学生要么简单地选择合理的图表(Mathematical Sciences Education Board,1993),要么选择合理的图表并能对图表中的元素作出解释. 以上的固定选项的例子也需要学生对自己的推理进行判断,在一些情况下,也要对问题作出一个简短的说明.

另一个模型是使用神秘图表（Mystery Graphs；Russell & Corwin，1989），包括给学生一个标记的不完整的图表，所显示的数据来自特定的情境. 学生需要描述出图表所示的情境. 例如，图表显示的是美国各动物园里狮子的体重；数据中包含一些幼狮的体重数据. 这一类型的问题本质上不属于"固定选项"的类型，然而所需的反馈包含着对可能情况的预测，给出如选项表述一般的数据.

五、教学含义

之所以在统计知识的评价方面会遇到问题，是由于我们要让学生和教师弄清楚需要理解的和能够做到的有哪些. 目前，随着统计概念教学的深入，我们对学生能够产生怎样的发展并不是很清楚. 这节中给出的关于学生图表知识的评价为了解学生的发展提供了一个可靠的考量模型——基于学生图表知识发展，并支持和评估这一发展的评价策略.

图表及其他表征方式的应用需要被看作数据分析的一个部分，而不是数据分析的终结. 一些人表示，这样的研究可以用来促进学生的问题解决过程；这不是一个关于我们"是否"教授图表知识的问题，而是要创建包含多种表征需求的"大"问题，并在这个"大"问题的情境中传授知识. 目的在于，要能提升学生在统计问题中的思维水平，而图表知识成为整个统计思维发展过程的一个重要部分.

在统计学中，数据消减是数据分析的一个重要组成部分，不同的图表对数据消减的强调程度不同. 在过去的教学和评价中，我们并没有意识到数据消减过程和图表的选择之间的联系. 事实上，在一些表征形式（线形图、直方图、茎叶图等）之间建立互相转换的关系，能够增强理解数据的复合表征.

我们需要对学习者在从未分组的数据表征向分组后的数据表征转变时实施思维监控. 一旦对学习者的思维有所了解，我们就可能弄清楚是什么有利于统计思维的发展，什么方法能促进这样的发展，以及如何在教学反馈的基础上安排教学任务.

§4.4　几　何　评　价

这里将介绍几何教学中常用的假设法及其相关的评价方法，其中包括归纳能力评价、推理能力评价以及课堂中假设探究能力的评价等，主要是引自查赞和叶沙米（Chazan & Yerushalmy，1992）以及汤普森和申克（Thompson & Senk，1993）的研究来进行介绍的.

4.4.1　一种使用假设法的方法

几何假设是一种计算机程序，准许使用初始形状（如三角形），创建几何结构（如绘制等高线），以及测量所产生的结构图. 学生在假设软件的帮助下来探索问题，通常是在计算机实验室中，与同学合作进行猜想. 有些猜想是正确的，有些则是错误的. 有些错误的猜想很容易进行修正,而有些则很难修正.在课堂讨论中,学生乐意分享自己的猜想并且给出支持猜想观点的论据.当学生解释数学推理证明的过程和他们的推理方法时,他们喜欢通过演绎(正式或非正式)的方式展现自己的观点.

在使用几何假设法时,学生通常不会去证明自己认为是正确的或是已经被证实的观点.他们更愿意去检验那些没有被证实过的观点,或者是教材上所没有的观点,抑或是教师也不熟悉的观点(Kidder,1985).使用该方法,为学生提出了新的目标,对学生的表现也提出了新标准:学生应该具有研究开放式问题的能力.这个新的目标要求学生知道怎样合作、分解任务、作出假设并利用计算机来验证他们的假设,规范和推广假设,从而改变和扩展问题,最后论证他们的结论.

一、假设探究技巧:提纲

研究用一组教师来探索这个新的标准,教师为学生设计了两个目标:传统课程和假设课程.该小组将传统几何课程的目标分为两部分.第一部分,包含了课程的假设和定理,并有序地介绍了它们.学生展示了对这类课程中这部分知识的掌握,成功地解答了证明问题.很少要求学生写出超过10个步骤的复杂证明过程或引理.第二部分,用另一种方式展现了学生对知识的掌握情况.具体地,学生通过使用定理和假设知识,根据题目给出的测量数据求解未知量.例如,图 4-38 中,在以 O 为圆心的一个圆中,用给出的已知线段的长度来求 AC 线段的长度.

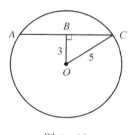

图 4-38

在描述假设课程时,教师会使用"探究者"这个词语来形容他们对学生的期望.后来,研究小组将假设课程描述为"元课程",因为假设课程的目标与几何课程的数值或理论内容无关,但又是与科学探索和数学解答有关的高层次目标.

作为小组讨论的结果(其中包括小组探索问题所使用的技能及必要的信念),创建了一个探究能力和信念类型的列表,并期望这个列表能够为学生的几何学习提供一套目标,并能指引设计一些活动去帮助学生成为优秀的探究者.图 4-39 给出了所确定的类别.

以下部分将着重对猜想和归纳两个类别加以说明.

二、几何中的猜想

这里所使用的"猜想"一词目前在学术界尚未有明确的观点论述.尽管现在使用的一些观点还未得到论证,我们仍然没有理由去否定它们,就如同反证法.在几何学中,猜想有三个关键部分:猜想各量之间的关系,一组相关对

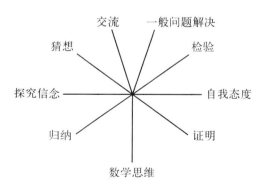

图 4-39 探究技能和信念的九种类型
(Chazan & Yerushalmy,1992,p.92)

象,以及决定这组对象的量词.在猜想的时候,这三个部分并不总是完全呈现,有时会有一个或多个关键部分没有明确给出,但这不影响我们的理解.

人们以不同的方式进行猜想,使用某种观点进行猜想,有时意味着没有特别的猜想过程.猜想可以来自信仰、经验、试图解释、演绎证明或归纳.归纳是一种特殊的猜想,使用以下两种归纳过程中的方式来猜想是从特殊到一般的推理.

三、数学中的两个归纳过程

在数学中,归纳过程没有明确的、证实的知识.相反,会产生一种特殊的猜想——归纳.尽管很难确定如何产生一种特别的归纳,我们还是觉得区分归纳产生的两种方式是有价值的:

(1)归纳法是一个通过检测实例的归纳过程.一般是检测一个或一组实例,进而确定它们的一些属性.确定这些例子属于哪个集合,然后按它们的属性进行归类.希和巴索克(Chi & Bassok,1989)认为,由例子得到的归纳法是建立在例子之间的相似性之上.

(2)条件简化归纳(Holland Holyoak,Nisbett,& Thagard,1986)是陈述某种观点(数学中的猜想或已经验证的观点)的过程.这个过程通过放宽初始条件来产生新的观点.研究表明,这种归纳过程是一个人的归纳能力及其处理初始条件能力之间的联结(Chi & Bassok,1989).

在几何中,观点通常包括除文本外的图形或数值信息.尽管在理论上清晰地区分了两种归纳过程,但在几何观点证明时,图形和数值信息会让上述两种归纳过程区别变得模糊.例如,当观点中的数值条件比较宽泛时,归纳法似乎是一个适当的、自然的、描述的过程.按照这种观点,初始观点是一个例子,而不同数值所表述的观点则是另一个例子.更一般化的观点是通过检验每个特定的案例得到的.当图形与观点一起提出时,我们很难确定是要从图形中的例子进行归纳还是要从观点描述中来归纳.要想得出结论,我们必须清楚我们想要的归纳是什么.

4.4.2 检验、猜想和归纳能力

假设法并不是教学生按照特定的序列整理他们的样例,或是在他们的图形中添加辅助线.假设法不要求学生用自己的数据进行数值运算,对学生运算中的错误也不更正.当然,学生在使用假设法时需要在教师的帮助下克服各种困难,教师有必要对学生应具备的探索能力和信念进行积极描述.下面,我们来对学生应具备的能力进行描述.

一、假设

通常会让学生去探索关于几何结构的开放式问题.例如,可能会让学生连接正方形边长的三等分点(图 4-40).

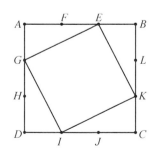

图 4-40 正方形边长的细分
(Chazan & Yerushalmy,
1992,p. 102)

学生必须选择值得去探索的图形关系;他们必须作出一些初始假设来指导其数据的收集以及他们可能会感兴趣的关系概念.学生应该学会寻找探索课程中的几何关系.例如,一些几何图形(正方形、直角三角形等)的全等、相似和平行关系.当学生不会做也没有假设思路时,他们必须有从初始条件入手解决问题的能力.例如,在其他图形上进行重建来寻找不变量;对图形结构中的一些方面进行系统性的改变;对所收集到的数据(面积、角度、长度)进行测量,从而产生假设.

二、创建有用数据的样例

知道何时应该测量什么.当学生有假设的想法时,他们必须知道如何测量,以验证单一案例中的假设.他们必须会使用学习过的定义和理论确定需要测量的量.优秀的探究者知道如何通过调查充分条件得到最小量.同时,优秀的探究者也应该意识到什么时候不需要特定的测量,因为这与图形结构有直接关系.因此,在图 4 - 40 中,如果 E 是 AB 边上点 B 到点 A 的三等分点,那么根据定义就有 $AB = 3EB$,这是没必要测量的.

考虑极端情况.人们总是不能进行适当的归纳,因为他们只考虑了一般情况.让学生学会尝试假设他们所能猜想到的极端情况图形很重要.例如,如果学生认为这个图形(图 4 - 41)内部是平行四边形,那么尝试假设这个四边形不是平行四边形,而是梯形或者类似风筝形状,这样的思考方式对培养学生的猜想能力是至关重要的.

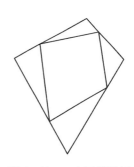

图 4 - 41 一个极端样例
(Chazan & Yerushalmy, 1992, p. 102)

收集样例中的"适当"量.我们如何确定我们是否有足够的归纳样例呢(Holland,1986)? 这是一个很难回答的问题,曾引起很多研究归纳法学者的争论.这也是几何课堂上让学生感到困惑的问题.大多数几何课都是明确要求学生去完成某项特定的任务,一般认为有一个图就足够了,这不利于学生对大量信息的应用.

我们建议不要用一个特殊数值来回答问题.学生应该学会确保样例是包括不同图形类型的,也是涵盖不同情境的.学生还应该学会对所作的猜想进行询问,看看在样例中是否使用了特例.因此,检查样例中是否有特例的使用是对学生几何知识以及所使用样例代表性的检测.

三、分析数据

数据的显示和组织.在学生收集数据时,有必要采用一种便于分析的方法去组织数据.学生可以通过画草图来制作图表和收集可视化数据.学生可以通过在图表上进行合理标记将数值与可视化数据结合在一起.最后一个有用的技巧是基于某个特征按一定顺序对图表进行排列.

关注负面数据.教师要确保定期提醒学生猜想是学生对给定的一系列图形描述中的所有信息的真实表述.学生必须学会去欣赏反例的作用.

操纵数值数据. 能够比较数是建立模型的关键. 学生需要学习使用四则运算来比较数；偏差和比率尤为重要. 将几何物体与数值运算联系起来也是有价值的. 例如, 把勾股定理和直角三角形边长的平方和联系起来. 学生还应该清楚, 建立模型并不是建立等式.

操纵可视化信息. 学生需要以不同的方式去看待图表. 例如, 图 4 - 40 中, 正方形边长的三等分, 学生应该能够看出该图是由四个直角三角形围成的一个正方形或者是一个大正方形内镶嵌着一个小正方形. 学生要能意识到在图表中添加辅助线来创造新的几何图形, 有时可以凸显新的关系.

四、猜想和归纳

当学生开发和测试一个猜想时, 确定结果的显著性也是相当重要的. 学生要能问自己："猜想是否已经被证明？ 会得到一种我们已经知道的直观结论吗？"猜想一旦成立, 利用"如果不是这样"的策略来产生另一种探索途径是很有价值的（Brown & Walter, 1983）. 猜想是可以进行归纳概括的吗？

在几何学里, 可以通过三方面表述进行归纳, 即形状、数值和线段类型. 因此, 在探索正方形各边的细分问题中（图 4 - 40）, 可以考虑其他四边形或者其他多边形的情况.

4.4.3　归纳能力测试

评价探究能力是一项艰巨的任务. 因此, 在这里, 主要介绍下对归纳能力的评价.

这里将介绍基于叶沙米（Yerushalmy, 1986）的研究设计出的一种笔试, 为比较学生的归纳能力提供一种框架. 当然, 这个测试也可以让我们研究其他问题, 如学生会选用什么样的几何表征来解决问题？ 他们会关注于图形表征还是会使用数值信息来解决问题？ 学生会对他们的归纳方式进行说明吗？ 如果会, 那么他们又会给出什么样的解释呢？ 学生会用证明过程对其归纳方式进行说明吗？ 由于测试给出了前测与后测, 因此能够去研究学生在开始学习几何课程和学习过几何课程后的不同表现. 此外, 还能比较学生解决问题的不同方式.

虽然这个测试绝不是对学生归纳能力的最终评价, 但我们仍然认为, 这也是在学生探究能力评价上的一种进展. 这一测试关注学生在有限的时间里对观点和数值信息进行归纳的能力. 事实上, 学生能够完成为他们制定的任务, 并会用不同的归纳方式. 此外, 这个测试似乎还可以反映不同测试组之间的差异, 这些在评价技能类型时是很有意义的. 基于这项工作, 我们还可以设计其他评价类型的工具, 去观察教师在课堂中对学生在检验、猜想、归纳水平上的评价.

一、猜想、归纳测试

下面介绍一个测试版本. 测试包括课堂观察、学生作业、论证测试以及教师和学生的评论, 这些都是观察学生几何课堂中的归纳类型和比较学生假设和非假设方法的数据源.

前测与后测都是用来评价学生归纳能力的测试. 一般都包含三四个问题, 都要提出一个论述观点, 一组数学事实, 或有关平面几何的数学概念, 以及一些图表. 这些几何内容问题都是学生所熟悉的. 因此, 前测中的问题大多是与前面所学习的课程有关. 前测与后测中的前两个问题上一般都是数值问题. 主要用来测试学生在特定情况下对归纳的运用能力. 学生可以根据新的情况建立新的数据, 添加辅助线, 合理地进行演绎推理, 得出有用信息. 问题1和问题2是来自前测中的问题. 其余的问题(问题3和问题4)描述了一个抽象的概念. 这些问题可以帮助我们深入了解学生的条件简化归纳能力.

问题1: 图4-42中的数字分别表示三角形的角度、边长和面积. 例如, 图4-42(1)中, AF 长 3.85, $\angle CAD$ 度数是41°, 三角形 CDG 面积为 2.1. 请尽可能多地列出你能想到的相关重要论述. (源自 Chazan & Yerushalmy, 1992, p.96)

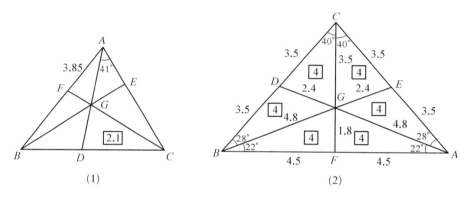

图4-42 三角形中角度、边长和面积

问题2: 如图4-43, 以下直角三角形三条边分别经过3个点、6个点和8个点, 请尽可能多地列出你能想到的相关重要论述. (源自 Chazan & Yerushalmy, 1992, p.96)

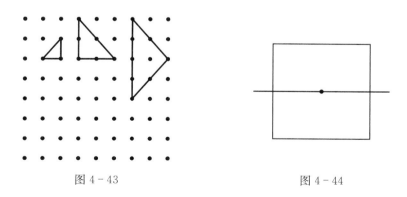

图4-43   图4-44

问题3: 如图4-44, 一条通过正方形中心、平行于两条边的直线, 将正方形分成两个相等的面积. 请尽可能多地列出你能想到的相关重要论述. (源自 Chazan & Yerushalmy, 1992, p.97)

问题4: 如图4-45, 点 P,Q 和 R 是三角形 ABC 三边上的点. 图4-45(1)中三角形 ABC 和三角形 PQR 都是正三角形; 图4-45(2)中三角形 ABC 是正三角形, 三角形 PQR 不是正三角形. 请尽

可能多地列出你能想到的相关重要论述.(源自 Chazan & Yerushalmy，1992，p. 97)

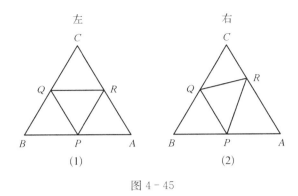

图 4 - 45

这些测试题中都要求学生能根据问题来列出相关的论述,这种问题表述是故意含糊其辞,目的是考查学生对"重要"和"相关"的理解.要求教师在测试中不能向学生解释或阐述问题.在创建问题时,我们希望可以涉及任何可能的观点,不仅是归纳,还有其他尽可能多的论述观点.对学生所论述的正确与否并没有作出任何要求.

二、测试评分

这里给出一个详细的评分表,是叶沙米和马曼(Yerushalmy & Mamman，1988)提出的.这个评分表假设学生对每个问题都可能有一定的论述.

评分表是建立在叶沙米(Yerushalmy，1986)定义的四个评分变量上.

● 关注图形:用更一般化的图形替代主要的几何图形.例如,用任意三角形替代直角三角形.

● 几何关系:用一种几何关系替代另一种几何关系.例如,一个点由三角形内部运动变为三角形外部运动.

● 数值变量:将问题中的数值部分看作是一个变量.

● 固定变量:一种意想不到而包罗万象的变化类别.例如,从二维空间变成三维空间.

在这些变量中,我们根据初始论述的变化,用 0 或 1,即存在或不存在这种评分标准来衡量学生的归纳能力水平.如果学生简单地重复已知信息而没有作出任何改变,那么他们就是 0 分;如果他们有以上提到的任何改变,那么他们将获得 1 分.

对于归纳水平中的原创性和正确性,则用 0~4 分的评分标准.

0 分:学生没有给出论述.对于抽象的问题,学生的论述比已知论述更一般化.对于数据问题,他们的论述只是简单地重复数据.

1~2 分:对于给 1 分还是 2 分,取决于变化的类型和所测试变化的次数.学生有时候会改变问题中的某些方面,但并没有给出一个更一般化的论述.在这种类别下,学生或许用一些方法改变了问题的某一方面,但是他们所呈现出的数据缺少系统地对这些改变的联系.他们只会把每种改变单独地呈现出来.例如,学生可能会用四等份或者六等份来取代二等份,但是学生似乎只会单独来考虑每个论述.

3 分:处于这种情况下的学生可以系统地改变问题的某一个方面,但不能将所有情况的猜想整合在一起.例如,学生可以去做四等份、六等份和八等份,更重要的是学生可以找到这样做的证据,这正是区分 2 分和 3 分的一种解释.

4 分:学生可以对一个一般化的问题进行归纳表述,如在任意四边形中等.

创新是衡量问题论述与学校课程的联系.因此,可以用来衡量学生在几何课堂上的表现.有些论述是联系问题却又与学校课程无关,可以获得 4 分,然而有些论述几乎没有联系问题或者非常繁琐,这种创新水平就相当低.正确率是反映学生对给定问题进行正确论述的百分比,全对得 4 分,全错得 0 分.

4.4.4 推理证明能力评价

推理证明能力是几何学习中的重要能力之一,关于如何评价推理证明能力,这里主要依据汤普森和申克(Thompson & Senk,1993)的研究进行介绍.

汤普森和申克(Thompson & Senk,1993)曾讨论与高中推理能力评价有关的四个显著问题.第一个问题是哪些内容要求学生进行推理.尽管高中几何中一直都强调推理证明,但是许多其他领域中的合理性结论也可以培养学生的数学推理能力.因此,我们同样也建议在代数、三角学和离散数学中进行推理评价.这样,一些代数、三角学和离散数学中的关于推理证明的任务也放在本节中.第二个问题是被用来评价推理能力的项目类型.每一种评价数学推理能力的项目都应不同于传统的证明过程.第三个问题是如何来评价学生在这样的项目中的表现,如可以采用开放式项目评分系统.第四个问题是评价与教学之间的相互作用.这里提到的项目和评分系统可以洞察学生在思维过程中形成的深刻见解.因此,这给教师提供了关键信息,让教师明白课程修改的意义,以便更好地理解课时内容.

汤普森和申克(Thompson & Senk,1993)介绍来自芝加哥大学数学项目组研发的项目作为评价学生的推理能力(Thompson & Denisse,1992).这些项目恰好体现了上述所思考的四个问题.所有项目的评分遵循如下标准.

失败的回答:

0 分,无意义的工作,学生没有进步.

1 分,学生有一些进步但是步入了僵局.

2 分,学生的回答方向正确,但有较多的错误,回答中呈现出主旨.

成功的回答:

3 分,学生做出合理解答,但是有符号和形式上的错误.

4 分,完成解答,回答较好.

当然,教师可以根据具体情形对上述评分系统进行再加工.例如,教师想要把那些尝试解决问题却可能不会得分的学生与那些不愿解决任何问题的学生区分开,或者教师想要把用模仿完成任务的学生与有能力完成任务的学生区分开来.在这种情形下,教师可以将评分系统细化为0~6个评分等级.

一、推理证明过程及评分

学生经历的大多数证明推理都会有这样的文字描述:"证明以下陈述.""用反证法证明以下陈述.""证明a等于b."或者"证明以下表达式不相等."在假定学生服从课程指令的情形下,我们认为这样的指示语可以让学生知道如何着手.这就是说,如果学生知道找到一个反例就是用反证法来证明陈述,那么要求学生"反证"就是让他们来寻找一个使得陈述不成立的例子.同样,如果学生明白证明过程中需要什么,那么当看到"证明以下陈述是正确的"时,他们就不用去寻找特例.事实上,数学家或者那些使用数学的人们在遇到一个新的猜想时并不知道如何着手证明.因此,给出一些猜想让学生去证明,或是去反证,或者让他们判断已知观点的正误,都是有用的.这样的项目可以让我们更好地洞察学生推理过程中的思维.

任务1

一位学生在测试中的"证明"过程.

已知:M是AB、CD的中点,

求证:$AB \parallel CD$.

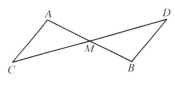

图4-46

证明:因为M是AB、CD的中点(已知),

所以$AM = MB$(中点定义),

$CM = MD$(中点定义),

$\angle A = \angle B$(所有的直角都相等),

所以$\triangle CAM \cong \triangle DBM$(H. L. 判定定理),

$\angle C = \angle D$(全等三角形对应角相等).

所以$AB \parallel CD$(两直线被第三条直线所截,内错角相等,两直线平行).

(1) 你认为这个学生的解答是否正确?(圈出你的答案)

① 正确;

② 不正确;

③ 不确定正确与否.

(2) 为什么要选择这个答案? 证明你的答案.(Thompson & Senk,1993,p. 169)

学生的回答

约翰:③,证明过程正确,但是该学生所用定理不正确.(0分)

苏:②,第6步的结论错了,它应该是"已知".(1分)

萨曼莎:①,已知条件中并没有说明$\angle A$和$\angle B$是直角,但这个条件足以说明$AB \parallel CD$.(2分)

卡洛斯:②,因为$\angle A$和$\angle B$不是直角.(3分)

凯伦:②,因为直角相等,所以$\angle A = \angle B$,但是我们不知道$\angle A$和$\angle B$是直角.(4分)(源自

Flores, n. d. , 转引自 Thompson & Senk, 1993, p. 170)

看学生的回答. 约翰的回答显示出他对一个重要的推理错误认识不清, 同时也显示出他似乎在运用定理上有点死板. 我们可以从他的回答中推断出他认为数学只能有唯一正确的解答. 为了帮助学生处理这种错误概念, 教师可以让学生讨论相关命题或定理的等价形式, 或者用多种方法证明定理.

苏的得分是 1 分, 尽管她指出论据不正确, 但她的理由表明她并不理解证明所给出的已知条件的作用.

萨曼莎找到了证明过程中的一个重要的错误, 即得出 $\angle A$ 和 $\angle B$ 是直角的条件不充足. 然而, 她认为这样证明是正确的, 将已有论据与已知条件混淆. 她似乎不能将题目中的方法和自己的方法区分开.

卡洛斯和凯伦作出成功的回答. 他们认为论据不正确, 第 3 步出了错. 凯伦是这样回答的:"我们不知道 $\angle A$ 和 $\angle B$ 是否是直角", 因而她取得了满分. 卡洛斯的回答有错误, 他说:"$\angle A$ 和 $\angle B$ 都不是直角", 因此获得 3 分. 一般来说, 3 分和 4 分之间的区别在于学生能否清晰地表述自己的观点.

完成这个任务, 学生必须批判性地阅读证明过程, 判定每一步骤是否正确. 这个任务与独立完成简单的定理证明是不一样的. 一个人在证明一个定理时, 会用一个特别的方法或途径. 然而, 评价一个人的证明过程是否正确, 经常需要评价他的方法是否合理. 要求学生解释自己如何或为什么判断一个证明正确与否, 可以反映出学生思维过程中的不同见解.

任务 2

以下表述是否正确? 证明你的结论.

对于整数 a、b、c, 如果 a 是 b 的因数, a 也是 c 的因数, 那么 a 是 $b \cdot c$ 的因数.

学生的回答

由里:因为 $a = 4$,

$b = 8$,

$c = 12$,

4 是 8 的因数,

4 也是 12 的因数,

4 是 8·12 的因数,

所以, 4 是 96 的因数. (1 分)

詹尼弗:假设 a 是 b 的因数, a 也是 c 的因数, 根据因数的定义:m 和 n 都是整数, $b = a \cdot m$ $c = a \cdot n$. 所以 $b \cdot c$ 可以写成 $(a \cdot m) \cdot (a \cdot n) = a(mn)$, 因为 m 和 n 都是整数, 所以 a 是 $b \cdot c$ 的因数. (3 分)

琳妮:正确, 对于整数 a、b、c, 假设 a 是 b 的因数, a 也是 c 的因数, 则存在整数 r 和 s 使得 $b =$

$a \cdot r, c = a \cdot s$. 所以 $b \cdot c = a \cdot r \cdot a \cdot s = a(ars)$. 因为 ars 是整数,根据因数的定义可得 a 是 $b \cdot c$ 的因数.(4 分)(源自 Thompson & Senk, 1993, p. 171)

尽管学生都已经学过整除性质,但在上述范例中仍表露出种种困难(Peressini et al., 1989).

由里的回答展示了对证明过程的根本性误解.尽管我们可以用一些定值来检验所给出的推测,从而来断定它的合理性.但是,这样用例子并不能算作是证明,只能用它们来说明表述是正确的.显然,我们需要更多的指示说明来更正这个错误概念.同样,教师也需要反思课堂设计:我们有多少次是通过明确的例子来向学生阐明定理的?这些阐明是在规范的证明过程后给出还是为了节省时间而忽略了证明过程?反思我们的教学实践可以找出这种错误概念产生的原因,并能提供有价值的信息来改进教学实践.

詹尼弗和琳妮的回答区别在于细节.尽管詹尼弗很清楚证明的结构和性质,但她在算 $(a \cdot m) \cdot (a \cdot n)$ 时忽略了 a 的指数,写成了 $a(mn)$. 还有一个小错误是她没有指明 mn 是整数,而这正是用来说明 a 是 $b \cdot c$ 的因数这个结论的一个必要条件.

任务 3

在一次测试中,一位学生发现一条抛物线的方程为 $y - 7 = 3(x+5)^2$. 对于同一条抛物线,另一位学生发现的方程为 $y = 3x^2 + 30x + 80$. 这两名学生的答案都正确吗?证明你的回答.(源自 Thompson & Senk, 1993, p. 172)

任务 4

证明或反证以下猜想:$\sin 2x = 2\sin x$.

学生的回答:

丹尼斯:因为 $x = 90°$,

$\sin 2 \cdot 90° = 2\sin 90°$,

$\sin 180° = 2 \cdot 1$,

$0 \neq 2$,

所以 $\sin 2x \neq 2\sin x$.(4 分)

凯瑟琳:因为 $\sin(x+x) =$ 右边,

$\cos x \sin x + \cos x \sin x =$ 右边,

$\cos x(\sin x + \sin x) =$ 右边,

$\cos x(2\sin x) \neq$ 右边,

所以 $\sin 2x \neq 2\sin x$.(4 分)(源自 Thompson & Senk, 1993, p. 172)

任务 3 和任务 4 是关于等价概念表达式的开放项目的例子.任务 3 的内容来自代数学第二年的知识;任务 4 是关于三角函数的.每一个任务都要求学生必须想好如何着手,而且学生和教师都应该意识到,这个任务没有唯一正确的方法.在任务 3 中,学生可以展开第一个方程,合并同类项,看是否与第二个方程一样.或者,可以从第二个方程入手,试图把它化成顶点式方程,看是否与第一个方程一致.在每种情况下,学生都必须对必要过程作出初步判定,因为他们还没有关于这两个方程等价的初步知识.

任务 4 中学生的回答显示了两种不同的有效方法.丹尼斯找到一个反例来说明原结论不成立.凯瑟琳用 $\sin 2x$ 的等价表达式来证明,然后得出结论,因为对于 x 的所有值,$\cos x \neq 1$.

这两种不同的回答指出这个项目评分的一个问题.教师在解析学生回答时必须作出判断,特别是在学生选择了一种教师没有考虑到的方法时.例如,一些教师可能会对凯瑟琳的回答感到吃惊,她用的不是典型的反证的方法,他们想给她 3 分,因为她没有解释对 x 的所有值都有 $\cos x \neq 1$.还有一些教师觉得凯瑟琳的做法不正确,不是反证的方法.但考虑到这个项目是一个评价研究中的项目,有些知识学生还没有学过,所以凯瑟琳的方法也是可以的.

二、作图能力评分

课程评价标准认为,9 至 12 年级的学生可以适当地使用计算器和电脑.也就是说,他们有能力使用计算器和电脑来制作函数图像.学生通过制作图像可以解决任务 3 中的问题.他们可以在同一个坐标系下作出 $y = 3(x+5)^2 + 7$ 和 $y = 3x^2 + 30x + 80$ 的图像,看它们是否一致.图 4 - 47(1)和(2)是图形计算器在不同取值范围下显示出的不同表达式的抛物线,当范围在 $-10 \leqslant x \leqslant 0$ 和 $0 \leqslant y \leqslant 100$(图 4 - 47(1))作图时,两个图像是一致的,但是当范围在 $-10 \leqslant x \leqslant 0$ 和 $0 \leqslant y \leqslant 10$(图 4 - 47(2))作图时,两个表达式显然不是同一个抛物线.一般地,我们用作图来检测某种关于表达式等价的猜想是否正确.例如,检测是否有 $f(x) = g(x)$,我们就会在同一个坐标系下作出 $y = f(x)$ 和 $y = g(x)$ 的图像.如果两个图像不同,说明不成立;如果两个图像一致,说明成立.由此来说明猜想的正确与否.

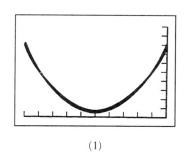
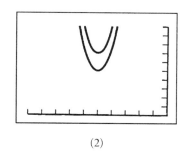

(1)   (2)

图 4 - 47   函数图像示例(源自 Thompson & Senk,1993,p. 173)

图 4 - 47(1)函数 $y = 3(x+5)^2 + 7$ 和 $y = 3x^2 + 30x + 80$ 的图像,其中 $-10 \leqslant x \leqslant 0$,$0 \leqslant y \leqslant 100$;

图 4 - 47(2)函数 $y = 3(x+5)^2 + 7$ 和 $y = 3x^2 + 30x + 80$ 的图像,其中 $-10 \leqslant x \leqslant 0$,$0 \leqslant y \leqslant 10$.

任务 5

以下表达式是否对任何 x 都是成立的?

$$\sin x = \sqrt{1 - \cos^2 x}.$$

说明你是如何利用自动记录仪来检测这个表达式是正确的.

学生的回答:

格拉迪斯:我会向别人借一个自动记录仪,然后坐下,之后打开它,调整好角度.我会尝试解决如何制作出 $\sin x = \sqrt{1 - \cos^2 x}$,然后看是否对所有的 x 都成立来说明陈述是正确的.(0 分)

萨拉:先作出 $y = \sin x$ 的图像,再作出 $y = \sqrt{1 - \cos^2 x}$ 的图像,如果真的相等,当 x 取不同的值时图像都会一致;否则图像将不会一致.(2 分)

胡里奥:首先要作出 $y = \sin x$ 的图像,再作出 $y = \sqrt{1 - \cos^2 x}$ 的图像.如果两个图像有不同的地方,说明不成立;如果两个图像完全一致,说明成立.不过,它不一定永远一致.(3 分)(源自 Thompson & Senk,1993,p.174)

任务 6

假设你想知道下列式子是否在 $x \neq 0$ 或 $x \neq -1$ 时成立.

$$\frac{1}{x} = \frac{1}{x+1} - \frac{1}{x-1}.$$

说明你是如何利用自动记录仪来检测这个表达式是正确的.

学生的回答:

珍尼丝:首先,输入"作图 $y = 1 \div x$"执行,然后输入"作图 $y = (1 \div (x+1)) - (1 \div (x-1))$"执行.如果图像一样,那么它们是相等的;如果图像不一样,那么它们是不相等的.(4 分)

奥利维亚:作出 $y = (1 \div (x+1)) - (1 \div (x-1)) - (1 \div x)$ 的图像并指出不能得到直线 $y = 0$ 在点 0,1 和 -1 处的图像.(4 分)(源自 Thompson & Senk,1993,p.175)

任务 5 和任务 6 中的回答可以评价学生对用作图手段来推断一致性问题的理解.任务 5 中的回答明确反映出学生理解上的不同.格拉迪斯的回答说明她会用到自动记录仪来解决这个任务,而且她似乎不明白等价和方程,因为她的回答说明她想找到使等式成立的值.

萨拉和胡里奥的回答显示出对过程理解的不同程度.尽管萨拉知道需要作出式子两边的图像,但她不会解释自己的结果.事实上,她对什么是等式成立有误解.

胡里奥的回答说明了对必要过程的理解以及给出了判断等式不成立的方法.尽管是正确的,但他还是犯了符号上的错误,即要作出表达式的图像而不是方程或函数.这个错误不会影响过程理解,但是它可能会导致一些迷思和困难.

注意到任务 6 中珍尼丝的回答,她就用恰当的符号表示来说明要作的是函数的图像.而任务 5 中胡里奥和珍尼丝的不同之处在于,胡里奥暗示图形不能证明等式成立,但他的回答却没有明确表达出这个观点.珍尼丝则明确解释了其内涵.另外,奥利维亚的回答给出一个方法,这个方法没有在课本中明确给出.这个学生理解等价概念是把两个函数糅合在一起. 根据学生的情况, 教师可以在全班讨论这个重要的思想.

通过学生的回答可以看出, 即使不要求证明, 关于学生推理过程的信息描写也不是通过简单地让学生判断是否等价来获得. 在课堂任务设置上, 这样的信息为那些需要进一步说明的领域提供了线索. 从那些不能很好地完成这些任务的学生(像格拉迪斯或萨拉)那里, 我们可以得到进一步的信息, 让学生简单地说明所给等式的等价性不一定是有效的.

这里给出的六个项目不只是让学生简单地完成一个证明或写出证明过程. 它们给教师提供了一些用来评价高中数学推理的多个方面的模式. 此外, 学生在这些项目中的表现给教师提供了很好设计教学的信息. 事实上, 这些项目中丰富的回答不同于以往的"证明……"题目. 我们可以开发更多的这类项目来提升学生的数学推理能力.

4.4.5 课堂中的假设探究能力评价

尽管上面提到的归纳能力和推理能力评价工具有利于评价创新, 比较学生的假设和非假设能力, 但是这种工具对课堂中教师的教学决策却帮助不大. 也就是说, 需要继续开发指引教学决策的评价工具. 为了做到这样的评价, 需要更详细地描述所需的技能, 制定侧重于评价能力而非结果的评价表.

下面就是从研究评价工具转向研究课堂评价所做的尝试, 即要绘制出适用于课堂教学的评价学生使用假设方法探索问题的探究能力水平的方法. 这里要介绍的评价工具是允许教师引出我们之前所提到的一些检验、猜想和归纳的能力, 也可以让教师指出有哪些不足之处, 然后可以对缺失的技能进行讨论或明确地提出对策.

一、评价工具

这套评价工具是由五道测试题目组成的一个笔试, 是对上面所描述的评价工具的改编, 具有更强的针对性. 它不是对学生的回答进行评分, 而是对每个问题都列出一些技能清单以便教师进行核查. 由于方法中经常要采用学生组队进行探索, 因此考虑以小组进行测试或者以家庭作业形式进行. 每张作业都应该写有评语而不是简单地评分.

在测试中, 学生被要求作出解释. 不过, 测试并不建议学生写出多个证明, 因为在有限的时间里我们更希望学生产生一些有趣的想法, 而不是在写详细的证明过程上花费时间. 同时, 我们也担心, 如果要求学生写出证明, 学生将有可能不会去写出自己不知如何证明的复杂的猜想过程.

下面将呈现查赞和叶沙米(Chazan & Yerushalmy, 1992)测试中的五个问题, 并针对每个问题的重要技能进行评价. 这个版本的测试是专为已经学完四边形和多边形面积、开始学习相似形的学生设计的. 类似的问题也可以用于其他图形和其他论述.

测试问题 1: 下面是一些图形(图 4 - 48). 尽可能多地写出与下面图形相关的猜想. 因为每一个猜想都与一个图形有关, 请对你的猜想进行解释.

在检测学生的猜想时,要寻找学生在视觉数据中所看到的图形类型;看他们是否举出了反例;是否建立了新图形;是否作出了辅助线;是否进行了图形的排序.(源自 Chazan & Yerushalmy,1992,p.105)

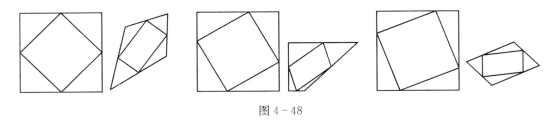

图 4-48

测试问题 2: 如图 4-49,四边形 $ABCD$ 是一个平行四边形,AC 是 $ABCD$ 的对角线,E 是 AB 的中点.

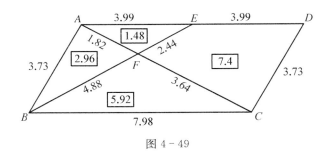

图 4-49

在图 4-49 中,每条线段旁边都标注了长度,小方框里的数字表示面积.用已有的几何知识结合此例给出的条件,你能作出什么样的一般猜想? 解释一下你的猜想.

值得思考的是,这个特殊图形中的数据传达了什么信息? 这些数据是支持学生的观点还是反对他们的观点? 学生会用这些数据进行运算吗? 学生会讨论不均等图形吗? 他们会使用所测量出来的长度和面积吗? 他们的论述是从问题中推导出来的吗?

学生会仔细观察多边形的形状吗? 学生在探索图形时,会根据不同的数值得到点 E 吗? 学生会注意到角度之间的关系吗?(源自 Chazan & Yerushalmy,1992,p.106)

测试问题 3: 此图形的描述如下:

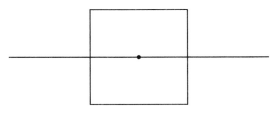

图 4-50

如图 4-50,一条经过正方形中心且平行于边长的直线,把它分成两个面积相等的矩形.根据已知条件进行猜想,并解释你的猜想以及与初始论述之间的关系.

值得思考的是,学生画辅助线了吗? 学生改变多边形的形状了吗? 改变点的类型了吗? 改变线的类型了吗?他们除了研究全等关系外还研究了什么?(源自 Chazan & Yerushalmy,1992,p. 106)

测试问题 4:如图4-51,△ABC是锐角三角形,BD和CE是它的两条高.图中已标出了线段的长度,也给出了角度.

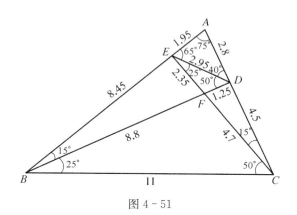

图4-51

使用图形中的三角形关系进行猜想,并解释你的猜想.用数据来解释你所作出的每一个假设.

值得思考的是,学生能看到图中的所有三角形吗?学生用数据对他们的猜想进行解释了吗?他们忽略了矛盾数据吗?他们的数据充分吗?他们利用新数据来处理问题了吗?他们是如何安排数据的?(源自 Chazan & Yerushalmy,1992,p. 107)

测试问题 5:下面的图形得到以下论述:如图4-52,如果 AD 是∠BAC 的角平分线,那么△ABD 的高(线段 DE)和△ACD 的高(线段 DF)相等.(源自 Chazan & Yerushalmy,1992,p. 108)

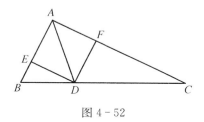

图4-52

列出你想探究的相关几何问题,并解释这些问题与初始论述之间的关系.解释你是如何使用假设法去探索以上问题的.

值得思考的是,学生会用什么类型的归纳呢?学生能作出适当的描述吗?他们将要收集多少个实例呢?收集到什么样的数据呢?如何更好地创建他们的数据样例呢?

通过对这五个问题的说明,可以得到学生在以下几个方面中的表现:

归纳推理技巧.数据的收集,适当样例的选取,与数据有关的猜想,信息的组织.

图形关系.主动添加辅助线,按顺序组织图形,从不同方面看图形.

数值运算.

数据之间的联系.学生可以在几何领域中不同专题之间进行联系.学生倾向于寻找某种

联系.

学生倾向于使用"如果不是这样"的策略,去研究相关问题.

了解学生的表现可以为教学提出建议.

二、评价学生的表现

在学校还可以使用其他类型的评价.通常,教师必须对学生进行评价,并给予他们不同的分数.下面,将呈现对学生实验报告进行评分的一个方案.设计这个方案是为了在课堂上使用:把学生分成若干组,让他们使用"假设法"合作探索试验中所设置的问题,然后独自写出探索结果.这个方案检测了许多与上面所提到的相同问题.它可以用在更为广泛的猜想问题中,虽然在这里只解释一个问题.

问题:探索一个由三角形三高交点投射到三边上的点,并将这三点连接起来所形成的图形.

步骤是:

构建一个锐角三角形 ABC;

画出三角形的三条高;

将三高交点标记为 G;

从 G 点出发,向三角形的每一条边作垂线,垂足分别记为 H,I,J;

画出△DEF 和△HIJ;

阐述你对各点、元素以及三角形之间关系的猜想;

在其他类型的三角形中重复以上步骤.

评分

表 4-2 显示了一种为学生的实验报告评分的方案.教师可以根据班级的需要来选择权衡这些不同类别的相对价值.

表 4-2　评分表格(Chazan & Yerushalmy, 1992, p. 109)

	似乎合理但非完全成立	数据成立	论点成立
标准猜想	×1	×2	×3
特殊猜想	×4	×5	×6

标准猜想反映了学生关于相似的相关知识,包括△DEF 和△HIJ 的相似,这两个三角形的边长比为 2:1,面积比为 4:1,而且它们的对应边成比例,对应角相等.

特殊猜想可能是以下情况:创建的三角形与初始三角形形状相同(例如,如果△ABC 是等边三角形,那么△HIJ 也是等边三角形,并且它们全等);根据一些公式可以算出△HIJ 和△DEF 中各个对应角之间的关系;作出了△ABC 的外接圆;画出了△ABC 的高(可以将△DEF 的三个角平分线延长形成△HIJ).

　　另外，还应该考虑到，有一些学生在家庭作业中会产生新的猜想，可是没有机会搜集数据去验证新的猜想，这种没有数据支持的猜想是应该得到认可的，但前提条件是这些猜想必须是合理的；否则，学生就会为获得分数而随便写一些几何论述．

　　教师通常会考虑学生作业的整洁性和思路表达的清晰性．

　　三、定级

　　一旦给定分数，教师就可以采用各种方案进行定级．下面有两种选择，一种是按照以上评分方案，另一种是不按照评分方案，分数是没有上限的．可以选择最高分认定为满分试卷（100％），然后按百分比计算其他学生的得分．这种方法容易导致异常分数出现，如可能有学生的得分要比班里其他学生的得分高出许多．另一种方法是求出所有得分的中位数，并将这个中位数作为中等级别．然后，根据这个中位数来评定学生分数的等级．

　　我们发现有必要让教师在教学中运用假设法使学生明白假设法是课程必不可少的一部分．其中一个方法就是对学生的实验报告进行定级．以上方案可以帮助学生理解教师希望他们所掌握的类型．

　　总的来说，教授几何课程的目标是为了让学生成为有能力的探究者和猜想者．因此，如果我们真的希望教师用一种大家所期望的方式去教授几何，那么需要定义我们想评估的技能，然后寻找评估技能的方法．工作必须实际可行，即在我们所实践的课堂上是有用的．以上都是在这样的基础上所做的一些初步尝试，期望能在几何学习领域的评价上起到引导作用．

参考文献

Antell, S., & Keating, D. (1983). Perception of numerical invariance in neonates. *Child Development*, 54, 695 - 701.

Ball, D. L. (1999). Crossing boundaries to examine the mathematics entailed in elementary teaching. In T. Lam (Ed.), *Contemporary Mathematics* (pp. 15 - 36). RI: American Mathematical Society.

Ball, D. L., & Peoples, B. (2007). Assessing a students' mathematical knowledge by way of interview. In A. H. Schoenfeld (Ed.), *Assessing mathematical proficiency* (pp. 213 - 268). New York: Cambridge University Press.

Bay Area Mathematics Task Force. (1999). *A mathematics source book for elementary and middle school teachers*. Novato, CA: Arena Press.

Brown, S., & Walter, M. (1983). *The art of problem posing*. Philadelphia: The Franklin Institute Press.

Carpenter, T., Franke, M., & L. Levi, L. (2003). *Thinking mathematically: Integrating arithmetic and algebra in elementary school*. Portsmouth, NH: Heinemann.

Carraher, T. N., Carraher, D. W., & Schliemann, A. S. (1985). Mathematics in streets and schools. *British Journal of Developmental Psychology*, 3, 21 - 29.

Charles, R., Lester, F., & O'Daffer, P. (1987). *How to evaluate progress in problem solving*. Reston,

VA：NCTM.

Chazan，D.，& Yerushalmy，M.（1992）. *Research and classroom assessment of students' verifying,* *conjecturing, and generalizing in geomery*. In R. Lesh & S. J. Lamon（Eds.），*Assessment of authentic* *performance in school mathematics*（pp. 89 – 118）. Washington，DC：American Association for the Advancement of Science.

Chi，M.，& Bassok，M.（1989）. *Learning from examples via self explanations. In L. Resnick（Ed.),* *Knowing, learning, and instruction*. Hillsdale，NJ：Lawrence Erlbaum Associates Publishers.

Clements，D.，& Sarama，J.（2004）. *Engaging young children in mathematics: Standards for early* *childhood mathematics education*. Mahwah，NJ：Lawrence Erlbaum Associates Publishers.

Driscoll，M.（1999）. *Fostering algebraic Thinking: A Guide for Teachers Grades 6 – 10*. Portsmouth，NH：Heinemann.

Fisher，L.（2007）. Learning about fractions from assessment. In A. H. Schoenfeld（Ed.），*Assessing* *mathematical proficiency*（pp. 195 – 212）. New York：Cambridge University Press.

Flores，P.（n. d.）*Evaluation of UCSMP Geometry*. University of Chicago School Mathematics Project. Unpublished manuscript.

Foster，D.（2007）. Making meaning in algebra：Examining students' understandings and misconceptions. In A. H. Schoenfeld（Ed.），*Assessing mathematical proficiency*（pp. 163 – 176）. New York：Cambridge University Press.

Friel，S. N.，& Bright，G. W.（1995）. *Assessing students' understanding of graphs: Instruments and* *instructional module*. Chapel Hill，NC：University of North Carolinaat Chapel Hill，University of North Carolina Mathematics and Science Education Network.

Friel，S. N.，Bright，G. W.，Frierson，D.，& Kader，G. D.（1997）. A framework for assessing knowledge and learning in statistics（K – 8）. In I. Gal.，& J. B. Garfield（Eds.），*The assessment challenge in* *statistics education*（pp. 55 – 63）. Amsterdam：IOS Press.

Garfield，J. B.（1993）. An authentic assessment of students' statistical knowledge. In N. L. Webb（Ed.），*Assessment in the mathematics classroom*（pp. 187 – 196）. Reston，VA：NCTM.

Graham，A.（1987）. *Statistical investigations in the secondary school*. Cambridge：Cambridge University Press.

Ginsburg，H. P.（1989）. *Children's arithmetic: How they learn it and how you teach it*.（2nd ed.）. Austin，TX：Pro Ed.

Ginsburg，H. P.，& Baroody，A. J.（1990）. *The test of early mathematics ability*，（2nd ed.）Austin，TX：Pro-Ed.

Ginsburg，H. P.，Lopez，L. S.，Mukhopadhyay，S.，Yahmamoto，T.，Willis，M.，& Kelly，M. S.（1992）. Assessing understandings of arithmetic. In R. Lesh & S. J. Lamon（Eds.），*Assessment of authentic* *performance in school mathematics*（pp. 265 – 292）. Washington，DC：American Association for the Advancement of Science.

Hatano，B.（1988）. Social and motivational bases for mathematical understanding. In G. Saxe and M.

Gearhart (Eds.), *Children's mathematics*. San Francisco: Jossey-Bass.

Hedges, L., & Stodolsky, S. (n. d.). *Formative Evaluation of UCSMP Advanced Algebra*. University of Chicago School Mathematics Project. Unpublished manuscript.

Hiebert, J, T. Carpenter, E. Fennema, K. Fuson, D. Wearne, H. Murray, A. Olivier, & P. Human. (1997). *Making sense. Teaching and learning mathematics with understanding*. London: Heinemann.

Holland, J., Holyoak, K., Nisbett, R., & Thagard, P. (1986). *Induction: Processes of inference, learning, and discovery*. Cambridge, MA: Massachuseus Institute of Technology.

Kader, G., & Perry, M. (1994). Learning statistics. *Mathematics teaching in the middle school*, *1*(2), 130 – 136.

Kamii, C., & DeClark, G. (1985). *Young children reinvent arithmetic: Implications of Piaget's theory*. New York: Teachers College Press.

Kaplan, R. G., Yamamoto, T. A., & Ginsburg, H. P. (1989). Teaching mathematics concepts. In L. B. Resnick & L. E. Klopfer (Eds.), *Toward the thinking currrculum: Current cognitive research*. 1989 Yearbook of the Association for Supervision and Curriculum Development.

Kidder, R. (1985). *How high-schooler discovered new math theorem*: Christian Science Monitor.

Mack, N. K. (1990). Learning fractions with understanding. *Journal for Research in Mathematics Education*, *21*, 16 – 32.

Mathematical Sciences Education Board. (1993). *Measuring up: Prototypes for mathematics assessment*. Washington, DC: National Academy Press.

McCallum, W. G. (2007). Assessing the strands of student profiency in elementary algebra. In A. H. Schoenfeld (Ed.), *Assessing mathematical proficiency* (pp. 157 – 162). New York: Cambridge University Press.

National Council of Teachers of Mathematics. (1993). *Research ideas for the classroom: Middle grades mathematics*. New York: MacMillan.

National Council of Teachers of Mathematics. (2000). *Principles and standards for school mathematics*. Reston, VA: Author.

National Council of Teachers of Mathematics. (2002). *Reflecting on NCTM's Principles and Standards in Elementary and Middle School Mathematics*. Reston, VA: Author.

National Council of Teachers of Mathematics. (2003). *Research companion to principles and standards for school mathematics*. Reston, VA: Author.

National Council of Teachers of Mathematics (NCTM). (1995). *Assessment Standards for School Mathematics*. Reston, VA: NCTM.

National Research Council. (2001). *Knowing what students know: The science and design of educational assessment*. Committee on the Foundations of Assessment. In Pellegrino, J., Chudowsky, N., & Glaser, R. (Eds.), Board on Testing and Assessment, Center for Education. Division of Behavioral and Social Sciences and Education. Washington, DC: National Academy Press.

Peressini, A. L., Epp, S. S., Hollowell, K. A., Brown, S., Ellis, W. Jr., McConnell, J. W., Sorteberg, J., Thompson, D. R., Aksoy, D., Birkey, G. D., McRill, G., & Usiskin, Z. (1989). *Precalculus and*

Discrete Mathematics, *field trial ed*. Chicago: University of Chicago (A revised version of this text is now available through Scott Foresman).

Pirie, S. E. B. (1988). Understanding: Instrumental, relational, intuitive, constructed, fomalized ...? How can we know? *For the Learning of Mathematics*, 8(3), 2-6.

Rose, C. M., Minton, L., & Arline, C. (2007). *Uncovering student thinking in mathematics: 25 formative assessment probes for the secondary classroom*. Thousand Oaks, CA: Corwin Press.

Russell, S. J., & Corwin, R. (1989). *Statistics: The shape of the data*. Palo Alto, CA: Dale Seymour Publications.

Saxe, G., and Posner, J. (1983). The development of numerical cognition: Cross-cultural perspectives. In H. P. Ginsburg (Ed.), *The development of mathematical thinking*. New York: Academic Press.

Saxe, G. B. (1991). *Culture and cognitive development: Studies in mathematical understanding*. Hillsdale, NJ: Lawrence Erlbaum Associates Publishers.

Schoenfeld, A. H. (2007). Reflections on an Assessment Interview: What a Close Look at Student Understanding Can Reveal. In A. H. Schoenfeld (Ed.), *Assessing mathematical proficiency* (pp. 269-277). New York: Cambridge University Press.

Siegler, R. S. (1981). Developmental sequences within and between concepts. *Monograph of the Society for Research in Child Development*, 46, 1-84.

Siegler, R. S. (2003). Implications of cognitive science research for mathematics education. In Kilpatrick, J., Martin, W. B., & Schifter, D. E. (Eds.), *A research companion to principles and standards for school mathematics* (pp. 219-233). Reston, VA: National Council of Teachers of Mathmatics.

Stavy, R., & Tirosh, D. (2000). *How students (mis-) understand science and mathematics*. New York: Teachers College Press.

Thompson, D. R., & Denisse, R. (1992). *An Evaluation of a New Course in Precalculus and Discrete Mathematics*. : Ph. D. dissertation, University of Chicago.

Thompson, D. R., & Senk, S. L. (1993). Assessing reasoning and proof in high school. In N. L. Webb (Ed.), *Assessment in the mathematics classroom* (pp. 167-176). Reston, VA: NCTM.

Van den Brink, J. (1989). Transference of objects. *For the Leaming of Mathematics*, 9(3), 12-16.

Vygotsky, L. S. (1962). *Thought and language*. Cambridge, MA: Massachusetts Institute of Technology Press.

Yerushalmy, M. (1986). Induction and generalization: An experiment in teaching and learning high school geometry. *Unpub. doctoral thesis*, *Harvard Graduate School of Education*. Cambridge, MA.

Yerushalmy, M., & Mamman, H. (1988). *The Geometric Supposer as a basis for class discussions in geometry lessons* (*Hebrew, Lab Report ♯9*). Haifa: Laboratory for Research of Computers in Learning. Haifa University School of Education.

第5章

数学认知领域的评价

本章主要从三大模块去分析数学评价中的认知领域评价. 第一个模块是数学认知领域可以评价哪些方面以及如何评价. 数学评价应该专注于思维评价,包括如下方面的评价: 数学知识及其评价——为了更好地设计评价方法,有必要对不同类型的数学知识特点有一个清晰的概念. 讨论主要集中在概念理解和数学技巧上的思考. 数学熟练程度及其评价——教学正在经历一个根本性转变,即从特别强调知识到注重学生通过自己所学知识可以知道什么,能做什么. 其中涉及的重要的问题是,怎样才能断定学生数学熟练以及怎么评价熟练程度. 数学素养的评价——当对学生的数学读写能力进行调查时,重要的是要知道学生如何在合理明确的内容区域内表现出自己的数学素养. 不过,测试时间总是有限的,所以一定要确保测试项目可靠、有效. 这就需要构建一个测试对"数学读写能力"进行充分的定义,TIMSS 是个很好的示例. 数学理解及其评价——对于评价和监控学生的学习,必须开始测量理解力,并在学习过程中使个别学生对自己的建构模式化. 部分学分模型提供了一个框架,根据成绩的不同方面尝试进行有效的总结性表达. 部分学分模型构建了一个"映射",它说明了学生对一个现象的理解水平的改变和能力的发展. 此外,部分学分模型也提供了一个框架,用于识别一个正在经历困难或进步出人意料慢的那些学生的成绩. 问题解决及其评价——评价方向改变的主要原因一直集中在问题解决上,它是数学课程的一个关键组成部分. 问题解决的评价应包括看学生是否能提出问题,应用各种不同的策略,验证和解释结果,以及归纳解决方案. 策略性知识及其评价——从两个层面来讨论:以一般的策略运用数学;以积极的态度赞赏数学、认识数学. 数学策略指导学生选择恰当的方案去运用知识和方法来解决问题. 对于策略性知识的评价,封闭性问题难以作为,就只能通过更为开放的任务来进行了,要求学生作出选择、给出原因并解释. 批判性思维及其评价——对批判性思维的有效评价很大程度上取决于如何充分地促进学生关于理解和推理的交流. 问题解决是评价批判性思维的重要途径. 高层次思维及其评价——高层次思维的测量需要更高的代价,其中要对任务数目进行限制,以便在已有时间里进行采样,还有考虑到可靠准确的评分在管理和实践上的错综复杂性. 测量的好处包括提高真实课程和教学影响的有效性和潜力. 荷兰和美国的国家测试有着有力的示范作用.

　　第二个模块讨论的是,数学认知领域的评价模型,主要介绍了三种关于数学认知领域的评价模型. 认知水平诊断模型是一种任务分析模型. 从层次发展的角度看,它试图描绘出用来诊断大部分孩子的一套最小化的技能和方法,诊断的目的就是确定学生是在何种程度上以有意义的学习方式与数学建立联系的. 当需要正式的诊断数据时,该模型可以满足 90% 的课堂需要. 临床诊断模型是参考医学临床诊断. 数学临床诊断是根据学生的长处纠正教学方法. 因此它主要评价学生的优点,然后在临床环境中,专家会系统分析学生的表现,在了解学生如何学习数学并理解数学概念的基础上,确定困难的本质所在,进而提出治疗方案,即利用学生的长处纠正学生的学习经验.任务诊断模型是为了促进诊断——处方式教学的实施,综合了诊断——处方式教学的两种模型.它强调内容结构,试图将学生现有的知识转移到期望的学术水平.综合考查学生的学习内容和学习类型.该模型中的任务主要是诊断学生对概念的理解以及在数学学习过程中需要完成的一些行为.

第三个模块是数学认知领域评价的一些技术,主要介绍了以下四种技术:观察与提问;使用学生自我评价数据;整体得分;选择题和填空题测试.

§5.1 数学认知领域及其评价

5.1.1 数学知识及其评价

就数学知识的评价而言,库尔穆(Kulm,1994)就程序性知识和概念性知识评价进行了论述.这里就是根据库尔穆的研究进行相关介绍.

对于数学教学而言,真正的挑战之一是在概念理解和程序技巧之间找到一个恰当的平衡点.很少有人说理解了概念,技巧可能会变得呆板而且容易被遗忘.同时,强大的数学技巧和计算可以帮助学生理解新概念.所以这并不是一个非此即彼的情况.但学习数学概念和程序并不是它本身的目的.对学生来说,他们解决问题以及在学习新的数学知识时应用概念和程序才是概念和程序学习的最终目的.

鉴于概念理解和数学技巧之间很难平衡,测试需要添加进一步的合并.测试技巧看起来似乎很容易.许多教师也相信,如果学生展示他们的技巧,那么他们一定理解了基本概念;同理,如果学生不会使用这个技巧,那么就不能指望他们理解了概念并在此概念基础上学习更高级的课程.正如之前看到的,许多教师制造了一个恶性循环,学生最后被跟踪到越来越低层的类,年复一年重复着相同的技能.测试和评价的替代方法提供了打破这个循环的可能性.

为了考虑评价方法的设计,需要对不同类型的数学知识特点有一个清晰的概念.实际上这个任务应该谨慎地进行.分类或者区分不同类型的数学知识并不容易.例如,可以考虑"加"的概念,也要认识"加"这个程序.下面概述了当前数学教育工作者所使用的不同类型的知识定义及相关评价思路.

一、程序性知识及其评价

1. 程序性知识

程序性知识常常等同于数学技巧.技巧的定义是什么?有学者认为这个词不能局限于算术和代数的计算过程(Bell,1983).它包括任何固定下来的、多级的程序,可能有符号表达式、几何图形以及其他任何的数学表征.例如,当乘以一个十进制数 10 的时候,小数点向右移动一位就是一个技巧.技巧的一个关键特征是,它涉及一种功能或转换(Carpenter,1986).使用技巧意味着程序性知识以一个特定的顺序逐步执行程序.

概念通常有两种:(1)像菱形或分数这样的,就需要给出定义;(2)以语句形式表述的关系,如"实数的乘法交换律"(Bell,1983).第一种类型的概念可以通过提供示例和非示例进行广泛定义,或者通过陈述性质集中定义.一个概念性结构就是由概念和关系构成的网络,一些研究人员把它叫做图式.这些结构支持程序的选择和执行,以及让问题解决者能在一个新的情况下去适应这个程序.当后天习得一个新的概念或者关系时,在现有的认知结构中会形成另一个节点或链接(Carpenter,1986).定义了概念性知识,它包含了信息片段之间丰富的关系网,而且它允许对信息进行灵活的访问和使用.

在程序性知识上,传统的测试着重强调概念的词汇.这个强调的后果之一就是概念性知识缺乏创造性,以及知识的程序性和概念性之间的链接弱化或者不存在.这两种类型的知识,它们之间的链接是一个双向过程.如果没有链接到概念性知识,那么儿童获得的是有缺陷的或者勉强记住的程序性知识.在教学时必须对学习不间断分析,要精心设计指令,使概念性知识和它到程序性知识之间的链接得以发展.

2. 评价程序性知识

人们总是想当然地认为,程序性知识是容易观察和测试的,因为大部分学校数学的程序都是线性的.传统的指令和测试都集中在这方面,不是很复杂的关系,如概念性知识的图式或者用于战略性思维的、看不见的过程.

人们常常假设,如果学生已经学会了程序,那么也就获得了相关的概念知识.大多数课堂测验和标准化测试只包括程序性项目.有时候需要学生去识别一个概念的词汇术语,如三角形或多项式.当然,很明显,很多学生已经学会了程序性技巧,但是没有理解这个程序为什么有效,或者概念的基本含义是什么.学生也可以记住词汇术语,或者在没有使用概念的情况下把它匹配到合适的图片中去.

这并不意味着程序性知识不重要.一方面,当务之急是学生能够轻松、灵活地执行关键程序;另一方面,程序应该建立在相关概念性知识上,而不是死记硬背地执行.学生应该意识到程序性知识的局限性,为了应用适当的程序解决问题,还要知道在何时利用概念性知识.在这些方面,程序性和概念性知识需要一些替代的评价方法,要超越回答正确和不正确或者简单的计算练习.

以下是评价任务示例,它不仅测试了学生的程序性知识,而且提供了概念性链接的信息.大多数时候,学生对程序的理解是,程序好像是要求每个人都做一样的事情,常常忽略了程序是用于回答问题的.由这些项目可以看出,在足够开放的环境下,学生是否能够真正地执行程序,包括需要决定使用什么程序和什么时候使用这个程序.

选择性程序性知识评价示例

项目 1：找出两个大于 10 的整数，使它们的乘积为 726.

项目 2：把 1,2,3,4,5 五个数字填到如图 5-1 所示的方框里形成一个乘法问题. 如果得到一个最大值，它将介于哪两个数之间？

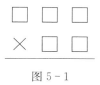

图 5-1

A. 10 000 和 22 000   B. 22 001 和 22 300

C. 22 301 和 22 400   D. 22 401 和 22 500

项目 3：你的堂妹刚刚开始学习数学. 她不懂 $4 \times 3 = 12$ 的意思. 你应该怎样向她解释？你可以使用图片或图表.

项目 4：你刚刚得到一只小狗. 一个朋友给你 10.00 美元去给小狗买东西. 你决定买一个项圈、一个盘子和一个玩具. 表 5-1 显示了三个不同商店的价格.

表 5-1

	A 店	P 店	T 店
项　圈	$3.50	$3.00	$4.00
盘　子	$4.25	$4.00	$4.50
玩　具	$2.75	$2.25	$2.50

(1) 你选择哪种？要花费多少？找回的钱有多少？

(2) 花 10.00 美元或者更少，买三样东西，有多少种不同的买法？（源自 Kulm，1994，p.20）

这些问题可能有不止一个正确答案. 大多数时候，学生习惯于在学习过程中只找一个确切答案.

程序性知识的第二个重要组成部分就是理解它为什么工作. 虽然大多数教师可能认为这是重要的，但是在评价中很少用到. 有时，假设如果学生足够多地去练习这个程序，那么理解将逐渐发生. 项目 3 便为评价这种知识提供了一个方法示例.

估计成为一种非常重要的技术，由于它能连接到计算程序和程序本身. 学生必须知道各种评价程序，以及什么时候用它们，它们的工作原理. 项目 1 和项目 2 提供了评价估计的两个例子. 在项目 2 中，很显然估计是被要求的. 在项目 1 中，在决定两个数有多大时，使用估计是一个好策略. 在项目 4 中，估计可以用来得到一个大致结果，就是是否花费的钱不到 10 美元.

最后，不考虑计算器或电脑的使用，程序的讨论都是不完整的. 注意，这四个示例项目都可以使用计算器. 在项目 1 和项目 2 中，可以直接使用计算器做计算援助，使得学生集中精力解决问题. 在项目 4 中，计算器可以用来检查或验证. 在项目 3 中，学生可能不使用计算器,但如果能想象出一种使用方式,也可以用,只要能解释使用过程.

这些任务明显不同于传统的测试项目.纯粹的计算项目不再是用来评价这项技能.学生能够计算并不意味着他可以应用它.在新的教学和评价方法中必须扩大程序性知识的使用,包括应用、理解程序的工作原理以及它们的应用方式.

二、概念性知识及其评价

概念性知识的传统测试方法包括评价学生是否可以定义一个概念,选择或显示一个例子,或辨别概念.但是,相比这个,这里对概念有更多的理解.学生也可以举出这些是什么,以及不是什么的例子.学生应该能比较概念之间的不同,并识别不同的解释.他们应该能够把书面的描述或陈述的概念翻译成符号、图形或者以口头形式表达.和概念性知识相关的这些能力对于概念的运用是很重要的.当然,在需要和期望学生能以更广泛、更深入的方式理解概念的时候,就需要新的和非传统的评价方法来支持这样的理念.

选择性概念性知识评价示例

项目 1:一个来自外太空的游客刚刚抵达了这里.他对我们的记数系统感到很困惑,问你:"5+29 等于 529 吗?"回答他的问题,并解释你的答案.

项目 2:在图 5-2 中,用尽可能多的方式表示 $\frac{1}{2}$.如果有必要,你可能要画更多的图.对于你发现的每一种方法,解释你是如何知道这是 $\frac{1}{2}$ 的.

项目 3:说出所有你能想到的关于图 5-3 的两个图形的异同.

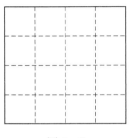

图 5-2

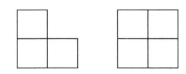

图 5-3

项目 4:在图 5-4 中,原点 O 和点 A 代表矩形的两个相对顶点,矩形的面积是 24 平方英寸.

(1)给出一组点 A 可能的坐标.

(2)以矩形的一个顶点为原点,另一个相对的顶点在第一象限.在坐标上至少标出两个点,使矩形的面积为 24 平方英寸.解释你为什么选择这些坐标.(源自 Kulm,1994,p.23)

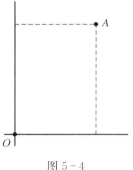

图 5-4

上面的评价任务不仅测试学生的概念性知识,而且提供了链接到程序性知识的信息,以及应用概念去推理和解决问题.每个项目不仅需要对概念进行定义或识别.在项目 1 中,必须理解位值的概念并把它应用到解释中.实际上,位值这个词并没有用在问题中.所以,评价的时候要尽可能去评价概念的理解,而不是词汇本身.学生有时可能确实理解这个概念,尽管他们可能并没有把它和词汇联系在一起.

项目 2 和项目 4 需要学生生成进一步的示例或对概念进行陈述.学生可能只有一个单一的概念图像,如分数和几何图形.例如,他们认为的二分之一可能仅仅是一个半圆形,因为是教师使用的或者是在教科书上,"馅饼"可能是概念的唯一代表.为了完全理解并应用概念,这种项目一定要有更广泛的概念表征形式.同样,项目 4 说明了学生在学习面积概念时遇到的一个非常常见的困难,那就是,学生需要形式化的思维水平来理解不同形状的图形可以有相同的面积,而不是简单地计算面积.项目 4 也使得这几个概念(坐标点、顶点、原点以及测量)之间有了联系.

通过项目 3,可以直接评价学生比较图像和对照图像的能力.这种类型的项目更优于传统项目.传统项目只要求学生辨析出图像的名称,或者选出哪一个与给定的定义或设置的标准相匹配.为了产生差异和相似之处,学生必须专注于重要特征.提问一些后续问题是很重要的.例如,如果图形的颜色不同,或者如果一个是"正面朝上",另一个是"颠倒"的,这有关系吗? 这些开放式问题可以用来评价学生在理解概念时的链接.

程序性知识和语言的简化是概念发展中的一个整体.教师通过鼓励和诱发概念进行的课堂讨论,可以帮助学生构建他们的数学交流技巧,也使得理解的必要链接更简化.类似的方式,鼓励程序的讨论可以实现双重目标,基于程序的讨论,在诱发基本概念和沟通能力发展的同时,也发展了学生的程序性技能.程序、概念和交流之间的联系非常重要,意味着在评价程序性知识时,应该超越仅仅要求学生执行单一的运算:测试项目应该包括推理以及解释这个程序运行的方式和原理.

教学、概念评价和程序应该整合在一起.在学生参与的这些活动中,教师应以更深、更广泛的水平去评价他们的理解力.

5.1.2　数学熟练程度及其评价

这部分主要阐述了数学熟练程度的相关内容及其评价,并从知识基础、策略、元认知以及数学信仰和性格方面作了细致的分析,是引自匈菲尔德(Schoenfeld,2007)的相关研究.

这里主要围绕以下两个问题展开:

- 学生精通数学是什么意思?(学生应该学什么?)
- 如何来测量学生对数学的熟练程度?(怎样来说明取得了成功?)

教学正在经历一个根本性转变,即从特别强调知识(学生知道什么?)到注重学生通过自己所学知识可以知道什么,能做什么.这不是说知识不重要.而是说明光有知识是不够的,因为在适当的情形下运用知识才是熟练掌握知识的重要体现.

知识基础依然重要.毋庸置疑,那些缺乏对事实、过程、定义和概念坚实掌握的人,一定在数学上有很严重的缺失.一个数学家的工作至少包括以下一种:扩展已知的结果,寻找新的结果,在新的领域中运用已知的数学结果. 数学家研究的问题,不论在学术上还是企业中,都不是一两分钟可以解决的. 因此,除了大量的专业知识外,数学家还要掌握其他知识. 一个好的解决问题的人应该是灵活而足智多谋的. 他们从多角度来考虑问题,如果他们遇到困难便会换一种解决方法,灵活运用他们所学的知识. 他们也有一种数学处理方式,一种与困难作斗争的意愿和不畏艰难、勇往直前、永不放弃的精神. 以上所说到的都是精通数学的一部分,有些可以从学校里学到,有些则不能. 这些可以很好地解释为什么有些人可以很好地解决问题,而有些人则不能.

一、知识基础

人们试图刻画学生应该知道什么样的数学内容已经有很长的历史了. 接下来将讨论关于内容掌握的不同的解释. 在过去的数十年里,一直停留在期望学生获得一定水平的技能,即使是"问题解决",它仍然强调计算熟练. 这种方法与 NCTM 的学校数学标准形成鲜明的对比(National Council of Teachers of Mathematics [NCTM],2000). 比如在标准强调,从学前教育到 12 年级学生都应该能理解数、表达数、知道数与数之间的关系和数系.

以下是两个测试的学生表现,从中可以看出,不同的学习导向以及不同的评价将导致不同的评价结果(Ridgway et al.,2000).

在 2000 年,硅谷数学评价合作组对 3、5、7 年级的16 420位学生进行两个测试. 一个是 SAT‐9 测试,这是一项与加利福尼亚数学标准相一致的技能测试. 另一个是稳定评估测试,这是一个更为广泛的测试(包括能力测试、概念测试和问题解决),这与 NCTM 学校数学课程与评估标准相一致(NCTM,1989). 一种简单的分析就是将学生掌握情况得分分别写在不同的测试之下. 不需要说明的是,学生在两次数学评估中的得分具有很高的相关性,但是学生在 SAT‐9 测试和稳定评估测试中的得分差异很明显,如表 5‐2 所示.

表 5‐2　学生在稳定评估测试和 SAT‐9 测试中的得分情况(Schoenfeld,2007,p. 63)

		SAT‐9 测试	
		未　掌　握	已　掌　握
稳定评估测试	未掌握	29％	22％
	已掌握	4％	45％

正如所期望的,3、5、7 年级 74％(未掌握 29％＋已掌握 45％)的学生在两次测试中的已掌握与未掌握情况保持一致. 但是,从表 5‐2 中数据可知,有 45％的学生在两次测试中都掌握了,4％的学生在稳定评估测试中掌握了,但在 SAT‐9 测试里表现未掌握. 也就是说,在稳定评估测试中表现好是在 SAT‐9 测试中表现好的合理保证;反过来就不一定对了. 22％的学生在 SAT‐9 测试中是掌握的,却在稳定评估测试中未掌握. 这表明,通过关注能力教育出来的学生倾向于掌握相关技能,在问题解决和概念理解上表现并不好. 那些

研究更广泛课程的学生在技能测试中表现更为出色,而且他们在概念理解和问题解决中的评估也更为出色(Senk & Thompson,2003).

总之,概念是数学的一个重要组成,也是评价的重要标准.首先,学生不太可能去学那些不教授的内容,但如果教学窄化了数学课程,比如只注重数学技能训练,那么也会限制学生的学习.其次,如果评价知识只为了找出学生不知道什么,如 SAT - 9 测试,这样的评价是不能揭示课程被教学窄化的问题:22%的学生在 SAT - 9 测试中是掌握的,但在一个更为广泛的测试中就表现为没有掌握.

二、策略

问题解决策略的讨论主要源自波利亚(Pólya)的研究.1945 年,随着解题研究的问世,波利亚打开了问题解决研究的大门.波利亚所描述的启发策略远比他所呈现的策略要复杂得多.例如,如果不能直接解决给出的问题,要能想到其他简单的相似的问题(Pólya,1945).这就是说,虽然给出的问题难以解决,但你可以去解决一个简单的类似问题,然后利用结果去解答,或是先解决简单的问题,再回头解决原始的问题.在通常意义上,这个策略听上去很简单,但是操作起来并不简单.例如,波利亚(Pólya,1945,p. 23,转引自 Schoenfeld,2007,p. 65)讨论的一个问题:

用直尺和圆规,根据几何结构的传统规则,在已知三角形中作一个内切正方形.正方形的两个顶点要在三角形的底边上,其他两个顶点分别在三角形另外两条边上.

即,用直尺和圆规在已知三角形内作一个正方形.

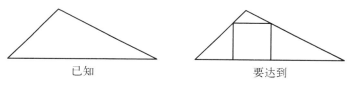

已知　　　　　　　　　　要达到

图 5 - 5

一个理想化的讨论是怎样引导学生去解决更为简单的相关问题(只要求正方形的三个顶点落在已知三角形边上),发现这样的正方形有无限多个,可以用这些正方形的第四个顶点的位置来确定四个顶点都落在三角形边上的正方形.这个讨论是合乎逻辑且显而易见的.不过,有很多学生不是这么想的.比如,有学生建议在已知三角形中作出一个内切矩形.他们发现这样的矩形有无数多个,其中必有一个是正方形.但这是一个存在的证据,却不能给出一个解释.然后,学生建议(1)正方形的三个顶点落在三角形的边上,或者(2)在正方形外作一个与已知三角形相似的外接三角形.这两种方式都可以解决,但需要花较多时间.

总之,用波利亚描述的策略,问题解决需要:

1. 考虑用策略;

2. 产生一个相关的合适的更为简单的问题;

3. 解决这个相关的简单问题；

4. 找出如何利用解决方案或方法来解决原始问题.

三、元认知

想象一个人进入一片沼泽,开始下沉,他选择继续向前走,而不是回头. 当他意识到自己进入流沙,一切都完了. 有人就想,为什么他不早点作出判断呢？

学生在阅读完题目之后很快决定下一步应该怎么做. 尽管有一些明显的证据说明这个方法是徒劳的,但他们还是坚持到时间结束. 问题的关键是,学生把重点放在了计算上,但他们从来不去思考这样做是否明智,他们也从来不考虑回头.

在解决问题的同时反思策略,并采取相应的补救措施(监督和自律)是元认知的一部分,广而言之,就是把人的思想作为研究对象.

匈菲尔德(Schoenfeld,1992)曾展示了数学家和学生的解决问题时间图. 数学家自己尝试解题都是在不断尝试的基础上进展的,比如有时决定换个方向,有时决定停下思考,但是总有一个合理的理由. 最后,数学家有效地解决了问题. 他没有在一开始就选择一种方法,没有在无谓的方法上浪费时间,而是设法找到有效方法.

学生很难成为"完美"的问题解决者. 学生在阅读完题目之后很快就进入了解决过程中. 然而,他们花了几分钟时间,选择了一个似乎合理的方向进行方案解决. 他们这样做,并不能简单地理解为运用自己的知识来解决问题.

四、信仰和性格

读者可以在大量的文献中看到这样一种观点："信仰和性格"是数学精通的一部分. 但是它们不太容易被发现. 究竟,信仰可以为数学做什么呢？ 回答是：很多. 和前面一样,通过学生与数学家的行为来说明这一点.

下面来看 1983 年美国"国家教育进步评价"(National Assessment of Educational Progress,简称 NAEP)中的一道简单的算术题目(Carpenter,Lindquist,Matthews,& Silver,1983,转引自 Schoenfeld,2007,p. 69)：

一辆军队的汽车可以载 36 名士兵. 如果要将 1 128 名士兵载去训练场,需要多少辆这样的汽车？

答案很简单. 如果用 1 128 除以 36,可以得到商为 31,余数为 12,所以需要 32 辆汽车,当然这是在假设每辆汽车都要载满人,而且不能超载的情况下.

NAEP 是一个美国学生数学表现调查. 对于这个问题,经过仔细采样,45 000 名学生做了这道题目,结果如下：

29％的学生给出答案：31 余 12；

18％的学生给出答案：31；

23％的学生给出答案：32；

30％的学生计算错误.

有 70% 的学生计算正确,但是只有 23% 的学生完全答对了这道题目. 为什么会这样? 为什么会有 29% 的学生在回答汽车数量时还有余数? 设想让这些学生去真正安排一次学校的出行活动,他们是不是还会有余数?

对这种惊人答案(Schoenfeld,1992)的解释是,这些学生在数学课堂中学习的仅仅是计算能力. 20 世纪 70 年代末 80 年代初,在美国,"问题解决"在数学课堂中很受重视,但对实际问题的重视只停留在表面,那种死记硬背的计算题,如:学生之前看到"7-4="的形式就变成了"约翰有 7 个苹果,给玛莉 4 个后,还剩几个?"的形式,"封面故事"与现实生活关系严重脱节. 最有效的解题方式就是在阅读的过程中忽略"现实背景". 学生学会把数字信息挑出来,单独使用这些信息通过计算来解题. 即,从实际问题出发找到数字 7 和 4,相减,写出答案. 这种方式让学生可以很快得到正确的答案,于是他们习惯了这种方式. 把这种策略应用到 NAEP 的汽车问题上就是,快速看题:"1 128 和 36,相除,写出答案". 如果你这样做,就会像 29% 的学生一样,写出答案"31 余 12".

总之,如果你觉得数学本身没什么实际意义,就是一些符号的运算,那么就会产生荒谬的答案. 因此,信仰很重要,学生需要在数学课堂中获得对数学的信仰. 有研究(Schoenfeld, 1992)指出,有各种各样的数学信仰存在,包括:

- 数学问题有一个且仅有一个正确的答案;
- 一般而言,教师在课堂上只会给出一个正确的解决方案;
- 普通学生不会去理解数学,他们希望可以简单记忆,机械运用所学知识,而不是理解;
- 数学是一个独立活动,需要一个人单独来完成;
- 那些理解数学的学生可以在五分钟甚至更少的时间里完成所给任务;
- 在学校学习的数学与现实生活几乎是脱节的;
- 形式证明与探索发现的过程无关.

有人可能会想,那些专业数学家,尤其那些拿到数学博士学位的,会有很强的数学信仰. 有趣的是,没有证据可以证明这一点. 德弗朗哥(De Franco,1996)对此展开了研究. 德弗朗哥研究对比了 8 位在数学上获得国际或国家荣誉的数学家和 8 位发表过文章(发表文章的数量从 3 到 52 篇不等)但没有获得荣誉的数学家解决问题的表现. 他同样要求数学家填写有关他们对数学的信仰以及问题解决实践的问卷(例如,他们是否会在最初的方法行不通的时候试用其他的方法). 结论如下:

调查问卷显示,A 组数学家(杰出数学家)与 B 组数学家的数学信仰不同. 从某种程度上讲,信仰可以影响问题解决的表现,也就是说,A 组数学家的信仰对问题解决表现的影响要比 B 组数学家更积极.

五、评价的影响

事实上,一个人的数学知识远非这里所讨论的. 如果你对一个人的数学精通(知道什么,能做什么,用数学解决问题)感兴趣,那么文中那几个部分讨论都很重要.知识占领核心地位,但是一个人的解题能力、解题策略以及运用所学知识解题的能力和他的信仰性格同样也很重要.如德弗朗哥的研究显示,这不仅适用于学生的数学学习,同样也适用于数学家的做数学.

在"不让一个孩子掉队"(U. S. Congress,2001)的课程改革下,教师感到压力很大,因为如果测试重点放在技能上,其他数学能力就顾不上.而且还会形成,评价什么就学什么的心理.前面已经提到,技能是容易被测试的,技能测试也很容易受法律保护(他们有"正确"的心理特征).但可以清楚地知道,不能忽略问题解决和概念理解.比如,学生在SAT-9测试和稳定评估测试中的得分比较说明知识基础很重要.不过,策略、元认知和信仰也都很重要,尽管它们很难被评价.所以将这些都考虑进去所作的评价才是真正意义上的评价.

5.1.3 数学素养及其评价：以 TIMSS 为例

TIMSS对数学素养的评价有着系统的理论支持和实践操作,这里引用奥伍德和加登(Orpwood & Garden,1998)的相关介绍来对数学素养的评价进行阐述.

一、TIMSS 中数学素养测试的目的和意义

当对学生的数学读写能力和科学读写能力调查的时候,一定要把必要的测试量和可用时间这两者之间的关系协调好.

虽然从个别项目中可以学到很多,但更重要的是知道学生如何在合理明确的内容区域内表现出自己的数学素养.然而,测试时间是有限的,所以一定要确保测试项可靠、有效.当测试项与读写能力的概念紧密相关时,就需要构建一个测试对"数学读写能力"进行充分的定义(表5-3).

表 5 - 3 部分群体的数学读写能力内容(Orpwood & Garden, 1998, p. 38)

主　　题	现 场 试 验			主　要　调　查					计　划
	MC	SA	ER	MC	SA	ER	项数	时间	
分数和百分比	17	5	0	8	1	0	9	10	12
比例	8	4	0	7	0	0	7	7	6
代数常识/数据	6	7	3	5	2	0	7	9	9
测量	10	4	1	7	1	0	8	9	9
估计	9	3	0	4	3	0	7	10	9
合计	50	23	4	31	7	0	38	45	45

MC：多项选择题；SA：简答题；ER：扩展题

这些被挑选的测试项分别代表数感、代数常识、测量和估计.

二、数感及其评价

"数学素养的基础就是流畅的使用数字"(McKnight,Schmidt,& Raizen,1993)."数

感"是限定在合理、真实的语境下解释数的意义,以及使用十进制分数、百分比和比例的能力. 在大多数国家,十进制分数和百分数是通信领域中必不可少的元素. 在现代社会中,理解它们的含义并进行计算,哪怕是在计算机的帮助下,这都是非常有必要的.

实际上,简分数的复杂计算也是很重要的,比如在贸易或商业中. 不过,日常生活里使用的仍然是比较简单的例子. 简分数之所以成为数学素养的基础,原因就是如果一个人不熟悉有理数及其性质,那他将很难欣赏一些基本的代数流程.

了解简分数对百分比和比例是非常有用的. 在日常生活中使用的比例通常是比较直观的,这也是数学素养测试考查的一个重要方面. 从另一个层面来说,比例关系为人们提供了一个基础、具体的想法.

表 5-4 中列出的项是数感的分类报告,根据 TIMSS 课程框架,还有内容分类、预期绩效(Robitaille,1993)以及描述这些项的备注. 用星号标注的项会在后面有所说明.

表 5-4 数感测试项(Orpwood & Garden,1998,p. 40)

项	类型	内容分类	预期绩效	备 注
B14	MC	比例问题	执行日常程序	地图上的比例尺度
B15 *	MC	比例问题	解决问题	计算一鱼缸水需要添加的净水量
B16 *	MC	简分数	使用更复杂的问题	添加类:给分子和分母添加常数
B17	MC	比例问题;周长、面积和体积	解决问题	麦片盒的体积是其线性维度的两倍
B19	MC	简分数	执行日常程序	烹饪时间:计算部分带分数
B22	MC	比例问题	执行日常程序	按照一定的比例混合油漆(这一项在 SIMS 中也出现过)
B23	MC	简分数	解决问题	球反弹经过的距离,这一项与群体 2 有联系
B24	MC	百分比	解决问题	当百分比改变时,求出新的体积
C1	MC	负数	执行日常程序	找出零上温度和零下温度的区别(这一项在 SIMS 中也出现过)
C2 *	MC	比例问题	执行日常程序	建筑物的比例
C7	MC	百分比	执行日常程序	物品的价格先增加原价的 10%,再减少现价的 10%(这一项在 SIMS 中也出现过)
C12 *	SA	百分比	执行日常程序	用分数和百分比表示折扣
D7	MC	比例问题	等价识别	计算食物中的热量(这一项在 SIMS 和群体 2 中都出现过)
D9 *	MC	百分比	执行日常程序	把价格降低 20% 换算成折扣
D13	MC	百分比	执行日常程序	候选人的得票率
D14 *	MC	比例问题;不确定性和概率	预知	样本测试中灯泡的次品率,这一项与群体 2 有联系

MC:多项选择题;SA:简答题;SIMS:TIMSS 的前身;群体 2:TIMSS 测试中的一个群体,是 13 岁的学生组

B15 项

项目类型：多项选择题

学科：数学

预期绩效：解决问题

内容：比例问题（用比例解决实际问题）

已知每升水需要添加的净化水毫升数，这个测试项的问题是一鱼缸水需要添加多少净化水。鱼缸的底面是矩形，学生有能力计算它。题目中还给出了一升相当于 1 000 立方厘米。

B16 项测试的是学生对分数这一块的"感觉"。给分子和分母都加上相同的数，这是年轻学生普遍感到困惑的地方。它可以测试学生从 13 岁到离校期间在选择题上发生的变化。

B16 项

项目类型：多项选择题

预期绩效：使用更复杂的程序

内容：简分数（意义和表示）

女生给出的分数常常是简分数，一个分数小于 1，给它的分子和分母同时加上一个数，得到的分数也小于 1。这道题也有可能以班级人数的形式呈现。

成功回答 C2 项的最可靠途径是构造基本图。把文字形式的情境以图的形式表述出来，这是数学应用中最实用的一项技能。

C2 项

项目类型：多项选择题

预期绩效：解决日常问题；执行日常计算

内容：比例问题

物体高度和它所投射的影子长已知，在同样情况下，已知建筑物所投射的影子长，求建筑物的高度。

C12 这一项常常会在商店出现，消费者必须知道怎样选择最低价。这一项有助于学生理解类似语句。

C12 项

项目类型：多项选择题

预期绩效：解决日常问题

内容：百分比

几个商店都有折扣，有的折扣用百分数表示，有的用简分数表示（例如，半价出售）。要求学生以同一种方式表示这些折扣。

D9 项也是关于打折的，要求学生进行零售实践，以显示他们计算百分数的能力。

D9 项

音像店现在的折扣为"减去 20％"，一套立体音响的售价为 $1 250。请问打折后它的价格为多少？

A. $1 000   B. $1 050   C. $1 230   D. $1 500

D14 项是抽样检测中的比例问题. 大多数人对抽样这个词的概念并不陌生, 在质量检测中或者政选结果中常常会遇到这个词.

D14 项

从 3 000 个灯泡中选取 100 个进行抽样检测, 发现 5 个次品. 按照这个比例, 请问 3 000 个灯泡中次品灯泡有多少个?

A. 15 B. 60 C. 150 D. 300

E. 600 （源自 Orpwood & Garden, 1998, pp. 41-43）

三、代数常识及其评价

现在, 人们在日常工作和生活中越来越容易碰到简单的方程、公式、表达式以及图像. 能正确回答这些问题也是数学素养测试考查的一个重要方面.

表 5-5 中列出的项是代数意识的分类报告, 根据 TIMSS 课程框架, 还有内容分类、预期绩效（Robitaille, 1993）以及描述这些项的备注. 用星号标注的项会在后面有所说明.

表 5-5 代数意识测试项（Orpwood & Garden, 1998, p. 44）

项	类型	内 容 分 类	预 期 绩 效	备 注
B18 *	MC	方程和公式	阐明情境并用公式表示问题	费用计算
B20 *	MC	数据表示和分析; 模式、关系以及函数	表示, 推理	选出最符合题意的图（这一项与群体 2 有联系）
C4	MC	方程和公式	表示	根据信息列出成本公式（这一项与 SIMS 有关）
C5 *	MC	数据表示和分析	解决日常问题	解释时间表
C8	MC	方程和公式	表示	选择公式来描述一个数值关系（SIMS 中选项的顺序有改变）
C13 *	SA	方程和公式	表示	根据题意列方程
D15 *	SA	方程和公式	解决问题	解释图中的信息

MC: 多项选择题; SA: 简答题; SIMS: TIMSS 的前身; 群体 2: TIMSS 测试中的一个群体, 是 13 岁的学生组

B18 项要求学生根据成本和时间来计算服务费用. 同样, B20 项要求学生理解现实生活中的收费制度.

B18 项

项目类型: 多项选择题

预期绩效: 阐明情境并用公式表示问题（与真实生活情境相关）

内容: 方程和公式

让学生用一个简单的公式来计算费用. 公式的形式为: 费用 $=ah+b$, 其中 a 和 b 是常量, h 是变量.

B20 项

项目类型: 多项选择题

预期绩效：表示(图形),推理内容：数据表示与分析(根据数据调整直线与曲线);模式、关系和函数

给出一些图表,学生从中选出能正确表示题目信息的.题目所给信息为：租赁费用在第一个小时(或部分小时)成本不变,在随后的时间里成本有变化.

C5 项不仅需要学生读出时间表所包含的所有信息,还要求他们调查表格中项目之间的关系,并应用这些关系来确定解决问题所需要的信息.

C5 项

项目类型：多项选择题

预期绩效：执行日常程序,解释时间表

内容：数据表示与分析;解释时间表

题目中给出了一张列车时刻表,表中显示了某一段时间内火车在接连六个车站的到达时刻.要求学生根据时刻表给出的信息算出哪辆车进站时刻最晚.

学生能否很好地用方程来表示图像,这通常取决于他们的数学素养.

C13 项的题目与物理有关,要求学生根据题目中给出的信息列出方程.

C13 项

项目类型：自由回答

学科：数学

预期绩效：图形表示与代数表示

内容：公式,图形表示

给出一张图,图中显示的是金属铝的质量与体积之间的关系,其中直线最能反映这种关系,根据题目中给出的信息,学生需要列出相应的方程.

D15 项测试的是学生的读题能力、解释能力.根据需要回答下面的问题.

D15 项

凯莉开车出去玩,在驾驶过程中,她发现车前方有一只小猫,于是她迅速刹车避开了小猫.凯莉决定走一条比较近的路回家.图 5-6 为凯利驾驶期间车的速度.

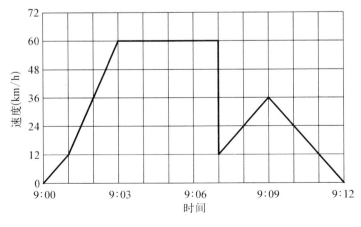

图 5-6 凯莉的行驶路线

（1）在驾驶期间,最快速度为多少?

（2）图中哪一段为凯莉刹车避开小猫的速度?（源自 Orpwood & Garden，1998，pp. 44 - 46）

四、测量与估计及其评价

对数学素养来说,测量与估计是必不可少的. 成年人常常会用到测量,因为每天的报纸、杂志和文件中都包含大量的相关信息. 估计常常会涉及"数感",因为它需要的是一个貌似可信的结果,所以其中的一些测试项就属于数感. 还有一些测试项是属于测量与估计的,因为这些测试项涉及的相关计算主要是测量与估计,在实际情况下这方面的能力是非常重要的.

表 5 - 6 中列出的项是测量与估计的分类报告,根据 TIMSS 课程框架,还有内容分类、预期绩效（Robitaille，1993）以及描述这些项的备注. 用星号标注的项会在后面有所说明.

表 5 - 6　测量与估计测试项(Orpwood & Garden，1998，pp. 47 - 48)

项	类型	内 容 分 类	预 期 绩 效	备　　注
B21 *	MC	估算和数感;周长、面积和体积	使用复杂的问题	估算油漆面积
B25	MC	周长、面积和体积	解决问题	除掉小路,算田地的面积
B26	SA	估算和数感;周长、面积和体积	解决问题	估算瓷砖的数量
C3 *	MC	测量区域	使用复杂的问题	面积守恒(这一项在 SIMS 中也出现过)
C6 *	MC	测量单位	阐明问题情境	步测距离
C9	MC	估算舍入	执行日常程序	四舍五入到百位
C10	MC	估算和数感;测量单位	解决问题	木质书架的长度(四舍五入到 1 米)
C11	MC	测量单位;周长、面积和体积	解决问题	画布周围的面积(与群体 2 有联系)
D6 *	MC	周长、面积和体积;比例问题	使用复杂的问题	填充水池的时间
D8 *	MC	估算和数感	使用复杂的问题	估算葡萄园一个季度的产量
D10	MC	周长、面积和体积;估算数量和大小	等价识别	估算不规则图形的面积(这一项在 SIMS 中也出现过)
D11	MC	周长、面积和体积	使用复杂的问题	给出一个盒子,求它的绑带长度
D12	MC	周长、面积和体积;百分比	阐明问题情境	增加纸箱的数量
D16	SA	估算	策略开发	估算时间并解释方法(这一项与群体 2 有关)
D17 *	MC	估算;数据表示与分析	表达;评论	讨论数据的合理性并解释

MC：多项选择题;SA：简答题;SIMS：TIMSS 的前身;群体 2：TIMSS 测试中的一个群体,是 13 岁的学生组

B21 项

项目类型：多项选择题

预期绩效：使用复杂的程序（通过估算得出近似结果）

内容：估算；面积

给出一个房间的室内图，其中墙面是矩形的，还有地板、天花板、门以及窗户．根据图中标出的长、宽、高算出需要油漆的室内面积（四舍五入到 0.1 米），并选出最接近估算结果的那一项．

D6 项

容积为 45 000 升的水池，以每分钟 220 升的速度往里面灌水．请问需要多久可以灌满水池（四舍五入到 0.5 小时）？

    A. 4 小时   B. 3.5 小时

    C. 3 小时   D. 2.5 小时

D8 项

一个葡萄园中种植了 210 行葡萄树．每行长 192 米，其中每两棵葡萄树之间相隔 4 米．在一个季度内平均每棵葡萄树的产量为 9 千克．请问整个葡萄园一个季度的产量为多少？选出最接近正确答案的那一项．

    A. 10 000 千克   B. 100 000 千克

    C. 400 000 千克   D. 1 600 000 千克

B21、D6 和 D8 这三个测试项需要的应用技能都是在现实生活中经常会用到的．这些测试项虽然没有直接的实际价值，但是它对 TIMSS 中数学素养的概念仍旧有很大的贡献．

C3 项

项目类型：多项选择题

预期绩效：使用复杂的程序；比较表示

内容：面积测量

一个长方形大小已知，把它切开并用其中的一些部分重新组合一个更复杂的图形．学生需要算出这个图形的面积．通过观察可以发现这个图形是由一个三角形和一个平行四边形组合而成的．

C3 主要用于 8 年级学生的测试，8 年级学生大多为 13 岁，第二届国际数学研究的结果表明，很少有学生认识到面积是守恒的．相对来说，高年级学生普遍能意识到这个问题，因此这种类型的识别也是数学理解的基础．

C6 项

项目类型：多项选择题

预期绩效：阐明一个与现实生活相关的问题

内容：测量

能否正确地回答这个问题，关键是理解在距离一定的前提下一个任意长度的度量单位与这些单位的数量是逆相关的．虽然这个问题是以真实生活为背景的，但需要关心的是学生能否从数学的角度理解这个简单的逆关系．

最后一项要求学生运用关键技巧．

D17 项

电视台发布了一幅图,见图 5 - 7,并说:"今年抢劫案的数量有一个很大的增长."

根据图 5 - 7 你认为该报道合理吗?简要解释一下.（源自 Orpwood & Garden,1998,pp. 49 - 51）

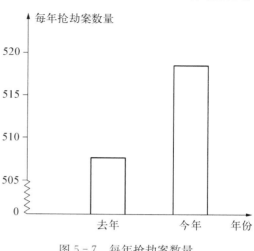

图 5 - 7　每年抢劫案数量

5.1.4　数学理解及其评价

数学理解的评价一直都是数学评价中不断探索的主题,这里主要介绍威尔逊（Wilson,1992)的关于理解水平的评价模型.

一、理解作为一个建构过程

学习者的观点是他们被动地吸收教师提供的事实、技能以及算法,这是目前最新的测量理论与实践的基础.标准成绩测验测量学生回忆、应用事实和在指令中进行常规展示的能力.一些项目只需要记住细节;其他项目,尽管可能旨在评价更高层次的学习成果,如"合成"和"评价",通常仅仅只需要回忆公式,以及为了得到正确答案去作一个合适的替换.这种类型的测试项目与被动的学习者是一致的,给学习者添加新的事实和技能就像砖块被逐步添加到墙上一样.这个过程是附加的:在一个范围内有最高成绩的学生,他们可以吸收并再生出大量的事实、公式和算法.这种练习的分数既不是"对"也不是"错",单个知识或技能在学习者测试时要么出现要么不出现.在这种方法中,诊断是识别学生知识中意想不到的洞或者裂缝的一个简单方法.这将为补救教学创建一个感知需求,填补了知识是"漏掉的"这个学习子域中的赤字.

对于学校课程中的一些主题,用这种方法去测量可能是适当的.但是最近在学生学习的研究中出现了一个新观点,就是在构建他们自己理解的主旨时,学生是作为一个建设性的参与者.学习者不仅吸收新的信息,而且构建自己的理解,将新信息与他们现有的知识和理解联系在一起.因此,新手和能手往往不仅在他们的知识数量上有意见分歧,也在概念类型,以及他们对产生问题的理解和使用的方法和策略上有分歧.在认知学科中,比较学习的不同领域中的新手和能手(Larkin,1983)研究表明,能手通常掌握更多的事实:在一个领域中,新手和能手在观察现象、表述和处理问题上常常有非常不同的方法.初学者常常表现出不恰当或低效率的模式,这是学习者为自己建构的.在数学教育领域也有这种类型的观察(Nesher,1986).

新手和能手的研究本身并没有为传统观点的学习中出现的问题提供一剂灵丹妙药,强调两个静态点而不是过程的改变,但它至少指出了学习过程中的两个结束点.在大量调查中数学教育的过程一直被重点强调(Romberg,1983),如主动的、创建过程的猜想(Schwartz,

1985)和问题解决(NCTM，1980).

在瑞典和欧洲其他部分地区"现象图析学"(Dahlgren，1984)采用了一个类似的观点，使用临床访谈法去探索学生在理解上的不同，在许多学习领域中他们都有关键的原理和现象.这些采访揭示了学生对每个现象的理解，这些研究显示了举例这种学习形式的重要性.它使得"一个人对一个现象的概念产生质变"，从不那么复杂的概念到对一个现象有更专业的理解(Johansson，Marton，& Svensson，1985).有研究在数学和科学中对问题解决做了类似的调查(Laurillard，1984).这个访谈技巧促进了概念的学习，当解决一个新问题时学生总能产生一些新的理解和策略.研究结果表明所有学习者都积极地寻找意义、构建并陈述主题问题或使之模式化，而不是得到"错误".初学者陈述得很幼稚，并频繁展示部分理解，而它们需要的是理性的和一致的应用.例如在算术中，它已经多次证明新手犯错误不是随机的，而是依照他们在给定时间的语意系统的(Nesher，1986).

对于评价和监控学生的学习，这个观点的含义是，必须开始测量理解力，并在他们的学习过程中使个别学生对它们自己的建构模式化.在许多领域的学习中，特别是数学，成绩水平可能是更好的定义和测量，它并不是依据事实的数目和学生可以再生的程序，而是依据对他(她)关键概念的理解力水平的最好估计和底层学习区的原则.

二、评价数学理解的重要性及评价方法

传统的成绩测验首先发表一项用来评价的教学目标，这应该声明为可直接观察到的学生的行为，它能够可靠记录，如要么存在要么不存在(Bloom，Hastings，& Madaus，1971).这项建议使得项目在目标关系中变得离散，包括相对明确的表现.典型的就是多项选择题，因为使用答案纸进行机器评分非常简单，所以测试开发者常常使用多项选择.因此，传统成绩测试的优势包括：(1)它和课程目标之间联系紧密，表现在行为和学生成绩的测量结果上；(2)标准测试条件的规范和评分准则，并为不同时期学生的比较提供了结果.

传统成绩测试的缺点是，测试的重点是对学生的行为进行精确的定义，他们鼓励学生把精力集中在相对肤浅的学习上.另外，基于成绩测试并没有对许多可观察到的学生行为进行详细说明，它们中的每一个都可以被记录为存在或不存在，但是考虑到关键概念、原则和现象，以教学科目为基础，围绕事实的学习将是有组织的.这个替代方法承认学习者有各种各样不同的理解现象，其中的一些理解比其他理解少.

具有挑战的是，找到足够的关于学生在数学上的理解力，并设计能反映出不同理解力的表现，然后设计出可以准确反映出这些不同理解的评价技术.相比之前使用的传统测试，这个测试生成的模型更加集中在理解力的不同水平上.

数学测试方法首要关注的是基于一个积极的、有建设性的学习观点，揭示出学生个人的观点，以及他们在一个主题中是如何思考关键概念的.而不是去比较学生对一个问题"正确"答案的反应，所以每一个反应的得分都可以是对或者错，重点是理解学生对问题的不同反应,并通过他们的反应推断出这些学生对概念理解的水平.

在学习的一个领域中,已经做了这样的工作,就是理解学生是怎样思考的,有一种方法和现象就是"开命题". 桑德伯格和巴纳德(Sandburg & Barnard,1986)研究中发现,学生不只是简单地制造随机"错误",而是按照他们稚嫩的理论进行操作. 还有研究发现,来自不同国家不同教育背景的学生都存在同样稚嫩的概念. 例如,在四个国家的研究中表明,当学生不用标准的方法比较小数时,他们会使用自创的系统化的、可以理解的规则集来比较小数(Nesher & Peled,1984).

研究发现,像这种在对所考虑的方法进行复议并尝试去测量学生学习的想法中,许多学生都可以在没有理解知识的前提下对目标进行精确的定义. 对于许多的数学教育家而言,答案并不是对数学公式和算法学习的强调,而是学生数学上的思维方式.

三、数学理解的水平

在数学学习中,在概念理解上映射学生进步的一个方法是首先识别各种重要的概念,然后开发可以用来探索学生对这些概念的不同理解的问题或任务. 在每个任务中,一组有序的分类将与概念性理解的不同水平的定义相一致. 这种有序的概念是基于这样的观点:学习是"转换"或"改变",是从低水平、不那么复杂的理解到高水平、更复杂的概念. 当然,可能存在有趣的概念性变化,它从根本上说不是有序的,但这样的变化如果具有教育意义的话,那么它只能与学生的进步或更专业的状态有关.

对于这个问题有序或无序的分类组是由学生对给定问题的不同反应构造的,在学生面对这个问题时,要求他们解释对这个问题的思考. 这往往通过访谈来收集. 正如马顿(Marton,1981)和他的现象图式学哥德堡大学研究小组使用的方法,通过访谈学生,探索他们在特殊概念上的理解力,并转录成磁带,然后对成绩单进行详细分析. 分析的目的是在于勾勒出代表不同概念的描述性分类. 这种分类构成一个"结局空间",它对学生在不同现象上的理解力提供了"一种分析映射"(Dahlgren,1984,p. 26). 在这个映射上,学习被认为是"从一个概念到另一个概念的转换"(Dahlgren,1984,p. 31).

这些访谈对于学生识别各种不同的理解是非常重要的,学习者对于个人的问题构造出有序的分类. 但在许多实际的设置上,访谈对成绩测验是不可行的. 这就需要新型的、富有想象力的测试,它要能够对学生的问题提供概念信息,同样也要对成绩变化保持敏感,这可以产生概念上的转变. 下面的模型就是出于这样的尝试.

四、测量理解力水平的模型

当考虑到学习者积极参与构建他(她)自己的概念化数学时,就不得不重新评价数学测试的本质. 传统的测试是基于原子的知识模型. 新的测试是以发展变化的理解模型为基础的,这是很有必要的. 关于这种方法的开发,这里介绍了相关的研究进展.

测量学生成绩的一种方法是给出一个测试并记录问题的正确答案和错误答案. 在现代

测试理论,如项目反应理论(Hambleton & Swaminathan,1985)或罗殊模型分析(Wright & Stone,1979)中,学生的成绩变量是从正确答案和错误答案的结果向量中估计的. 这个变量是学生尝试测试项目的参照标准,因此它提供了一个框架,用于映射学生的进步. 如果教学大纲的目的是为学生提供一个非结构化的主体、技能以及算法,那么这个方法论就非常合适. 构造的项目可以显示出在任何给定的时刻是否存在特定的数学运算,在那些项目中学生表现的得分要么对要么错. 构建项目的另一种方法是关注哪些学生改变了他们概念化主题的方法. 当学生抛弃不那么复杂的模型或用更专业的概念表现一个现象的时候,进步就发生了. 传统的数学成绩测试并不适用于识别那些学生可以产生问题的概念. 一个新的测试方法需要专注于概念性理解.

1. 模型

威尔逊在上述论述基础上,提出了项目反映映射模型(Wilson,1992).

这里将介绍两种理解力测试模型:部分学分模型(Partial Credit Model,简称 PCM)(Masters,1982;Wright & Masters,1982)和分级反应模型(Graded Response Model)(Samejima,1969). 虽然这两个模型在哲学基础和心理测量的参数化上有一定的不同,但是它们在实际应用上却有相似的结果. PCM 提出,一个人得分的概率在有序的级别 x 上,而不是在级别 $x-1$ 的特定项 i 上,在一个学习区域中能力将会稳定增长,如此,更高类别的条件概率是:

$$\frac{\pi_{ix}}{\pi_{i(x-1)} + \pi_{ix}} = \frac{\exp(\beta - \delta_{ix})}{1 + \exp(\beta - \delta_{ix})}$$

π_{ix} 是一个人回答在类别 $x(x = 1,2,\cdots,m_i)$ 的概率,项 i,β 是一个人在这个区域学习的能力级别(用这组项测试),δ_{ix} 是一个参数把反应的概率控制在类别 x,而不是在类别 $x-1$ 中的项 i. 通过应用这个简单的逻辑表达式把每一对相邻的分类结果转化为一种关系. 这个模型可以在一个学习区域中提供成绩测量,它是基于学生对大量概念和现象的理解水平的推断.

PCM 可以为单一的总体测试提供框架,并根据成绩的不同方面进行有效的总结. PCM 构成了一个"映射",它说明了学生对一个现象的理解水平的改变和能力的发展. 此外,PCM 也提供了一个框架,用于识别一个正在经历困难或进步出人意料慢的那些学生的成绩. 如果一个人已经超出最低性能水平,那么 PCM 把它看作是基本观察步骤. 因此,在每个项目中估计参数(δ_{ix})是困难的一步. 这些困难的步骤被替换为上面的模型方程,就一个人能力的任何给定的值,PCM 都给出了一组模型概率. 图 5-8 显示了这些模型概率的绘图,被称为"项目反应映射"(Kulm,1990).

这些项目的反应被分为四个分数段,分别是从 0 到 3. 在图 5-8 中,能力这个变量从 -4.0 增加到 +4.0 分对数. 洛基量尺是一个优势对数量尺. 因此,对于一个二分项,成功的

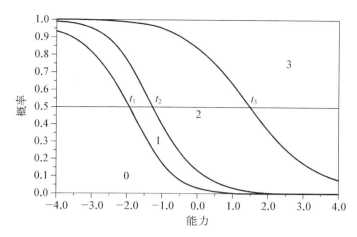

图 5-8　项目反应映射(源自 Kulm，1990，p. 190，改编自 Wilson，1992，p. 223)

概率是计算反对数(基于 e 的)分对数差异，成功的可能性是找出方程 $L = \log(P/(1-P))$ 的解，P 是概率，L 是分对数，对数是自然对数. 如果一个人在这一项上的分对数是 1.0，那么他在这一项成功的可能性为 $\exp(L) \approx 2.72$，成功概率是 $\exp(L)/[L + \exp(L)] \approx$ 0.73. 这个计算可以对分对数度量标准距离的解释获得一种"感觉"，但必须强调的是，对多元项的解释会更复杂一些.

　　图 5-8 中的项目反应映射可以用来说明 PCM 的几个重要特征. 图 5-8 中间的水平线概率 $P = 0.5$，三个交点分别为 t_1、t_2 和 t_3，在心理测量中叫做"阈值". 在二元计分项中，每一项只有一个阈值(或困难). 在考试的项目反应映射中，一个实际的困难是很难并行安排多于两个合理的有大小的数字. 这经常需要这些项目互相进行解释. 阈值提供了一种方法去总结几部分学分项目的信息.

　　另外，该模型还考虑到测量拟合. 由于测量拟合统计数据并不十分精确，且主要用在比较大型的问题上，并不是就人或者项目是否合适做一个精确的决策. 所以，这里就不对测量拟合进行说明. 感兴趣的读者可以查看威尔逊的原文(Wilson，1992).

　　2. SOLO 分类法

　　下面讨论的例子基于对学习成果结构的观察，即 SOLO 分类法(Biggs & Collis，1982). SOLO 分类的理论基础是结构主义学说，它用结构特征来解释学生反应，确定某种特定反应的层次水平，并将学生的学习结果划分为以下五种结构(或五个层次).

　　(1) 前结构反应：只包含不相干信息.

　　(2) 单一结构反应：从刺激中只能得到一个相关信息块.

　　(3) 多元结构反应：从刺激中能得到一些相关信息块.

　　(4) 关联结构反应：从刺激中能合并所有的相关信息块.

　　(5) 扩展抽象结构反应：不仅包括所有的相关信息块，而且能扩展刺激中没有的信息.

从前结构反应到扩展抽象结构反应，期望在给定的主题区学习者能够对他们的理解进行扩展. 此外,根据 SOLO 分类法大多数反应应该是可分类的,它显示了学习者在一个潜在维度的位置:"SOLO 分类法的结构假定了一个潜在的分层和累积的认知维度"(Biggs & Collis,1982).

在研究的特定项目中有一小段引导性材料,可能包括文本、表或者数据,学生提供的以及要求学生回答开放式问题的有关材料.引导性材料和问题一起被称为"超级项"(Cureton,1965).问题链接到分类法中较高的四个级别.判定为可接受的反应,或者根据商定的标准集合,以及超级项中问题的总和作为 SOLO 级别的指标.在对结果的讨论中,为了和级别区分,超级项中的单项被称为"问题".

至于 SOLO 中的超级项,它的阈值可以以下面的方法来解释.第一个阈值,t_1 就是它的可能性越大,这个反应将在单一结构反应或之上;t_2 就是它的可能性越大,这个反应将在多元结构反应或之上;t_3 就是它的可能性越大,这个反应将在关联结构反应,而不是多元结构反应或之下.

3. 示例项目

火车离开 A 车站到达 B 车站的时刻(图 5-9).

离开 A	到达 B	离开 A	到达 B
6:05	6:50	11:35	12:20
6:55	7:40	14:08	14:53
7:23	8:12	15:35	16:20
7:42	8:17	16:50	17:30
8:03	8:43	17:12	17:47
9:20	10:05	17:34	18:14
10:35	11:20	19:35	20:20

图 5-9 列出时刻表

(1) 如果你想 16:30 到达 B 车站,那么你最晚可以乘几点离开 A 车站的火车?

(2) 你一早上都在忙工作,无法在 10:00 之前乘车,如果你要在 15:00 到达 B 车站,那你最晚可以乘几点离开 A 车站的火车?

(3) 从一个人住的地方到 A 车站需要 30 分钟,他 13:30 在 B 车站有一个约会.从 B 车站到约会的地方需要 20 分钟.那这个人最晚可以几点离开家?(最初来自 Romberg, Collis, Donovan, Buchanan, & Romberg,1982,转引自 Wilson,1992,p.232)

示例项目是火车时刻表(Romberg et al.,1982),项目反应映射如图 5-8 所示,表明转变到关联结构上是相当困难的.在关联任务上,根据给定的时刻表,要求学生找出到达目的地最晚的列车.关系性复杂性体现在,需要学生在每一次列车行程结束时步行.很显然,示例项目中的问题超出了给出的时刻表上的信息,它要求在一个更复杂的情形使用时刻表上的信息.

4. 反思

这个例子的研究结果包括了一个"映射"变量,它代表了 SOLO 标准中的进展,关于 SOLO 标准,它允许对一个给定学生数学理解力的解释给出一个参照标准,这些项可以用于引出绩效.

研究结果也指出了一些特定问题的特定项.如果对数学理解力的测量是随意的,而且任务仅仅只有一次,那么这种结果通常不太有用.如果测量被视为一个渐进的过程,在不同环境中收集各种不同的信息,然后从这个分析中得出的经验教训就会很有用处.实证研究结果有助于 SOLO 模式转化为真实的数学问题解决项目.需要找出标注项目的多元结构反应和关联结构反应之间的差别.另一项需要弄清为什么关联结构反应这么困难.

当然,这些项的关联结构反应比预期的更加困难,但这是不够的,因为在 SOLO 分类中它表示一个更高的水平.示例项目中,关联结构问题要求学生在一个现实生活的广义语境下使用列车时刻表,它要求人们必须考虑到出发去车站和离开车站的时间.对这个问题而言,这是一个额外添加的变量.需要的是一个如何应用 SOLO 的强有力的数学思想.一个潜在来源是范希尔(van Hiele,1986)的数学学习序列.相比 SOLO 思想,这是一个通用的方法,范希尔方法构成了一个连续的关联式标准,它可以用于 SOLO 框架.有趣的是,SOLO 为评价范希尔标准提供了一个框架,范希尔标准也提供了一个框架,将不同层次之间的 SOLO 项目连接起来.

5.1.5 问题解决及其评价

评价方向改变的主要原因一直集中在问题解决上,它是数学课程的一个关键组成部分.要继续努力去超越仅仅评价简单的技能.对于如何进行数学问题解决,数学教育家波利亚(Pólya,1957)早就这个问题提供了一个过程概述:计划,实施方案,还有回顾这个解决方案.这在 NCTM 标准上反映出来就是,问题解决的评价应包括看学生是否能提出问题,应用各种不同的策略,验证和解释结果,以及归纳解决方案.在这一节中,就将对如何评价问题解决的相关方面进行介绍,主要引用库尔穆(Kulm,1994)、莱斯特和克罗利(Lester & Kroll,1993)以及马歇尔(Marshall,1989)的相关研究,并采用具体实例支持.

一、问题解决和策略性知识

在问题解决期间,人们会策略性引导自己选择什么技能或利用什么知识.换句话说,这些都是"超级程序"或在程序上运行其他类型的知识(Bell,1983).元认知这个词就是用来描述这种思维的.除了在问题解决期间提供决策,就问题解决中计划和实施这些步骤,策略性知识也是十分关键的.

在传统的教学和测试中,策略性知识融合在教师提供的实例或问题、或学生提出的问题中. 很少有教学生具体策略的,更少有测试学生关于问题解决的策略性知识. 只有很少部分的学生能够获得自己的策略性知识. 如果不提供开放式的或者非常规的问题,再有能力的学生也不太可能会学习到策略性知识. 策略性知识必须明确地教建模和练习. 此外,它应该被评价,就像测试技能和概念一样.

直接评价策略性知识也需要特定的方法. 提供问题并确定答案是否正确,并不足以评价策略性知识. 问题解决过程和策略本身都应该是问题解决评价的对象. 学生的推理路线和决策类型必须是评价的一部分.

二、问题示例

这里将用一些实例说明这个想法. 下面是一群 8 年级的学生解决问题的过程. 重申一次,分析解决方案有助于说明学生问题解决过程中的一些想法.

问题: L 想要油漆他房间里的一堵墙. 这堵墙宽 20 英尺,高 8 英尺. 一罐油漆可以覆盖 80 平方英尺,每罐售价是 4.99 美元. 还有其他什么是 L 需要考虑的? 为 L 的这次行动制订一项计划.

下面是从录音中摘录出来的一些学生关于解决方案的讨论:

男孩: 我们需要算出需要多少罐油漆.

男孩: 这堵墙是 20 英尺高. 不,它是 20 英尺宽.

男孩: 所以,是 160 平方英尺.

女孩: 160 平方英尺? 两罐油漆.

男孩: 两罐油漆.

男孩: 那是 160,两英尺.

男孩: 油漆每罐 4.99 美元,所以它是 8、9、4.99 美元.

女孩: 正确,如果我们有 160 和两罐油漆……

男孩: 是 9.98 美元. (Kulm,1994,p.27)

在这一点上,似乎这个问题已经被理解了,而且是解决方案中一个好的开始. 如果用传统的方法评价,9.98 美元的正确答案将得到满分. 但是这个项目需要的是一个计划. 事实上,它甚至不要求学生算出买油漆花费的钱. 而他们自己认为这是重要的计算. 它要求的是超越计算,能够揭示出关于学生问题解决时一些重要的理解. 看看接下来的讨论:

男孩: 你仅仅需要油漆他房间里的一堵墙. 它是 20 乘以 8,整个墙的空间是 160 英尺.

女孩: 所以 20 乘以 8,这是一个乘法.

女孩: 是的.

男孩: 60 次.

女孩: 20 次 8 然后还有 2 次,因为我们还要找出其他两堵墙的.

男孩: 不,他只漆一间房子;他只漆一堵墙.

女孩：好吧,你怎么知道是哪一堵墙?

男孩：好吧,他仅仅给了它的尺寸.

女孩：但是这里是一堵墙,它是 20.

男孩：不,我们仅仅需要漆一堵墙,可是.

女孩：所以我们漆这里的这堵墙,8 英尺高的?

男孩：不,这堵墙,说,这是墙;它这边是 8 英尺、高是 20 英尺.但是找出面积,我们必须找到这个区域,是 160.

女孩：长乘以宽.

男孩：但是,我们做过了.

女孩：如果你把 20 加 8 次,等于 160,如果你给它乘以 2,再乘以更多的 2,是 320.

女孩：是的,如果我们找出了面积,就不需要做这个了.这是周长.

男孩：面积?

女孩：所以他需要 2 罐?

男孩：2 罐油漆,因为每罐可以漆 80 平方英尺,一共 9.98 美元.

女孩：所以你需要拿 10.00 美元去商店.

男孩：正确.(Kulm,1994,pp. 27 - 28)

从这个对话中可以看出,学生对这个问题似乎并没有理解清楚.学生阐明了问题条件,他们重申了尺寸和这是一堵墙这个事实.他们也回顾了面积和周长的概念,并找出合适的公式去计算它.

在接下来的部分,学生开始把问题联系到现实生活.这就表明他们到目前为止一直在做的工作很像是一个典型的课本应用题.态度的转变和他们把问题带入了真实的环境有一点关系:

女孩：花了 10.00 美元······

男孩：但是我们必须算出税.

男孩：这里没有税!

男孩：它是 8%.

男孩：我们并不知道这个.它有可能是 20%.

男孩：在现实生活中它是 8%.

女孩：它并没有说我们需要算出税.

男孩：但是这是一个现实生活的问题.

女孩：是的,但是我们不需要算出税.

女孩：我们为什么不做出两种答案呢,一种是有税的,一种是没有税的.

男孩：10.00 美元的 8% 是多少?不用百分比符号.

女孩：它可能不需要,所以我们应该算出百分比.

男孩：你可以算出,10 的 8% 大约是 9.98 美元中的 1.25 美元.

女孩:所以我们为什么不接下来做这个呢?

男孩:好的,我们必须推测、检查一下!什么的 8%,10,全部的?

女孩:10 的 8%?

女孩:所以我们还需要什么?好的,所以说我们得到了第一部分的答案.你拿 10.00 美元去,我们得到什么,找回了 0.02 美元?对吗?

男孩:是的.但是你买的时候还有交税.拿 12.00 美元是不是更好呢,更安全一点?因为如果 9.00 美元上税的话,它会比 2.00 美元多.所以你得有额外的 1.50 美元.

女孩:但是他没有说必须要交税啊.

男孩:但是这是一道真实生活的问题.(Kulm,1994,pp.28-29)

现在可以看到在解决问题的过程中,学生的观念和信仰有多重要.一位学生觉得除非问题是明确地提出的,否则没有必要回答它.另一位学生试图联系自身的经验,他知道当地的税收是 8%.注意,他们并没有算出税额,但同意带额外的足以覆盖税收的钱.有趣的是,思维从特定的数据转变为更为开放和模糊的问题,数值变得不那么精确了.而像9.98 美元这样的一个数字,为了使它更有意义,他们估算出 9.98 美元的 8% 不到 2.00 美元.对于这项工作,学生接下来有更进一步的考虑:

女孩:你能想到他还需要什么吗?

男孩:没什么了.

女孩:他需要刷子吗?油漆墙的.

男孩:刷子?滚轴.

女孩:漆墙时穿的工作服?

女孩:对啊,这样他就不会弄脏衣服了.

男孩:对.

男孩:像桌布一样的?

女孩:为什么他需要桌布呢?

男孩:穿啊!

男孩:是为了盖住家具.

女孩:为什么我们不仅仅给他买个围裙呢?

女孩:一些像被单一样的东西去覆盖它的家具.

男孩:一个滚轴大约 6.00 美元.我们需要一个滚轴.

女孩:我们至少需要一个刷子.

男孩:滚轴,6.00 美元.

女孩:桌布和被单.我猜他家可能有被单.

女孩:一个围裙怎么样?

女孩:他要围裙做什么啊?

男孩:盖在他的衣服上.

女孩:他可以买一个有口袋的围裙,这样口袋里可以放刷子.

男孩:我们需要一个围裙.

男孩:一个滚轴多少钱?大约 6.00 美元.

女孩:我们不知道.

男孩:好的,我们需要猜测.

女孩:我们需要列个表.

男孩:我们需要猜测.

男孩:我们为什么不假定问题已经结束了呢?

女孩:它说为 L 去商店制订一项计划.它并没有说我们需要算出⋯⋯

男孩:它没有说,但是做了会好一点.你不做他仅仅是因为你没有说.

男孩:那么一个滚轴花费 4.50 美元.

男孩:5.00 美元怎么样?

女孩:刷子.像隔壁的⋯⋯

男孩:2.25 美元.

男孩:2 到 3 美元.

男孩:好的.一个围裙.3.50 美元?

女孩:你可以去一美元店,一个围裙一美元.

女孩:所有的都是一美元.

男孩:但是它必须要有口袋.

女孩:它们有,像是做饭的围裙.

男孩:好的.我们需要把它加一下.加税 12.00 美元,再加 5.00 美元是 17.00 美元,再加 2.50 美元⋯⋯

女孩:我们现在有 11.50 美元,所以我们得围绕着它.我们需要 13.00 美元,然后⋯⋯

男孩:那是包括税了的.

女孩:是的,如果有税的话.

男孩:如果它不是食物,就必须上税.

女孩:所以 13.00 美元和 10.00 美元是 23.00 美元.这就是他需要的钱的数目.

男孩:这个只增加了一美元是挺好的,不然税会上升的.

女孩:25.00 美元,怎么样?

男孩:25.00 美元,不错,这是个不错的数字.你可以带一张 20.00 美元和一张 5.00 美元的.

女孩:我们的结果是 25.00 美元?

男孩:是的.(Kulm,1994,pp.29-31)

这一部分问题的解决过程,学生似乎最接近解决问题时使用他们的真实经验这一目标.在考虑物资时,运用了一定的想象力和创造力.在他们试图得到总体预算时,他们使用了估算的技巧、四舍五入,以及心算.他们也意识到策略就像猜谜一样,并且制作了一张表.有趣的是,他们的主要关注点仍然是买东西最终的金额.一个购物清单似乎看起来并不是一个可行的解决方案.他们解决数学问题的经验已经教会他们,期望得到的是一个数值解.

三、问题解决评价需要注意的问题

莱斯特和克罗利(Lester & Kroll,1993)是通过呈现三个场景开始评价模式的讨论.

场景Ⅰ

莱斯特曾经就学校数学问题解决的重要性向一组美国州区数学监察人员以及课程协调人员做了演讲.在演讲的最后,一位教育家强调:"对于你所说的大多数观点我很是赞成,但是我觉得你的这些观点恐怕很难有所成效,除非教师能改变他们的评价方式,同时国家可以改变测试形式."

这个陈述引发了一场关于究竟是什么使问题解决成为学校数学的焦点的热烈讨论.讨论产生了这样的共识:如果课程改革不能伴随着数学评价大纲本质的改革,那么它是不太可能成功的.这就是说,国家教育部门必须制定满足这一目标的评价大纲来说明问题解决是"数学课程的中心".

尽管会议讨论是围绕促进改变评价大纲需求展开的,但是改革的需求无处不在:州(省)、市、区、校、班.就像没有全国评价实践的改变,是不会发生全省范围的课程改变一样,在个别课堂中,如果教师把问题解决作为评价的一部分,学生更容易将它看作是他们数学课的中心部分.教师告诉他们的学生,展示他们的工作非常重要,但是仅仅凭借答案的正确与否来打分是一种欺骗,他们的学生很快就会意识到这一点.

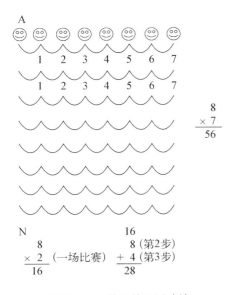

图 5 - 10　学生关于网球锦标赛的解答
(改编自 Lester & Kroll, 1993, p. 55)

场景Ⅱ

来看下面的一个问题,这是一个 5 年级的问题:

网球锦标赛

规则:每位选手和其他每位选手比赛一场.最后赢得场数最多的选手将是本次活动的冠军!

在所有学生的解答当中,A 和 N 的答案特别有趣(图 5 - 10).有趣的是 A 的过程本质上正确的却得到一个不正确的答案,而 N 尽管在表面上问题有误解却得到了正确的答案.显然,A 所用的策略是给她分值的,这个策略可以让她得到正确答案而不会让她产生误解或忽略必要条件(也就是,每位选手只能与其他每位选手比赛一次).唯一的问题是,她可以得到多少分?而 N 得到了正确答案,但是他用了一个很难理解的方法,而且对问题有着根本性误解.对于他的答案,可以给他满分吗？还是给一部分？或者不给分？

A 和 N 的教师需要这样一个评价方法：允许教师评价学生解答的一些方面，而非仅仅根据他们的答案评价.

场景 Ⅲ

N 的教师对他的解答很困惑. 她知道他有这样一种趋势,在解决数学问题时很少能将自己的想法写出来. 因此她决定与他进行一次谈话. 他们的谈话大概是这样的：

教师：N,我看了你的作业,我不太明白你是怎么得到你的答案的. 我想让你给我解释一下在你解决这个问题时是怎么想的. 首先,你为什么要写这个(指着作业左上角的一个计算)？

N：那个？哦,那是错的！我不知道我为什么写它. 我想我应该把它划掉.(N 没有说这个计算不对,而是说它对这个特殊问题不合适.)

教师：好,你能给我说说你是怎么做的吗？

N：好. 我只想了一会这个问题,我在我脑中构造了一个图. 这(在纸上写下 $16+8+4=28$)就是我的方式,我留意了每一场比赛.

教师：比赛？你是想找出网球比赛的所有场数？

N：不是,我是说每位选手需要参加的比赛.

教师：你可以把你脑中的图画出来吗？

N：可以！看,首先,这里是有三步的. 第一,你可以得到这个,如图 5-11(1). 我用"X"代表八位选手. 上排每一位选手要和下排每一位选手进行比赛. 这是 $4×4$ 或者 16 场. 嗯,比赛. 现在,上排的选手之间还没有比赛呢,下排选手之间也是一样. 所以,你能得到 8 场比赛,如图 5-11(2). 然后,你交叉得到最后比赛,4 场,如图 5-11(3). 总共就是 16 加 8 加 4.

教师：N,你解释得很好. 你要是把它写在解答过程中,会让我更加明白你的做法的.

N：是,我觉得也是. 但是,我刚才不这么想,所以我没写.(Lester & Kroll,1993,p.55)

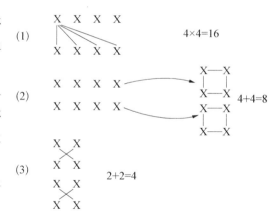

图 5-11　N 关于网球锦标赛问题所构思的图
(改编自 Lester & Kroll,1993,p.56)

N 正确地用一种创新方式解答了网球锦标赛问题,但是教师从他的作业中看不到这种方式. 这里的讨论是有必要的. 这个例子指出学生作业中存在的局限性,即,很难从学生写的过程中看到学生的想法. 问题解决的本质是一个非常复杂的智力活动形式. 显然简单地评价学生写出来的东西是远远不够的.

这些场景至少说明了关于学生问题解决成长评价的三个问题：(1)评价大纲和实践应该与数学课程目标一致；(2)教师在评价时应该注重学生的答案和解答的过程；(3)对学生作业的分析,不管有多么认真,都不能算作是评价的唯一手段.

四、问题解决表现的影响因素

就其本质而言,问题解决是一个极其复杂的形式,人们努力使其不仅仅涉及对事实的简单回忆或对好的学习过程的应用.成功的问题解决是在确定一个不知道如何确定的结果的过程中协调先前经验、知识和直觉.

在很长一段时间里,解决数学问题的能力发展很慢,因为成功并不仅仅依赖数学内容知识.莱斯特和克罗利(Lester & Kroll,1993)指出,问题解决表现似乎是一个至少有五个相互依赖的因素影响的函数:(1) 知识的获取与应用;(2) 控制;(3) 信念;(4) 情感;(5) 社会文化背景.

下面分别来说一说这五个因素.

1. 知识的获取与应用

至今可以说,绝大多数的数学教育研究都致力于研究如何获取和应用数学知识.因此,传统意义上来讲,许多有关数学进展的评价也可以用于数学知识的评价.在这一类别下包括一个可以体现个体数学表现的广泛途径(正式与非正式的).以下类型的途径尤为重要:事实与定义(例如,12 是一个合数,矩形是四个角均为直角的平行四边形);算法(例如,减法的重组算法);启发式教学法(例如,画图,找模型,反向思维);问题模式(例如,关于特殊问题类型的信息包,追击问题)和其他一些规则.另外,个人所掌握的非算法对数学任务也有很大的影响.

关于这个讨论特别重要的是认识到个人用不同的方式来理解、组织、表达和完全运用自己的知识.问题解决者必须将自己的知识表现与手头的问题情境相匹配.从某种意义上讲,他们可以达到这种匹配从而成功地解决问题.问题解决中所需要的评价能力的技术需要考虑个体所拥有的知识和个体知识影响他(她)问题解决能力的方式的独特本质.

2. 控制

即使个人所拥有的数学知识和技能可以解决特定问题,但一般来说,如果不能有效利用这些资源,还是不能很好地解决问题.控制意味着对用来成功处理数学情境的可用认知资源进行编排和后续分配.更明确地说,它包括像计划、评价、监控和调节这样的决策性决定.用来调节个人行为的过程经常被称为元认知过程,并且这些最近已经成为数学教育研究的焦点问题.事实上,最近的研究指出问题解决者之间的成功与否主要表现在他们对活动的控制力上(例如,监控和调节).控制的缺失会对他们的问题解决表现带来惨重的影响(Kroll,1988).事实证明,在教学和评价过程中,对问题解决元认知方面的明确关注可以加强对学生意识前沿的监控行为,同时可以对他们手头所拥有的资源与技能的运用能力作出区别(Campione,Brown,& Connell,1989).

3. 信念

匈菲尔德(Schoenfeld,1985)把信念,或者他所说的"信念系统",看作是个体的数学世界观,也就是"个体处理数学任务的方法角度". 在处理特定数学任务时,信念构成了个体关于自身、数学、环境和主题这样的主观性知识. 例如,许多小学生都知道,所有的数学问题都可以应用一种或多种算法来解决,而且总是通过问题中的"关键词"来确定方法的使用是否恰当(Lester & Garofalo,1982). 但是,如果学生认为所有的问题都可以通过关键词来解决,这将产生一个不正确的情形,在解决任何问题时都会受到关键词的误导. 这就是说,信念形成了态度和情感,并直接影响个体在数学活动中的决策.

4. 情感

就像对任何一个被社会认可的数学教师一样,许多人对数学研究有着非常明确的感觉. 经常可以听到人们在抱怨"一直讨厌数学"或"在问题解决中从来没有信心". 很清楚,情感领域包括个人感受、态度和情绪,它是问题解决行为的一个重要因素.

然而,直到最近,这一领域的数学教育研究才关注态度与表现之间的相关性. 与表现相关的态度包括动机、兴趣、信心、毅力、冒险意愿、容忍性和对抗性. 近些年,问题解决研究者开始研究非常普遍的情感因素的本质,之后致力于情感因素的阐明以及对问题解决教学影响的识别与研究.

教师需要意识到学生在问题解决中的表现很大程度上受情感因素的影响,有时还要关注对学生思维与行为控制的程度. 而且,教师也必须在评价档案中考虑到情感因素的评价方式.

5. 社会文化背景

近些年,认知心理学成为研究重点,其中也包括对人类知识行为的研究(Brown,Collins,& Duguid,1989). 这就是说,由于人类是在现实中的,会受到人类行为的影响,所以要考虑社会文化因素对认知的影响方式是至关重要的. 特别地,越来越多的证据显示,人们在发展、理解和使用数学思想方法上脱离了社会和文化情境. 丹布罗西奥(D'Ambrosio,1985)指出,学生拥有的是在自己的社会文化环境中培养起来的数学知识. 他将这种数学知识称为"民族数学",它为个体解决数学问题提供了丰富的直觉和非正式程序. 而且,一个人不需要从校外寻找影响数学行为的社会和文化因素. 学校本身就具有这样的功能. 比如,学生之间与教师之间的相互交流,以及学校培养的价值观和期望,不仅明确了数学学什么,而且明确了怎样学和如何领会. 科布(Cobb,1986)强调重点是社会文化条件的价值弥补了个人的现实生活,在决定个体校内校外数学表现上扮演了很重要的角色. 尽管绝大多数社会文化条件是不受教师控制的,但在为课堂设计一个综合性问题解决评价时需要考虑社会文化因素及其影响.

事实上,这里讨论的这五个类别更多地显示出它们之间的重叠(例如,显然不可能完全将情感、信念和社会文化背景分离开来讲). 这些类别不仅是重叠的,而且它们之间还有相互作用(例如,信念影响着情感,也影响着知识的应用与控制;社会文化背景对所有的类别都有影响).

也许是因为这些类别之间的相互依赖,问题解决对学生来说才变得如此之难.的确,问题解决中存在的多样化影响使得评价数学问题解决的成功要比评价数学常规知识与技能难得多.另外,教师意识到这些影响的复杂性可以更容易地理解在评价学生问题解决能力中对多样化评价方法的需求.

五、问题解决评价过程

问题解决评价过程,主要从问题解决评价中涉及的三个主要方面:陈述性知识评价、程序性知识评价以及结构性知识评价介绍.相关介绍主要是引自马歇尔(Marshall,1989)的研究.

1. 数学的问题解决评价过程中的知识结构

评估问题解决能力的一个难点在于想出一个能充分测试个人问题解决能力的"新情境".在算术这一领域,标准的格式就是一个故事问题,这一问题要求个人组织题干中给出的信息以理解这一问题所要提问的内容,从而决定使用给定信息中的哪几条信息,以及进行合适的算术运算.大部分情况里,数学教师以及课程开发者采纳了运用新情境的观点,即以改变故事内容的方式来展现新情境的内容.这样,算术类型的问题就存在很多题目组成一个组合的例子,它们实质上就变成了不同的题目了(Marshall,1989).这些问题的唯一不同点就是在故事中的"演员"不同且故事发生的地点不同.把其中作为新情境的一个问题解决了,其他类似的问题也就不用费多大心思就能迎刃而解,因为重复第一个问题中的解决方案就已足够.

对于新情境,这里还有一种观点.这种观点认为并不是故事的内容使得这个问题成为一个真正意义上的"问题".相反,这应该是整个问题解决的情境本身.可以提一个老生常谈的"故事",但是问一个创新型的问题,同时要求学生有从一种非传统的角度来看待这一故事问题的能力,并鼓励他们(她们)说出对于故事的结构以及所包含信息的理解.

如果想要去修改问题解决评价过程,首先必须对要从评价中获得什么了如指掌.以下三个方面十分重要(Marshall,1989):(1)需要知道这个人对于即将测试的领域是否了解足够的实例;(2)需要知道这个人在测试的领域中是否有必备的备用方法或者"工具";(3)希望知道这个人是否可以在未预设规则下使用知识和技能,以理解新情境.大部分的测试程序都旨在上面的前两个方面,第三个方面真的是经常被忽视了.

评价过程的第一个方面是一个人对于这个领域相关的事实性知识是否有一定的了解,指的就是一个陈述性知识的评价.这里的确存在一些需要一个人在能够处理问题前所要掌握的专业领域方面的知识.在数学方面,这些就是一些事实和概念,诸如加法法则、乘法法则以及其他运算顺序的知识.这些规则都是储存在陈述性记忆中,并且是属于静态的信息片段,因为它可以通过语义网络来提取.

评价过程的第二个方面是和程序性知识有关. 一个人要想投入到解决问题中,需要一套和这个领域相适宜的技能与方法. 这些就称之为一个人在该领域中发展并可以使用的"工具". 每一个规则都可以用"如果—那么"的形式来陈述:如果一定的条件达到了,那么一些特定的动作就可以表现出来. 在算术方面,算术计算中运用的运算法则就是很好的例子. 给出一个诸如 $13 \times 27 = ?$ 的问题,大多数人会采用"逐级运算"的一套运算规则. 这些相同的规则同样可以运用到诸如: $156 \times 289 = ?$ 或是 $2\,365 \times 34\,769 = ?$ 的问题中. 这些规则的运用不会受到数值大小的影响.

最后,必须有一个结构来了解与给定情境十分密切的是哪些规则以及程序. 这样的知识存在于一个结构之中,这是一种关于把一套陈述性事实关联到一套程序化规则的知识形式. 比如说,期望学生可以发展乘法知识结构. 该结构的陈述性方面即为运用到该问题的运算符号的认知和必要的加法和乘法规则. 该结构的程序性方面即为执行乘法运算法则的程序化规则. 把陈述性知识同程序性知识融合到一起成为一种知识结构,其中一个好处就是关于乘法概念的所有相关信息可以相对容易地关联在一起.

以上三种知识结构的主要区别是:相较于程序性或者结构性知识,获取陈述性知识相对简单. 这一知识水平更容易达到,也更容易去评价这种知识类型. 只要你问一个人一个问题使其回想起长期记忆中的一个特定信息即可. 结果是,当前的数学评价大部分都是在陈述性知识的范围内指导进行的.

下面阐释这三种知识类型可能被评价的方式,并把重点放在程序性以及结构性知识上. 首先来说明如何对现存的测试作出修改,然后关注的是为评价结构成分做一个新模型.

2. 现存测试的修饰

假设现在有一个包含了一套故事问题的典型解决问题的测试. 这些问题项目通常都和以下项目有着相似的格式:

玛丽做 4 打饼干需要 2 杯糖. 如果她要做 6 打饼干,需要多少杯糖?

A. 12 杯　　　　　　B. 6 杯　　　　　　C. 4 杯　　　　　　D. 3 杯

(Marshall,1989,p. 162)

在考虑在哪里以及如何修改该问题前,需要考虑这个已有问题的一些已知数据. 这个问题的目的是什么? 给学生出这个问题,能让学生获得哪些方面的信息? 这样的信息该如何使用?

这种测试有如下几个目的. 首先,它们可以对一个人解决问题的成功性进行量化估计. 这种测试又称为成绩测试,它们通常会在给定时间里测试给定的一组对象,于是这组人的比较性就出现了. 可以认为这些测试是用来"测量"一个人的数学能力的.

测试同样也可以用来显示出一些概念的教学效果. 这些测试通常会用来对大量的学生进行测试,而这些学生所接受的是不同套的题目. 这里的目的便是评估接受测试的人所掌握的概念知识,以及哪些是他们(她们)所不掌握的.事实上,由于学生不必回答相同的一套题目,对于所有学生的测试分数进行比较是没有多少意义的.

最后,测试在功能上可以说是有诊断性的.这一方式的重点是在对于每位学生棘手的一些问题方面的知识,而不是在同其他学生的对比上.需要寻求的是能够将个人解决一套问题进行特征化的反馈模式,而不是所有的测试分数.每个人犯错的类型都是非常重要的.

应该清楚地知道,不是所有的题目都是同等适合地用来作为成绩、评估或是竞争性测试.所以总的来说,能提供评价或是诊断信息的测试,也都能够作为一种成绩测试.反之,不一定成立.一些成绩测试几乎不能提供任何诊断性信息.秉持这一点,便理解了许多题目都是作为成绩测试的,所以应该去关注评价性以及诊断性测试.

正如上面做饼干的故事问题,可以作出三个基本的变化,以对学生解决问题的能力方面获取更多的信息.

这些变化是:

(1)可以保留问题陈述的主体结构,改掉干扰项的本质.

(2)可以保留回答的多选格式,改掉提问的问题类型.

(3)可以改掉回答的形式,把多选改为开放式的回答,或是自由回答方式.

第一种修改提议是最容易实现的.很多现存的标准测试故事问题有关多选的干扰项几乎都没有提供诊断性信息.在许多例子中,干扰项仅仅反映了错误的运算,忽视了运算规则上可能存在的错误选择.一个需要运用加法的问题,比如说有三个干扰项,都是关于算术事实方面的错误(比如 $4+7=12$)或者错误地使用加法运算(比如无法去再分组).

这些干扰项的缺点就是只允许一种问题解决的方式,跟着一种运算规则一步一步计算.无法评价出学生对于问题的理解程度、对于问题的表征程度或者对于问题不相关信息关注的程度.对于知识结构,这些干扰项仅评价程序性知识的一个有限方面,而对于结构知识没有任何评价.

由加利福尼亚评估计划项目开发的一个标准评价工具,开创了对于故事型问题的干扰项作出系统化的改变.最近的研究已经展示了要使用诊断性干扰项的重要性以及有用性.比如问题:

从莎伦的家到学校有 1.3 千米.她每天骑车往返于两地.那么,5 天她一共骑了多远?

A. 6.3 千米　　　　　B. 6.5 千米　　　　　C. 10 千米　　　　　＊D. 13 千米

(正确的答案已经用星号标注.)

(Marshall,1989,p.164)

每一个干扰项都是基于表征以及解决问题的另外一种方式得到的.如果一个人将问题中的阿拉伯数字加起来,那么他(她)就会得到第一个干扰项.将两个数相乘则会得到第二个干扰项.第三个干扰项是由直接忽视第一个数字,并将另外两个数字相乘得到.

6 年级学生中的大多数并不能解决这个问题. 他们中的 80% 选择了三个干扰项其中的一个作为他们的答案. 一位教师提供了学生无法回答出这个问题的一些情况, 有些学生是在使用小数方面有困难或者对于千米这个单位的理解有难度. 最大的困惑是要意识到距离的计算要计算整个来回的过程. 67% 的学生在做这个测试的时候, 选择了干扰项 B. 如果没有提供干扰项中的信息, 教师也许就不能够将"来回"的数学含义、关系, 按需阐释出来.

第二种修改建议是改变问题中提问的内容. 通过改变提问的内容, 可以关注学生对于结构知识的获得以及组织. 很多不同的方面都会得到测试. 比如, 可以通过提问学生是否理解一个问题的根本性结构来找出类似的问题. 可以让学生去重述问题中的信息. 可以让学生学习同样一个信息如何用两种不同的形式表达, 比如口头表达和图画表达. 并且, 更简单的方法是, 可以直接问他们会使用哪种运算方法去解决这个问题. 如果目标是探究学生对于故事型问题的理解能力, 应该把他们花在计算方面的时间最小化. 测试的时间应该花在评估解决问题的其他方面.

以下是马歇尔(Marshall, 1989)选自加利福尼亚评估计划项目的《6 年级和 8 年级的基本技能调查》的案例.

理解根本性的结构

这里的目标是展现表面相似的几个项目, 但是需要不同的解决方法, 以下问题展示了这一点.

原始问题: 一包明胶的质量为 20 克. 那么 10 包明胶的质量是多少?

下面的问题中, 哪一个同上面的问题解决方式是一样的?

A. 胡安妮塔 90 分钟跑了 10 千米. 她每跑一千米要多长时间?

B. 一支铅笔的价格为 0.49 美元, 一支圆珠笔的价格为 0.99 美元. 这两支笔的价格一共为多少美元?

C. 装满一个玻璃杯需要 4 盎司的橙汁. 64 盎司的橙汁可以装满多少个这样的玻璃杯?

*D. 如果一支铅笔的价格是 0.1 美元, 那么 10 支铅笔的总价是多少?

(Marshall, 1989, p. 165)

另外一种变通的方式也可以测试同样的知识点, 那就是提供几个表面上有着不同特点的问题. 所有的问题中, 除了一个以外, 其他的都有同样的本质关系, 并且需要同样的解决问题策略, 示例如下.

下面的问题中, 哪一个问题和其他问题不同?

A. 琼有 12 块糖果. 她打算平均将这些糖果分配给她的三个朋友, 每个朋友分多少块?

B. 校篮球队的五名成员获得了同样的分数. 如果整个队伍获得了 80 分, 那么每个人获得多少分?

*C. 鲍勃有 4 条狗. 每条狗每天能吃 12 盎司的狗粮. 鲍勃一周要买多少狗粮来喂他的这些狗?

D. 我买 15 个苹果花了 2.85 美元. 每一个苹果花了我多少钱?

(Marshall，1989，p. 165)

这些问题测试的不仅仅是算术运算的选择. 两个问题也许需要同样的运算方法，但是有着不同的关系. 比如说，下面两个问题都用到减法，然而，它们从概念上是完全不同的问题.

(1) 乔伊能把足球踢到 20 码远. 这个要比他的朋友艾德踢得远 5 码. 那么艾德能将足球踢多远?

(2) 我们班总共有 50 位学生. 其中 20 位是男生. 那么女生有多少位?

(Marshall，1989，p. 165)

在问题(1)中，学生必须意识到题目已经给了他们两种方式来表达艾德能将球踢多远. 第一，他比乔伊踢的距离近 5 码. 第二，他踢的距离是可以用码来表示的一个特定距离. 这里的目的就是通过第一种方式找出第二种方式中的表达距离的一个具体数值.

问题(2)展现了一个具体的部分——整体部分之间的关系. 给了一个类型(如，学生)，同时给了两个次级类型(如，男生和女生). 由于这两个次级类型组成了学生的这个类型，被称作"整体"(如，有多少学生)，并且也可以看出其中的一"部分"(如，多少男生)，这样便知道了女生有多少了.

现在看另外一个问题:

(3) 帕特可以将棒球扔出 30 英尺. 她的哥哥可以扔到她的两倍远. 那么她哥哥可以扔多远?

(Marshall，1989，p. 166)

看起来，比起这个棒球的问题，上面关于足球的那个问题是不是和问题(2)更为相似? 其实并不是，问题(1)和问题(2)都用了减法，其他方面没什么相似性. 问题(1)和问题(3)有着一个同样的结构. 在每一种情况下，一个未知的数字是用和其他数字的相关性文字来表达("两倍远""远 5 码"). 这两个问题的相似性在于其中的数量都可以用一种单位来描述(如，码数)，并且和其他的数量有一个关联性. 而这一关系在问题(2)中看不到. 正如给出的这些例子，仅依靠运算方式本身来判断问题之间的相似性是具有误导性的.

意识到不同形式中的相同信息

评价的一个目的是判断一个人对于故事型问题的理解是否同特定的表达或是问题表达的形式有关. 期望学生可以灵活地展现出对于问题的阐释和理解，而不用受到其形式的干扰. 两种有关的问题分别是: 问题显示了一些信息，并且让学生去重述这些; 问题显示了一种形式的信息，如口头化的，让学生去分辨另外一种信息表达，如图画式的，是否表达了同样的信息. 问题(4)说明了第一种形式，问题(5)则说明了第二种形式.

(4) 斯考特和科特收集了一些古币，科特收集的数量是斯考特的一半. 下面哪个表达了同样的信息?

A. 斯考特的古币数是科特的一半

B. 科特的古币数是斯考特的两倍

＊C. 斯考特的古币数是科特的两倍

D. 科特和斯考特的古币数一样

（5）哈利和艾尔的家到学校的距离是一样的，但是在相反的方向.他们发现他们两家住的距离有 500 米远.下面哪个说明的是一样？

A. 哈利——艾尔——学校　　　　　250 m　　250 m

B. 哈利——学校——艾尔　　　　　500 m　　500 m

＊C. 哈利——学校——艾尔　　　　　250 m　　250 m

D. 学校——哈利——艾尔　　　　　250 m　　250 m

（Marshall，1989，pp. 166 - 167）

这些题目对于学生来说并不容易解决.粗略统计，6 年级的 54％的学生以及 8 年级的 38％的学生无法正确回答问题（American Association for the Advancement of Science，1989）.

将运算具体化

传统的故事型问题关注的是计算过程中的计算以及运算方法.在许多的例子中，并没有真正地对计算的过程是否准确感兴趣.应该关注的是，学生是否能够判断出应该用哪一个运算方法，并且在多步骤的问题中，应该用什么样的顺序，如何运用一个属于程序性知识的运算法则知识，何时该用一个特定的属于结构性知识的运算法则知识.

测试运算方法使用的问题也许是最容易创设出来的，这是因为其他的干扰项都是一些简单的算术运算方法，示例如下.

俄罗斯生产全世界 $\frac{3}{20}$ 的石油.中东国家生产了全世界 $\frac{2}{3}$ 的石油.那么它们总共生产了多少石油？

A. 乘法　　　　　B. 除法　　　　　C. 减法　　　　　D. 加法

（Marshall，1989，p. 167）

这些是这个结构上的一些变化.你也可以写一些数学的表达式或是方程式来作为干扰项.对于多步骤问题，干扰项可以是"先加法，后除法"或者"先加法，后乘法，再用减法".尽管，一个四项选择或多种选择的干扰设计并不能把所有可能的干扰都囊括进去.不过，由于学生肯定会运用到其中的一种方法，所以非常确信可以测试出学生的问题解决能力.对于多步骤的问题，必须有一些几种运算方法的组合出现在待选的选项中作为干扰项.不过，很难确定干扰项一定会是某些学生的错误做法.

即使进行了仔细的规划，仍旧无法确定是否已经为每个人找到最合适的干扰项.作为一个相关例子，请看下面这个问题.

约翰有 12 张棒球卡.他将其中的 $\frac{1}{3}$ 给了吉姆.那么，约翰还剩多少张卡？

A. 4　　　　　B. 6　　　　　C. 8　　　　　D. 9

多年来,这一问题已经作为 6 年级学生的评估测试题目. 对于加利福尼亚的学生来说很难,只有大约 30% 的学生正确回答出这道题. 绝大部分学生选择了选项 A,这个是和解决该问题的第一步相关的.

当学生试图去解答一个问题,并发现他们的答案甚至不在原问题答案的选项之中,这是一种怎样的感受? 一种情况是他们认为他们解答过程有错,这样他们试着再解答一次. 有的人认为那些一开始将 12 减去 $\frac{1}{3}$,并且没有获得选项中的一个答案时,他们会使用另外一种运算方法. 在这种情况下,他们中的大部分人显然会将两个数字相乘,而不是用一个数字减去另外一个数字. 有些学生在发现他们的答案没有出现在问题的选项中时,会放弃解答,或者在答案的选项中随机选择一项.

与其让学生在一个特定问题中去分辨该用哪些运算方法,不如直接把问题以及一个可能的解决方法展示给学生,再问学生问题这样解决是否正确,这样会更有用. 通过这种形式,可以判断出学生是否意识到运用运算法则中的错误,同时是否使用了正确的运算法则. 同样能够判断学生是否察觉到计算过程中错误地使用了一些数据. 这样,这一个问题,就能够同时测试陈述性、程序性以及结构性的知识,示例如下.

玛莎买了两件单价为 7.99 美元的衬衫,三件单价为 10.49 美元的毛衣. 她给了售货员 50 美元,应该找回多少钱?

比尔是以下面的方式来解决这个问题的:

第一步	第二步	第三步	第四步
$7.99	$10.49	$15.98	$50.00
× 2	× 2	+20.98	−36.96

对于比尔的解答过程,你怎样认为?

A. 他应该首先加上 7.99 和 10.49

*B. 他应该将 $10.49 乘以 3

C. 他在第四步中减法错误

D. 没有问题

(Marshall,1989,p.168)

更为广泛的修改建议是直接采用开放式或自由式的回答. 这样的一种形式尽可能地模仿了大部分可能发生的问题解决情境. 从认知心理学观点来看,一个转移到自由格式的回答形式会很大程度上影响学生的策略使用,使得他们无法再利用"方法—目的"分析法的策略了. 当干扰项出现时,学生常常使用"方法—目的"分析法回到问题当中去,以一个可能的答案(几个选项中的一个)开始,并且试图找到如何来得到这个答案的方法. 如果能够成功,这个也就是这一问题的正确答案. 如果不能成功,那么运用到另外一个选项上,依此类推. 如果这一问题没有答案列表,那么不能使用该方法. 这样的话,学生只能思考其他的问题解决策略. 自由回答的问题的优点是不再受所设置的干扰项的限制.

改变测试题目的影响

这里提到的修改是和改变测试题目的形式有关. 这些改变第一个影响, 即最大最直接的影响是回答这些题目所需要的时间. 让学生回答非标准、非计算类的题目通常要花费更多时间. 因此, 如果测试题目包含了如此特征的改变, 那么题目的数量要减少, 或者测试的时间要适当加长.

第二个影响是测试的花费. 如果仅就选择题型来说, 很多时间肯定是花在发展有意义的干扰项上. 这就意味着做这样一份考试题目要花费更多的资金在干扰项的开发上. 如果是自由回答的题目, 那么打分是要花费较多的费用.

改变测试题目的本质影响会从不同的方式中感受到, 这一点还要考虑测试是成绩型、评价型或者是诊断型. 比如, 如果一个题目提供了很多关于学生可能知道的或不知道的信息, 那么这种测试在数量上就不是那么要紧了. 这就是说, 即使是量少的精心设计的题目也比量多的传统题目更具有诊断性或评价性价值.

3. 设计测试的新模型: 结构性评价

问题解决评价当前要做的是对于测试问题解决过程的领域进行分析. 如果要去测量一个人在某领域的专业程度, 一个重要指标就是在高层次概念或高阶思考技能上的运用.

正如前面的几个部分中讨论的那样, 在问题解决任务中, 也许需要几种迥然不同的知识类型. 就程序性以及陈述性知识结构而言, 它们都可以通过传统的方式来评估, 正如前面的几个部分中展示的那样. 而结构性知识评估则需要新的心理测量过程. 在长期记忆中的, 和高阶技能或概念相对应的知识结构就是结构性知识. 这样, 需要思考的是, 如何测量学生的结构性知识, 以便理解他们在某一领域的专业程度和能力水平.

展示一个人对于结构的理解以及使用, 需要关注如下三个重要的问题 (Marshall, 1989): 第一, 这个人将如同小说般的情境映射到一个特定结构的能力有多大? 这一问题是要判断一个人是否能够意识到一个情境的决定性因素. 第二, 这个人能将结构的至关重要的组成成分作为他 (她) 知识基础的一部分吗? 当评估结构性知识时, 需要知道观察到的错误是否是由知识量不足或是不合理的结构使用导致的. 第三, 人们会问结构的组成成分是否连接在了一起, 或者是作为孤立或是不相关因素存在于长期记忆当中.

这三个问题的提出, 关注到了个人短期以及长期记忆的不同方面. 具体的, 第一个问题, 是关于将短期记忆中的诱发性刺激信息编码准确映射到长短期记忆中的对应连接上. 使用一些与对应关系联系不大的问题作为诱发刺激是会增加短期记忆容量的负担. 这些问题都还是有待于解决的, 比如, 如何重组这样的问题来提高模式的对应关系, 以及如何排序信息的表征顺序来提高模式对应的准确性.

第二以及第三个关于结构使用的问题需要更直接的关注. 第二个问题关注个人是否获

得了那个结构的关键因素.第三个则强调这些因素之间的联系性.这些问题就是知识是如何存储在长期记忆中的问题,并且它们可以通过重新组织来解答问题.

假设有了一个定义明确的主题领域,并且这一领域具有结构性知识结构的特点.可以把每一个结构想成一个包含许多节点的图,并且每个节点相连(图5-12).每一个和结构相关的陈述性事实都是一个节点.许多陈述性节点可能是相连的,形成了一群相互连接的事实群.类似地,许多程序性规则也会连在一起,当其中的一个被运用时,与之连接的其他规则也会被运用.

连接的重要性是能够通过激活的心理概念来考量的.在这种概念中,任何特殊的节点都可以作为一种刺激结果来被评价.比如,当看到一只狗,记忆的节点中和狗对应的区域便会被激活.如果其他和这一节点相连,那么它们也会同时被激活,这样便会想到一只宠物狗,或者这只毛茸茸的狗是买给一个小孩的,又或者报纸上看到的卡通狗.

如果这些连接线或是弧并没有在一个结构中显示,这一节点接收到的激活就会从某种方式上受限.假设一个结构包含了6个节点,每一个都是直接相连,如图5-12(1)所示.对于任一节点的评价都会导致该结构内所有节点的激活.评价是直接,并且迅速的.现在考虑图5-12(2)中显示的结构.同样,一共有6个节点,但是这一次它们被分成了2个不同的部分.如果要去激活结构中的所有节点,那么至少要激活两个节点,一个部分一个节点,并被直接刺激.进入这一情况则会比第一种情形要慢,因为两个信息片段都需要处理,同时记忆中的两条路线还要贯穿.

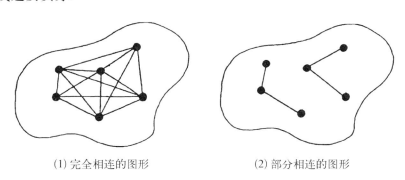

(1) 完全相连的图形　　　　　　　　(2) 部分相连的图形

图5-12　表征结构性知识的图表(Marshall,1989,p.173)

总而言之,一个良好构造的结构会有很多连接,只有这样,任何相关的信息片段的刺激都可以在结构内激活所有的节点.在这样的一种情况下,接近这一结构也就变得更为迅速,并且所有和问题解决可能相关的信息都能够被用上.当有几个孤立部分出现时,每一个独立的部分都要分别接收刺激.如果有任何部分没有被激活,那么从记忆中便无法提取有效有用的知识,并且问题的解决也会变得更为棘手.

教学的一个目标以及评估的目标就是判断这些连接对于良好创建的结构是否重要.教学应该致力于创建这些连接,与此同时,评价会在最后结果出来的时候,评估它们是否按照原来想的那样创建起来.

当一个人建立起和某一领域相关的知识时,他(她)就获得了和那些有能力的问题解决者相似的结构性知识.如果真的对这些人是否具有结构性知识感兴趣,就不应该使得这种创造的机会带有偶然性.有人说教学的目的是培养一个人长期记忆中的合适结构性知识的发展.即,教学就应该以良好理解以及具体的方式来引导实现结构的发展以及修改.

这里有两个对个人结构性知识感兴趣的问题:第一个问题,这个人是否在一个问题解决的情境中,且使用这一结构的所有必需节点? 也就是,这个人是否已经具备每一个陈述性的信息片段以及和这个结构相关的每一个"如果—那么"的规则? 第二个问题,信息的不同因素是独立存在的,还是相互连在一起的? 这些知识包含的连贯性怎么样? 对于一个结构,若要其能像长期记忆中的有组织的因素那样有效地起作用,就必须要让其真正地形成统一的结构,而不是简单松散地连起来.

这里用加法结构来说明结构性知识的测试.首先,这个人需要知道简单的加法事实.取决于这个人的熟悉程度,这些事实可能是和整数、分数等有关.这个人需要知道一些词的含义,如"加""加上""把它们加起来""一共是多少".还需要知道加法的符号"+",以及"2 和 3 相加"可以用"2+3"的方式来表达.

如果加法的结构是实例化的,那么就必须要有相关的前提条件或者预设条件.比如,至少要有两个数字.要加起来的东西必须要是"可加的".如果数字不止一位,那么这个人要知道关于位值以及顺序的概念.很容易扩展和这个结构相关的很多陈述性的概念以及事实.但是,对于一个特定的问题解决情境,并不是所有的都要用上.任务是创造出有意义的例子,这些例子可以显示出一个人所具备的知识,以及所不具备的知识.

考虑获得一个图形结构的相关知识的优点是能够同时测试很多节点,而不是一个一个地测试.这样,任一测试题目都能够用来对许多节点评价.理论上,可以决定一个测试项目中的最佳节点数.在实践中,这个数字取决于要评估的特定结构.对于节点稀少的结构,独立测试每一个节点可能会更好.对于有很多节点的结构,以纵览组合的节点也就是理所当然的了.看来,对于任一个复杂的结构的充分评价也许只需要一些题目就可以了.

判断评价节点之间是否有连接,不仅要判断不同节点的数目,还要预估它们之间的连接程度.在实践中,每一个评价问题应该设计成使得一个正确的回答能够展现出几个具体节点的知识以及这几个节点之间的清晰关系.这时候,协议分析或是访谈技巧则是实行这种评价方式的最佳手段.有人预测这种类型的测试会随着电脑评价的普及在未来得到广泛的运用.

这一方法的重要性,以及人们喜欢该方法的原因是,它会让人们去清晰地思考哪些知识结构正在接受评估以及一个测试题目是如何评价这些结构的.如果这些题目是具体地创建来测试一系列的节点及其间的连接,就可以获得大量在传统测试中看不到的信息.除非有一个清晰测试出这些连接的方法,否则只能在一个人作出正确回答的情况下才能推断出这样的连接是否存在.如果这个人作出了错误的回应,那么通常无法知晓他(她)在节点上的连接情况.通过模型化他(她)的知识结构,可以对理解的层次作出假设,并且可以直接测试这些假设.

4. 总结

这里所讨论的过程需要去考虑:知识是在人们记忆中如何被组织、存储以及回忆起来的.在大部分的测试情境中,都想知道一个人是否了解这一个领域.这就意味着想知道这个人对于统筹这一领域的基本原则是否有比较好的了解,以及他(她)是否可以运用这一领域的知识.但是这些对于评价一个人对于独立事实以及运算法则的程度还不足够.测试程序必须着眼于更大、更广阔的概念性结构.这时候,最关键的点便在关注结构上.

上述文中概述的方法表现了从基于数据或心理测量模型的评价程序转化到基于学习与记忆的认知模型程序.这是一个非常有意义的改变,它影响了测试过程的每一个方面:测试的发展、结果的阐释以及修正.正如这里所展现的一样,需要创造能够测量陈述性、程序性以及结构性知识的题目.一旦这些题目组合到一个测试当中,就可以看出学生懂得多少,以及学生组织他(她)长期记忆中信息的优良程度.有了学生的这些信息,就可以据此修改当前的教学方法,并创造基于帮助学生更有效学习目标的新的教学方式.

六、关于数学问题解决评价的一个模型

以下将介绍莱斯特和克罗利(Lester & Kroll,1993)评价模型.这个模型是建构在莱斯特及其同事所做的模型的基础之上的.之前,莱斯特等人的模型是用来引导开发问题解决特定方面评价的方法.模型有三个内容,两个是涉及问题解决表现的,还有一个是涉及用于评价的问题特点的.不过,他们的模型有两个基本的局限:(1)它不包括与情感因素或信念相关的内容;(2)它不考虑控制过程(例如,在问题解决过程中的进展监测).为了补救这一情况,莱斯特和克罗利(Lester & Kroll,1993)的评价模型是将这两个表现内容融合进去,有了对表现过程的监测,以及处理情感和信念的内容.因此,改进了的模型考虑到了影响问题解决五个因素中的四个,除了社会文化背景因素(这一类别一般不在教学中考虑,除非评价结果涉及课堂本身文化的改变).图5-13对这一模型的三个内容进行描述.

内容Ⅰ:情感和信念

在上一部分,已经提到情感是影响问题解决五个类别因素之一.通常"情感"这个词包括态度、欣赏、偏好、情绪和价值(Hart,1989).情感不像情绪,情感相对长期稳定,而情绪相对短暂易变(McLeod,1989).因此,在模型中包含了不同于情绪的所有情感类型.

情感和信念组成部分

> **情感**
> 影响因素：对数学或问题解决的兴趣，愿意挑战，坚持不
> 懈，动机或不确定性的容忍等
> **信念**
> 关于数学、问题解决以及自我的信念

表现组成部分　　　　　　　　　　　问题特点组成部分

> **认知过程**
> —理解：问题、条件和变量
> —选择：数据、子目标和策略
> —实施策略、达到子目标
> —根据数据陈述答案
> —评价答案的合理性
> —监控进展
> 　　得到正确答案

> 特点：问题类型
> 　　　需要的策略
> 　　　数学内容
> 　　　数据资源
> 　　　信息类型

图 5 - 13　一个关于数学问题解决评价的模型(Lester & Kroll，1993，p. 59)

正如之前所说的，信念往往形成态度，在解决问题的过程中也影响决策. 信念似乎在问题解决能力的发展中有着特别重要的地位，包括对数学本身的信念、问题解决的信念以及作为问题解决者的信念.

正如教学项目应该培养发展有用的态度和信念一样，评价应该努力去衡量它们发展的程度.

内容Ⅱ：表现

表现内容包括两个相关子内容：（1）用于解决问题的各种认知过程；（2）得到正确答案的能力. 如果学生可以获得正确的答案，就可以假定学生同样拥有解决这类问题的思维方式. 然而，鉴别学生能够得到正确答案不过是评价的一个理由，而且这也并不是最重要的理由. 应该设计一个评价项目对学生发展成为一个良好的问题解决者进行评价，然后用来指引随后的教学. 因此，尽管问题解决的认知过程和得到正确答案的能力之间有着密切关系，评价模型的本质还是要直接关注成功的问题解决所需的认知过程. 认知过程子内容包括许多相当广义的认知及元认知过程. 接下来就是对这些过程进行简要论述.

（1）理解或制定题目中的问题

解决一个问题的首要任务是找到或制定"有意义"的"问题". 问题不是总出现在题目的最后一句话中. 而且通常问题不会以问题的形式出现. 理解问题包括理解问题中特殊词语的意思，以及识别问题是如何与题目中的其他语句相联系的.

（2）理解题目中的条件和变量

来看下面的题目：

雪莉每周可以得到 5 美元的零用钱. 有一周,她妈妈只给她 5 美分、10 美分和 25 美分的硬币,共 24 个. 请问雪莉每种硬币各得到多少个?

这个题目有两个条件:① 硬币总价值为 5 美元;② 硬币的总数为 24 个. 它有三个变量,即各种硬币的数量. 问题解决者必须同时知道这些条件(也要知道每种硬币的面值),还要知道这些条件和变量之间拥有怎样的意义关系.

（3）选择解决问题所需要的数据

问题解决者必须能够识别有用数据,忽略无关数据,从图表、公式等中收集并使用数据. 数据选择过程与理解问题、条件以及变量的过程密切相关.

（4）制定子目标以及选择解决方案

在问题解决的计划阶段,问题解决者必须考虑到是否有子问题或子目标需要解决. 同样,如果有,必须确定这些子目标的解决顺序. 计划的一个相关方面就是选择解决方案或策略.

（5）实施解决方案以及子目标的达成

问题解决者必须可以选择方案并且正确地实施方案. 实施方案包括可以进行计算,运用逻辑推理,解方程,以及对信息进行组织整理等. 类似地,在确定了子目标的解决顺序后,必须能够完成它们.

（6）按照题目的格式要求给出答案

问题解决者必须可以根据问题的相关特点给出答案. 仅得出数字答案是不够的. 问题解决者应该可以陈述自己的答案.

（7）评价答案的合理性

问题解决者必须可以确定答案是否有意义. 这个过程包括重读问题以及对违背相关信息答案的检查(问题、条件和变量),也会用到各种估算方法来评价答案的合理性.

（8）保持控制解决方案

成功解决问题的关键是监控思维和行为的能力. 有效控制可以知道如何来监控行为,也可以知道监控什么以及何时进行监控.

成功的问题解决包括整合先前经验、知识,以及努力确定结果的直觉. 也就是说,成功的问题解决者不仅掌握了子内容 A(也可能是其他)的认知过程,而且可以确定何时如何来用它们. 同时也包括表现内容的子内容 B(得到正确答案),因为学生掌握了子内容 A 中的所有认知过程还不能得到正确答案,确实可以被认为是有缺陷的问题解决者.

内容Ⅲ：问题特点

模型的第三个内容说明了影响学生成功解决问题的五个重要的问题特点. 当然,也有其他应该注意的特点. 但是不管教学中教师关注的是什么特点,在评价中这些特点都可以进行系统的改变. 这五个特点是:（1）问题类型;（2）解决问题所用的策略;（3）数学内容或题目中的数字类型;(4) 解决问题时所需的数据资源;(5) 题目中的信息类型. 用简短的几句话来描述这一内容所涉及的每个特点.

（1）问题类型

查尔斯和莱斯特(Charles & Lester，1982)对口头的问题的一些类型进行区分(也就是一步和多步翻译、诊断流程问题、困惑和应用问题). 除了口头问题,其他两类是图形或几何问题、符号问题.

（2）涉及策略

在问题解决评价中选择问题应该基于考虑用于解决问题的各种策略. 在小学或中学学校评价的发展中应该考虑以下策略:推测与测试,逆向操作,寻找图示,利用方程,运用逻辑,画图,进行罗列,制表,做模型,简化以及利用资源(例如,书本、计算器).

（3）数学内容

很显然,数学内容在成功的问题解决中起到至关重要的作用. 一位学生可以在一个内容领域解决一个问题,却不一定可以在不同的领域下解决同类问题. 例如,有研究表明,一个能够成功解决实数问题的人,当把实数换成分数或小数时就完全做不出来了(Greer，1987). 一般而言,数的类型(例如,实数、整数、分数、小数)以及数的运算可以大大影响表现. 而且,数学内容不仅涉及数字和运算,同样也涉及比率、比例、几何、测量和代数.

（4）数据资源

问题解决者必须可以提取用来解决问题的信息. 问题解决通常从图片、表格、图示中获取所需信息. 因此,问题解决评价应该也包括这些数据资源.

（5）题目中的信息类型

成功的问题解决的一个重要部分是解决问题所需信息的确定过程. 为了评价学生对所需信息的鉴别以及对不需要信息的忽略程度,教师应该设置一些问题,包括不充分的、不一致的或不相关的(多余的)信息.

识别问题的额外特点并不是很难,应该考虑评价工具的开发. 例如,一个可能包含语法特点的口头问题,或者元认知阶段的问题(例如,定向、组织、执行、证实)(Garofalo & Lester，1985).

应该指出的是,这一模型并不是评价问题解决行为各个方面的框架. 例如,它并不能说明"完美"解决一个问题的能力或恰当识别一个方案一般化的能力. 而是,它指出问题解决中态度和信念的重要性,强调一些关键的认知过程,并已经在很多数学课程中得到关注,同时它也识别了一些影响问题解决表现的问题特点.

七、教师对问题解决评价的结果的使用

教师和管理者经常为了评分而在测试中进行评价. 教师可以这样使用问题解决评价的结果(Lester & Kroll，1993):(1) 促进交流;(2) 决定课堂氛围;(3) 决定问题解决教学的内容与方法;(4)评分.

(1)促进交流

教师都知道,可以通过学生的表现来掌握什么是重要的,什么不重要.上完一堂课,学生会问"考试会考这些内容吗?"或者"必须要掌握这些内容吗?"如果只布置作业而不收作业,学生很多就会不去完成作业.如果教师声称希望看到学生作业的全部过程但只注重学生的最终答案,那么学生很多就不会将自己的过程写出来.一般而言,学生会将教师强调和评价的方面内化为重点.当然,在问题解决教学中也是一样的.很明显,学生对问题解决的态度与信念受他们的教师所使用的评价方法影响.

例如,通过一学期问题解决教学,7年级学生写的评论,重点放在许多目标上(认知与非认知)而不仅是正确答案(Lester, Garofalo, & Kroll, 1989).学生的理解与计划比答案更重要,期望学生关注问题解决的策略.减少时间限制,让学生参与课堂讨论,说出自己在问题解决中的尝试,思考自己解题的优点与不足,反思每一次问题解决的经验,形成对问题难易程度的判断.学生可以清晰地意识到问题解决的这些方面,因为在他们六个月后的论文中都有提及他们的问题解决课程.凯西是这样写的:

(教师)说过解决问题不是为了得到正确答案.他说要关注解题策略,像作图列表.慢慢地,当我们对问题解决策略熟悉后,再来关注答案的正确与否.(Lester & Kroll, 1993, p. 68)

乔斯写道:

上学期的数学问题解决课程教会我更清晰地思考.我记得我们有特定的分值.理解占4分,书写占4分,答案正确占2分,每个问题总分10分.做完每一题我们必须要填写一个关于解题过程中如何思考以及问题难易程度的评价表.(Lester & Kroll, 1993, p. 68)

托德这样回忆的:

(教师)给每位学生一个文件夹用来装我们的作业.有时会让全班一起来解决问题.这样可以让我们非常好地理解问题.将我们个人或小组解决数学问题过程录下来,让我们更好地了解自己的习惯与错误.在解决问题时,把自己的想法说出来,这样可以让教师知道你是怎么想的.你不必有时间的限制,这样就不会有太多的压力.(Lester & Kroll, 1993, p. 68)

通过评价方法可以让学生(家长或管理者)知道什么是重要的.评价方法也可以帮助教师确保他们教授的问题解决内容是他们认为有价值的.课程的评价大大影响了学生所学内容以及教师所重视的内容.

（2）决定课堂氛围

一个有利于问题解决的课堂氛围对建构成功项目至关重要. 在影响课堂氛围的要素中, 有三个重要部分: ① 教师的投入与热情, 即教师是否也参与其中? ② 问题解决的场合——学生认为它是整堂课的一部分还是额外的? ③ 评价的使用——经常评价学生吗? 或者学生有机会探索实验吗? 有持续鼓励学生吗? 只是评价答案吗? 对不同方案及创新方案表扬了吗?

考虑到学生态度和信念, 允许教师调整难易度, 适当变形, 添加背景, 增加问题展示的兴趣来让学生更好地完成. 像学生自我清单, 学生自我报告以及访谈或观察学生这些评价方法可以为判断学生问题解决中的态度与信念提供必要数据. 这些数据对课堂氛围的决定是无比重要的.

（3）决定问题解决教学的内容与方法

评价数据也可以用来决定问题解决项目的内容及其教学方法. 从观察、访谈以及对学生作业的分析中得到的数据, 可以用来诊断学生的优点与不足之处. 值得注意的是优点与不足的诊断要受使用的评价方法的类型所影响.

（4）评分

最后一个评价数据的应用是评分. 让教师要明白评价与分数不是同义的. 每一个教师在问题解决中都应该有一个评价项目的计划, 以及评分方案. 当教师决定评分时, 以下指导是有帮助的: ① 事先通知学生要对作业进行评分; ② 用考虑解题过程而不仅仅考虑答案的评分标准; ③ 意识到对学生进行评分时他们的表现可能不会很好; ④ 在评分基础上尽可能多地使用数据和不同方法; ⑤ 考虑考试中的格式与平日教学中的格式相匹配(例如, 如果学生在解题时经常用到合作小组的方式, 考虑学生在合作小组中的表现).

对许多学生来说, 分数是很有激励作用的因素. 恰当地使用评分, 学生会从中受益.

5.1.6 策略性知识及其评价

关于策略性知识评价, 主要聚焦评价的策略以及对学生态度的改变. 这主要引自斯旺(Swan, 1993)的研究.

一、评价数学策略性知识的一般策略

数学策略主要是指导学生选择恰当的技巧去解决不熟悉的问题. 知识中的事实或技巧可以通过短的封闭性问题得以评价, 而对于策略技巧的评价, 就只能通过开放的任务来进行了, 要求学生作出选择、给出原因并解释.

短期任务

通过短期任务, 数学策略的某些方面可以得到很好的评价, 这样的任务已经在实践中有了广泛的应用, 在公开考试中也会偶尔用到. 用以下三个例子来说明评价概括、符号化和证明.

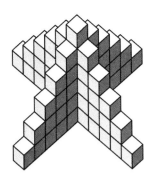

图 5 - 14

案例 1　骨架塔

(1) 建这个塔需要多少个立方体?

(2) 建构这样一个有 12 个立方体那么高的塔需要多少个立方体?

(3) 解释你是怎么算出问题(2)的.

(4) 怎样计算搭建有 n 个立方体那么高的塔需要多少个立方体?

(Swan,1993,p.30)

骨架塔已经被用作公开的考试任务.学生可以使用很多不同方法来解决.有些人把塔折成四条腿和一个中心,然后求和.

$$4 \times [1 + 2 + 3 + 4 + \cdots + (n-1)] + n$$

其他人做了水平分层:

$$1 + 5 + 9 + \cdots (总共 n 项)$$

还有人甚至想象把两条腿折断,倒过来,把它们放在其他上面,从而形成一堵 n 个单位高、$(2n-1)$ 个单位长的墙.评分制度与四个方面有关:理解问题、系统地论证、解释得到的结果、用语言或代数方法进行概括.

案例 2　数字游戏

1 到 100

这个游戏需要两个人玩.玩家轮流选择从 1 到 10 的任何整数.他们对所有选择的数作连续的加法.谁的总数恰好到达 100,谁就赢了.因此,在下面的样本游戏中,玩家 1 获胜.和你的同学玩几次这个游戏.试图找到一个成功的策略.

表 5 - 7

玩家 1 的选择	玩家 2 的选择	运行总数
10		10
	5	15
8		23
	8	31
2		33
	9	42
9		51
	9	60
8		68
	9	77
9		86
	10	96
4		100

(Swan,1993,p.30)

1 到 100 是一个简单的数字游戏,它完美地阐述了归纳法的能力.玩了两次游戏后,学生开始思考成功的策略.以下是两位学生的讨论:

S_1:当你加到 80 时,你就能找到赢的方法.他与 85 到 90 有关.

(他们玩了另一个游戏,S_1 在 88.)

S_1:现在如果我选择 1,那么我认为我能赢.

S_2:如果你到达 89,你一定能赢,但如果你选择了 10,那你就赢不了.

(Swan,1993,p. 29)

在接下来的游戏里,学生决定停在 89,因为他们知道谁先到 89 谁就会赢.接着,学生对这个问题有了突破性认识.辩论是重复性的,比如谁先到 78 谁就会赢.最后,一个能获胜的模式被学生发现了:1,12,23,34,45,56,67,78,89,100.

通过这个例子可以看出,学生展示了推理和清晰地沟通的能力.如果允许学生在某些方面改变约束条件,它可以很容易发展成一个拓展性活动,例如,指定 1 到 100 失败或者只能选择 5 到 10.

长期任务

尽管上述任务对评价数学策略是有用的.但从本质上来说,它们都是短的、意义明确的,范围是有限的.在过去的几年里,备受关注的是扩展的、更开放的任务,它通常会占用 3 到 15 个小时的课堂时间.这些任务正在被广泛使用着.

以下是案例"连续整数的和"(图 5-15).这里,真正的目的是希望学生把他们的解决方

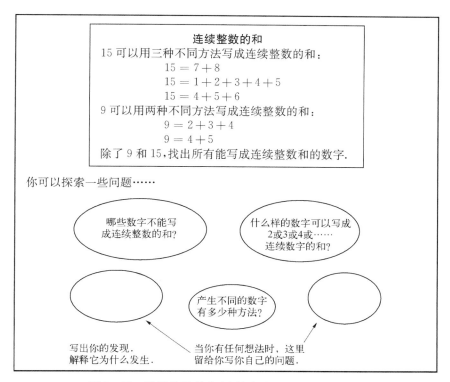

图 5-15　连续整数的和(改编自 Swan,1993,p. 32)

案付诸实践. 注意,学生有机会去做自己的问题,从而获得任务的归属感,这是他们能维持工作数小时的关键.

当然,这里需要更多的支持和引导. 有效支持要在如下三个方面保持平衡:给学生提供充分的引导使学生不困惑,学生因为任务要求太高而沮丧,以及提供太多的引导会使得战略负载减少. 如果替学生决定一切,那么就无法评价策略技巧.

战略技巧的录音证据

任务的分阶段方案,对于评价战略技巧的是非常必要的. 比如:

1. 任务的理解和应对

这包括采取合适的策略评价学生的能力,把多级任务分解成可识别的阶段,确定现实目标,选择合适的设备.

2. 原因和作推论

这包括评价学生的能力以识别模型并形成概念,证明结论,考虑一个任务的变化和扩展.

3. 努力做任务

这包括评价学生的能力时,收集数据并进行适当处理,运算到适当的精度,克服困难,组织工作,验证工作和结果.

4. 使用设备

这包括评价学生使用软件包、计算器、测量和几何装置、剪刀、绳子、吸管、胶水等工具的能力.

5. 估算和心算

这包括评价学生在计算物理量时使用近似和估算的能力.

6. 交流

这包括评价学生,在交流的过程和结果以及讨论的数学想法时,能呈现一个清晰和有逻辑的书面报告的能力.

根据学生需要多少帮助,教师必须使用自己的专业判断进行适当的调整. 这些评价是总结性的,供公众使用,教师也需要把它们集合在一起以确保他们的标准是可比较的.

当然,任务持续几个星期,通常包括小组协作,如果他(她)一直是合作工作的,那么教师要考虑如何评价这个人的个人成就. 可能的解决方案包括口头面试和偶然的引进相关任务(有时称为"控制元素"),这些任务必须独立完成.

二、转变学生对策略评价态度的一般策略

在传统的测试中,策略往往得不到应有的重视. 教师可以使用几种方式来鼓励学生给出策略上的反馈. 其中包括让学生改变角色,从而再改变他们的观点. 下面有三个案例.

学生评价自己

案例 3　制作相似模型(学生自我评价)

在一所学校,他们自己组织了 7 年级课程(为 11～12 岁的学生),包括大约六个扩展项目. 每个项目占六个星期的课堂时间,包括学生以团体完成整体的任务,例如设计教室的布局,包括学生评价现有的布局,衡量现有的家具,制作相似模型,并实现首选方案.

在每个项目开始的时候,学生手中会有一个列表,其中有大约 10 项性能标准. 在完成项目的过程中,鼓励学生根据这些标准以五绩点量表记录自己的进步. 这是以一种非正式的方式进行评价的;有时似乎这种测量被理解为"理解的水平",其他时候又是"自主的水平".

在图 5-16 是一位学生自我评价的案例. 学生依据几何项目中标识使用的标准给自己打分. 比如,这位学生根据标准 1(理解并使用与角度相关的语言)给自己打了 4 分. 教师认为她应该有更高的分数,给了她 5 分. 在可能的情况下,教师会解释为什么他(她)给的分数和学生的不同.

还有,在项目结束时,还要求学生对他们理解、计划、执行和交流工作的能力进行评价. 然后使用同样的测量,教师在学生旁边写出他们完整的评价. 学生和教师之间会有相当多的讨论和谈判,双方将更加了解进步和特殊需要的区域. 需要指出的是,应该鼓励学生写出,他们认为自己学到了什么,他们认为自己有多努力工作,以及他们有多享受这个课题.

在所有工作中,令学生特别骄傲的是他们的自我评价表. 这个自我评价表会保存在一个文件柜中. 学习的过程会包括一系列的自我评价表的收集,以保证学生的记录更新到最近.

标准
1. 我可以理解并使用和角度相关的语言;
2. 我可以构造简单的二维形状;
3. 我知道四边形角的属性;
4. 我可以在二维形状上使用标识.

在框中选出最能显示你成绩的分数,每一项只选一个.

		1	2	3	4	5
1	学生的评分				✓	
	教师的评分					✓
2	学生的评分		✓			
	教师的评分		✓			
3	学生的评分				✓	
	教师的评分					✓
4	学生的评分					✓
	教师的评分				✓	

图 5-16　学生的自我评价表(改编自 Swan, 1993, p.36)

还有教师让 9 年级学生(13～14 岁的学生)来制定一个单元的知识结构图,并据此设计问题. 学生首先列出重要的思想,然后设计不同难度的问题来解决. 这种类型的活动迫使学生去复习这个主题,并逐条列举最重要的事实、概念和技能. 同时也反映了学生对问题的设计和自己能力的极限. 通常情况下,生成的测试比教师预计的要困难,学生的表现也比预计中的好很多.

学生参与的整个过程将会使教师和学生双方有更好的理解,并对他们学到了什么,学得怎么样有更深刻的认识.

对学生的目的认知和态度的评价

以下案例是用于评价学生对问题的意图理解和对数学的态度.尽管两个问题都是相对封闭的,但他们在改变学生对学习目的和态度的认识上是有成效的.比如,一些学生在接触到这些问题后,开始有这样的习惯,就是在一系列课程结束的时候,会去注意教学目的,以及他们认为他们学到了什么,他们认为自己学习有多努力,以及他们有多享受整个学习过程.

案例4 金字塔砖(评价学生对数学活动目的的看法)

这是一个由9块砖构成的金字塔.高度是3块砖(图5-17).假如建一个10块砖高的金字塔,需要多少块砖? 写出你的所有想法.

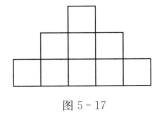

图5-17

问题意图是什么? 对以下每个意图进行打分,按照如下的标准:2——一个主要目的;1——有益于;0——没有目的.

1. 去实践技能,如计算和制作号码表;

2. 考虑组织工作;

3. 学会巧妙地工作;

4. 了解什么是金字塔;

5. 学会使用像"奇数"和"平方"这样的词语;

6. 在写的时候有更好的解释;

7. 知道怎样在生活中使用数学.

(Swan,1993,p.37)

案例5 学习数学就像……(评价学生对数学的一般看法)

每个句子在如下选项中选择一个:A. 非常不同意;B. 同意;C. 不确定;D. 不同意;E. 非常不同意.

1. 学习数学就像学习一种新的烹饪配方,教师或许写给你一步一步的指示,你只需要做他们所说的;

2. 数学像一个丛林,想法总是混在一起;

3. 做数学问题就像踩着石头过河,只有一种方法;

4. 学习数学就像建一堵墙,你必须把砖按顺序放,你必须以一定的顺序学习数学思想;

5. 你不必知道数学怎样工作,你只需要练习它;

6. 学习数学就像探索一个未知的国度,你做了很多选择,选择怎么走;

7. 数学像一个拼图,思想整洁和美观;

8. 做数学问题就像在迷宫中找路,有许多路可以走;

9. 学习数学就像画一幅图,你先做哪一点没关系,它最后都要组合在一起;

10. 在使用数学思想之前,你必须理解它.

(Swan,1993,p.38)

5.1.7 批判性思维及其评价

关于批判性思维评价的相关研究,可供参考的资料并不是很多. 这主要缘于批判性思维在传统的纸笔测试中难以体现出来,所以在测试和评价中容易被忽视. 这里将讨论批判性思维评价中具有挑战性的问题,主要引自斯责特拉(Szetela,1993)的研究.

一、沟通、交流的重要性

教师经常听到他们的学生说:"我能做出来,但我不能解释."做很重要,不过,事实上,学生对他们正在做什么的理解以及交流更重要. 如果学生能够交流他们的思维,那么教师就能更好地评价思维质量,进而使用评价结果提供相应的指导.

对批判性思维的有效评价很大程度上取决于如何充分地促进学生关于理解、批判性思维和证据推理的交流. 在解决问题方面,批判性思维包括分析问题情境、作决定、进展监测,以及对完成的解决方案进行评价. 在解决问题时,学生必须考虑问题的事实、条件和目标,首先得到一个适当的问题表述;决定哪些事实是相关的;并且理解条件的限制情况和目标的明朗情况. 当完成一个解决方案时,必须判断它是否适合问题的事实、条件和目标. 这些想法很难得到评价,特别是在交流很少的情况下.

二、提供问题情境

为了迎接批判性思维评价这个挑战,需要提供问题情境,以便提高学生沟通他们想法的能力. 可以增强使用适当问题的幅度以促进批判性思维和这种思维的交流,见下面几个例子.

下面的例子包括典型问题与辅助问题,旨在鼓励批判性思维的交流. 同时,也包括简要讨论学生的反应,并表露了各种水平的批判性思维表现.

1. 在问题中隐藏问题或事实.

学生检查问题的事实和条件并写出问题和解决方案.

问题:在一个音乐商店出售摇滚音乐录音带. 一些卖 4 美元,其他卖 5 美元. 在 10 分钟内,售出 16 盒磁带. (选自 Szetela,1993,p.144)

教师忘记写一个事实,也忘记写问题. 把这个问题组成一个有用的事实和问题,然后解决这个问题.

一个 6 年级的学生给出了以下解答:

事实:总共有价值 74 美元的磁带售出.

问题:4 美元和 5 美元的磁带各售出了多少? (源自 Szetela,1993,p.144)

在评价这些项目时,教师试图了解学生吸收和组织事实、条件的能力,以及学生的事实与给定事实的一致性. 在这里,教师会注意到,74 美元是一个符合问题事实和条件的量. 教师指出，从 60 美元到 80 美元的任何数量，学生不仅对不完全问题有一个适当的表示，而且能够创造一个与给定事实和条件一致的额外事实.

由学生创造的问题也符合给定的和新创造的事实. 相比教师构造的完全典型性问题解答，学生演示了一个更高层次的思维和问题理解能力. 由于学生被要求编写一个事实和一个合适的问题，所以学生不仅被鼓励从事批判性思维，而且进行了信息交流，使教师能够评价学生思维的质量.

不完整的问题结构中，学生必须创造事实和问题以产生许多各种不同的回答让教师评价. 对相同的问题，在另一个 6 年级的学生的回答中显示出理解的基本水平和思考：

事实：商店里有多少磁带？

问题：出售了有多久？（源自 Szetela，1993，p. 145）

与未能理解的给定事实和条件一样，学生无法从问题中区分事实. 如果学生被要求解决一个完整结构的问题，批判性思维显露可能就不那么明显了.

2. 在学生解决了一个问题后，让他们创建一个类似的或相关的问题.

我们需要 6 个橘子和 3 个柠檬来制作 8 升果汁. 你们班的运动会需要制作 40 升果汁. 每个橘子成本 20 美分，每个柠檬成本 10 美分. 你买完水果后，你的 10 美元会发生什么改变？

当你解决这个问题后，创建你自己的方法. 并且用这个方法编写一个问题，然后解决自己的问题.（选自 Szetela，1993，p. 145）

7 年级的学生，创建问题产生了各种各样、从简单到复杂的问题，如下所示（Szetela，1993，p. 145）：

简单：4 包巧克力片和 2 包面粉能制作 12 个饼干. 一个人想要制作 48 个饼干. 他应该买多少包巧克力片和面粉？

复杂：8 升的柠檬汽水和 2 升的树莓果汁可以制作 10 升的树莓鸡尾酒. 2 升柠檬汽水成本为 1.75 美元，1 升树莓果汁成本为 1.15 美元. 对于大型晚餐来说制作 60 升鸡尾酒需要花费多少钱？

在简单的结构中，数字的选择揭示了学生对现实世界数量和数量之间的关系缺乏理解. 这种缺乏意识可能反映学校教育的问题，因为在计算中，数字总不具有现实意义.

3. 呈现一个问题的解决方案，其中包括概念或程序的错误或者被误导的问题.

请学生检查解决方案并回答一系列的问题，集中揭示他们的批判性思维能力. 例子如下：

在多里小镇有个比萨派对，有 200 名儿童参加. D 的朋友 L、M 和 R 都住在阿佩克斯，他们都要参加这个派对. 从阿佩克斯到多里，每个人都采取了不同的路线. L 选择了最长的路线，M 选择了最短的路线. L 比 M 多走了多少路？

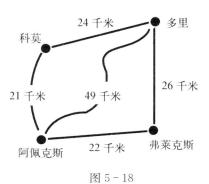

图 5-18

下面是 J 解决这个问题的过程：

22	21	48
26	24	−45
48千米	45千米	3千米

L比M多走3千米

(1) J 充分利用了图 5−18 中所有事实吗？解释你为什么这么认为？

(2) 如果你是教师,你会对 J 说什么？

(3) 使用问题中给出的信息和事实创造你自己的问题.

(选自 Szetela，1993，p. 145)

　　问题(1)是需要学生对问题中的信息进行分析,并且对解决方案作出评价.问题(2)展示学生在担当教师这个角色时,他们对问题的敏锐度和判断力.问题(3)为学生提供了创造和展示他们协调事实、条件和相关问题能力的机会.

　　4、5 年级的学生很容易把自己放在教师的角色上.他们使用的语言更正式、成熟和敏感,他们的回答常常模仿教师.下面是两位学生回答的案例：

(1) J 这是一个很好的策略,但你没有仔细看路线.再走一遍.

(2) J 记得用 km 标志,但也不要忘记"＋"符号.除了答案是错误的,这是一个好方法.下次使用所有的信息去尝试一下.(源自 Szetela，1993，p. 147)

　　4. 创建一个这样的问题,学生要在没有实际解决问题的情况下对这个问题的解释进行交流.

　　下面的内容是要求 4 年级的学生在电话交谈中解释一个问题.

　　一辆公共汽车能坐 36 人.在第一站有 1 人上车,第二站有 2 人上车,第三站有 3 人上车,以此类推.如果没有人下车,那么车行驶了几站的时候是满的？

　　假设你的朋友给你打电话请教这个问题.你应该对你的朋友说什么以帮助他(她)理解这个问题？**不要解答问题**.只是**解释**它,使你的朋友真正**理解**这个问题.(选自 Szetela，1993，p. 147)

　　以下是学生回答的例子：

　　回答这个问题,1＋2 以此类推一直加到结果等于 36 为止.

　　想象一下在 1 路公共汽车上.有一个人上车,然后有两个人上车,之后又有三个人上车,以此类推.这只是一个计数模式：1,2,3,4,5,6,7,8,9,10,11,12,…,直到车满为止.(源自 Szetela，1993，p. 147)

　　电话交谈提供了一个天然的交流载体,使学生用语言表达关于他们对问题的思考.与只是被要求解决问题相比,当学生被引导用语言表达这个问题时,他们需要更多的思维来表达他们的想法.电话交谈的场景允许教师在学生解决问题之前对学生的理解力进行评价.理解的深度可以通过语言表达的长度、事实的选择和协调、解决计划的描述、与问题相关的材料的联系、学生熟悉的经验等方面表现出来.随后的问题解决和相关问题的创造将引出学生思维的更深层次的信息.

三、提出问题先于解决问题

为了评价目标,问题的提出应该先于学生对问题的解决,这有助于他们批判性思维的交流. 以下是一些例子:

1. 你认为这个问题对你来说是困难还是简单? 你为什么这么想?

2. 你理解这个问题有困难吗? 对你不理解的部分进行描述或者解释?

3. 你认为这个问题中有不需要的事实或信息吗?

4. 你像之前一样解决问题吗? 描述这样一个问题.

5. 你能画一个图来说明这个问题吗?

6. 你认为采取什么策略有助于解决这个问题?

(Szetela, 1993, p. 148)

学生解决问题,往往会在他们理解这个问题情境之前,盲目地冲进一个解决方案. 这些问题可以帮助学生慢下来,去思考策略选择和实现.

在学生解决问题之后,补充问题的提出也可以拉长学生思维的信息. 下面是一些例子:

1. 你写的答案完整吗?

2. 根据给定的事实你的回答有意义吗?

3. 你使用了什么策略? 你为什么选择使用这个策略?

4. 你认为你的解决方案正确吗? 为什么?

5. 这道题对你是简单还是困难? 为什么?

6. 你有解答这道题的另外一种方法吗? 告诉我就可以了,不用再解一次.

(Szetela, 1993, p. 148)

综合解决问题之前和之后提出问题,都可以促进学生对问题的思考.

对回答问题质量的评价,教师可以为各种各样的批判性思维设计出简短的描述性标准. 虽然批判性思维的概念是复杂的,但从实用性来讲,评价标准可以相对简单,如下所示:

0——学生并没有尝试批判性思维,给出一个空白的或者消极的意见.

1——学生尝试回答这个问题,但是回答是不合逻辑或者无关紧要的.

2——学生理解这个问题并且给出了相关评论,但回答是不完整的或令人困惑的.

3——学生理解这个问题并且给出了很多正确的相关方面,以及合乎逻辑的观察和推理,但是学生给出的相关方面有少许的缺陷.

4——学生理解这个问题并且给出了所有正确的相关方面,以及合乎逻辑的观察和推理.

(Szetela, 1993, p. 149)

四、使用问题解决来评价批判性思维

通常,会要求学生去解决问题,但很少要求他们对给出的解决方案进行研究和批判. 在面对一个相对完整的解决方案时,学生的批判性思考可能会揭示出更多关于他们解决问题时的信息. 构造相关问题来促进学生对批判性思维的交流,也有助于教师对他们思维质量

的评价. 尽管问题已经得到解决, 但还是要学生能对适应性策略和实现进行批判. 如果解决方案包含错误, 那么这些错误将会为教师评价提供基础性信息.

以下是一个有错误问题的例子, 这有助于揭示批判性思维的缺乏.

问题: 1 升沥青能覆盖 6 平方米. 出售的油漆是 5 升一罐. 漆一个 15 米长、3 米宽的车道需要多少罐油漆?

吉尔试图用以下方法解决问题:

A = 长 × 宽 = 15 × 3 = 45m^2 = 车道的面积

45 ÷ 6 = 7.5(罐)

根据吉尔的解答, 回答下列问题:

(1) 吉尔理解了这个问题吗? 她对问题中给出的事实运用得对吗? 为什么?

(2) 吉尔的回答正确吗? 为什么?

(选自 Szetela, 1993, p. 150)

非常重要的是, 这些精心挑选的问题会提升批判性思维, 以及对这种思维的评价. 这些问题适合学生在解决问题之后立即专注于问题解决的特定方面, 而这些正是教师希望去评价的, 如下所示:

- 关注答案的合理性. 根据问题的事实这个回答有意义吗? 为什么?
- 关注策略的选择. 解答问题时使用的策略好吗? 为什么?
- 关注替代选择. 问题可以以另一种方式解答吗? 怎么做?
- 关注适当的表达. 问题解决者忽略了问题中给出的条件吗? 如果是, 那么他忽略了哪一个条件?
- 关注策略实施的正确性. 问题解决者在解答问题时出现错误了吗? 如果是, 解释这个错误.
- 关注问题的目标, 包括单位. 问题的表述完整吗? 它是否有合适的单位?

(选自 Szetela, 1993, p. 151)

如果问题非常具体, 那么解释和评价学生报告的困难将会减少, 因为具体的问题能指导学生去处理特定的目标. 然而, 即使问题是精心挑选的, 教师仍然会面临模糊和不加批判的报告, 例如"是的, 答案是有意义的, 因为我就是这么做的". 从这样的语句很难确定学生是否对解决方案进行了思考. 问题回答得越不合理, 就越有可能显示出学生没有能力或者不愿意去批判性思考解决方案的合理性.

5.1.8 高层次思维及其评价

在传统测试中, 关于高层次思维的评价是难以真正实现的. 这里将介绍一种新的评价方式, 来捕获学生教育成就中高层次思维的方方面面, 是引自贝克(Baker, 1990)的相关研究.

一、高层次思维的构思与评价

高层次思维来源于对知识过程和任务特征的分析.

1. 高层次思维的知识属性

用最简单的话来说,高层次思维测量包含所有的知识任务,这些任务不只是信息检索.任何一种信息的转化都是"高层次"思维.之前,布卢姆(Bloom,1956)和加涅(Gagne,1985)都是依赖于推理转化和任务过程的建构来分析的.

另一些关于高层次思维的阐述来自一般的问题解决著作和强调问题识别与解决的测试.这些可能会把问题解决看作是一个独立的主题域,这类似于一般的批判思维(Ennis,1987),或者看作是与特殊内容领域相关.高层次思维也可以以元认知技能形式来表现,比如计划与自检.这些技能可能是独立存在的,也可以蕴含在相关主题任务之中.

2. 高层次的评价任务

从评价角度来看,把高层次思维看作是一种任务本身是很平常的.某些任务属性需要高层次思维过程.例如,"开放式"问题往往答案不唯一,而且隐含着需要高层次思维过程(California State Department of Education,1989).显然,开放式问题也可以得到一系列信息检索.同样,几乎所有的学生创作,像写作或其他形式的作品,都被认为是高层次思维过程的例子.

表现性评价的概念也有与测量高层次思维相关的部分(Baker,O'Neil,& Linn,1990).目前关于表现性评价的阐述主要有两个维度:记录暂时行为以及产品结果或方案的评级.表现的记录必然要求高层次思维.

表现性评价的一个变化是在公共教育中可能会重新提出一个高层次成分.这个方法被称为"无缝"测量,即真实性评价(Burstall,1989)或混合性评价(Carlson,1989).这个方法侧重于使用复杂的活动,来判断相关成就.完成这样的任务需要的时间比常规问题解决要长,可以通过独自、合作或组队的形式来完成.这些活动,即使用于评价,也可以同好的教学课程分享许多共性,包括激发学生的好奇心以及对学生的表现进行评级等.在许多这样的例子中,对学生的参与过程和解答结果都要作出评判.

再有,通过避免使用多项选择题,使用开放式任务或者"真实"任务并不能确保这些测量可以用来评价高层次思维过程.这一现实强调了一个重要的观点:任何测量过程——特别是高层次思维——都必须建立在对其他有效信息以及对现实的有效利用的基础之上.

二、高层次思维测试

这里将对高层次思维测试作具体的说明,具体的讨论是建立在学习者数学化的过程,数学教育目标的分层的基础上,是引自达朗其(de Lange,1992)的相关研究.

1. 数学化活动

弗赖登塔尔认为,概念应该形成于现实之中.这一过程被称为"从具体情境中适当提取概念",或者达朗其(de Lange,1987)所说的"数学化概念".说得更准确些,数学化的目的就是首先要直观地探索现实情境(或问题).也就是说,组织和建立问题,试图识别问题中的数学,探索其规律与联系．这种探索(很大的直觉因素)应该引导数学概念的发展、发现和发明．

在多年观察课堂教学中，很清楚地，通过学生之间的互动，学生与教师之间的互动，学生所接触的社会环境，学生的形式化和抽象能力，学生是能从现实情境中提取数学概念的．这就是数学化概念．

在形成这些概念后，学生便可以利用它们来解决新的问题．这反过来，会加固已有概念，调整对现实世界的感观．通过这种方式，学习过程便呈现一种循环状态，如图 5－19 所示．

图 5－19　数学学习环(de Lange，1992，p. 197)　　图 5－20　卢因经验学习模式(de Lange，1992，p. 197)

图 5－19 与卢因(Lewin，1951)经验学习的模式很相似．卢因的模式图(图 5－20)中有两点很值得注意．第一，它依赖于具体经验来验证和测试抽象概念．把问题解决过程的这部分称为应用数学化．第二，反馈原则在这个过程中很重要．卢因用概念反馈来描述社会学习和问题解决过程，这为评价预期目标的偏离程度提供有效信息．

在科尔布(Kolb，1984)的研究中，他把卢因模式与杜威(Dewey)的经验学习模式和皮亚杰的认知发展学习模式进行了比较．在科尔布看来，所有的模式都提倡这样一种观点，学习就其本质而言，是一种紧张而充满挑战的过程．学习者需要拥有四种不同的成功经历：具体经验、观察反思、概念化抽象和主动实践．

（1）多样的结果

数学学习中包含与卢因的模式相似的组成，主动实践环节似乎是数学教育中的最薄弱环节．这就解释了，为什么在荷兰，他们要给学生现实情境和开放式问题．这会使得学生做出更多的结果，不仅局限于精神层面，而是要求学生做更多的具体的事．多样结果能形成一种评价的本质．这在后面的讨论中也会看到．例如，设计测试中的练习，或为其他学生设计测试，可以让学生写论文、做实验、收集数据、得出结论．

（2）互动学习

前面说过，学生之间的互动(学生与教师之间的互动)很重要．

杜瓦斯和马格尼(Doise & Mugny，1984)讲述了一个社会认知冲突．他们的研究清楚地显示了在互动中当社会认知发生冲突时，个体内部碰撞会导致认知的提升．在这里，社会和认知是不可分离的．在数学教育中，学生通常会经历不同的认知过程，而且这与文化背景有很大关系．这就是说，学生之间的互动始于社会认知冲突下的讨论．这给教师提供了一个很好利用这个情境的机会,不过这个情境也会受到研究者和课程开发者的影响.

（3）一系列整合性学习

数学是与现实生活紧密联系的.这一原则是数学教育的重要因素.如果分别来讲授不同学科,而忽略其联系,数学的应用就会变得非常困难,这也使得数学整合变得尤其重要（Klamkin，1968）.在应用中,一般不是只需要代数或者几何.真正的应用经常需要学生来对比不同的模型并整合它们.这意味着整合已经达到了第三个水平.例如,小鼠问题（下面）,就需要代数、概率、线性代数和微积分知识,并且需要绘制图表或使其图像化来解决.下面给出这个问题的解决方案,以便能够更明确地表达观点：

小鼠问题内容：

在理想情况下来估计一对小鼠的繁殖数目.一对小鼠平均一次可以产下 6 只幼鼠,其中有 3 只是母鼠.小鼠的怀孕周期是 21 天,哺乳期也是 21 天.一只母鼠可以在哺乳期再次怀孕,它甚至可以在产下幼鼠后就怀孕.为了简化问题,把从产仔到下一次产仔记作 40 天.如果母鼠在一月的第一天产下 6 只幼鼠,它可以在 40 天后再产下 6 只幼鼠.产下的母鼠可以在 120 天后产仔.假设每次生产都有 3 只母鼠,第二年一月初将会有小鼠 1 808 只,包括最初的一对小鼠……

（选自 de Lange，1992，pp. 199 - 200）

学生就会问：“这个 1 808 的结论是正确的吗？”图 5 - 21 和图 5 - 22 是一位学生与一位教师的解决方案.

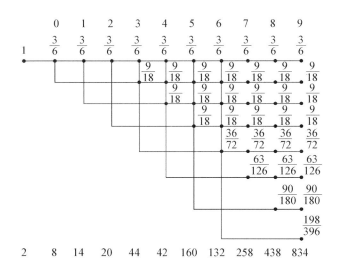

图 5 - 21　一位学生解决“小鼠问题”的方案（改编自 de Lange，1992，p. 200）

产子周期	−1	0	1	2	3	4	5	6	7	8	9
增加的小鼠数目	2	6	6	6	24	44	60	132	258	438	834
总　　数	2	8	14	20	44	86	146	278	536	974	1 808

注：−1 表示进入产子前的状态

图 5 - 22　一位教师解决“小鼠问题”的方案（de Lange，1992，p. 200）

研究数据表明,在职教师培训课程中,只有 20% 的教师在半个小时以内可以解决这个问题. 而学生(16 岁)在这个问题上却做得很好. 当然,结果视情况而定. 在课堂上,时间有限,教师和学生都觉得解决此问题比较困难,甚至只能做出个大概来. 但是在没有时间限制的情况下(比如将此问题留成作业),学生都做得不错. 这说明,像这样的过程性活动并不适合有限时间的笔试测验. 同样,对比前面的图表,发现教师比学生更需要以下公式:

$$A_{n+3} = A_{n+2} + 3A_n; \quad A_{-1} = 2; \quad A_0 = 8; \quad A_1 = 14.$$

与前面不同的一个方法是用图表和矩阵. 例如,图 5-23 给出一个图表,它代表了小鼠的生长数量;还有一个矩阵,它可以来解释这个图表. 另一个可能性是看自然生长的过程. 例如,一个周期一个周期来对比小鼠的数量,从长远来看,生长值等于 1.86. 理想化公式为:$A_n = 44 * 1.86^{n-3}$.

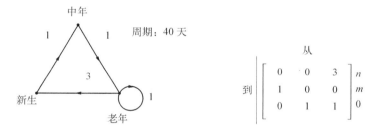

图 5-23 一个基于矩阵解决"小鼠问题"的方案(改编自 de Lange,1992,p. 201)

2. 数学教育的目标

达朗其(de Lange,1992)给出了高中数学教育目标. 以下所列的目标可以作为教师评价高层次思维的参考:(1)一般目标;(2)整体描述;(3)具体目标;(4)具体能力(图 5-24).

具体能力最容易描述和评价. 学生必须掌握特定的基础技能和工具,这对达到具体目标很重要. 对这种特定能力的描述

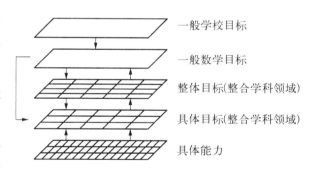

图 5-24 目标说明(de Lange,1992,p. 204)

常被用来作为达到一般目标和整体目标的边界条件. 这些特定能力和工具的描述拥有纯数学的特点,但常常不涉及所追求的目标和学生的活动. 比如学生会进行矩阵的加法等.

具体目标与教学的具体领域有关. 教学活动更是经常直接与具体目标有关,比如在问题背景下描述矩阵的和、积以及幂的意义.

学科领域的整体表征给出了一个领域的框架图,为具体目标的形成作了前期准备,与一般目标相联系,表明了多个领域之间的相互联系. 例如,统计中的目标可能是这样的:

可视化数据在学生学习其他一些领域中有着重要地位. 这个知识也对学生的智力发展

有帮助.个人和组队所作的许多决策都是建立在用图表表示统计数据的基础之上的,特别是对课本中、杂志中和电视中的信息数据进行解释和可视化表示.批评性判断应该是重要因素.为此,学生应该会建立数据的视觉表示,会读并会解释图表信息.(de Lange,1992,p. 202)

永久品质、技能技巧、思维模式等一般数学目标并不局限于某种特定的数学领域之中.因此,形成这些目标有很多一般的方法.总体上来说,学生应该用数学工具来证实自己的解题能力,或者用数学的方法来描述问题,与他人交流想法.这就是说学生应该做到:

- 会识别相关信息、关系和结构;
- 用不同的方式表示呈现问题;
- 在数学不同领域中运用基本技能;
- 用标准方法解决不同领域中的问题;
- 评价判断应用中的数学运用;
- 建立问题与数学概念、关系和结构之间的联系;
- 在解决问题之后能解释其结果并批判性地分析结果;
- 运用研究和推理策略;
- 能识别不同情境下的相同观点;
- 经过仔细分析来调整完善模型.(de Lange,1992,p. 203)

在评价中最容易被忽视的最高水平的目标是一般目标.为了帮助学生掌握知识技能,达到以上目标,培养学生对数学学习的良好态度,应该让学生做到:

- 提出有建设性的解决方案;
- 灵活运用知识与技能;
- 用系统化且有组织的方式方法;
- 概括结论;
- 批判性看待解决过程和结论;
- 估计结果;
- 培养数学鉴赏力;
- 通过建立数学能力信心发展自信心;
- 采取互动方式,利用不同手段.(de Lange,1992,p. 203)

为了完善这一模式,需要添加一些教学活动、测试和教学法作为联系不同水平的要素(图5-25).

教学活动和教学法之间的一个区别是,教

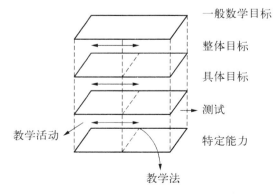

图5-25 目标说明的额外要素
(de Lange,1992,p. 204)

学法是理想化的,而教学活动是发生在课堂中的实践活动. 描述这种模式最清楚的方法是描述每一类别的教学活动. 这些活动涉及各个水平,与所用的教学法相关.

3. 以求达成高水平目标的评价

测试在目标计划中形成了三个竖直联系. 一般来讲,只将测试限制在低水平(基本技能和概念),主要体现具体目标,这是一个不良状态,因为测试对一般目标和具体目标以及它们相互之间的联系都很重要.

达朗其(de Lange,1992)指出,荷兰高中新课程主要碰上了两个问题:第一,限时笔试测验的大量使用,限制了高水平目标的测试,前面的小鼠问题是个很好的例证. 第二,在任何情况下,设计适当的测试都很重要. 以下是设计的指导原则如下:

- 测试必须是学习过程的整合,这样的测试才能提升学习;
- 测试应该要测出学生知道什么而非不知道什么,这样的测试是积极测试;
- 测试应该涉及各个目标;
- 测试的质量不应该由它的客观题分数比例决定;
- 测试应该足够实用,与学校实践相适应.

4. 测试案例——荷兰的国家考试

下面以荷兰的国家测试为例,来说明如何实现高水平目标的评价.

在荷兰,中学 4 年级、5 年级、6 年级结束都会有一个全国性的考试. 一般来说,中学 6 年级的课程是为大学作准备,5 年级的课程是为高等职业培训作准备,而 4 年级的课程则为初等职业水平作准备. 这里将介绍中学 5 年级的一个典型的数学考试(A 或 B). 数学考试的基本情况是:需要三个小时,包括将近二十道题,差不多涉及五个大问题,篇幅有六页左右. 以下将摘取几个实例加以说明.

(1) 一个关于 A 水平测试中问题形式的例子

当看图 5-26 中的练习,应该知道学生虽然用离散方法来学习掌握真实现象的变化,但是在这个课程中是不包括微分函数的. 学生习惯用离散中的"增加图"来代替一个函数的导数图. 问题中的第一个子问题很直接,只涉及最低水平. 另一个子问题是涉及高层次思维的评价,因为它涉及数学交流、下结论、寻找有力观点等.

问题:

渔夫养鱼,不捕鱼的时候,鱼的数量会不断增长. 图 5-26 给出鱼的数量增长的趋势图. 为了收成的最大化,渔夫在捕鱼前要等一些年. 渔夫希望从捕鱼的那年开始,以后的每年收益都是最大化. 每次捕鱼后,鱼的数量都会按照图 5-26 的趋势增长. 渔夫应该等几年后开始捕鱼才能使得他以后每年的收成都是最大化? 每年能捕多少鱼呢? 论证你的观点.

学生是这样解答的:

他要等四年,然后达到每年 20 000 千克. 你不能丢弃那种方法.

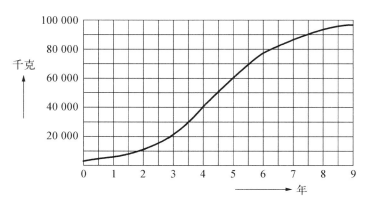

图 5-26 　A 水平测试中的一个问题(de Lange，1992，p. 207)

　　如果他等到第五个年头,他的收成是 20 000 千克的鱼;如果他不等那么长时间,而是尽可能早地开始捕鱼,他最多每年捕到 17 000 千克;如果他等的时间过长(比如六年),他每年只能捕到 18 000 千克.因此,他等五年是最佳的答果.耐心等这些年,渔夫不会后悔的.(de Lange，1992，p. 207)

　　(2) 一个关于 B 水平测试的例子

　　参加 B 水平测试的学生是准备上高等技术职业学校的.一般而言,他们在工作或者学习中需要相当多的正式的和抽象的数学.这里是以教堂大塔问题为例来加以讨论的.这个问题的开放性不如上一个问题,但需要学生在现实背景问题中运用所学知识,而且它将数学与其应用联系在一起.在这个练习中,照片、塔、比例以及问题都是真实的,这个数学是有实质内容的.图 5-28 用草图给出最后一问的解决方案.

　　某教堂有一个大塔.这个塔的底面是 6×6 平方米的一个正方形.塔顶由四个一样大小的菱形组成.塔顶的最低顶点垂直到地面距离为 18 米,最高顶点垂直到地面的距离为 26 米,其余四个顶点到地面距离为 22 米(图 5-27).塔墙上的缺口是回声孔,钟就挂在这些孔后,每半个小时响一下.钟声质量取决于钟房的形状和体积.钟房的地面离地面距离为 12 米,顶棚距地面 22 米.请计算钟房的体积.

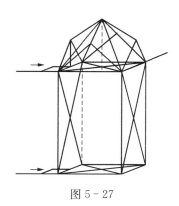

图 5-27

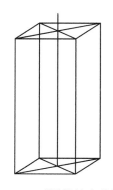

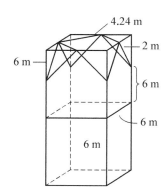

图 5-28 　"计算钟房的体积"的解答(de Lange，1992，p. 209)

从以上两个问题看,如果考试题型继续放开,对数学的教授与学习都会产生明显的影响.就像在很多国家和地区,教师(或学校)以学生的考试成绩来判断学生,这将导致应试化教育.但如果按照上述提到的测试设计原则来开发测试,应试化教学将会发生改变.设计出一个适当的测试是很难也很耗时的,但这也是值得去做的.

教师仍然是测试改革中的关键因素.他们必须由衷接受强调开放题和复杂问题的改变,教学也随之变得更复杂.教师会因为学生的一些灵活解答而丧失一些"权威".他们说的会越来越少,与学生讨论解决问题越来越多.因此,尽管测试开发者成功地开发了一套试题,教师还是至关重要的.还有,教师在学校测试设计中也是十分重要的,要尽可能少地限制教师的设计和管理.设计出的测试问题就有可能变得更有价值,更吸引学生.当然,这会增加教师的评分与设计难度.

（3）学校测试题举例

以下问题是学校测试题.即使在时间限制下,也有可能对学生高层次思维的考查.交通问题:

在荷兰教堂旁,有一个十字路口.

为了交通顺畅,要通过管理红绿灯来避免交通堵塞.统计交通拥挤时的十字路口的车辆数目（每小时）:

$$
A: \quad \begin{array}{c} \\ M \\ N \\ E \\ C \end{array}
\begin{array}{cccc}
M & N & E & C \\
\left[\begin{array}{cccc}
0 & 40 & 200 & 30 \\
30 & 0 & 80 & 50 \\
210 & 60 & 0 & 60 \\
30 & 40 & 80 & 0
\end{array}\right]
\end{array}
$$

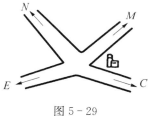

图 5-29

矩阵 $G1$、$G2$、$G3$、$G4$ 表示绿灯方向和时间. $\frac{2}{3}$ 表示有 $\frac{2}{3}$ 的时间可以通过绿灯.

$$
G1: \quad \begin{array}{c} \\ M \\ N \\ E \\ C \end{array}
\begin{array}{cccc}
M & N & E & C \\
\left|\begin{array}{cccc}
0 & \frac{2}{3} & \frac{2}{3} & 0 \\
0 & 0 & 0 & 0 \\
\frac{2}{3} & 0 & 0 & \frac{2}{3} \\
0 & 0 & 0 & 0
\end{array}\right|
\end{array}
$$

$$
G3: \quad \begin{array}{c} \\ M \\ N \\ E \\ C \end{array}
\begin{array}{cccc}
M & N & E & C \\
\left|\begin{array}{cccc}
0 & 0 & 0 & 0 \\
0 & 0 & \frac{1}{2} & \frac{1}{2} \\
0 & 0 & 0 & 0 \\
\frac{1}{2} & \frac{1}{2} & 0 & 0
\end{array}\right|
\end{array}
$$

$$
G2: \quad \begin{array}{c} \\ M \\ N \\ E \\ C \end{array}
\begin{array}{cccc}
M & N & E & C \\
\left[\begin{array}{cccc}
0 & 0 & 0 & \frac{1}{3} \\
0 & 0 & 0 & 0 \\
0 & \frac{1}{3} & 0 & 0 \\
0 & 0 & 0 & 0
\end{array}\right]
\end{array}
$$

$$
G4: \quad \begin{array}{c} \\ M \\ N \\ E \\ C \end{array}
\begin{array}{cccc}
M & N & E & C \\
\left[\begin{array}{cccc}
0 & 0 & 0 & 0 \\
\frac{1}{2} & 0 & 0 & 0 \\
0 & 0 & 0 & 0 \\
0 & 0 & \frac{1}{2} & 0
\end{array}\right]
\end{array}
$$

在一小时中 E 口通过的车辆数目是多少?

变一次绿灯需要多长时间?

记 $G=G1+G2+G3+G4$,之后 $T=30G$. T 表示什么?

绿灯时可以通过十辆车,用矩阵给出一小时内各个路口通过车辆的最大数目.

对比这个矩阵与 A 矩阵,红绿灯管理正确吗? 如果不正确,请给出另一个疏通交通的矩阵 G.

(de Lange,1992,p. 210)

下面关于班级测试结果的问题很典型,从某种意义上讲,这是一个简单的问题,但它的回答却并不简单.教师必须认真考虑学生的不同观点并且接受多样的解答方案.

问题:

用一个茎叶图(图 5-30)来呈现两个班级的测试结果.

请问从这个图表中能否判断出哪个班级表现更好?

(de Lange,1992,p. 211)

A 班		B 班
7	1	
7	2	34
4	3	
55	4	
4	5	
1	6	5
1	7	12344668
9966555	8	114
97	9	1

图 5-30

乍看,许多学生和教师都认为 A 班比 B 班做得好,因为 A 班 80 分以上的学生比较多.但是,一些学生认为 B 班显然更好些,因为只有两位学生表现较差.另外,有观点认为你怎么说都可以,因为两个班级的平均分是一样的.但是中位数更能反映班级情况,那众数呢? 所以归结起来讲,就是你认为什么能更好地来反映结果呢?

5.学校测试拓展

正如学校测试中的两个案例问题一样,其实学校测试也能发挥令人振奋的潜能.

(1)两阶段任务

在两阶段任务中,第一阶段和传统的限时笔试一样,要求学生在有限时间里尽可能多地解答问题.在教师进行评分之后,把测试发给学生,分数是公开的.接下来是第二阶段.在指出学生的错误后,让学生在家中重新做一遍,这一次没有时间限制.这一任务给学生机会来回顾反思自己在第一阶段任务中的表现.

(2)问题论文

在美国和荷兰的学校测试中,有一种测试方式是问题论文.学生从杂志中提取信息,用表格和数字写成文章.要求学生用图示再次对文章进行改写.比如有文章讨论了印尼人口过剩的问题.

(3)创建测试

一个更有前途的新思想是让学生来创建测试.比如,设计测试问题:这个任务很简单,你已经学完了课本前两章节,并进行了测试.这个测试与以往不同,它有一个问题:为你的同伴设计一个测试,内容覆盖整个练习册.你可以从现在准备,看杂志、报纸、课本等,利用图表和数据.注意测试时间控制在一个小时以内.你应该知道测试的答案.评价结果是令人振奋的,鼓励学生对自己的学习过程进行反思,教师得到更多的教学反馈信息.

6. 展望未来

可以看到开放性问题是需要高层次思维来提高问题解决的成功率. 但是,广泛地应用也会产生很多问题. 可以减少选择题的使用,但是必须设计好的开放性测试,用新的观点. 在用"适当"的测试后,必须对教学的真实影响进行调查,并且来评价他们的实践情况. 必须鼓励测试开发者开发这样的测试,设计出创新的策略让教师、家长和政府相信这种测试是有优势的.

§5.2　数学认知领域的诊断评价模型

5.2.1　学生认知水平诊断模型

认知水平诊断模型是一种任务分析模型. 从层次发展的角度看,它主要依据加涅的学习理论. 它试图描绘出用来诊断大部分孩子认知水平的一套最小化的技能和方法,诊断的目的就是确定学生是在何种程度上以有意义的学习方式与数学建立联系的. 当需要正式的诊断数据时,该模型可以满足90%的课堂需要. 当团体评价的数据不充分时,个人需要的诊断也必须要加入到评价中来. 昂德希尔(Underhill)于1969年首次把认知水平诊断模型的原理概念化. 在过去的几十年里,对它的解释不仅越变越多,也越来越详细. 以下就昂德希尔及其同事(Underhill,Uprichard,& Heddens,1980)的相关研究,对该模型进行介绍.

一、该模型的理论支撑

几个世纪以来,数学结构一直受到学者的极大关注. 布鲁克纳(Brueckner,1930)利用逻辑分析法开发诊断技术,这种方法也常用于加涅提出的概念化任务分析中.

认知水平诊断模型是基于任务分析程序. 教师在宽泛的内容领域明确学生的学习成果,比如整数的加法或分数的除法. 要想掌握多个领域的知识或完成高级的任务,完成任务分析是主要的先决条件. 在该模型中,任务分析可以确定对多数学生学习进步起决定性作用的要素. 那些对少部分学生来说重要的元素会被忽略. 该模型并不是权威,只能作为参考. 教师应该修改相关序列结构来满足地方课程的需要. 此外,层次结构在课堂教学中非常重要,实用性也渐渐成为评价层次结构的最终标准. 如果教师无法根据关键行为评价学生的表现,那么可以结合更详尽的结构和备用程序进行评价.

除了以上有关任务分析的理论,另一个很重要的理论是由数学目标变化引起的讨论. 数学学习的主要目标之一就是掌握基本的计算技能. 19世纪30年代以来,社会各界越来越强调对学生掌握程度的评价,效率也不是唯一的标准,此外,学生的理解力和应用能力也不断受到重视.

人们已经意识到实现数学教学目标与教学策略之间存在差距. 评价学生理解力的工具并不奏效, 教师则处于为了理解而教的困境, 但是他们的教学能力却是通过评价工具来评价的. 几乎所有的商业诊断工具都存在缺陷, 因为它们对学生的计算技能认识不足. 众多学者结合加涅和布鲁纳的教学理论提出了相关建议, 一些成功的案例已经浮出水面, 它也反映出适合认知水平诊断的进步思想. 该模型有助于教师评价高级学习需要和制订学习方案. 正如布鲁纳所说, 要在乎学习的过程而非结果 (Bruner, 1966). 教师需要运用评价策略评价学生的数学过程, 它更强调对数学的理解, 当然, 学习结果的评价也同样重要.

这里将主要在半具体和抽象两种水平上举例说明学生的学习行为. 诊断专家不仅评价学生的计算能力, 也评价学生利用具体和半具体的学习经验进行计算的能力. 这些数学过程中具体和半具体的学习经验被称为经验模型.

通过纸笔测试可以考查学生抽象和半具体的学习经验, 但是这并不适用于具体的学习经验. 因为, 到目前为止, 教师没有办法针对所有的学生实施具体的评价项目, 因此, 该模型无法评价学生的具体的学习经验. 值得肯定的是, 具体和半具体的学习经验可以提高学生的形象思维能力. 因此, 利用半具体的学习项目可以评价学生的形象思维能力.

其实, 计算能力一直都是数学学习的主要目标. 具体和半具体的经验模型是一种有用的教学工具, 也是实现教学目标的一种方式. 布鲁克纳 (Brueckner, 1930) 更希望这种模型可以用于数学教学, 并提出了两种测试方式, 即调查和分析. 调查的范围比较广, 为了制订教学计划, 教师利用抽象的诊断工具调查课程的进程; 分析测试的对象是小组成员或学生个体, 它通过实施小步骤的评价方案, 不断缩小优化评价项目. 临床诊断是指个案诊断, 它主要评价学生在抽象水平上辨别计算的能力. 布鲁克纳建议教师利用经验模型开发学生的理解力, 并在诊断结束后帮助学生克服困难.

二、经验模型的参数

良好的认知水平诊断模型应该满足以下三个条件 (Underhill et al., 1980): 与程序相关的参数、与环境相关的参数、与教师相关的参数. 最佳诊断模型应该满足下列条件和标准:

与程序相关的参数:

1. 包括一系列系统的先决条件;

2. 促进有意义的评价和理解;

3. 促进制定有序的决策;

4. 在最小化的情境覆盖原则下进行;

5. 促进程序的编排 (调查测试);

6. 有利于明确学生特定的困难 (分析的测试).

(Underhill et al., 1980, p.32)

该模型应结合数学知识结构和程序. 这就要求教师能够明确学生的需要, 并制定恰当的学习经验活动. 同时, 也要考虑学生的意愿.

与环境相关的参数:

1. 正规的空间分配和教室设计;

2. 最小化支出额度.

(Underhill et al. , 1980, p. 32)

从资源上来看, 该模型应该比较实用. 它的实施环境应该是典型的学校环境.

与教师相关的参数:

1. 执教教师必须具备一定的管理能力;

2. 执教教师必须具备一定的数学能力;

3. 执教教师必须能够合理分配评价时间;

4. 执教教师能够针对学生的情况进行指导.

(Underhill et al. , 1980, p. 32)

诊断模型必须通俗易懂并且易于操作, 这就意味着评价工具和评价程序必须易于设计、构造、管理、评价和解释. 教师要根据诊断工具设计解决方案, 诊断结果必须有利于教师关注学生和监控教学过程.

三、经验模型的诊断者和被诊断者

教师可以定义认知水平诊断模型的重要内容. 当选定诊断内容按层次结构进行排列时, 教师可以利用小组评价了解学生对抽象数学的掌握程度, 并利用半具体的学习经验评价学生的学习过程.

该模型首先假设诊断针对所有学生的教育经验. 诊断是指为了促进教学, 教师结合特定的层次结构评价学生的表现过程. 它不仅可以诊断优秀学生, 同样也适用于后进生. 它是个性化教学的重要组成部分.

四、经验模型的具体操作步骤

具体操作步骤以案例"加法连续统"为例.

步骤一: 诊断的内容具有层次结构. 诊断内容可以选自教科书或其他资料, 也可以对资料进行改编, 或利用任务分析程序编写诊断内容. 比如加法连续统内容(表 5 - 8).

表 5 - 8　加法连续统(Underhill et al. , 1980, pp. 34 - 37)

层　次　要　素	示　　　例
1. 10 以内数字的概念	1. 用圆圈出下列的数哪个是 5: 6 3 5
2. 10 以内的不等的数	2. 用圆圈出哪些数字是比 5 小的? 6 7 4
3. 10 以内的数的排序	3. 用圆圈出最小的数字, 在最大的数字上画×: 3 9 4
4. 10 以内数的加法	4. 3+4=
5. 个位数和十位数的位值	5. 36= ＿ ×10+ ＿ ×1

层　次　要　素	示　　例
6. 两个加数都在 10 以内,和在 10 和 18 之间	6. 6＋7＝
7. 不需要重组的一个两位数加或减去一个一位数	7.　42　　　　58 　＋3　　　　－5
8. 不需要重组的两个两位数相加减	8.　61　　　　75 　＋37　　　－21
9. 位值——十位和个位的进位	9. 43＝__×10＋_13_×1 52＝_4_×10＋__×1
10. 需要进位或借位的一个两位数和一个一位数相加减	10.　67　　　　41 　＋5　　　　－7
11. 需要进位或借位的两个两位数相加减	11.　67　　　　56 　＋18　　　－29
12. 三个两位数相加,并且它们个位数上的数的和大于 20	12.　26 　17 　＋38
13. 百位十位个位的位值	13. 367＝__×100＋__×10＋__×1
14. 不需要进位或借位的两个三位数相加减	14.　134　　　　734 　＋265　　　－123
15. 需要重组的百位和十位的位值	15. 264＝_1_×100＋__×10＋_4_×1
16. 需要进位或借位的两个百位数相加减	16.　486　　　　522 　＋157　　　－138
在下面一组的练习题中,使用 2,3,4,5,6,8,10,12,15 作为分母	
17. 单位分数	17. 写出代表四分之一的数
18. 单位分数不等式	18. 用圆圈出下面最小的数: $\frac{1}{2}$,$\frac{1}{3}$
19. 不等于 1 的真分数	19. 写出代表四分之三的数
20. 等分数	20. 填空 $\frac{2}{3}=\frac{}{6}=\frac{12}{}$
21. 真分数的比较	21. $\frac{2}{3}$ 比 $\frac{3}{4}$ 大还是小?
22. 真分数排序	22. 用圆圈出最小的数字,并在最大的数上打× $\frac{2}{3}$,$\frac{2}{4}$,$\frac{5}{6}$
23. 同分母分数相加减	23. $\frac{2}{6}+\frac{3}{6}=$ _____ $\frac{5}{6}-\frac{2}{6}=$ _____

层　次　要　素	示　　例
24. 带分数	24. 写出三又五分之四
25. 不需要重组的同分母的带分数相加减	25. $\begin{array}{r} 2\frac{1}{5} \\ +4\frac{2}{5} \\ \hline \end{array}$ $\quad$ $\begin{array}{r} 4\frac{4}{5} \\ -1\frac{2}{5} \\ \hline \end{array}$
26. 分数部分的重组	26. 把 $\frac{4}{3}$ 写成带分数
27. 和差在 1 和 2 之间的同分母的分数相加减	27. $\frac{4}{5}+\frac{3}{5}=$
28. 需要重组的同分母的带分数和真分数相加减	28. $\begin{array}{r} 6\frac{2}{3} \\ +\ \frac{2}{3} \\ \hline \end{array}$ $\quad$ $\begin{array}{r} 5\frac{2}{5} \\ -\ \frac{4}{5} \\ \hline \end{array}$
29. 需要重组的同分母的两个带分数相加减	29. $\begin{array}{r} 7\frac{4}{5} \\ +2\frac{3}{5} \\ \hline \end{array}$ $\quad$ $\begin{array}{r} 6\frac{1}{4} \\ -2\frac{3}{4} \\ \hline \end{array}$
30. 和在 2 和 3 之间三个同分母的小于 1 的单分数相加减	30. $\frac{5}{8}+\frac{6}{8}+\frac{7}{8}=$
31. 三个同分母带分数相加减	31. $\begin{array}{r} 3\frac{3}{5} \\ 2\frac{4}{5} \\ +4\frac{4}{5} \\ \hline \end{array}$
32. 等值分数(运用倍数和因数因素)	32. 通过产生一系列倍数关系找到最小公分母,对下列分数进行通分
33. 和差小于 1 的不同分母分数相加减	33. $\frac{1}{4}+\frac{2}{3}=$ $\frac{5}{6}-\frac{1}{2}=$
34. 不需要重组的不同分母的带分数相加减	34. $\begin{array}{r} 2\frac{1}{2} \\ +1\frac{1}{5} \\ \hline \end{array}$ $\quad$ $\begin{array}{r} 3\frac{7}{8} \\ -1\frac{1}{2} \\ \hline \end{array}$
35. 需要重组的不同分母的带分数相加减	35. $\begin{array}{r} 3\frac{3}{4} \\ +2\frac{7}{8} \\ \hline \end{array}$ $\quad$ $\begin{array}{r} 5\frac{1}{5} \\ -1\frac{1}{3} \\ \hline \end{array}$
36. 和介于 2 和 3 之间的不同分母的单分数相加	36. $\frac{2}{3}+\frac{3}{4}+\frac{5}{6}=$

层　次　要　素	示　例
37. 带分数求和,其中真分数的和介于 1 和 2 之间	37. $2\frac{1}{2}+5\frac{2}{3}+1\frac{3}{4}$
在下面的分组中,使用素数 2,3,5,7	
38. 将一个合数分解素因数	38. 将 75 分解素因数
39. 运用素因数分解求最小公倍数	39. 用分解素因数法找到 12,18,30 的最小公倍数
40. 运用素因数分解求分数的和与差,且求得的和与差小于 1	40. 用分解素因数法求 $\frac{1}{8}+\frac{1}{12}$,$\frac{9}{10}-\frac{3}{8}$
41. 利用素因数分解化简分数	41. 用素因数分解法化简下列分数 $\frac{8}{12}$
42. 小数最后一位不为 0 的小数相加减	42. $\begin{array}{r}0.13\\+0.28\end{array}$　　$\begin{array}{r}0.82\\-0.15\end{array}$
43. 小数最后一位为 0 的小数相加减	43. $\begin{array}{r}0.65\\+1.8\end{array}$　　$\begin{array}{r}4.23\\-0.8\end{array}$
44. 其他形式的小数相加减	44. $\begin{array}{r}2.678\\+1.2\end{array}$　　$\begin{array}{r}2.913\\-0.75\end{array}$

该模型是将"了解"的概念融入每个连续统,这样就构成了与操作连续统有关的教育螺旋结构.例如图 5-31 表示了加法连续统的螺旋结构:

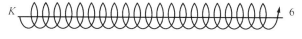

图 5-31

步骤二:教师期望在某一年级水平上进行诊断,因此他们会利用经验和课程资源评价一系列的连续统.例如,如果评价三年级学生的能力,教师则认为所有的学生都了解加法的概念,并能进行简单的不需要重组的加法运算,此外,教师更了解学生目前还不能进行不同分母的分数加法运算,此时包含了类型 8~33 的所有内容.

步骤三:针对类型 8~33 设计调查测试.

步骤四:实施调查评价并评定学生的分数,然后利用调查数据规划课程的重点.如果教师选择灵活的个性化诊断,此时实行步骤五.

步骤五:这时教师已经明确了学生的计算水平,需要收集与学生理解有关的数据.假设学生 R 在处理类型 26 时遇到困难,那么结合分析测试则有助于学生 R 理解类型 25、26 和 27.为了实现类型 25 到 26 的思维转变,分析测试始于类型 25.如果学生 R 掌握了类型 25 却无法解决类型 26,那么这些数据将有利于为学生 R 制订恰当的教学计划.

该模型尝试从两个阶段来明确学生处于螺旋结构的何种水平. 第一阶段利用调查测试估计该连续统的抽象水平,它可以明确指出学生的表现处于 K - 6 到 K - 8 连续统的何种发展水平. 例如,学生首先在正整数范围内学习加法运算,进而在有理数范围内学习简单分数. 最后学习小数的运算. 因此,整数也包含在这个连续统中,这就构成了 K - 6 到 K - 8 的整数连续统. 第二阶段是评定难度水平后,在更小的范围内考查学生的理解水平. 其中,主要是运用半具体的经验模型推断学生的理解能力.

五、经验模型的利与弊

对经验模型的评价主要引用了登马克(Denmark,1976)的观点.

从优点来看,首先,该模型采用了一种积极的评价方法. 根据这种方法,诊断结果才能准确反映学生的能力,并评价学生的需要和不足. 同时,它也增进了师生的感情,并帮助教师准确定位教学的重点. 由于该模型强调学生对知识的了解以及对概念的理解,因此教学的重点由学生的强项转向学生的弱项. 因此,认知水平诊断模型实现了从已知到未知的过渡,也实现了教学重点由学生的强项到弱项的转变.

其次,该模型具有简洁性. 该连续统仅强调诊断学生需要的本质的、关键的结果. 在个性化诊断程序中不需要考虑很多细微因素,这就意味着减少教师的诊断时间.

此外,该模型的诊断方案和处理方法是平行的. 如果在良好的教育环境中实施该诊断模型,诊断结果会以平稳而自然的序列方式呈现出来. 诊断数据可以作为课程经验用于多种连续统中,同时还能减轻教师设计调查测试和课程经验的压力.

就不完善之处来说,首先,该模型提到四种主要的运算:加法、减法、乘法和除法,各个连续统间是独立的,但一些重要概念却出现在所有连续统中. 例如,这四个连续统都包含了位值的概念,而分数概念也包含在这四个连续统中.

其次,学生是否具备模型所需要完成半具体任务的经验是需要考量的问题. 如果学生不熟悉该模型,那么他们就有可能无法完成任务. 所以,教师在诊断学生前,需要向学生介绍经验模型.

最后,尽管该模型层次结构中的任务的确提供了有效的数据,能确定学生不同类型的学习困难,但诊断产生的数据还不是很充分.

下面将介绍另外一种模型,主要针对学生的学习困难进行诊断.

5.2.2　确定学生学习困难的临床诊断模型

临床诊断模型参考医学临床诊断. 首先,给出临床诊断的定义. 临床是指一种教学环境,临床诊断是指在这种环境下,对个案进行研究或专家进行诊断,并提出相关的建议和治疗方案. 虽然临床属于医学领域,但是若能把握其与数学临床诊断的区别,它同样适用于数学诊断. 医学临床诊断模型主要是建立在身体治疗和情感困惑的诊断之上,而数学临床诊断则主要评价学生的优点,然后在临床环境中,专家会系统分析学生的表现,在了解学生如何学习数学并理解数学概念的基础上,确定困难的本质所在,进而提出治疗方案,即利用学生的长处,纠正学生的学习经验.接下来依据昂德希尔等人(Underhill et al.,1980)的相关研究介绍这一模型.

一、了解学习发生过程的概念学习

为了恰当地诊断学生的困难,必须了解学生是如何学习数学的.要了解学生是如何学习数学的,就必须了解学生对概念的学习.一旦确定了某个概念,了解学习的发生过程,教师就可以设计诊断试验确定学生的学习困难.

什么是概念学习呢? 加涅(Gagne,1971)认为概念学习可能会使学生针对一类事物和事件做出识别.在刺激模式下,进行辨别学习也是非常重要的,它能反映学生概念学习的真实水平.加涅研究了相关概念,并总结如下:(1)概念是可推测的心理过程;(2)在进行概念学习时要区分积极和消极的刺激;(3)学生的表现说明通过准确定位概念对象学习.

加涅将原理定义为概念链.概念学习有别于原理的学习.首先学习概念,在某种意义上说,学习概念比学习原理容易得多.由于概念和原理的不同,它们的先决条件存在差异,因此诊断技术也是不同的.

加涅的分类符合任务分析模型.在诊断模型中,概念是集成复杂数学思想的基本理念.根据学生的反馈,教师必须意识到学生可能需要更多的概念来促进任务的完成.这里不得不说的是概念域.概念域是将涉及的所有数学理念进行分类,这些理念是理解和使用其他概念的必要条件.针对每个概念域,利用数学理念开发学习序列,因此每个概念域中包含的数学知识都是有层次性的.图5-32是概念域的一个示例.

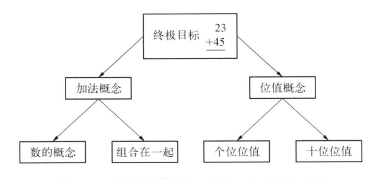

图5-32 概念域示例(Underhill et al.,1980,p.70)

概念域之间是相互关联的.例如,位值的概念群和加法概念群是相互关联的,它们同时扩展并不断逆向发展.根据数的结构建立诊断清单,它满足数学的一切性质,这种层次结构很好地体现了数学的逻辑性.如果假设学生能够在有理数范围内进行运算,这就暗含了学生一定能够处理正整数范围内的问题.既然正整数集是同构的,或者简单地认为是整数集和有理数集的子集,那么在理解有理数和整数的相关概念和技能之前,掌握正整数集的相关问题是很有必要的. 每一类数系的发展顺序都是平行的.

二、医学临床诊断和数学临床诊断的共性和区别

研究上做了很多医学诊断模型和数学诊断模型的比较工作. 一个共识就是,数学临床诊断应该保留医学诊断的某些特点. 例如,患者在就诊时会无意识地渴望得到个性化诊断,然而,若医生安排 30 名患者同时就诊,患者肯定很失落. 尽管在数学诊断中,关注学生的个性化同样重要,但是这并不能说明教师对全班学生同时进行诊断是不合理的. 通过类比,可以发现,为了有效地诊断学生在情感和认知方面的数学困难,最好对学生单独进行诊断.

三、标准化临床诊断模型的流程图

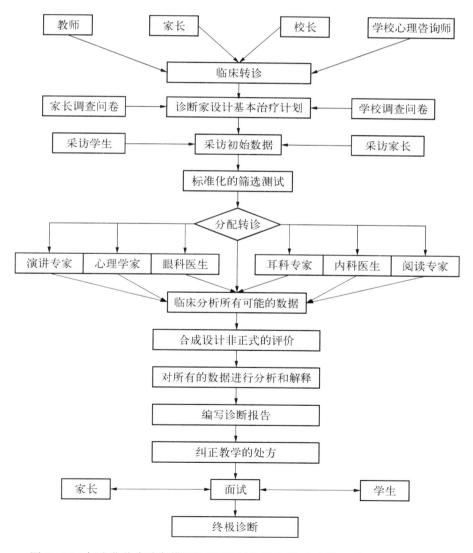

图 5 - 33　标准化临床诊断模型的流程图(改编自 Underhill et al. ,1980,p. 75)

四、临床诊断步骤

步骤一：分诊和获取初始数据

教师、家长、校长和学校心理咨询师分别针对学生的数学困难进行诊断. 在不考虑学生的年龄、年级或困难的情况下,所有的诊断均按照相同的程序进行,在初次访谈前,要求学生的家长和教师提供相关的数据资料.

步骤二：初次采访

家长和教师的调查问卷为诊断提供了最基本的数据. 初次采访是为了进一步收集学生的信息并与学生和家长建立合作关系.

这种合作关系是高效的,它允许学生在不受任何影响的情况下作出真实的回应. 如果学生为了得到诊断专家的肯定而有所保留,那么诊断专家将无法作出真实的判断. 诊断专家必须相当谨慎,避免学生过度紧张和焦虑. 采访初期,家长也可以参与其中.

采访可以验证两份调查问卷的真实性. 诊断专家不仅观察学生的行为,还要对学生的解释进行研究. 事实上,学生解决问题的策略是多种多样的,访谈有利于明确学生解决问题的方案(Carpenter,Coburn,Reys,& Wilson,1976).

步骤三：标准化的筛选测试

接下来,诊断专家要仔细分析这些信息,并认真制订相关的诊断计划. 这需要对各种测试进行筛查,找出可用于诊断的标准化数学测试.

表5-9提供了一些诊断专家可能会选择的筛选工具,并简要介绍了每种工具的功能.

表 5-9 诊断测试的筛选工具(Underhill et al.,1980,p.76)

工　　具	目　　　的
视觉调查	筛查视觉障碍
测 听 器	筛查听觉障碍
记忆力测试	筛查脑部损伤
斯劳森智力测试①	确定智力
语义差异测试	评价反应

在筛选过程中,实施筛查过的标准化数学诊断测试,它们包括巴斯韦尔-约翰(Buswell & John,1925)诊断测试,布鲁克纳诊断测试(Brueckner,1942),关键数学(KeyMath)(Connolly,Nachtman,& Pritchett,1976),斯坦福(Stanford)诊断测试和其他的一些诊断测试.

---

① 斯劳森智力测试(Slosson Intelligence Test)是一种简洁的智力测试,主要筛查儿童的言语智能. 分数是从10到164,能有效地确定言语障碍者和言语天赋者.

步骤四：转诊

其他诊断专家根据各种测试结果对学生进行治疗.数学专家可以在临床上处理学生的数学困难,其他方面的困难则寻求相关专家的帮助.例如,若某位学生的视觉和听觉存在障碍,那么这会在一定程度上影响学生的学习,那他就需要接受耳科医生或眼科医生的诊治.

步骤五：解释和分析

标准化的测试只能提供诸如年龄、年级等基本信息.需要深入分析这些数据,进而整理成一份有关数学困难的文件,并将这些数据填入数学清单.概念域可以从属于某个层次结构,也可以独立使用.这些标准化测试为诊断专家开发非正式的诊断程序提供了参考因素.表 5 - 10 介绍了 F 概念域的部分内容.F 概念域即整数的加法和它的逆运算(减法),并将答案写在表中.

诊断专家首先将标准化测验中的每个项目与 KSU 清单进行匹配.就像表 5 - 11 显示的那样,关键数学项目测试中的 D-1,D-2,D-3 与清单中的 F-1 相对应.诊断专家根据清单找出标准化测试没有评价的项目,并填入诸如表 5 - 10 中.这个表格是非正式临床测试的基础.然后,诊断专家利用这些数据开发评价学生的项目,以确定学生的数学学习困难.与此同时,他们也定义了各种先决条件列,如位值和理解加法等.

如果表 5 - 10 可以用于诊断学生的困难,那么这种系统有序的诊断方法可以取代以往随意的诊断方法.例如,假设关键数学测试中的 D-1、D-2、D-3、D-4、D-5 和 D-7 正确,那么其他的 D 序列就是错误的.

表 5 - 10　根据 KSU 清单改编的 F 概念域 (Underhill et al., 1980, p. 78)

题　号	题　　　目	关 键 数 学
1	构造两个互不相交集合的并集	D-1,D-2,D-3
2	在数系上构造两个个位数整数的加法	
3	理解加法交换律	
4	描述整数的加法	
5	区分加数与和的概念	
6	理解"＋"的意思	
7	根据基本加法要素按照下列顺序构造一个表 a. 0 作为一个加数	
	b. 1 或 2 相互交换作加数	D-4
	c. 两倍	
	d. 与倍数有关的交换律	D-5
	e. 结合律和交换律	
	f. 与结合律和交换律有关的基本要素	D-7
	g. 保留基本的加法要素	

续　表

题　号	题　　　　　目	关　键　数　学
8	理解加法结合律	
9	比较两组计算的大小,例如 7+3　8+4	
10	记住基本的加法要素	
11	扩大加数	D-6
12	定义不需要重组的一个两位数和一个个位数的加法	
13	定义不需要重组的两个两位数的加法	
14	定义不需要重组的一个三位数和一个两位数的加法	
15	定义不需要重组的两个三位数的加法	
16	定义不需要重组的两个多位数的加法	
17	定义一个三位数或多位数和一个个位数的加法	
18	定义不需要重组的一个三位数或多位数和一个两位数的加法	
19	归纳偶数与偶数的和	
20	归纳偶数与奇数的和	
21	归纳奇数与奇数的和	
讨　　　论		
22	定义个位需要重组的两位数和多位数的加法(个位向十位进位)	
23	定义个位需要重组的两个两位数的加法(个位向十位进位)	
24	定义需要重组的两个多位数的加法(个位向十位进位或十位向百位进位)	
25	定义需要两次重组的两个两位数的加法(个位向十位进位同时十位向百位进位)	
26	定义需要两次重组的一个三位数和一个两位数的加法	
27	定义需要两次重组的两个三位数的加法	
28	定义需要多次重组的两个多位数的加法	
29	估算和	
30	解决需要整数加法的字符问题	

表 5-11　关键数学测试项目与清单项目的相对应（Underhill et al.，1980，p. 80）

关键数学诊断项目	相匹配的清单项目
D-1	F-1
D-2	F-1
D-3	F-1
D-4	F-7-b
D-5	F-7-d
D-6	F-12
D-7	F-7-f
D-8	F-22
D-9	F-25
D-10	
D-11	L-2-b-2
D-12	L-1-b-2
D-13	L-2-b-2
D-14	L-1-b-3
D-15	L-1-b-3

表 5-12　任务清单与要被诊断的水平（Underhill et al.，1980，p. 80）

诊断的任务清单	要被诊断的水平
F-7-a	A-SA-SC-C
F-7-c	A-SA-SC-C
F-7-e	A-SA-SC-C
F-7-g	A-SA-SC-C
F-8	A-SA-SC-C
F-9	A-SA-SC-C
F-10	A
F-11	A-SA-SC-C
F-12	A-SA-SC-C
备注：C-具体的；SC-半具体的；SA-半抽象的；A-抽象的	

通过研究表 5-11 和表 5-12 中的数据，诊断专家在清单中列出标准化测试中没有评价的先决条件. 诊断专家要根据非正式测试对它们进行评价. 因此，临床诊断专家在诊断初期就要尽可能缩小学生数学困难的范围.

步骤六：实施非正式测试

由于诊断清单的连续性，它可以作为非正式诊断的组织基础，帮助诊断专家明确学生的数学困难.

诊断专家准备实施个性化的非正式诊断，并利用表 5-13 系统评价学生的概念和功能水平. 将表 5-11 的分类写入第一列，也可以将表 5-12 中的先决条件纳入清单中. 明确了特定的概念后，诊断专家就要在这些概念水平上开发诊断任务. 为了避免偶然因素，这三种诊断任务让学生在回答问题时都能感觉很自然.

现在,利用表 5-11 和表 5-12 准备非正式测试.利用 F-7-a 项目进行说明,其中清单项目写在第一列,第二列是基本概念.为了考查学生的学习水平,在四种功能水平上设置不同的任务.这种非正式的测试要求学生一一作出回应,学生可以口答,也可以进行文字表述.其中,要认真评价各种任务以保证各种活动的合理性和有效性.

表 5-13　非正式测试(Underhill et al.，1980, p.80)

项目标号	概　念	具 体 的	半具体的	半抽象的	抽象的
F-7-a	零加上任何数都是这个数.	两个盒子,一个装有三个骰子,其中一个是空的.如果将这两个盒子放在一起,那么共有多少个骰子呢?写出数学表达式.	利用盒子里的骰子图片.如果将这两个盒子放在一起,那么共有多少个骰子呢?诊断专家有没有给出答案,有没有写出数学表达式?	利用计数器代替骰子.如果利用计数器计算骰子的个数,共有多少呢?	解答下列加法.$2+0=$ $0+4=$ $0+7=$ $1+0=$ $3+0=$ 你的解题依据是什么?

多数标准化测试要求学生在抽象水平上进行回答,但是其他的项目要求学生在半具体或半抽象水平上完成.诊断专家不能通过纸笔测验评价学生的具体水平,因此他们只能根据学生的表现进行评价.临床诊断专家不但要评价学生的水平,评价学生的理解能力还要熟练掌握各种算法.苏丹姆和韦弗(Suydam & Weaver，1970)认为学生经历实物——实物图片——象征性表示的过程,可以更好地理解学习概念.只有学生达到了抽象水平,才能完全掌握某种运算.在任务诊断模型中,还能够逆向考查诊断过程和学生水平.在教学过程中,教师首先在具体水平上开始教学,进而转移到更抽象的水平,学生掌握了相关运算后,教师再在抽象水平上介绍运算法则.诊断过程是互逆的,这是为了消除诊断过程对学习的影响.

步骤七:报告的形成过程

诊断专家记录学生对诊断任务的反应.他们不会单独诊断每项任务中学生的反应,而是当所有的诊断任务结束后,对所有的反馈进行分析,这样可以有效地获取学生的数学困难.通过详细诊断这些清单,诊断专家辨别出特定的数学困难.他们将所有的诊断数据总结在一起就形成了完整的诊断报告.表 5-14 提供了一个诊断报告的纲要.

表 5-14　临床诊断报告的指导与格式(Underhill et al.，1980, p.83)

封面
日期
诊断专家和学生的名字
其他诊断日期

学生鉴定数据
学生名字、年龄、年级
学校的名字和地址
智力测试
数学报告等级卡
家长的名字和地址
正式测试
测试的名称和相关介绍
描述学生的表现
每次测试中出现的偶然数据
非正式测试
非正式测试的目的
描述诊断性活动
描述学生的表现
学生的反应
默契(和谐)、情绪基调、观察的行为、学生讨论、态度、自我认知、心理定势、注意力的持续时间、响应的速度、面部表情、演讲的特点、习性、姿势
数据分析和解释
诊断专家应将所有的结果进行整理,并对测试数据分别进行解释.只需对数据进行解释,而不是重复具体的信息.这些数据具有逻辑性、明确性和简洁性
列举诊断出的学生困难
处方针对学生的特殊困难,提出具体的诊断建议

　　教师将最终的报告交给学生家长.这份报告一式两份,学校保留一份.
　　步骤八:终极诊断
　　教师根据诊断报告生成调整教学的方案,其中包括澄清相关概念、材料和有效的教学方法.诊断专家与学生和家长交流,沟通学生的困难并给出相关的建议.这样就完成了整个诊断过程.

5.2.3　考查学习内容和学习类型的任务诊断模型

　　除了诊断学生的学习困难外,如何提高处方式的教学,是任务诊断模型的出发点.任务诊断模型综合了诊断—处方式教学的两种模型.任务分析模型强调内容结构,它试图将学生现有的知识转移到期望的学术水平.能力训练模型关注学生的学习类型.任务诊断模型融合了这两种模型,综合考查学生的学习内容和学习类型.该模型中的任务主要是诊断学生对概念的理解以及在数学学习过程中需要完成的一些行为.任务诊断模型主要针对个案临床诊断,也可以稍作改变,适用于小群体诊断.教师可以利用一些独立系统(如 FACT 系统和反应分类)设计大班教学.无论何种教学情境,教师的做法本质上都是为了实现期望的目标控制教学环境.以下将依据昂德希尔等人(Underhill et al.,1980)的相关研究进行介绍.

一、任务诊断模型的理论支持

前面提到,任务诊断模型主要融合了任务分析模型和能力训练模型.能力训练模型主要关注各种各样的学习类型,而任务分析模型主要关注学习内容.能力训练模型常用于特殊儿童的教育.尽管该模型在训练儿童的特殊能力上具有一定的合理性,不过也存在一些不同意见.比如,该模型在很大程度上要依赖于评价工具,例如伊利诺心理语言能力测验(Kirk,MCarthy,& Kirk,1968)、韦氏儿童智力量表(Wechsler,1949)和佛罗斯特视觉发展测验(Frostig,1964).由于该模型数据的可信度和可靠性总是不断变化的,所以该模型也受到研究者的质疑.而且,该模型在针对学生的长处进行教学或纠正学生的不足是否能够促进课堂任务的学习上,还缺乏相关的数据支持.

另外,由于学科知识具有层次结构,任务分析模型引起了许多内容专家的关注.一些研究表明任务分析模型是可行的(White,1973).而另一些研究则认为:(1)任务分析模型过于强调对主题的分析,缺乏对学生的分析(Frostig,1972);(2)很多评价内容并不是层次结构的(Resnick & Wang,1969);(3)过于侧重补救措施,而不是评价学习内容.

二、任务诊断模型的相关定义和流程图

开发者使用了如下定义:(1)诊断表示评价学生的表现;(2)处方则是利用这些标准实现期望的学习效果.图 5-34 给出了任务诊断模型的流程图.

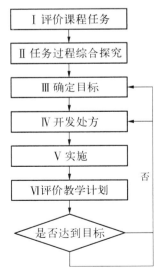

图 5-34 任务诊断模型
的流程图
(Underhill et al.,1980,p.143)

三、任务诊断模型在教学中的具体实施

首先简单介绍下每一阶段的主要内容.第一阶段,评价课程任务是为了确定学生的学习任务,然后根据学生的表现明确学生对概念的理解.教师首先借助一系列标准化测试进行评价,如斯坦福诊断数学测试(Beatty,Madden,Gardner,& Karlsen,1976)或关键数学测试(Connolly,Nachtman,& Pritchett,1971),然后按照任务分析模型进行临床诊断.标准化测试通常确定问题的范围,而临床诊断是为了确定特殊的任务.

第二阶段,任务过程综合探究.教师根据学生的反应定义学生的学习类型.该调查综合了两种诊断—处方式模型,即任务分析模型和能力训练模型.

第三阶段确定目标和第四阶段开发处方与前两阶段的诊断数据密切相关. 一旦明确了学习目标,教师就会通过系统化处理特殊变量,开发相应的处方.

第五阶段和第六阶段分别是实施和评价教学计划. 在第六阶段,当学生完成了一个目标后,可以继续进行下一个目标. 如果学生不能完成学习任务,那么教师必须重新开发处方. 现在将详细阐述每一阶段的具体流程.

1. 评价课程任务

这一阶段主要明确学生在特定知识领域的学习困难,教师利用数学分类法进行评价. 南佛罗里达大学数学教育诊断(表5-15)则是数学分类法的典型应用. 这里只是以数的概念为例来说明这种分类,表5-15则是按照学生学习的时间顺序进行分类. 这种由左向右的分类维度就是一种层次结构,也就是说,学生就是按照这种顺序认识数的概念的. 表5-15中给出了一些基本要素,这种分类维度在本质上就是层次结构. 学生在掌握整数的加法前,必须熟知相关的数学概念、数量关系以及符号记法. 各内容维度还可以细分.

表5-15 数的数学分类法(Underhill et al., 1980, pp. 146-147)

W 正整数	N 非负有理数	I 整数	R 有理数	
				1. 000 数的概念或数集
				2. 000 数的概念和数集的关系
				3. 000 记号
				3.100 符号
				3.200 位值系统
				4. 000 运算的含义
				4. 100 加法
				5. 000 性质
				5.100 加法
				5.110 封闭性
				5.120 可交换性
				5.130 关联性
				5.140 确定性
				5.150 分配性
				5.160 互逆性

续　表

6.000 计算或算法

　6.100 加法

　　6.110 要素

　　6.120 算法

7.000 问题解决

　7.100 加法

　　7.110 数字语言

　　7.120 应用题

　　并不是所有的知识都要如此分类,但是数学分类的作用却是非常重要的,这是因为:(1) 它是有效鉴定评价工具的标准;(2) 它可以形成诊断报告.通常对测试项目进行分类来实现以上功能.此外,也可以利用数学分类法对教学目标、教学材料、教学方法进行分类.

　　标准化测试标志着评价的开始,教师根据任务分析模型生成相应的临床测试.选定标准化测试后,教师则要对所有的测试项目进行分类.例如,以下内容中,测试项目举例 1 考查的是与整数运算有关的 W3.200 项目,测试项目举例 2 考查与非负有理数有关的 N2.000 项目.教师要求学生在空格中填出相应的符号来完成最初的评价.如果评价整数概念,在空格中填入“＋”;如果考查与非负有理数相关的知识,在空格中填入“－”.诊断专家对所有的测试项目进行评价,并判断评价工具的合理性,有时也会借助其他的评价工具进行评价.虽然诊断测试不能作为标准的测量工具,但是它可以作为参照.诊断专家只需了解学生掌握的知识和技能,而不是学生的排名.

　　测试项目举例 1 与 2

　　1. W 3.200　　　$451 = \underline{\hspace{1.5cm}} \times 100 + \underline{\hspace{1.5cm}} \times 10 + \underline{\hspace{1.5cm}} \times 1$

　　2. N 2.000　　　下面哪个分数是最大的? $\frac{3}{4}$ $\frac{4}{5}$ $\frac{2}{3}$ $\frac{5}{6}$

　　如果这种评价方式是合理的,那么诊断专家就可以对其进行管理,开发数学项目,进而评价学生的学习成果.表 5－16 则给出了一个完整的例子,它参考了关键数学测试和斯坦福诊断数学测试.关键数学的测试项目用字母 A 至 L 表示,斯坦福诊断测试项目标记为 S.每个项目后都包含相应的有序数对.根据数学分类法对测试项目进行分类,每一种分类方式都与学生的行为习惯有关.根据以上方式标注各种测试项目:(1)圆圈表示错过的测试项目;(2)横线表示没有成功完成的测试项目;(3)正确的测试项目不需要标注.利用以上标记方法可以有效定位学生的问题以及问题的难度.

表 5 - 16　数学属性举例(Underhill et al. , 1980, pp. 148 - 149)

1.000	数的概念或数集
	W. A1(2, 6)　A4(2, 6)　A9(2, 6)
	N. B2(11, 6)　B4(2, 6)　B7(2, 6)　B8(11, 6)
	讨论
2.000	数和数集的关系
	W. A5(3, 6)　A6(2, 15)　A7(2, 6)　A10(3, 6)　A11(12, 6)　A12(3, 6)　A13(11, 6) 　　A14(11, 6)　A15(3, 6)　A18(3, 6)
	N. A24(12, 6)　B1(11, 6)　B6(2, 6)　B9(12, 6)　B10(11, 6) 　　B11(12, 6)　C2(11, 15)　C3(11, 15)　C5(11, 15)　C7(11, 15)
	讨论
3.000	记号
3.100	符号
	W. A3(3, 6)　C8(3, 6)　C9(3, 6)　C10(3, 6) 　　C12(3, 6)　C15(3, 6)
	N. C14(3, 6)
	讨论
3.200	位值
	W. A17(12, 6)　A20(12, 6)　A21(12, 6)　A22(12, 6)
	N. A19(12, 6)　A23(12, 6)　A24(12, 6)　B3(13, 5)　B5(3, 6)
	讨论
4.000	运算的含义
4.100	加法
	W. S1(12, 6)　S2(12, 6)
	N.
	讨论
4.200	减法
	W. S3(12, 6)　S4(12, 6)
	N.
	讨论
4.300	乘法
	W. S8(12, 6)
	N.
	讨论

2. 任务过程综合探究(TIP)

根据刺激—反应分类(FACT),操作性定义学生的学习类型.诊断专家将与任务有关的刺激条件进行分类,并根据学生的不同反应划分不同的反应类型.在理论上,所有的任务都可以按照这种方式进行分类.例如,表 5 - 17 中,评价位值的 A17 项目与(6, 12)相对应,这表示 A17 项目位于矩阵的第 6 行第 12 列.同样的,(5, 13)是指矩阵的第 5 行第 13 列.

探究任务的类型通常置于 TIP 的顶端,任务的分类编码置于表的左侧.比如,若对整数中位值的概念进行探究,TIP 的标题则是"整数中位值的概念",表中记录了它的编码 W3.200,有时教师也会将学生错过的测试项目列入其中.

表 5 - 17 对于刺激的分类综合了 FACT 系统分类. 如果刺激只有一种分类形式,那么这种分类就是单方面感知的;如果包含多种刺激类型,它就是多感官的. 很明显,相对于表 5 - 17,教师比较容易生成 FACT 分类,但是也只有最合适的才能包含进来. 在最大的范围内选择最少的分类方法并保证它的通用性,这是教育者共同的追求.

表 5 - 17 任务过程综合探究(TIP)(Underhill et al. ,1980,p. 150)
W3.200 位值—整数

R \ S		VC 1	VR 2	VA 3	AC 4	AR 5	AA 6	VC TC 7	VR TR 8	VA TA 9	AA VC 10	AA VR 11	AA VA ⑫	VR VA 13	VC VA 14	VC VR 15	AA VR VA 16	AA VC VA 17	AA VC VR 18	AA VC TC 19	AA VR TR 20	AA VA TA 21	AA TC TR 22
VSC	1																						
VSC₁	2																						
VSR	3																						
VSR₁	4																						
VSA	5												B3										
VSA₁	⑥											A17											
VWC	7																						
VWC₁	8																						
VWR	9																						
VWR₁	10																						
VWA	11																						
VWA₁	12																						
NIC	13																						
NMC	14																						
NIR	15																						
NMR	16																						
NIA	17																						
NMA	18																						

下面给出了三个具体的任务,为了说明各种刺激维度,每种任务都给出了恰当的分类.

任务 1:向学生展示标有数字"65"的卡片. 要求学生读出该数字. 这种刺激类型是 3 或 VA;

任务 2:向学生展示标有数字"65"的卡片,要求学生回答该数有几个 10. 这种刺激类型是 12 或 AAVA;

任务 3:教师用算盘表征数字"65",要求学生回答该数有几个 10. 这种刺激类型是 11 或 AAVR.

其中"AA"是指学生听到的信息并没有受到教师口头指示的限制.

表 5-17 针对学生的反应进行编码,并按照语言和非语言进行分类.语言水平是指读和写,其中读和写又分成可生成和不可生成的.非语言水平是指辨别和操作,辨别反应是不可生成的,而操作反应是可生成的.其他的分类维度在本质上是认知的,它包括与 FACT 系统相似的具体的、表征的和抽象的分类.以上提到的反应分类是通过两个主要维度进行匹配的.

3. 确定目标

评价学习任务和综合探究是确定教学目标的基石.确定教学目标的方式多种多样,这些方式大都存在争议.因此,不存在完全正确的方式,教师只要选择适合自己的方式.

教学目标包括内容说明和行为指标.内容是指学生需要掌握的概念和原理,而行为指标是指学生在数学学习中表现出来的特殊行为.例如,对位值的说明可能是"当多个数字相加,即求每个数字的真实值与所在数位的值的总和".下面给出与位值有关的行为指标:

● 发给学生数量一定的小木块,要求他们每 10 个一组进行分类,并用吸管表示每个数字的真实值,杯子表示每个数字所在的数位,写出它所对应的两位数;

● 教师说出或写出一个两位数,要求学生用吸管和杯子来表示该数,并根据提示将小木块进行分组;

● 试卷上给出一组 X 号,要求学生每 10 个一组圈出来,并在算盘上表示个位上的数和十位上的数,最后写出 X 所代表的两位数;

● 教师说出一个两位数,要求学生在算盘上表示出来;

● 教师写出一个两位数,要求学生在算盘上表示出来;

● 教师在算盘上表示出一个两位数,要求学生读出这个数;

● 教师在算盘上表示出一个两位数,要求学生写出这个数;

● 教师说出一个三位数,要求学生写出这个数包含了几个百、几个十和几个一;

● 教师说出一个三位数,要求学生按照 $a \times 100 + b \times 10 + c \times 1$ 的形式展开;

● 教师说出一个三位数,要求学生按照 $a \times 10^2 + b \times 10^1 + c \times 10^0$ 的形式展开.

以上行为指标是学生按照层次结构学习数学概念的,因此学生的不同的行为表现体现了不同的掌握水平.

在制定教学目标时,任务模型给出了两个建议,首先,教师必须熟悉内容之间的关系.如果教师不能明确各内容的关系,他们会倾向于设计传统的行为目标;其次,在制定行为目标时,在传统的教学中,每一个数学原理只有一个行为目标,这样很容易使学生忽视数学原理.

4. 开发处方

表 5-19 的任务单是根据教育目标制定的教学处方.该任务单由教育目标、教育方法、刺激、程序描述、目标评价和推论六部分组成.一般情况下,针对同一目标的任务单有很多

种,它们的内容说明是一致的,但是行为指标却存在差异.任务单中的教学目标与表 5 - 15 的分类有关.任务单中给出了内容说明和行为指标.

说教式(A)、苏格拉底式(B)和发现式教学(C)是三种基本的教学类型,它们通常用来生成教学策略.说教式教学是指讲述、讲座或阅读;苏格拉底式教学是教师进行结构化提问;发现式教学是指在某种情境下,学生通过自主设定目标增加学习经验.教师很少采用单一的教学类型,而是综合两种或更多的类型.因此,任务单中的教学方法就很好地体现这一思想.例如,AB 是指学生首先阅读相关材料,然后教师进行提问.BA 与 AB 则是互逆,即教师先提问,学生再阅读相关材料.因此,提问式的发现式教学的编码可能是 BC、CB 或 ABC.在任务单中,教学方法通常包括计划程序列和实际程序列."X"会置于合适的编码附近,按照同样的方式对刺激类型进行编码,其中编码方式采用FACT 分类系统(表 5 - 18).由于行为指标可以准确定位学生的反应,因此不需要对学生的反应进行编码.任务单中还包含对任务的一般描述,这也反映出编码方式和刺激类型的多样化.

表 5 - 18　FACT 分类系统

	具　　体	表　　征	抽　　象
视　觉	VC	VR	VA
听　觉	AC	AR	AA
触　觉	TC	TR	TA
嗅　觉	SA	SR	
味　觉	T^1C	T^1R	

在任务单中,余下的两部分是目标评价和推论.目标评价举例说明了学生完成的任务或完成过程;推论部分记录了任务结束后,教师对学生的评价和说明.

教师可以根据任务单中的推论检验处方的有效性.当学生完成了某个教学目标后,可以继续下一个目标,否则就要调整教学处方.

在临床诊断中,一定要认真处理任务单的细节.如果任务单计划周全,并能有效实施临床教学,那么教师就能发现适合不同学生的教学类型,或开发可检验的假设.倘若处理不佳,再精细的程序也是浪费时间和资源.

对各种教学资源(教科书、工作簿、幻灯片、游戏、教学设备等)进行分类有助于开发教学处方,也可以参考表 5 - 19 分类.这便于教学处方的组织、保存和应用.这种方法有时称为系统方法.

5. 实施

教学处方允许教师以系统化的方式控制环境.在学习环境中控制变量是探究教学类型的重要部分.例如,在学习整数加法的基本要素时,下列刺激情境是非常有趣的.

刺激反应	TIP 编码
视觉抽象语言讲述的抽象化	（3，6）
视觉抽象语言写的抽象化	（3，12）
听觉抽象语言讲述的抽象化	（6，6）
听觉抽象语言写的抽象化	（6，12）

在前两种情境中,教师形象展示了两个个位数的加法,要求学生说出或写出结果;在后两种情境中,教师说出两个加数,要求学生求出它们的和.学生能够成功完成以上问题吗?如果利用具体的刺激类型,学生要怎么做呢?

表 5‐19　任务单(Underhill et al.，1980，p. 157)

姓名_____　　学期_____　　诊断专家_____　　日期_____

内容说明						
W 4.100　整数的加法						
行为指标						
给出总和 n,让学生找出所有可能的加数和被加数						
方　　法			刺激或反应			
(P)		(A)	(P)		(A)	一般的程序描述: 引导学生 J 思考所有的加数和被加数,并将它们写下来.
	A			VC	X	
	B			VR	X	
	C			VA		
	AB			AC		
X	AC	X		AR		
	BC		X	AA	X	
	BA			TC	X	评价目标: 和为 8 的加数和被加数
	CA			TR	X	8+0　　6+2
	CB			TA		0+8　　2+6
	CB			SC		7+1　　5+3
	ABC			SR		1+7　　3+5
	ACB			T¹C		4+4
	BCA			T¹R		
	BAC					评价和推理: 学生 J 在同时记忆所有的加数和被加数上存在少许的困难.
	CBA					
	CAB					

注:(P)为计划程序,(A)为实际程序.

在设计教学处方时,教师必须系统操作各种变量(如数学内容、刺激、反应和方法).然而,在实施教学处方时,也要考虑其他变量(动机、日程表、强化类型、练习、任务的完成时间、完成顺序和内容的螺旋结构).如果没有考虑这些因素,可能就会产生负面的教学效果.

6. 评价教学计划

评价意味着本次任务教学的终结.没有评价的教学模型是不完整的,因为评价是制定决策的基础.

任务诊断模型综合了过程性评价和总结性评价.过程性评价关注教学实施的过程或程序,为教学策略提供相关数据.在该模型中,为了创造合适的学习环境,过程性评价与操作性变量(方法、刺激类型、反应)密切相关.

§5.3 数学认知评价的一些技术

5.3.1 观察与提问技术

在学生解决问题的过程中对他们进行观察或提问,就能获得与他们的表现、态度以及信仰相关的信息.观察和提问可以是非正式的,比如当他们正在房间里走来走去的时候;也可以是正式的,比如有结构的单独访谈.在接下来的内容中,将对正式和非正式两种技术进行探讨.

在学生解决问题的时候,直接观察他们并进行详细提问,这是评价学生解决问题的最好方法.如果仅仅局限于分析书面工作,那么就不能进行彻底的评价了.在观察和提问时一定要客观地记录学生的反应.根据评价方法的正式程度、评价中的设置以及评价所使用记录装置的不同,评价技术也会有所差异.

其中一个方法是对个体、小组或班级进行非正式的观察和提问.另一个方法是访谈,有结构化的访谈和临床访谈.下面就查尔斯等人(Charles, Lester, & O'Daffer, 1987)的相关研究介绍这些方法.

一、非正式的观察与提问

在非正式的观察与提问中,评估员对个人、小组或班级解决问题的过程进行观察并提出相应的问题、做好观察记录.这种方法可以用来评价学生在问题解决过程中的性能、态度以及信仰.下面就来说说观察、提问以及记录的技巧.

观察技巧.仅仅观察学生解决问题的过程,就可以获得很多有价值的信息.但是,需要注意以下几点.首先,不能因为你的存在而影响他们的学习.如果学生以小组的形式工作,那可以悄悄地在其中移动,观察他们是怎样以小组的形式解决问题的.其次,观察应该集中.要限制观察点,首要关注那些其他评价技术无法评价的方面.在同一时间只观察少数几位学生,要提前想好观察点.最后,尽管会提前做出观察计划,但是在实施过程中要灵活,要注意到其他有意义的行为并对学生进行相应提问,尽可能获得更深层次的认识.

提问技巧.教师在课堂上的提问都是有目的的.一方面是刺激学生的数学思维;另一方面是帮助学生解决问题.然而,这里所说的提问指的是在学生解决问题的过程中,评估者通过提问来评价学生的态度与技巧.问题可能有以下几种形式:你怎样……? 你为什么……?你尝试了什么……? 你怎么知道……? 你有……? 你怎么偏偏……? 你怎么决定……？你能描述一下吗？你确定吗？你怎么想的？你觉得……？

例如，当一位学生在考虑问题的时候，可以问"当你准备解决问题时，首先做的是什么？"或者"你认为理解这个问题最重要的是什么？"通过提问获得这位学生解决问题的能力信息. 接下来，当该学生继续思考问题的时候，可以通过问问题来评价他（她）处理数据的能力，比如"你怎么知道（某块信息）能解决这个问题？"当他（她）正在解决问题的时候，可以问"在解决问题时你使用了哪些策略？"来调查他（她）选择适当策略的能力. 在他（她）继续找答案的过程中，可以问"你为什么选择乘法或加法？"当他（她）得出答案的时候，可以问"你确定这是这个问题的答案吗？为什么？"最后，当他（她）解决了问题以后，可以问"你能描述一下你的解题方法吗？"或者"你解决这道问题时有什么想法吗？"

记录技巧. 在观察和提问时，要简要、客观地记录所获得的信息. 记录要尽可能快，它可以包括对情境的描述和解释. 记录方法包括使用注释卡、检查表或者等级量表.

观察问题解决的注释卡

学生：　　　日期：

注释：知道如何和何时寻找模式；

知道表格能帮助她找到模式；

即使当她遇到苦难时，还是会继续努力；

需要提醒去检查问题解决方案.

（Charles et al.，1987，p. 18）

观察问题解决的检查表

学生：　　　日期：

1. 喜欢解决问题；

2. 在小组中与他人合作；

3. 在小组工作时贡献出自己解决问题的思想；

4. 解决问题时坚持不懈；

5. 努力理解这个问题；

6. 在解决问题时能处理数据；

7. 考虑哪一种策略更好；

8. 如果有需要，会灵活地尝试不同的策略；

9. 检查解决方案；

10. 可以对解决方案进行描述和分析.

（改编自 Charles et al.，1987，p. 18）

尝试一下！

给你的同学或朋友介绍下面的问题：

一只青蛙在 10 米深的井底. 第一天白天它向上爬了 5 米，但是在晚上它又向下滑了 4 米. 如果每天都这样,那它几天才能爬出这口井?

（Charles et al.，1987，p. 18)

使用前面提到的技术,对他(她)进行观察和提问,并记录结果.

观察问题解决的等级量表(经常,有时,从不)

学生：　　　日期：

11. 选择适当的问题解决策略；

12. 准确地实施解决方案的策略；

13. 当遇到困难(从教师那里没有得到帮助)时,尝试不同的解决策略；

14. 以系统的方式处理问题(澄清问题,识别所需数据,计划,解决并检查)；

15. 愿意去尝试；

16. 展示自信；

17. 坚持不懈地解决问题.

（Charles et al.，1987，p. 19)

非正式观察和提问有哪些优点?

这种技术的优点包括：(1)它考虑到了真实课堂中问题解决的评价设置；(2)它比较灵活,可以在同一时间评价几位学生；(3)它可以将评价的重心转到学生行为的特定方面；(4)它可以评价其他技术无法完成的一些方面；(5)它为学生在解决特定问题时的技巧和态度提供了一个观察记录,它还可以检查其他的评价方法.

非正式观察和提问有哪些缺点?

缺点包括以下几个方面：(1)它可能会对管理和教学产生干扰；(2)对所有学生进行有规律地评价并保持适当记录,是非常耗时耗力的；(3)它需要评估者对学生解决问题的过程有一定的洞察力；(4)在观察学生的反应时很难做到公平公正.

非正式观察和提问应该在什么时候使用? 怎样使用?

非正式的观察和提问可以有效地评价学生在解决问题时的表现和态度. 例如,在评价学生思维过程这一方面,它可能是最有用的方法. 同时,它可以评价各种各样的态度和信仰,包括在解决问题时是否愿意尝试或者坚持不懈. 对于评价学生与他人合作解决问题的能力,观察也是一种有效的方法.

当学生以个人、小组或班级的形式学习时,就可以使用非正式的观察和提问. 评价个人或小组时,这种方法可能是最有效的,因为在全班讨论时教师没有足够的时间一一做笔记.

在上课之前,先决定要评价哪一个方面. 要提前准备好检查表和等级量表. 在学生解决问题时观察他们,听他们和其他人谈话,并根据想评价的方面形成问题. 尽可能快地把所观察到的内容记录下来,而不能只靠记忆力. 限制你的目标,不要观察太多. 不能在同一时间对所有学生解决问题的过程进行评价. 相反,在一个给定的情境下,最好把关注点放在一到四位学生身上.

怎样开发检查表和等级量表？

前面给出的检查表和等级量表都是样本. 可以根据需要以它为参考开发其他的量表. 开发检查表和等级量表的通用程序如下所示：

1. 确定评价什么；

2. 列出学生的具体行为、思想或态度，以及相应的目标；

3. 根据步骤 2 所描述的细节，列出检查表或等级量表的项目. 注意，检查表可以包括几个目标，或者它也可以专注于一个目标或子目标. 尽量选择使用其他方法无法评价的目标.

二、结构化访谈

什么是结构化访谈？

该技术包括在学生解决问题时对他们进行观察和提问. 然而，不同于非正式的方法，一个结构化访谈通常不涉及两个以上的学生，一般只有一个. 访谈时通过预先选择的问题序列以及特定的范畴以有序的方式进行系统化的、结构化的问题测试，还可以通过计算机软件呈现学生在解决问题时被问到标准化问题时的情况. 以下是一个面试官的计划样本.

访谈计划（适用于五年级）

1. 制造融洽的气氛使学生感到舒适.

2. 在解决问题时问他（她）正在做什么、思考什么. 以一种自然的方式指出，这将帮助你了解更多关于 5 年级学生解决问题的情况，并且帮助他们成为更好的问题解决者.

3. 让学生回答下面的问题：

在游乐场，乔和他的 5 个朋友决定去坐过山车. 每个人只能和其他人一起坐一次. 如果每次只能坐两个人，那么他们一共可以乘坐多少次？

4. 当学生试图理解问题的条件时，观察学生并提出问题，如下：

(1) 当你解决问题时，你首先做了什么？ 其次呢？

(2) 问题是什么？ 什么是最重要的事实、条件？ 你还需要其他信息吗？

(3) 这道题中你有什么不理解的吗？

5. 在学生解决问题的时候，提醒他（她）再说些什么，如果合适的话可以提问以下问题：

(1) 你使用了什么策略？ 它能解决问题吗？ 你想过使用其他策略吗？ 有哪些？

(2) 你在哪里遇到了困难？ 下一步你有什么想法？

6. 在学生得出结果后观察他们，在他（她）检查问题答案及其合理性的时候，问这样的问题：

(1) 你确定这是正确答案吗？ 为什么？

(2) 你认为检查答案重要吗？ 为什么？

7. 在学生已经解决这个问题时，问这样的问题：

(1) 你可以描述一下你是怎样找到答案的吗？

(2) 这道题和你之前做得一样吗？ 为什么？

(3) 你认为这道题有其他的解决方式吗？ 你有什么想法？

（4）你在解决问题的过程中有什么想法？已经找到答案后你有什么感觉？

（Charles et al.，1987，p.21）

轶事记录、等级量表或检查表都可以记录结构化访谈的调查结果. 音频或视频也可以收集更详细的信息供以后分析.

尝试一下！

使用上面的访谈样本作为参照：（1）选择一个人进行访谈；（2）选择一个适当的问题；（3）设计自己的访谈计划，就学生在解决问题时的表现和态度对他们进行结构化访谈.

结构化访谈有哪些优点？

这种技术的优点如下所示：（1）在一对一的基础上，对学生的表现和态度进行详细观察；（2）评估人员对学生解决问题的能力调查更深入；（3）根据评估人员想法的不同，结构化访谈具有高度的结构性和灵活性；（4）通过结构化访谈，学生可以详尽地表达自己的想法；（5）通过结构化访谈，可以深入地了解学生的思维过程，这在书面作业中通常表现得不是很明显.

结构化访谈有哪些缺点？

这种技术的缺点如下所示：（1）要花很多时间；（2）问题一定要经过精心挑选，而且一定要在恰当的时间发问；（3）当学生正在讨论时，提问有可能打断他们的思路；（4）根据个人的比较，它提供的信息可能不标准.

结构化访谈应该在何时使用？怎样使用？

当想更深入地探查学生的思维过程、问题解决的表现以及态度时，应该使用这种技术. 它是一项有用的诊断程序，当研究学生解决问题的过程时，结构化访谈可以帮助收集数据.

以下是使用结构化访谈的通用程序：

1. 确定访谈结构，选择一种方式来记录学生的反应；

2. 为学生营造一种友好、轻松的气氛；

3. 提出一个问题，并要求学生尽可能多地谈谈他（她）在问题解决的过程中做了什么、思考了什么；

4. 在学生解决问题时观察和倾听，可以通过试探性问题弄清楚学生在问题解决的过程中做了什么、思考了什么. 避免教导或提出诱导性问题；

5. 仔细记录与评价目标密切相关的行为或思想；

6. 对于沉默的学生来说，在步骤 3 中，另一种方法可能是面试官来解决这个问题，然后问学生他（她）认为面试官在解决问题的过程中做了什么、思考了什么.

如果使用其他技术不能很好地对学生进行评价，那么你可以使用结构化访谈.

如何构造一个访谈？

在构造一个访谈时，评估人员要提前设计一套问题来探查学生在不同领域内解决问题的技巧，正如前面提到的访谈计划（5 年级）：理解问题和条件；选择和使用数据；选择和使用策略；解决和回答问题；检查答案的合理性.

对问题解决每个阶段的探索可以反过来帮助学生继续解决这个问题.

三、临床访谈

标准化测试的本质是约束，面试官尽可能以常数和不变的行为管理所有儿童. 这意味着用相同的语言相同的问题问所有的儿童. 在标准管理的条件下，如果儿童似乎并不理解问题，测试人员不允许重新措辞，测试人员一定是不允许对不同孩子问不同问题的.

皮亚杰认为标准化测试，尽管它公平地对待所有儿童的目标是值得称赞的，但是它往往对儿童思维提供了很少的洞察力. 根据皮亚杰的观点，标准化测试的主要缺点是它的本质（在某种意义上是它的长处），就是所有孩子都以相同方式对待.

1. 灵活面试

鉴于标准测试的这些缺点，皮亚杰（Piaget，1929）开发了临床访谈法，又称为"灵活面试"，被认为这是信息量最大的，困难重重的评价方式. 该评价方法很适用于数学思维的评估. 这里主要是引自金斯伯格等人（Ginsburg，Jacobs，& Lopez，1993）的相关介绍.

这种访谈的实质是具有灵活、快速响应、开放式的性质，这使得灵活面试几乎可以用来调查任何类型的思考. 虽然起初面试官手边可能有几个适合要考查主题的可用任务，最初的问题故意设定得相当一般，让学生来确定采访的方向和内容. 作为面试的进展提交给学生的特定任务和问题由学生对最初任务和问题作出的反应来决定.

面试官负责建立融洽的关系，准备一系列恰当的任务，并倾听和观察学生的反应. 面试官的目标是开放式的. 面试之前对调查中的主题和问题可能没有计划或者预设. 细心周到的采访者常常调整访谈策略使之适应学生的暗示方向.

提问的问题，比如"你是怎么做到的?"或者"你对自己说了什么?"或者"你如何把它解释给一个朋友?"鼓励丰富的言语表达但不建议学生如何回答. 应该鼓励学生去处理纸片或者芯片，铅笔或标记笔和纸，还有小玩具. 这种物体的操作可以激发学生，因为他们倾向于外化的思考，这使面试官洞察到额外的思维过程.

根据学生的反应和行为，面试官会测试关于学生思维的假设. 任务变得多种多样，被修改得越来越具体，以便专注于特定方面的思考. 最困难的是测试学生理解的极限.

灵活面试在许多方面是不标准的. 建立融洽的关系需要对一些学生进行温和的鼓励和平静的理解. 问题措辞必须便于学生理解. 一个有经验的面试官知道学生的个人词汇并能以学生的话改述问题.

面试官对一个"正确"答案并不满意，通过使用重复的建议和相反的暗示加强测试强度. 不论答案"正确"或"不正确"，最理想的是提供更多学生的思维信息.

显然，如果学生是最好的，那么维护学生的兴趣是必要的，而不是衡量普通的性能. 无聊的、分心的、累了或者不舒服的学生不会透露很多有用的信息. 当学生对这个问题感兴趣，享受面试官的关注,那么这个具有挑战性但不足以压倒的困难任务,是一个有益的对话内容.面试官不仅需要了解学生思维,而且需要懂得对学生能力有重要影响的态度、目标和方法.

在临床访谈期间常常要求有一个自我报告.最常用的自我报告程序是出声思维或回顾报告(Ericsson & Simon,1980).面试官常常发现在他(她)解决问题时要求学生"大声思考"或"自言自语"是有用的.通过这种"即时的"或"并发的"可以获得学生思维过程中以言语表达的重要信息.同样,面试官经常要求学生用言语表达他(她)的思想,在学生立即完成任务后而不是在其执行期间.面试官会问,"告诉我当你解决这个问题时你想到的所有",或者"告诉我你是如何解决这个问题的".从这两个程序中获得的信息来补充和丰富灵活访谈.

考虑一个灵活访谈的真实例子.这个例子显示出一个正确回答可能位于一个不健全的理解基础上.面试官观察到学生 C 对给定的 9+5 写出了正确答案 14.

面试官:现在我想问你一些关于 14 的问题.你写 14 怎么先是一个 1 然后是一个 4?

C:因为我就是这样写 14 的.

面试官:我注意到当你写 14 时,你有一个 1,然后在它右边是 4.4 代表什么?

C:因为它是 14.

面试官:好吧.1 代表什么?

C:那你是如何写 14 的?

面试官:你为什么不把它写成像这样[41]?

C:那是 41.

面试官:好吧.那你为什么把 41 写成那样?

C:因为那里有一个 4 和一个 1.

面试官:为什么他们发明这样做?它可能意味着什么?1 代表什么?

C:1.

面试官:4 代表什么?

C:4.

面试官:你可以写数字 123 吗?这是正确的.这是人们如何写 123 的.那么 1 是什么意思?

C:1.

面试官:仅仅是 1.那 2 是什么意思?它代表什么?它告诉我们什么?

C:2.

面试官:仅仅是 2.那 3 呢?它告诉我们什么?

C:仅仅是 3.

(源自 Ginsburg et al.,1993,p.161)

显然,C 并不理解他写的正确符号的整数的数位意义.

2. 有组织的调查

另一个,在临床访谈上有较大影响的方式是"有组织的调查",其中颇具影响的是

TEMA (Test of Early Mathematical Ability)开发的关于早期数学能力测试(Ginsburg & Baroody，1990)．一些测试项目常常被选用对学生认知发展的测试．TEMA 测试项目涉及多个领域，比如数轴、基数概念、简单的数组、加减法的校准过程、十进制概念等．

尽管 TEMA 覆盖了数学中令人感兴趣的区域，但它并未阐明大量的普遍思维过程和特别的理解力．因此，金斯伯格(Ginsburg，1990)开发了一个调查的自组织系统与 TEMA 并行使用．因为是在 TEMA 已经给出一个标准样式后，许多面试官会觉得它对进一步探讨思维过程可能更有用，特别是在出错的情况下产生出的观察性能．然而，在评价学生思维上大多数评价人员没有经过训练或者说没有经验．因此，金斯伯格试图给考官提供一个结构化的、舒适的程序，以探测学生对 TEMA 的反应的策略和概念．当然，就达到相同目的而言，临床访谈更加有效；然而，因为大多数评价者不准备从事广泛的临床访谈，那么有组织的调查是一个有用的方法．

TEMA 中的每 65 项探查起初目的是区分出不理解问题的学生．

金斯伯格等人给出如下的例子．TEMA 的一个项目试图处理增加十倍的问题，只要问："这里有一些关于财富增加的问题．我们假装你有一些钱，我还会给你更多．如果一开始你就有 9 美元，然后我给你一张 10 美元的纸币，你最终有多少？"有些孩子可能会误解这个问题，有可能会在一些短语上混淆，比如"你最终有多少？"在一个真正的临床访谈中，面试官将试图确定未能理解的孩子，然后相应地重组这个问题．在系统调查中，面试官有两个替代问题．第一个试图用问题"如果你有 9 美元，我再给你一张 10 美元的纸币，你总共有多少？"来替代问题．第二个是预备给可能对钱产生困惑的孩子的，就用如下问题"如果开始是 9，然后给你加 10，最后是多少？"来替代问题，这会使有些孩子顿悟，大声说道："哦，是这个意思啊！"(Ginsburg et al．，1993，p. 162)

接下来，该调查试图确定学生解决问题的过程和使用的策略．例如，在具体加法的情况下，TEMA 的基本问题是："J 有两便士．他得到一便士．他总共有多少？ 如果你想，你可以用你的手指帮你找到答案．"随着问题的提出，面试官向孩子展示了涉及的便士数目．然后探查试图确定孩子是否使用了手指计数、心理计数或者记住数字事实．针对不同的策略，以下是建议的提问：第一个问题是："你可以用你的手指．把你的手指放在桌上，告诉我你是如何做到这个的．大声告诉我你正在做什么．"在这种情况下，曾经认为使用手指是作弊行为的孩子甚至松了一口气，他们向面试官展示了使用手指计数的过程．第二个问题是："你怎么知道答案的？"在这种情况下，一些孩子可能会说："我知道三个和两个是五个，所以我恰好知道答案．我学会了．"如果答案答得很迅速，这可能是一个使用记忆事实的好迹象．第三个问题是："为什么 6 便士和 2 便士总共是__？"对这个问题，一些孩子可能会说："必须是 8．因为我知道 6 加 1 是 7，然后再加 1 肯定是 8．"这里很明显使用了推理策略．(Ginsburg et al．，1993，pp. 162 - 163)

显然，在课堂上使用各种评价方法都可以获得关于学生思维的重要信息．

5.3.2 使用学生自我评价数据技术

如果想评价学生在解决问题时的表现和态度，观察这项技术就是非常有用的．然而，有一些目标只能通过收集学生自我评价的数据才能完成.当然,这类评价的有效性取决于学生是否真实记录了他们对问题解决的感受、信仰、思维模式以及意图等.这里将主要依据查尔斯等人的研究(Charles et al.,1987)介绍两种技术:学生的自我报告和量表.

收集学生的自我报告,可以在学生刚刚完成问题后,通过磁带录音机口述或者在纸上写下他们对问题解决的体会.通常,便于操作,可以选出学生解决问题中的某些方面让他们进行自我评价.这些报告既可以用于性能评价,也可以用于态度评价.

另一项有用的技术是量表.态度量表是一种常见的类型,学生也可以通过性能量表来进行自我评价.量表通常由一列项目组成,根据量表中给出的项,学生如果没有应用这项技能就不打勾.

一、学生的报告

这项技术包括学生以书面形式或录音形式回顾他们在解决问题过程中的一些体会.通常是要求学生回想并描述他们是如何解决这个问题的.

一个总方向或问题,如"当你解决这个问题时,你的想法是什么?"这样的问题能够引导学生开始回想.具体地,可以以如下的问题为参考进行询问:(1)当你看到这个问题时,你首先做了什么? 你的想法是什么?(2)在解决问题时,你使用策略了吗? 哪一个? 你怎样算出结果的?(3)当你不会做的时候,你尝试使用了其他方法了吗? 你觉得怎么样?(4)你得出答案了吗? 你感觉如何?(5)你检查结果了吗? 你确定它是对的吗?(6)你对这次的问题解决有什么想法? 等.这些问题可以专注于评价学生在解决问题过程中的性能.至于态度评价,如下问题可以尝试:(1)你在解决问题时有没有感到挫败过? 为什么?(2)你在解决问题时有没有想放弃过? 什么时候?(3)你享受解决问题的过程吗? 为什么?(4)你愿意独自解决问题还是和其他人一起解决问题? 为什么?

使用学生报告有什么优点?

这项技术的优点包括以下几种:(1)它的信息是由学生提供的,这通过其他评价技术是无法得到的;(2)学生参与了部分评价过程;(3)它锻炼了学生的口头表达能力和书面表达能力;(4)它以学生为主体进行信息收集,以其他技术为辅进行信息补充;(5)在准备阶段,它一点儿也不占用教师的时间.

使用学生报告有什么缺点?

这项技术的缺点主要包括以下几种:(1)它为了将目标分级可能会使用并不完善的报告,这对提高学生的能力并没有很大帮助;(2)在准备报告上,它浪费了学生太多的时间;(3)只有学生的报告技巧足够充分时,它的可用性才会高;(4)它可能会产生不完整或不准确的信息,因为学生可能会忘记一些重要的事情.

什么时候使用学生报告? 怎样使用?

学生报告可以用于多种性能和态度的评价.例如,在学生解决问题时,他们可以给出很多有用的信息来评价他们的思维过程.就学生解决问题时的态度和信仰,以及小组解决问题时个人的角色而言,他们可以提供非常新鲜的观点.关于他们独自使用策略时的思维技巧,学生报告常常可以提供非常重要的信息.当想评价以上这些目标或者想帮助学生进步时,就可以使用学生报告这项技术了.它不应该用于分级,这有可能会影响学生反馈的坦白程度.

当使用这项技术的时候,要给学生一种感觉,就是他们的诚实和毫无保留是最重要的,通过这些信息可以帮助他们成为更好的问题解决者.应该要求他们在解决问题之后立即完成报告.有些人可能会喜欢用录音机,因为它自然或者令人兴奋,而另一些人可能喜欢把报告写下来.

二、量表

量表是一份学生关于性能或者态度进行自我评价的项目清单,学生通过有选择地检查给出一份系统的自我评价列表.态度量表的清单可能就是一个简单的是—否(或者正—误).如果想要更广泛的态度量表,那就需要有各种不同程度的观点.

以下态度量表测试项有三个不同的类别:愿意参与解决问题(项目 2,3,5,14,15,17);坚持不懈地解决问题(项目 1,4,8,10,16,18);对解决问题有自信(项目 6,7,9,11,12,13,19,20).下列不同项目分别显示了积极感受和消极感受(项目 3,5,8,11,13,16,17,20 为积极感受;项目 1,2,4,6,7,12,14,15,18,19 为消极感受).

态度量表测试项

假设教师给了你们一些关于数学问题的小故事.根据项目所述标记出真或假.这部分答案是没有正确和错误的.

1. 仅仅为了完成问题我会写下任何答案.

2. 解决问题的过程并不好玩.

3. 我会尝试任何问题.

4. 当我得不出正确答案的时候,我通常会放弃.

5. 我喜欢尝试难题.

6. 在解决问题时,我的想法通常不如同学的好.

7. 我只会做大家都能做的题.

8. 如果得不出答案的话,我会一直算下去.

9. 我确定我能解最多的问题.

10. 我解一道题通常会花很多时间.

11. 在解决问题时,我比其他人做得好.

12. 在解决问题时,我需要其他人的帮助.

13. 我能解最难的问题.

14. 这里有些问题是我不想尝试的.

15. 我不喜欢解难题.

16. 如果我得不出正确答案,我会一直算下去.

17. 我喜欢解决问题.

18. 我一算题就想放弃.

19. 对我来说这些问题都太难了.

20. 我是一个好的问题解决者.

(Charles et al. , 1987，p. 27)

尝试一下!

完成上面给出的 20 个项目.算算你的最高分:对每一个消极的项目,如果是"是"为 0 分,如果是"否"为 1 分.对每一个积极的项目,如果是"否"为 0 分,如果是"是"为 1 分.把这个量表给 100 个 5 年级学生,他们的平均分为 12.83 分(满分为 20 分).他们在子分类的平均分:愿意为 4.34 分(满分为 6 分),坚持不懈为 3.94 分(满分为 6 分),自信为 4.55 分(满分为 8 分).根据以上所述算出你的分数.如果一位学生的分数在任何一个分类下都低于平均水平,那么就需要给他提供相应的经验和强化了.

在解决问题时你的心情怎么样?
在解决问题时你是什么心情,请选择.

当你得出正确答案时,你的心情怎么样?

图 5 - 35

态度量表可以通过广泛的工具建立可靠、有效的测量.对于低年级的学生,不妨使用些表情符号,如图 5 - 35.这样的量表也可以用于特定问题的抽样检查.

量表或者说学生对问题解决进行自我评价的项目清单,根据需要它可以是简单的,也可以是详细的.比如,如下关于问题解决策略量表,就是教师为了帮助学生选择和使用解题策略而给出的.

问题解决策略量表

想一想当你解决问题时使用策略的情况,按要求回答下面的问题.

1. 我从未想过使用策略.

2. 使用策略这个想法进入我脑中的时候,我并没有想太多.

3. 我看到了策略列表,但是并没有尝试.

4. 我看到了策略列表并尝试使用了其中的一个.

5. 我并没有看策略列表,但还是想到了一个策略.

6. 我使用了至少一个策略,它帮我找到了正确答案.

7. 我尝试使用了以下策略:猜想和检查;解决一个较简单的问题;列一个表格;反向解答;看模板;画图;画一个有组织的列表;列方程;其他.

(Charles et al. , 1987，p. 28)

使用量表有什么优点?

这项技术的优点包括以下几种:(1)学生参与了部分评价过程;(2)为教师收集评价

数据节省了时间;(3)可以提前选择学生解决问题时性能和态度的特定方面进行评价;(4)教师可以使用学生的自我评价数据对其他评价进行补充.

使用量表有什么缺点?

这项技术的缺点包括以下几种:(1)其准确性很大程度上依赖于学生的自我观察质量;(2)在公正上可能会存在误解;(3)量表的信度和效度可能毫无根据.

什么时候使用量表?怎样使用?

量表特别适合测量学生在解决问题时的态度和信仰.对于那些学生能准确进行自我评价的方面也可以使用量表.它也可以通过学生的反馈来评价教师特殊的教学方法.使用量表进行测试时由学生自己输入会特别有效,同时,应该结合其他评价技术,如教师观察和测试.

一定要有目的地去使用量表.同时,要让你的学生知道,他们反应的诚实性是最重要的,这有助于他们成为更好的问题解决者.量表测试结束后,汇总结果,不仅是使用精心制作的数值分析,也可以把学生简单分为高中低三个小组,并将个人测试结果与同组中有代表性的测试相比较.这种总体解释可以帮助教师更准确地了解学生.

5.3.3 整体得分技术

当对学生解决问题的过程进行评价的时候,常常要求学生以写的形式展示他们的解决方案,然后教师评价学生的书面作业.通常,教师会看学生是不是使用了合适的计算技巧,有没有得出正确的答案.一般情况下教师会先看答案,如果答案是错的,教师就会去看出错的原因.当答案是正确的时候,教师很有可能忽略过程,默认过程是正确的.这里将介绍如何针对问题解决过程打分,主要是源自查尔斯等人(Charles et al.,1987)的三种方法:分析量表,包括使用比例把分数分配给问题解决过程的特定阶段;专注于总体得分,根据特定的思维过程,以此为标准给整个解决方案打分;总体印象得分,根据评价者的隐式标准,对整个解决方案的整体印象打分.为了增强每一种方法成功的可能性,要确保学生尽可能多地记录自己的思考结果.因为任何书面作业的分析,都是独立于对学生问题解决过程的观察的,所以教师需要一些推理,因此应该结合观察法和提问法对评价数据进行补充.

一、分析量表

分析量表是一种评价方法,它使用比例把分数分配给问题解决过程的特定阶段.因此,分析量表的第一步就是找出在问题解决过程中哪些阶段是你所感兴趣的.第二步就是对每个阶段都列举出相应的成绩分段.表 5-20 是分析量表的一个例子,关于问题解决的过程,主要有三个标准:理解问题(U),计划解决方案(P),得出答案(A).对每个分类 0,1,2 都会有相应的标准.

表 5‐20　分析量表示例(Charles et al.，1987，p.30)

分析尺度的得分	
理解问题	0：完全曲解了问题的意思 1：对问题部分理解 2：完全理解了问题
计划解决方案	0：毫无尝试,或者计划完全错误 1：计划部分正确 2：计划完全正确,如果实施得当能得出正确答案
得出答案	0：没有答案,或者计划不合适导致答案错误 1：抄写错误;计算错误;多个答案之中有一个错误 2：答案完全正确

尝试一下!

尝试使用分析量表来解下面的题.表 5‐20 为评分标准,图 5‐36、图 5‐37、图 5‐38 是三位学生的作业示例.看看应该给这三位学生分别打多少分(U—理解,P—计划,A—答案).

问题：汤姆和苏去爷爷家的农场玩耍,在谷仓前的空地上有一些小鸡和猪.汤姆说:"小鸡和猪的总数是 18."苏说:"是的,它们一共有 52 条腿."那么请问,小鸡和猪各有多少?

解决方案之一：

列一个数表:

小鸡和猪腿的总数

18	0	36(太低了)
12	6	48(还是太低了)
10	8	52（对了）

(Charles et al.，1987，p.31)

下面,分别来看看三位学生的作业.

安妮的作业(图 5‐36).很显然,从安妮的作业中可以看出她识别出了所有的重要数据：即,动物总数为 18,腿总数为 52.所以,安妮在理解这一项上得到 2 分.可以看出她使用的是猜想和检查的策略.她最初的猜想是 9 只小鸡和 9 头猪.接着,她验证这个猜测,发现这样算腿的总数为 54 条.她在计划上的得分也应该是 2 分.利用这些信息,安妮调整了她最初的答案,用一头猪和一只小鸡交换,得出了 10 只小鸡和 8 头猪的正确答案.最后,安妮

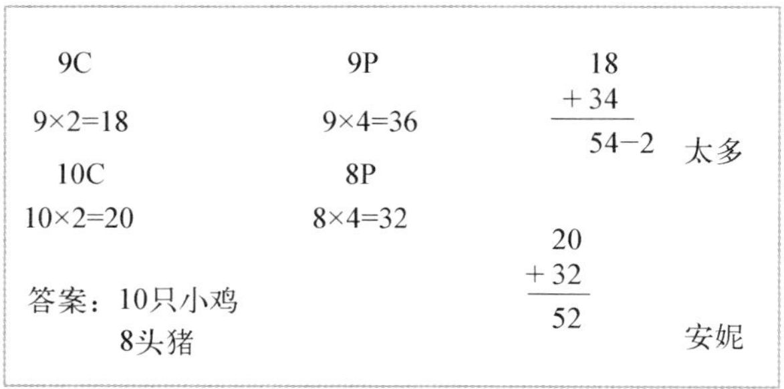

图 5‐36　安妮的作业
(改编自 Charles et al.，1987，p.32)

写出了正确答案；因此，她在回答这一项上得到 2 分. 她最后的评级为：U—2，P—2，A—2（总分为最高分 6 分）.

罗西塔的作业（图 5 - 37）. 虽然她的答案是错误的，但是她的作业还是有很多值得得分的地方. 和安妮一样，罗西塔得到了所有的重要信息，在理解这一项上可以给她 2 分. 给罗西塔打分是一件困难的事情. 也许有人会说，应该给她的计划 1 分（该计划有一些优点），给她的答案 0 分，因为它是不正确的. 不过，也可以给罗西塔的回答 1 分，因为即使它是错的，这也可能是由于抄写而产生的错误. 因此，她的评级可以为 U—2，P—1，A—1（总分为 4 分）.

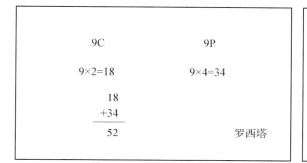

图 5 - 37　罗西塔的作业
（改编自 Charles et al.，1987，p. 32）

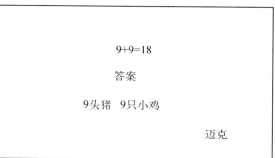

图 5 - 38　迈克的作业
（改编自 Charles et al.，1987，p. 32）

迈克的作业（图 5 - 38）. 迈克的作业表明，他忽略了部分相关信息，即 52 条腿. 所以在理解上给他 1 分. 他的计划似乎是找出两个数字使它们的和为 18. 这个计划可以通向某个地方（它对安妮有效），但它只是部分正确. 他并没有针对所有信息检查他的数据. 所以在计划上给他 1 分. 虽然迈克的答案本身不正确，但是他的标示是正确的. 他的回答还是有一些优点的. 所以在答案上也给他 1 分. 他的总体评级为 U—1，P—1，A—1（总分为 3 分）.

分析量表有什么优点？

它有很多优点，以下这五点是最明显的：（1）它不仅考虑了问题解决的答案，也考虑了问题解决过程的很多阶段；（2）它对学生作业进行了数值形式的评价；（3）它可以帮助教师查明学生在特定领域内的优点和不足；（4）它能够提供各种教学活动是否有效的特殊信息；（5）它允许不同加权的类组成评价标准.

分析量表有什么缺点？

它的缺点主要包括以下几个：（1）在某些情况下，学生的书面作业有可能不会提供太多关于思维过程的信息；（2）在教学期间，分析量表的不同类别必须受到直接关注. 因此，这个量表必须与教学大纲一一对应；（3）比较学生的分数时必须非常谨慎. 也就是说，虽然两位学生有相同的总体成绩，但是他们在解决问题时的表现可以完全不同. 例如，一位学生得分为 2—1—1，而另一位学生得分为 2—2—0.

什么时候使用分析量表？

评价学生问题解决过程的时候应该不仅是检查最后的答案,分析评分法就是基于这样一种信念.关于学生在问题解决过程中的性能,分析量表可以帮助评价预先决定的关键阶段.作为一个结果,它可以识别学生在特定领域内的优点和缺点,并评价特定教学活动的有效性.考虑到这些因素,在以下条件下分析量表是非常有用的：在问题解决的过程中需要对他们的表现作出反馈的时候；当对问题解决的特定方面感兴趣的时候,它有可能需要额外的教学时间；当有足够的时间去分析每位学生的作业的时候.

怎样开发分析量表？

下面是开发分析量表的步骤：(1) 在问题解决的过程中,识别出想要重点评价的阶段(分类)；(2) 选定每个类别的分数值；(3) 决定学生作业不同类别的得分标准.

不管使用或者开发哪种量表,在使用时都要尽量保持一致性.以始终如一的方式使用量表要比区别 U—2,P—1,A—1 和 U—2,P—1,A—0 更重要.当在使用过程中慢慢获得经验后,对它的优点和局限性将会有更好的体会.

在构建分析量表时,另一个建议是着重考虑其中的一个类别.例如,如果想要使用之前描述的分析量表,而现在特别感兴趣的是学生识别和使用必要数据的能力,则可以给这一项分配更多的分数.换句话说,如果在教学时想要强调问题解决的某一个阶段,那在评价时就应该强调这一阶段.最后,分析量表应该与其他的评价程序结合在一起,尤其是非正式观察和提问.

二、专注于总体得分

专注于总体得分指的是学生解决问题将得到的一个分数.它是整体的,因为它注重的是整体的解决方案,而不只是答案.它是专注的,因为根据特定标准,学生的思维过程只有一个分数.不同于上面提到的分析量表,专注于总体得分不会分别评价思维过程的不同类别,而是对整个解决方案打一个总分.表 5 - 21 为专注于总体得分的示例.

表 5 - 21 专注于总体得分的绩点量表(改编自 Charles et al.,1987,p.35)

0 分 作业特征	它们是空白的. 数据只是简单的抄写,对数据没有进行加工,或者说明显没有理解问题. 答案是错误的,并没有做什么其他的工作.
1 分 作业特征	比直接抄写数据要好一些,解决方案有了一点开始,但是使用的方法不恰当,不能得出正确答案. 使用的策略不恰当,有一个开始但是并没有实施下去,而且没有证据表明该学生转到了另一个策略. 尝试一种方法失败后,他(她)选择了放弃. 试图达到子目标,但是他(她)并没有达到.

2分 作业特征	使用了一个不恰当的策略,得出的答案不正确,但是他(她)对问题还是有一些理解的. 使用了一个恰当的策略,但是执行得不够远,并没有得出结果(如,在一个有序列表中只有两个入口)或者执行不正确,导致没有答案或者得出错误答案. 学生达到子目标,但是并没有更进一步的发展. 答案显示正确,但是 　● 令人无法理解; 　● 没有显示出过程.
3分 作业特征	给出了正确答案,并选择了合适的策略,但策略的执行并不清晰. 应用了一个可以得出正确答案的策略,但是他(她)误解了一部分问题或者说忽略了一个条件. 应用了恰当的策略,但是 　● 不知道什么原因,问题的答案不正确; 　● 答案的数值部分正确,但是没有单位或者说单位错误; 　● 没有给出答案.
4分 作业特征	在执行解决策略时出现了错误.这个错误并不是由于对问题或策略有误解造成的,而是抄写错误或计算错误. 选择并执行了恰当的策略.根据问题中给出的数据得出了正确答案.

这个评分量表与分析量表相似,问题解决过程中的描述都是根据指导方针分配分数的.可以使用不同的标准,也可以重新排列上面的项目以反映不同的重点.例如,在上面的量表中,由于计算错误导致答案错误的是 4 分.然而,一些教师只愿意给那些所有过程都正确的答案给 4 分.当然,根据个人需求或偏好,标准是可以修改的.

尝试一下!

下面是一个乒乓球锦标赛问题以及它的解答过程.使用表 5-20 中的绩点量表给两个学生的答案(图 5-39 和图 5-40)打分.

问题:有 8 人参加乒乓球锦标赛.如果每位选手都和其他选手至少交手一次,那么至少要打多少场比赛才能分出胜负?

一个可能的解决方案:

$$\begin{array}{llllllll}
\underline{A} & \underline{B} & \underline{C} & \underline{D} & \underline{E} & \underline{F} & \underline{G} & \underline{H} \\
\underline{B} & \underline{C} & \underline{D} & \underline{E} & \underline{F} & \underline{G} & \underline{H} & \\
C & D & E & F & G & H & & \\
D & E & F & G & H & & & \\
E & F & G & H & & & & \\
F & G & H & & & & & \\
G & H & & & & & & \\
H & & & & & & &
\end{array}$$

$$7 + 6 + 5 + 4 + 3 + 2 + 1 + 0 = 28$$

需要打 28 场比赛.

(Charles et al.,1987,p. 36)

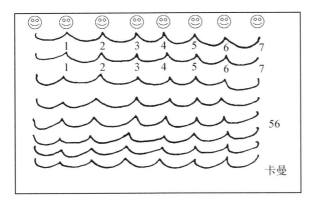

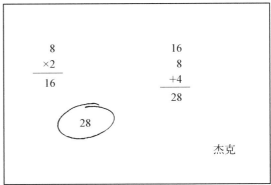

图 5-39　学生卡曼的回答
（改编自 Charles et al.，1987，p. 37）

图 5-40　学生杰克的回答
（改编自 Charles et al.，1987，p. 37）

很明显,卡曼的答案是错误的,杰克的答案是正确的.然而,根据上面的绩点量表,卡曼可以得 3 分,杰克仅得 2 分.很明显,卡曼误解了或者说忽略了题中的条件——每位选手和其他选手至少交手一次.然而,根据她画的解决策略是可以得出正确答案的.根据 3 分的第一个标准,卡曼是符合的.也就是说,她运用了一个可以得出正确答案的策略,但是她误解了一部分问题或者说忽略了一个条件.从杰克的作业可以看出,$8 \times 2 = 16$ 表示有 8 场比赛,而不是 8 个人.同时,反复除以 2 似乎表明他理解了每次比赛都会失去一半的参赛人数,但是他为什么停在 4 呢.根据 2 分的标准——答案显示正确,但是令人无法理解,杰克得 2 分.

专注于总体得分有什么优点?

优点有以下几项:(1)对学生作业的评价相对快一些;(2)专注于评价过程,而不仅是答案;(3)提供了具体的评价标准;(4)使用了一个分数来描述整个性能.

专注于总体得分有什么缺点?

缺点有以下几项:(1)它不允许强调具体的优点和缺点;(2)如果学生的作业中并没有提供关于他们思维过程的足够信息,这使得教师无法很好地为他们评分;(3)在问题解决过程中,思维过程不允许有不等权数.

何时使用专注于总体得分的绩点量表?

如果想对问题解决的总体过程进行评价,那么专注于总体得分是最合适的,它通常需要明确的标准来分配分数.在评价学生的思维过程时,专注于总体得分可以在其他评价技术之前使用,也可以在之后使用.像这样的一种量表通常用于一个单元或者一学期结束之后的总结性评价,在这些时候,教师需要评价大量的作业,而且评价的重点通常是问题解决的整个过程.具体标准的存在提升了评价的一致性.因此,这种评价方法也适用于大规模评价(例如,区域性评价),在这种情况下,评价人员将会使用大量的得分,而且得分程序的可靠性是非常重要的.

怎样开发专注于总体得分的量表?

第一步,确定得分范围.不同的条件需要有不同的分数,一般来说,类别数量为 5 个或比 5 个少是最合适的.当分类超过 5 个时,标准就会很难制定,评价的可靠性也会有所下降.第二步也是最重要的一步,即为每个不同类别设定标准.和开发分析量表相似,应该先确定哪些行为是和思维过程相关的,再按照标准打分.如果想开发属于自己的量表,使用它评价所有作业之前,可以先拿几个样本作业尝试一下.当开发出一个新的量表时,通常会需要一些修改,特别是在使用的时候.

三、总体印象得分

总体印象得分就是评价人员在研究学生问题解决的过程时,依赖他对解决方案的整体印象对学生进行打分,比如从 0 到 4.这是一种最不复杂的总体评价方法,不像之前描述的,它没有书面标准以及提前准备好的评价表.然而,基于对学生问题解决过程的主观印象和从各种问题解决方案中获得的经验,评价人员使用的是隐式标准.正因为如此,如果教师经验有限,那么最好不要使用这种方法.

当使用这种方法时,关于问题解决方案的特定方面,还可以写评论或者提问题.

尝试一下!

研究下面给出的问题解决方案.按照总体印象给每位学生(图 5 - 41 和图 5 - 42)打分(从 0 到 4).

问题:在篮球赛季中,桑迪每罚 5 次球中 3 次,那么她投篮 30 次能中多少球呢?

可能的解决方案如表 5 - 22 所示:

表 5 - 22

罚中	3	6	9	12	15	18
投篮	5	10	15	20	25	30

桑迪应该能投中 18 球.

(Charles et al.,1987,p. 39)

下面来看看泰妮的回答(图 5 - 41),她先写下了 3 和 5,接着列出了相等比率的数字.在 9 和 15 之后,数字翻了一倍跃升至 18 和 30.她已经给出了正确答案.对于她,总体印象是她理解了这个问题,使用了一个有效的策略,并且得出了正确答案.她的分数是 4.

虽然吉米的回答(图 5 - 42)不正确,但是当研究他的作业时发现,五组投篮共 30 个球,那么三组投篮数就是桑迪应该罚中的球数.可以看到,吉米先用 5 乘以 3,但是后来他又划掉了.看来关于如何解决这个问题他又有了新想法,但是当他执行这个策略时他又困惑了.对他的总体印象是 1 或 2.最后给他 2 分.

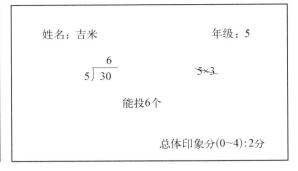

姓名：泰妮	年级：5
3　　　5	
6　　　10	她能投中18个
9　　　15	
18　　　30	
	总体印象分(0~4)：4分

图 5 - 41　泰妮的回答
（改编自 Charles et al.，1987，p.39）

图 5 - 42　吉米的回答
（改编自 Charles et al.，1987，p.40）

总体印象得分有什么优点？

优点有以下几项：(1) 不需要提前准备标准、检查表以及积分表；(2) 除了答案的正确或错误，它对问题解决方案的细节有更直观的考虑；(3) 不需要详细分析就能很快得出分数；(4) 学生相对比较熟悉并了解这个方法；(5) 相比其他更复杂的方法，它的评价目标可能更可靠.

总体印象得分有什么缺点？

缺点有以下几项：(1) 它使用的是隐式标准，对问题解决过程的分析可能不一致；(2) 决定分数的可能只是解决方案的特定方面；(3) 对于学生需要改进的方面，该方法不能提供一个系统化的反馈；(4) 它可能鼓励分数评级，而不是对学生的解决方案进行仔细的评价；(5) 该方法需要评价人员在问题解决这一块非常有经验.

什么时候使用总体印象得分？ 怎样使用？

当没有很多时间去评价学生的作业时，可以使用总体印象得分. 可以有选择地使用该方法，比如学生平日里的作业或者单元测验. 它也可以用于大规模测试的评价，例如标准化测试或者竞赛. 如果想得到数值评级，那么使用总体印象得分就是非常有效的. 在学生的问题解决过程中，如果在获取其中的信息并不是那么重要的时候，也可以使用这个方法.

使用总体印象得分之前，要先和同学们讨论它，并解释它的目的. 他们都习惯于总体印象得分的系统，还有其他从 0 到 10 的评级，所以对他们而言，这种方法是很容易理解的.

尽量避免把焦点放在学生解决方案的缺点上. 要留心观察学生使用的策略和产生的解决方案以外的东西. 还要注意，虽然总体印象得分不要求教师给学生的作业写评论，但是除了单个数值评价，教师还应该尽可能给出其他反馈.

5.3.4　选择题和填空题测试技术

在评价学生解决问题的性能时，使用最频繁的可能就是书面测试了. 因为它给的信息非常有质量,所以很依赖这种方法.一般来说,书面测试可以帮助回答以下两个问题:在问题解决的过程中,学生能成功地执行各种思维程序吗? 在问题解决的过程中,学生能找出正确答案吗?

就评价程序而言,它的目的之一应该就是获得那些在问题解决时表现不佳的学生的信息.对上面所说的第一个问题,测试项目应该为教师提供数据,通过这些数据教师可以确定使用哪些教学经验来帮助学生提高他们解决问题的能力.

因为大多数测试项都是评价学生得出正确答案的能力,所以接下来讨论将把重点放在评价学生的思维过程上.在评价学生的思维过程时,查尔斯等人(Charles et al.,1987)介绍了两种非常有用的方法:选择题和填空题测试.为了准备这些测试项,有必要清晰地描述各个流程.表 5 - 23 给出一个问题解决的思维过程和目标示例.尽管表中列出的目标还不够详尽,但是测量很可靠,它还能处理与思维过程相关的信息.

表 5 - 23　问题解决的思维过程和目标(Charles et al.,1987,p.42)

思　维　过　程	样　本　目　标
理解或用公式表示问题	当你得出一个解决方案时,用自己的话对给出的问题进行选择、书写以及陈述
理解条件和变量	在理解和解决问题时,能选择或识别关键条件和有用变量
选择或找出需要的数据	(1) 识别不需要的数据 (2) 识别错误数据
用公式表示子问题并选择适当的策略	(1) 给定一个多步骤问题,用公式表示或选择子问题以得出正确答案 (2) 给定一个问题,选择适当的策略解决问题
正确的实现策略并达成子目标	给定一个故事性问题—— (1) 选择或描绘一幅图画以帮助问题解决 (2) 写出一个数字命题以帮助问题解决
根据数据得出答案	给出问题的数字部分,并用一个完整的语句回答问题
评价答案的合理性	给出问题的答案,并评价它的合理性

一、选择题测试

选择题由问题和它的可能答案组成.学生在读完题后选择正确的或者最好的答案.其他选项通常是错误答案,是学生的常见错误,之所以会设计错误选项,是因为它可以诱导那些对正确答案不确定的学生.

选择题有很多用处,它既可以测试学生得出正确答案的能力,也可以测试学生在问题解决过程中的思维技巧.看看下面磁带的例子.

目标:在理解和解决问题时,能选择或识别关键条件和有用变量.

选择题

下面哪一句话对划线句子解释得最好?

问题：迈克想去音像店买唱片，他打算买 6 盘．第一盘唱片为 6.20 美元，这 6 盘唱片的价格依次递减 0.15 美元，那么他去音像店应该带多少钱？

  A．每盘唱片的价格为 6.20 美元．

  B．除了第一盘唱片，其他唱片的价格为 0.15 美元．

 *C．每盘唱片的价格都比前面的一盘少 0.15 美元．

  D．每盘唱片的价格都比第一盘少 0.15 美元．

  注：*标记的是正确答案，下同．（改编自 Charles et al.，1987，p.43）

尝试一下！

仿照上面的例子，从下面给出的问题中选出一句话来测试学生理解条件和变量的能力．

问题：从高 16 英尺的墙上往下扔橡皮球．橡皮球每次反弹的高度是它下降高度的一半．当橡皮球反弹的高度为 10 英尺时，你就要抓住它．请问它一共弹了几次？（Charles et al.，1987，p.43）

使用选择题有什么优点？

它的优点有以下几个：（1）它可以测试多种能力；（2）选项详细易懂；（3）分析错误选项可以诊断学生在学习中的困难；（4）算分和解释非常容易．

使用选择题有什么缺点？

它的缺点有以下几个：（1）很难测试高水平的思维技巧；（2）很难写出好的诱导选项；（3）对学生的组织能力和提出想法的能力的测试并不是很有用；（4）很多学生的正确答案都是猜出来的而不是算出来的．

什么时候使用选择题进行测试？怎样使用？

相比学生在问题解决时的态度，选择题更适合测量学生在问题解决时的性能．它可以测试学生的思维过程，以及他们找出正确答案的能力．在学生的课堂学习中，它也可以用来评价指令．选择题测试对大型测量非常有用，它可以同时评价正确答案和思维技巧．

可以在选项上增加一个解释的维度，让学生对每一项都做出相应的标记．例如，如果说学生对其中的几项不理解或者不确定，可以要求他们在旁边进行一些标记，比如说他们为什么选择这一项．增加的这个维度可以帮助了解学生在问题解决的过程中他们对这个选项到底是怎么思考的．

在评价学生问题解决的过程中，不应该只是使用选择题．如果想对学生的思维过程进行仔细的分析，或者说对他们使用高水平的思维技巧进行深刻的观察，以及对他们的组织能力和介绍自己思想的能力进行评价，那么还需要配合使用其他的评价方法．

如何开发选择题测试项？

在准备测试项之前，首先列举想测试的能力，然后按照这些来进行测试项的准备．步骤如下所示：（1）识别想要测试的学习成果；（2）根据学习成果确定目标；（3）根据目标写出测试项，对能提供诊断信息的诱导选项要进行仔细选择．

选项的有效性是非常重要的,也就是说,它是否测试了它应该测试的内容.测试项需要学生做什么,或者说需要学生知道什么,就这个问题而言,可以提问学生或者通过其他教师的参与来检测信息的有效性.

样本选择题

以下是根据问题解决的七个思维技巧,分别从三种项目类型:单步骤问题、多步骤问题、过程问题,来展示选择题的评价意义.

问题解决的思维技巧 1:理解问题.

目标:当你得出一个解决方案时,用自己的话对给出的问题进行选择、书写以及陈述.

选择题 1

(1) 单步骤问题

用另一种方法表述问题,A、B、C、D 哪一项最好?

问题:杰克和黛丝给全班同学分纸,他们手中有 144 张纸,全班一共有 24 位学生,请问平均每人能得到几张纸?

A. 杰克和黛丝一共给出去多少张纸　　*B. 24 位学生每人得到多少张纸

C. 得到纸张数相同的学生人数是多少　　D. 杰克和黛丝得到了多少张纸

(Charles et al.，1987，p. 45)

(2) 多步骤问题

用另一种方法表述问题,A、B、C、D 哪一项最好?

问题:假设每磅未加工的牛侧肉为 1.25 美元,你需要买 500 磅.屠夫处理了这块肉,把不能吃的部分都切掉了,他切掉的部分是全部肉的 33%.他帮你打包并且冷冻了它,这项服务是免费的.请问一磅处理过的牛侧肉多少钱?

A. 500 磅的 33% 是多少

B. 500 磅牛侧肉切掉的部分有多少

*C. 假设你知道全部肉的价格和切掉的比例,请问在一磅肉中能吃的部分卖多少钱

D. 买 500 磅牛侧肉花了多少钱

(Charles et al.，1987，p. 46)

(3) 过程问题

用另一种方法表述问题,A、B、C、D 哪一项最好?

问题:杰克和吉尔一起收集水桶,吉尔比杰克多 3 个.他俩总共有 21 个水桶.请问杰克有多少个?

*A. 杰克有多少个水桶　　　　　　B. 杰克比吉尔少几个

C. 吉尔比杰克多几个　　　　　　D. 杰克再收集几个就和吉尔一样多了

(Charles et al.，1987，pp. 46 - 47)

评估项目可能的指导方针——思维技巧 1

1. 问题总是在故事的最后提出.

2. 在问题解决时需要的数据都是隐藏在故事中的,而不是表或图中.

问题解决的思维技巧 2:理解条件和变量.

目标:在问题解决时,能解释关键信息.

选择题 2

(1) 单步骤问题

下面哪一句话对划线句子解释得最好?

问题:卡瑞尔和她的三个好朋友一起收集铝罐头.收集了 6 个月后,她们把这些铝罐头带到废品回收中心卖掉,一共卖了 132 美元,请问每个女孩能分多少钱?

A. 每个人都得到了 132 美元　　　　　B. 每个人分到的钱一样多

C. 她们希望挣得的钱是 132 美元　　　＊D. 4 个女孩总共的收入是 132 美元

(Charles et al.,1987,p. 47)

(2) 多步骤问题

下面哪一句话对划线句子解释得最好?

问题:卡瑞尔一周可以看 35 个小时的电视.如果她在周末看了 20 个小时,那么她在工作日平均每天可以看多久的电视?

A. 她在周六和周日都看了 10 个小时　　　B. 她在周六和周日都看了 20 个小时

C. 她在周末最多看了 20 个小时　　　　　＊D. 她在周末总共看了 20 个小时

(Charles et al.,1987,pp. 47 - 48)

(3) 过程问题

下面哪一句话对划线句子解释得最好?

问题:弗雷德叔叔问帕缇农场上的鸡和猪各有多少只.她说:"一共有 18 只,如果你数它们的腿,那么你会得到 58."弗雷德叔叔说:"那我知道它们各有多少只了."你知道吗?

A. 鸡和猪的腿总数为 58　　　　　B. 农场上动物的总数为 58

C. 腿的数量比动物的数量多　　　＊D. 数数所有鸡的腿和猪的腿

(Charles et al.,1987,p. 48)

评估项目可能的指导方针——思维技巧 2.在问题陈述过程中条件应该被解释和强调.

问题解决的思维技巧 3:选择或找出需要的数据.

目标:识别错误数据和不需要的数据.

选择题 3

(1) 单步骤问题

在解决问题时你使用了哪些数据?

问题:奈德住在 H 城.他的哥哥泰德住在 S 城.当奈德去拜访泰德时,他总是会经过 D 城.请问奈德每次行驶的距离为多远?

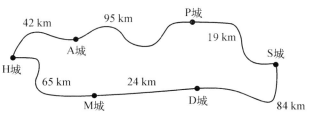

图 5 - 43

* A. 84 km,24 km,65 km

B. 65 km,24 km

C. 42 km,95 km, 19 km,84 km,24 km,65 km

D. 42 km,95 km,19 km

（Charles et al.，1987，p. 49）

（2）多步骤问题

在解决问题时你需要哪些数据？

问题：贝克夫妇和他们的三个孩子一起去游乐场玩. 成人票为 3 美元,儿童票为 2 美元. 请问他们买票一共花了多少钱？

A. 你需要所有票的价格

B. 你只需要买票的人数

C. 你需要知道票价的总数和成人的数目

* D. 你需要知道成人的数目、儿童的数目以及成人票的价格和儿童票的价格

（Charles et al.，1987，p. 49）

（3）过程问题

在解决问题时你使用了哪些数据？

问题：威尔玛的妈妈让她点一份三明治和一份喝的. 她有多少种不同的选择？

A. 3 种三明治和 4 种餐后甜点的名称

B. 三明治,饮料,甜点

* C. 3 种三明治和 4 种饮料的名称

D. 奶酪三明治和牛奶

（Charles et al.，1987，p. 49）

菜 单		
三明治	饮料	甜点
奶酪	牛奶	桃子
热狗	茶	酸奶
花生	苹果汁	燕麦卷
	橘子汁	饼干

图 5-44

评估项目可能的指导方针——思维技巧 3. 应该要求学生从不同的渠道获得数据.

问题解决的思维技巧 4：用公式表示子问题并选择适当的策略去实现它.

目标：能够选择适当的策略来解决问题.

选择题 4

（1）单步骤问题

解决下面的问题时,哪种方法更好？

问题：查德 10 岁了. 他和他弟弟,还有丹、斯坦一起去看棒球比赛. 他买票一共花了多少钱？

A. 画图

B. 用减法

* C. 用乘法

D. 用除法

棒球赛票价	
成人	6.5 美元(每人)
儿童(12 岁以下)	3.25 美元(每人)

图 5-45

注：这一项要求学生识别适当的问题解决策略.（Charles et al.，1987，p. 50）

（2）多步骤问题

在解决下面的问题时,第一步怎么做最好?

问题:包厢座每个 8 美元,看台座每个 5 美元.戴安要了 3 个包厢座和 6 个看台座.她一共花了多少钱?

A. 算出座位的总数

＊B. 算出订包厢座的总钱数和订看台座的总钱数

C. 算出订座的总钱数

D. 算出票的总张数和订座的总钱数

(Charles et al. ，1987，p. 50)

（3）过程问题

在解决下面的问题时,怎样做能得出正确答案?

问题:杰瑞看到卡瑞在收割她的草坪,于是他也决定整理自己的草坪.杰瑞每 8 天整理一次,卡瑞每 6 天整理一次.从今天整理完后,再过几天他们才能一起整理草坪?

A.
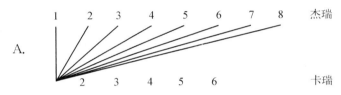

B. 6 ＋ 8

＊C. 卡瑞　6　12　18

　　杰瑞　8　16　24

D.

杰瑞
	1	2	3	4	5	6	7	8
1								
2								
3								
4								
5								
6								✕

(Charles et al. ，1987，p. 51)

评估项目可能的指导方针——思维技巧 4.

1. 对于多步骤问题,应该把评价焦点放在看学生是不是在第一步的时候选择了合适的策略.

2. 对于过程问题,部分完成的解决方案应该用于诱导选项,而不是用来列举策略.因为列举策略可能不被普遍接受,例如,制作表格可以换成绘图.

问题解决的思维技巧 5:正确的实现策略并达成子目标.

目标：给出一个问题，执行解决策略并得出答案.

选择题 5

（1）单步骤问题

题中已给出解题方法，请算出正确答案.

问题：乒乓球的包装有两种，小包装的每包有 3 个球，大包装的每包有 4 个球. 特蕾西买了 5 盒大包装的球. 请问她一共买了多少个球？

解题方法：使用乘法. ＿＿＿×＿＿＿＝＿＿＿

＊A. 20 个球　　　　　B. 12 个球　　　　　C. 7 个球　　　　　D. 15 个球

（Charles et al.，1987，p. 52）

（2）多步骤问题

下面哪一种解题方法是正确的？

问题：丽萨买了所有剩余的装饰和 $1\frac{1}{5}$ 码的蕾丝花边. 她付了两个 1 美元，请问要找回多少？

A. $20+35+55 \rightarrow 2.00-0.55=1$

B. $4\frac{1}{2}+1\frac{1}{5}=4\frac{5}{10}+1\frac{2}{10}=5\frac{7}{10}$

＊C. $\left.\begin{array}{l} 4\frac{1}{2} \times 20 = \frac{9}{2} \times 20 = 90 \\ 1\frac{1}{5} \times 35 = \frac{6}{5} \times 35 = 42 \end{array}\right\} \rightarrow 2.00-1.32=0.68$

剩余销售	
装饰 $4\frac{1}{2}$ 码	每码 20 美分
蕾丝花边 $2\frac{3}{4}$ 码	每码 35 美分
缎带 $6\frac{1}{5}$ 码	每码 15 美分

图 5 - 46

D. $4\frac{1}{2}+1\frac{1}{5}=4\frac{5}{10}+1\frac{2}{10}=5\frac{7}{10}$

$\left.\begin{array}{l} \qquad\qquad\qquad 30+25=55 \end{array}\right\} \rightarrow 55 \times 5\frac{7}{10}=55 \times \frac{57}{10}=5.5 \times 57=313.5$

（Charles et al.，1987，p. 52）

（3）过程问题

完成表 5 - 24 并找出正确答案.

问题：R 小镇有 21 845 人，这个小镇以传播消息快而闻名. 如果一个人听说了一个谣言，他就会在一个小时内把这个谣言告诉 4 个人，以此类推. 用多长时间这个小镇上的所有人都会知道这个谣言？

表 5 - 24

用去的时间							
刚知道这个谣言的人数							
听说过这个谣言的总人数							

A. 21 384 个人　　＊B. 7 小时　　　　　C. 8 小时　　　　　D. 16 384 个人

（Charles et al.，1987，p. 53）

评估项目可能的指导方针——思维技巧 5. 推荐两种方法来评价这种思维技巧. 第一种

方法需要学生完成部分解决策略,并选择正确的答案.(1)和(3)就是这种方法的示例.第二种方法要求学生选择一个正确的解决策略.(2)就是这种方法的示例.

问题解决的思维技巧 6:根据问题中给出的数据得出正确答案.

目标:根据问题和数据正确地表述答案.

选择题 6

(1)单步骤问题

下面哪个选项是正确答案?

问题:唐在某两周的星期六工作.在第一个星期六她洗了 5 辆车,第二个星期六她洗了 4 辆车.每个星期六她都整理了 6 个草坪.请问她洗的车和整理的草坪一共是多少?

A. $21
B. 21 个草坪
C. 21 辆车
* D. 草坪和车的总数为 21

(Charles et al.,1987,p.53)

(2)多步骤问题

下面哪个选项是正确答案?

问题:平均每天的产油量为 16.8 桶.如果每桶油为 42 加仑,那么一年的产油量为多少加仑?

A. 257 544 桶
B. $257 544
* C. 257 544 加仑
D. 257 544 天

(Charles et al.,1987,p.54)

(3)过程问题

下面哪个选项是正确答案?

问题:有 52 个队参加大学篮球联赛.比赛是淘汰制.请问如果想要决出冠军,至少需要比几场?

A. 51 次失败
B. 51 个球队
C. 51 个队员
* D. 51 场比赛

(Charles et al.,1987,p.54)

评估项目可能的指导方针——思维技巧 6.如(1)、(2)、(3)所示,建议使用这种形式的诱导选项.所有的诱导选项数字必须相同,单位或指示物可以不同.

问题解决的思维技巧 7:评价答案的合理性.

目标:给出问题和答案,能看出来这个答案是不是合理.

选择题 7

(1)单步骤问题

对于答案不合理原因的解释,哪一项描述最好?

问题:卡洛斯存钱想买一辆自行车.过了 7 个月,他终于存了 125 美元.他买自行车一共花了 94.89 美元,其中还包括税.请问他还剩多少钱?

答案:219.89 美元

A. 自行车花了 94.89 美元

B. 如果他有 125 美元,那么他花了 94.89 美元

* C. 如果他有 125 美元而且花了 94.89 美元,那么他剩下的钱一定比 125 美元少

D. 如果自行车花了 94.89 美元,那么他存的钱一定比花的钱多(Charles et al. ,1987,p. 54)

（2）多步骤问题

对于答案合理性的解释,哪一项描述最好?

问题:勒妮在银行开户,给卡里存了 78 美元. 一年结束后,她挣得的利息为 10.5%. 请问在一年结束后,她的卡里总共有多少钱?

答案:86.19 美元

A. 答案应该比 78 美元多

B. 86 差不多比 78 多 10

C. 把 \$86.19 看作 \$86;86−78＝8;8 接近于 10

* D. \$80 的 10% 是 \$8;78+8＝86

(Charles et al. , 1987,p. 55)

（3）过程问题

对于答案不合理原因的解释,哪一项描述最好?

问题:史蒂夫,迈克还有霍利他们三人轮流开车回家. 霍利比迈克多开了 80 km. 迈克开的路程是史蒂夫的三倍. 请问开车的总路程为多少?

答案:130 km

* A. 迈克开了 150 km

B. 霍利比迈克多开了 80 km

C. 史蒂夫开了 50 km

D. 你想算出总路程

(Charles et al. , 1987,p. 55)

评估项目可能的指导方针——思维技巧 7. 评价这种思维技巧有两种方法:一是让学生回答答案为什么合理,二是让学生回答答案为什么不合理. 如(1)、(2)、(3)所示,这三道题使用的就是这两种方法. 第二种方法常常令人感到困惑,但是如果好好使用会发现曾经被疏忽的策略.

二、填空题测试

填空题是一种题型,题目中留出空格,使答题者填入相符合的内容. 一般情况是一个词语、数字或者使句子完整的短语,它也可以是一个句子或者满足需求的符号.

填空题测试可以用于学生得出正确答案和使用特定思维技巧的能力的评价. 例如,下面的填空题就是用来测试学生在解决问题时识别数据的能力的.

目标:给出一个问题,其中包括不需要的数据,从中识别或找出需要的数据.

解决下面的问题时,你需要哪些数据?

泰德每天工作 9 小时. 他每年有 21 天的休假. 如果泰德每小时的薪酬为 \$7.65,请问他工作 25 天能挣多少钱?

(Charles et al. , 1987,p. 56)

尝试一下！

仿照上题改写下题，使题目中包含额外的数据.

问题：你有30美元给朋友买礼物．如果你买了一本书9.85美元，一张唱片7.69美元，还有一支笔6.58美元，请问你还剩多少钱？（Charles et al.，1987，p.56）

使用填空题测试有什么优点？

它的优点有以下几个：（1）它是最容易构造的测试；（2）它要求学生补充空白，这降低了猜中答案的概率；（3）它允许观察学生的作业，这将使对学生解决问题的过程有更好的理解和判断.

使用填空题测试有什么缺点？

它的缺点有以下几个：（1）由于解释的不同和部分可能性答案的存在，教师很难给它评分；（2）填写需要很多时间，因为它包括很多书写的内容.

什么时候使用填空题测试？怎样使用？

填空题测试可以用于学生得出正确答案和使用特定思维技巧的能力的评价．在分析学生解决问题的步骤时，填空题测试要比选择题测试有用得多，特别是当需要学生展示他们的工作并且给出答案时．填空题测试在班级环境下使用非常有用．教师给学生列出一道填空题测试，然后给他们一点时间思考并要求他们写出问题的答案.

填空题测试应该不仅用在学生解决问题的能力评价上，也可以分析学生解决问题的过程，通过分析，会对他们使用高水平思维技巧的能力有独到见解，当然，其他的测试方法也能做到这一点.

怎样开发填空题测试？

在准备测试项之前，首先列举想测试的能力，然后按照这些来进行测试项的准备．步骤如下所示：（1）识别你想要测试的学习成果；（2）根据学习成果确定目标；（3）根据目标写出测试项.

样本填空题

以下是根据问题解决的七个思维技巧，展示不同的填空题测试样本．解决问题时的策略、内容、数字类型以及数据来源在样本中会有多样化的呈现.

问题解决的思维技巧1：理解问题.

目标：当你得出一个解决方案时，用自己的话对给出的问题进行选择、书写以及陈述.

填空题1　用你自己的话重新叙述这个问题.

埃里克重147磅．当他的体重增加15磅时，他重多少磅？

可能的答案：埃里克现在多重？（Charles et al.，1987，p.58）

问题解决的思维技巧2：理解条件和变量.

目标：在问题解决时，能解释关键信息.

填空题 2　当你解题时,你需要记住哪两个条件?

T 恤商店只剩下 1、3、8 三个数字烙印了,现在需要给 T 恤上印两个数字,如果允许数字重复,请问能印多少种不同的 T 恤?

可能的答案:(1) 只剩下 1、3、8 三个数字烙印了;(2) 允许数字重复. (Charles et al.,1987,p. 58)

问题解决的思维技巧 3:选择或找出需要的数据.

目标:识别不需要的数据.

填空题 3a　当你解决下面的问题时,哪些数据是你需要的?

杰克重 43.6 千克.他比珍妮重 19.8 千克.提姆比珍妮重 12.7 千克.珍妮多重?

可能的答案:杰克重 43.6 千克;他比珍妮重 19.8 千克. (Charles et al.,1987,p. 58)

目标:识别错误数据.

填空题 3b　解决下面的问题还需要哪些数据?

飞机在无风时的速度为 843 km/h.刮台风时飞机的速度会增加,请问刮台风时飞机的速度是多少?

可能的答案:台风的速度为 65 km/h. (Charles et al.,1987,p. 58)

填空题 3c　当你解决下面的问题时,必须要从表 5-25 中找出哪些数据?

乔伊喝了一杯果汁,这杯果汁含有 200 卡路里的热量.请问他喝了什么果汁?

可能的答案:从表中可以看到 $\frac{1}{2}$ 杯的罐装杏子含有 100 卡路里的热量,所以是杏子.

(Charles et al.,1987,p. 59)

问题解决的思维技巧 4:用公式表示子问题并选择适当的策略去实现.

目标:能够选择适当的策略来解决问题.

表 5-25

100 卡路里	
新鲜的橙汁	$\frac{9}{10}$ 杯
罐装的杏子	$\frac{1}{2}$ 杯
罐装的桃子	$\frac{3}{5}$ 杯
罐装的玉米	$\frac{3}{4}$ 杯

填空题 4　为了帮助你得出正确答案,给下题再提两个子问题.

苏买了 6 双短袜.每双短袜的价格为 \$2.75.她给店员 \$20.苏还剩多少钱?

可能的答案:(1) 6 双短袜多少钱?(2) 如果买短袜花了 \$16.50,你给店员 \$20,你还剩多少钱?

(Charles et al.,1987,p. 59)

问题解决的思维技巧 5:正确的实现策略并达成子目标.

目标:给定一个故事性问题,写出该问题的数字命题.

填空题 5a　用数学命题表示下面的问题.

在星期三收盘时股票涨了 $\frac{7}{8}$ 个点,在星期四它涨的点数是星期三的四倍.星期四股票涨了多少?

可能的答案:$4 \times \frac{7}{8} = 3\frac{1}{2}$. (Charles et al.,1987,p. 59)

目标：给定一个故事性问题,选择或描绘一幅图以帮助问题解决.

填空题 5b 给下面的问题画一幅图以帮助问题解决.

A 市、B 市还有 C 市是三角形的三个顶点.从 A 市到 B 市为 45 英里,从 B 市到 C 市为 49 英里,从 A 市到 C 市为 12 英里.请问从 B 市到 A 市再到 C 市远,还是从 B 市直接到 C 市远?

可能的答案:

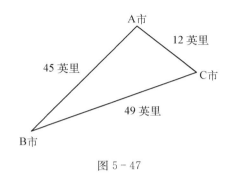

图 5-47

(Charles et al. , 1987, p. 60)

问题解决的思维技巧 6：根据问题中给出的数据得出正确答案.

目标：根据问题和数据正确地表述答案.

填空题 6 下面是问题和答案的数字部分.写出完整的答案.

农场上有鸡和猪.农场主人数了数它们,有 20 个头,56 条腿.请问鸡和猪各有多少只?

答案的数字部分：12,8.

可能的答案：有 12 只鸡和 8 头猪.

(Charles et al. , 1987, p. 60)

问题解决的思维技巧 7：评价答案的合理性.

目标：给出问题和答案,能看出来这个答案是不是合理.

填空题 7 下面给出了问题和答案.评价这个答案的合理性.

一套扳手的价格为 \$98.75,其中一个扳手的标价为 \$3.95.请问一套扳手有多少个?

答案：19.

可能的答案：20 × \$4 仅仅为 \$80.答案不合理. (Charles et al. , 1987, p. 60)

这些样本测试展示了很多评价学生思维技巧的方法,这是很重要的.当写类似的测试项时,一定要记住下面的指导方针：

1. 不管学生是不是有这项技巧,都能通过它来对学生进行测试.

2. 问题要尽可能表达清楚,要求也要尽可能明确.

3. 使用问题、图、表以及之前提到的方法使问题表述尽可能清楚.

4. 对于经常出现的问题特征要进行改变,比如,在问题类型、数字类型、数据来源等上.

参考文献

American Association for the Advancement of Science. (1989). *Project 2061*. Washington, DC: Science for all Americans.

Baker, E. L. (1990). Developing comprehensive assessments of higher order thinking. In G. Kulm (Ed.), *Assessing higher order thinking in mathematics* (pp. 7 – 20). Washington, DC: American Association for the Advancement of Science.

Baker, E. L., O'Neil, H. F., & Linn, R. L. (1990). Performance assessment framework. In S. J. Andriole (Ed.), *Advanced technologies for command and control systems engineering* (pp. 192 – 213). Fairfax, VA: AFCEA International Press.

Beatty, L., Madden, R., Gardner, E., & Karlsen, B. (1976). *Stanford diagnostic mathematics test*. New York: Harcourt Brace Jovanovich.

Bell, A. W. (1983). *A review of research in mathematical education. Part A: research on learning and teaching*. Atlantic Highlands, NJ: Humanities Press.

Biggs, J., & Collis, K. F. (1982). *Evaluating the quality of learning: The SOLO taxonomy*. New York: Acadenlic Press.

Bloom, B. S. (1956). *Taxonomy of educational objectives: The classification of education goals. Handbook 1: Cognitive domain*. New York: Longmans, Green & Company.

Bloom, B. S., Hastings, J. T., & Madaus, G. F. (1971). *Handbook on formative and summative evaluation of student learning*. New York: McGraw-Hill.

Brown, J. S., Collins, A., & Duguid, P. (1989). Situated cognition and the culture of learning. *Educational Researcher, 18*,(1), 32 – 42.

Brueckner, L. J. (1930). *Diagnosis and remedial teaching in arithmetic*. Philadelphia: John C. Winston.

Brueckner, L. J. (1942). *Bruecker diagnostic test in decimals*. Circle Pines, MN: Educational Test Bureau.

Bruner, J. S. (1966). *Toward a theory of instruction*. Cambridge, MA: Belknap Press.

Burstall, C. (1989). *Authentic assessment*. Paper presented at the California State Department of Education Conference titled "Beyond the Bubble", San Francisco.

Buswell, G. T., & John, L. (1925). *Fundamental processes in arithmetic*. Indianapolis, IN: Bobbs-Merrill Company.

California State Department of Education. (1989). *A question of thinking: A first look at students' performance on open-ended questions in mathematics*. Sacramento, CA: Author.

Campione, J. C., Brown, A. L., & Connell, M. L. (1989). Metacognition: On the importance of understanding what you are doing. In R. Charles & E. A. Silver (Eds.), *The teaching and assessing of mathematical problem solving* (pp. 93 – 114). Reston, VA: NCTM.

Carlson, D. (1989). *Planning for authentic assessment*. Paper presented at the Seminar on Authentic Assessment, Berkeley, CA.

Carpenter, T. P. (1986). Conceptual knowledge as a foundation for procedural knowledge. In J. Heibert

(Ed.), *Conceptual and procedural knowledge: The case of mathematics* (pp. 113 – 132). Hillsdale,NJ: Lawrence Erlbaum Associates.

Carpenter, T. P., Coburn, T. G., Reys, R. E., & Wilson, J. W. (1976). Notes from national assessment: word problems. *The Arithmetic Teacher*, 23, 389 – 393.

Carpenter, T. P., Lindquist, M. M., Matthews, W., & Silver, E. A. (1983). Results of the third NAEP mathematics assessment: Secondary school. *Mathematics Teacher*, 76(9), 652 – 659.

Charles, R., & Lester, F. (1982). *Teaching problem solving: What, why & how*. Palo Alto, CA: Dale Seymour Publications.

Charles, R., Lester, F., & O'Daffer, P. (1987). *How to evaluate progress in problem solving*. Reston, VA: NCTM.

Cobb, P. (1986). Contexts, goals, beliefs, and learning mathematics. *For the Learning of Mathematics*, 6, 2 – 9.

Connolly, A. J., Nachtman, W., & Pritchett, E. M. (1971). *KeyMath diagnostic arithmetic test*. Circle Pines, MN: American Guidance Service.

Connolly, A. J., Nachtman, W., & Pritchett, E. M. (1976). *KeyMath diagnostic arithmetic test*. Circle Pines, MN: American Guidance Service.

Cureton, E. E. (1965). Reliability and validity: Basic assumptions and experimental designs. *Educational and Psychological Measurement*, 25(2), 326 – 346.

Dahlgren, L. O. (1984). Outcomes of learning. In F. Marton, D. Hounsell & N. Entwistle (Eds.), *The experience of learning*. Edinburgh: Scottish Academic Press.

D'Ambrosio, U. (1985). Ethnomathematics and its place in the history and pedagogy of mathematics. *For the Learning of Mathematics*, 5(1): 44 – 48.

De Franco, T. C. (1996). A perspective on mathematical problem-solving expertise based on the performance of male Ph. D. mathematicians. In J. Kaput, A. H. Schoenfeld & E. Dubinsky (Eds.), *Research in Collegiate Mathematics Education*, II (pp. 195 – 213). Providence, RI: American Mathematical Society.

de Lange, J. (1987). *Mathematics: Insight and meaning*. Utrecht, The Netherlands: OW&OC.

de Lange, J. (1992). Assessing mathematics skills, understanding, and thinking. In R. Lesh & S. J. Lamon (Eds.), *Assessment of authentic performance in school mathematics* (pp. 195 – 214). Washington, DC: American Association for the Advancement of Science.

Denmark, T. (1976). A reaction paper : classroom diagnosis by Robert Underhill. In J. L. Higgins & J. W. Heddens (Eds.), *In remedial mathematics: diagnostic and prescriptive* (pp. 55 – 62). Columbus, OH: ERIC Center for Science, Mathematics, and Environmental Education.

Doise, W., & Mugny, E. (1984). *The social development of the intellect*. Oxford, England: Pergamon.

Ennis, R. H. (1987). Testing teachers' competence, including their critical thinking, *In proceedings of the 43rd Annual Meeting of the Philosophy of Education Society*. Cambridge, MA: Philosophy of Education Society.

Ericsson, K. A, & Simon, H. A. (1980). Verbal reports as data. *Psychological Review*, 87(3), 215 – 251.

Frostig, M. (1964). *Marianne frostig developmental test of visual perception*. Palo Alto, CA: Consulting Psychologists Press.

Frostig, M. (1972). Visual perception, integrative functions and academic learning. *Journal of Learning Disabilities*, 5(1), 5-19.

Gagne, R. M. (1985). *The conditions of learning* (4th edition). New York: Rinehart and Winston.

Gagne, R. M. (1971). The learning of concepts. In M. D. Merrill (Ed.), *Instructional design: readings*. Englewood Cliffs, NJ: Prentice-Hall.

Garofalo, J., & Lester, F. K. (1985). Metacognition, cognitive monitoring, and mathematical performance. *Journal for Research in Mathematics Education*, 16, 163-176.

Ginsburg, H. P. (1990). *The test of early mathematics ability: Assessment probes and instructional activities*. Austin, TX: Pro-Ed.

Ginsburg, H. P., & Baroody, A. J. (1990). *The test of early mathematics ability* (2nd ed.). Austin, TX: Pro-Ed.

Ginsburg, H. P., Jacobs, S. F., & Lopez, L. S. (1993). Assessing mathematical thinking and learning potential in primary grade children. In M. Niss (Ed.), *Investigating into assessment in mathematics education: An ICMI study*. Dordrecht, The Netherlands: Kluwer Academic Publisher.

Greer, B. (1987). Non-conservation of multiplication and division involving decimals. *Research in Mathematics Education Leadership*, 18, 37-45.

Hambleton, R. K., & Swaminathan, H. (1985). *Item response theory: Principles and applications*. Boston: Kluwer-Nijhoff.

Hart, L. E. (1989). Describing the affective domain: Saying what we mean. In D. B. McLeod & V. M. Adams (Eds.), *Affect and mathematical problem solving: A new perspective* (pp. 37-45). New York: Springer-Verlag.

Johansson, B., Marton, F., & Svensson, L. (1985). An approach to describing learning as change between qualitatively different conceptions. In L. H. West & L. A. Pines (Eds.), *Cognitive structure and conceptual change*. Orlando, FL: Academic Press.

Kirk, S. A., MCarthy, J., & Kirk, W. (1968). *Illinois Test of Psycholinguistic Abilities*. Urbana, IL: University of Illinois Press.

Klamkin, M. S. (1968). On the teaching of mathematics so as to be useful. *Educational Studies in Mathematics* 1(1-2), 126-160.

Kolb, D. A. (1984). *Experimmtal learning*. Englewood Cliffs, NJ: Prentice-Hall.

Kroll, D. L. (1988). Cooperative mathematical problem solving and metacognition: A case study of three pairs of women. *Dissertation Abstracts International*, 49, 2958A (*University Microftlrns No. 8902580*).

Kulm, G. (1994). *Mathematics assessment: What works in the classroom*. San Francisco: Jossey-Bass Publishers.

Kulm, G. (1990). *Assessing higher order thinking in mathematics*. Washington, DC: American Association for the Advancement of Science.

Larkin, J. H. (1983). The role of problem representation in physics. In D. Gentner & A. Stevens (Eds.), *Mental models*. Hillsdale, NJ: Lawrence Erlbaum Associates.

Laurillard, D. (1984). Learning from problem solving. In D. F. Marton, D. Hounsell & N. Entwistle (Eds.), *The experience of learning*. Edinburgh: Scottish American Press.

Lester, F., & Kroll, D. L. (1993). Assessing student growth in mathematical problem solving. In G. Kulm (Ed.), *Assessing higher order thinking in mathematics* (pp. 53 - 70), Washington, DC: American Association for the Advancement of Science.

Lester, F. K., & Garofalo, J. (1982). *Metacognitive aspects of elementary school students' performance on arithmetic tasks*. Paper presented at the annual meeting of the American Educational Research Association, New York.

Lester, F. K., Garofalo, J., & Kroll, D. L. (1989). Self-confidence, interest, beliefs, and metacognition: Key influences on problem-solving behavior. In D. B. McLeod & V. M. Adams (Eds.), *Affect and mathematical problem solving: A new perspective* (pp. 75 - 88). New York: Springer-Verlag.

Lewin, K. (1951). *Field theory in social science*. New York: Harper and Row.

Marshall, S. P. (1989). Affect in schema knowledge: Source and impact. In D. B. McLeod & V. M. Adams (Eds.), *Affect and mathematical problem solving. A new perspective* (pp. 49 - 59). New York: Springer-Verlag.

Marton, F. (1981). Phenomenography-describing conceptions of the world around us. *Instructional Science*, 10(2), 177 - 200.

Masters, G. N. (1982). A Rasch model for partial credit scoring. *Psychometrika*, 47(2), 149 - 174.

McKnight, C., Schmidt, W. H., & Raizen, S. (1993). *Test blueprints: a description of the TIMSS achievement test content design. TIMSS Document Ref. Icc797/NRC357*. Vancouver, Canada: TIMSS International Coordinating Centre.

McLeod, D. B. (1989). The role of affect in mathematical problem solving. In D. B. McLeod & V. M. Adams (Eds.), *Affect and mathematical problem solving: A new perspective* (pp. 20 - 36). New York: Springer-Verlag.

National Council of Teachers of Mathematics. (1980). *An agenda for action: Recommendations for school mathematics for the 1980s*. Reston, VA: Author.

National Council of Teachers of Mathematics. (1989). *Curriculum and evaluation standards for school mathematics*. Reston, VA: NCTM.

National Council of Teachers of Mathematics. (2000). *Principles and standards for school mathematics*. Reston, VA: Author.

Nesher, P. (1986). Learning mathematics: A cognitive perspective. *American Psychologist*, 41 (10), 1114 - 1122.

Nesher, P., & Peled, I. (1984). *The derivation of mal-rules in the process of learning*. Haifa, Israel: University of Haifa.

Orpwood, G., & Garden, R. A. (1998). *Assessing mathematics and science literacy*. Vancouver, Canada:

Pacific Educational Press.

Piaget, J. (1929). *The child's conception of the world*. New York: Hartcourt Brace Jovanvich.

Pólya, G. (1957). *How to solve it* (2nd ed.). Princeton, NJ: Princeton University Press. (Original work published 1945)

Resnick, L. B., & Wang, M. C. (1969). *Approaches to the Validation of Learning Hierarchies*. Princeton, NJ: Educational Testing Service.

Ridgway, J., Crust, R., Burkhardt, H., Wilcox, S., Fisher, L., & Foster, D. (2000). *MARS report on the 2000 tests*. San Jose, CA: Mathematics Assessment Collaborative.

Robitaille, D. F. (1993). *Curriculum frameworks for mathematics and science*. Vancouver, Canada: Pacific Educational Press.

Romberg, T. A. (1983). A common curriculum for mathematics. In G. D. Festermacher & J. I. Goodlad (Eds.), *Individual differences and the common curriculum: Eighty-second yearbook of the National Society for the Study of Education*. Chicago: University of Chicago Press.

Romberg. T. A., Collis. K. F., Donovan. B. F., Buchanan. A. E., & Romberg. M. N. (1982). The development of mathematical problem solving superitems. (Report of NIE/EC Item Development Project.) Madison, WI: Wisconsin Center for Educational Research.

Samejima, F. (1969). Estimation of latent ability using a response pattern of graded scores. *Psychometrika, Monograph Supplement*, 17.

Sandburg, J. A., & Barnard, Y. F. (1986). *Story problems are difficult, but why?* Paper presented at the annual meeting of the American Educational Research Association, San Francisco.

Schoenfeld, A. H. (1985). *Mathematical problem solving*. Orlando, FL: Academic Press.

Schoenfeld, A. H. (1992). Learning to think mathematically: Problem solving, metacognition, and sense making in mathematics. In D. A. Grows (Ed.), *Handbook of research on mathematics teaching and learning* (pp. 334 – 370). New York: Macmillan.

Schoenfeld, A. H. (2007). What is mathematical proficiency and how can it be assessed? In A. H. Schoenfeld (Ed.), *Assessing mathematical proficiency* (pp. 59 – 74). New York: Cambridge University Press.

Schwartz, J. (1985). *The geometric supposer* [*computer program*]. Pleasantville, NY: Sunburst Communications.

Senk, S. L., & Thompson, D. R. (2003). *Standards-based school mathematics curricula: What are they? What do students learn?* Mahwah, NJ: Lawrence Erlbaum Associates.

Suydam, M. N. & Weaver, J. F. (1970). *Interpretive study of research and development in elementary school mathematics*. University Park, PA: Center for Cooperative Research with Schools.

Swan, M. (1993). Assessing a wider range of students' abilities. In N. L. Webb (Ed.), *Assessment in the mathematics classroom* (pp. 26 – 39). Reston, VA: NCTM.

Szetela, W. (1993). Facilitating communication for assessing critical thinking in problem solving. In N. L. Webb (Ed.), *Assessment in the mathematics classroom* (pp. 143 – 151). Reston, VA: NCTM.

Underhill, R. G., Uprichard, A. E., & Heddens, J. W. (1980). *Diagnosing Mathematical Difficulty*. OH:

Charles E. Merrill Publishing Company and A Bell & Howel Company.

U. S. Congress，H. Res. I，107th Congress. 334 Congo Rec. 9773. 2001. Available at http：//frwebgate. access. gpo. gov.

van Hiele，P. M. （1986）. *Structure and Insight: A Theory of Mathematics Education*. Orlando，FL：Academic Press.

Wechsler，D. （1949）. *Wechsler Intelligence Scale for Children*. New York：The Psychological Corporation.

White，R. T. （1973）. Research into Learning Hierarchies. *Review of Educational Research*，43，361 – 375.

Wilson，M. （1992）. Measuring levels of mathematical understanding. In T. A. Romberg （Ed.)，*Mathematics assessment and evaluation: imperatives for mathematics educators* （pp. 213 – 241）. New York：State University of New York Press.

Wright，B. D.，& Masters，G. N. （1982）. *Rating scale analysis*. Chicago：MESA Press.

Wright，B. D.，& Stone，M. （1979）. *Best test design*. Chicago：MESA Press.

第 *6* 章

数学课堂教学评价

关 于数学课堂教学评价,主要是从两个方面来讨论:一方面是影响力比较大的教学任务评价,另一方面是课堂教学评价的一些具体工具.选择这两个方面来讨论主要是基于实用的角度来安排的.

教学任务评价,讨论了如下三个方面:从认知角度考查数学任务的特点和要求——数学教学任务的认知要求与学生所需要具备的参与和解决这些教学任务的思维水平和方式相关;高认知水平教学任务在课堂实施中的要求与变化——当课堂上实施的教学任务起作用时,它会与目标、意图、行为、师生间的互动交织作用在一起.当教学任务被定义为基本的课堂活动时,就不容易改变课堂上正在实施的数学任务的认知要求了;评价学生解决复杂教学任务的方法——评估更应该关注学生对复杂教学任务的认知以及他们运用概念和技能去解决问题的能力,其中包括建构模型和判断方案的合理性.

关于课堂教学评价工具,主要选用了四种,问题调查——调查研究是为了洞察学生在处理复杂问题中的思维方式和理解水平.当调查活动成为教学的一部分时,它可以反映学生的思维和理解水平;课堂话语——收集证据和提供反馈是课堂对话的两种评价过程.为了促使学生分享、解释并评判他们的观点,教师或其他学生的言语反馈完全可以融入教学中;正式评价与非正式评价的结合——正式评价包括小测试、小测验或其他计划内的任务,非正式评价包括观察学生的学习、收集学生的学习成果、检查学生的作业并进行课堂讨论,多途径结合为课堂信息获取提供保障;多水平项目测试——依据 SOLO 理论开发的特别项目测试,主要考查的知识领域包括几何、测量、模式和功能以及数据统计.

每一种评价方式和评价技术并不是单一进行的,在教学过程中,每一种评价方式都有其利弊,一些教师在利用这些评价方式的同时也会有不同程度的改进.具体工具的介绍以案例解释为主,增强工具的实用性.

§6.1 数学课堂教学任务的评价

数学教学任务是教师运用于课堂、判断学生是否达成学习目标的依据.下面围绕数学教学任务从三个方面展开:(1)按照学生的认知水平对数学教学任务进行分类的方法;(2)教师在课堂上实施高认知水平的教学任务时,教学任务对认知水平要求的变化;(3)评价学生如何解决复杂教学任务的课堂评估方法.

6.1.1 从认知角度考查数学教学任务

可以从不同的角度考查数学教学任务,其中包括它所引发的数量和种类.从这些角度出发,不仅可以找到解决它们的方法,还可以找到解决学生在沟通上问题的方法. 现在主要从认知要求上考查数学教学任务. 这里说的认知要求指的是,学生所需要具备的参与和解决这些教学任务的思维水平和方式. 研究表明,数学教学任务的认知要求与学生的思维水平和种类有关. 对于这些学生而言,在充满正能量的课堂环境里挑战教学任务是衡量思维、推理、解决问题和沟通能力的测量工具. 同样,波勒和斯特普尔斯(Boaler & Staples,2008)在最近的研究中指出,学生学习的成功很大程度上取决于课程的高认知水平要求和在实施过程中教师通过提问的方式维持高认知水平任务的能力. 总之,无论是在任务的开始阶段还是进行阶段,学生的专心程度和课堂上真正参与认知活动的种类都是很重要的. 下面将从认知角度评价教学任务的方法及建议进行介绍,主要是依据施泰因等人(Stein,Smith,Henningsen,& Silver,2001)的相关研究. 当前,也有国内学者对教学任务的认知分析进行了介绍和应用,如杨玉东(2005)和王兄等(Wang,Zuo,& Lu,2013).

一、数学教学任务和学习目标的关系

为学生提供学习机会,并不是简单地将学生分成几个小组,然后为他们提供教具或计算器等. 学生要参与的教学任务所要求的思维水平和方式才会决定他们将学到什么(National Council of Teachers of Mathematics [NCTM],1991). 要求学生识记知识的教学任务未必就是为学生提供思考机会. 要求学生理解概念,并鼓励学生对数学概念或相关的数学思想有目的地联系的教学任务才能为学生的思维提供一系列的学习机会. 这样累积的话,教学任务对学生的影响会使其产生对数学本能的感觉,如"什么是数学"或他们需要多久或多少努力可以达到那样的程度等. 自从学生在课堂上参与的教学任务成为他们学习数学的基础后,学生的学习目标是否清晰就显得尤为重要. 一旦学生的学习目标清晰,就可以选择或是创造合适的教学任务去实现这些目标. 而在这两者之间建立联系的桥梁正是学生的认知水平.

如果想要提高学生的思考能力、推理能力和问题解决能力,需要一种富有认知挑战的教学任务,因为它可以培养学生进行复杂思考的能力. 尽管刚开始实施这项教学任务时不能保证学生马上能够达到高水平的认知层面,但这是由低水平向高水平转变的必经之路(Stein,Grover,& Henningsen,1996). 另外,如果效率和频率是学习的第一目标,那么这里就需要其他形式的教学任务了.

建议教师采用的教学任务都是使学生参与认知活动的教学任务. 比如说,如果教学目标是提高学生能流畅复述基本事实、定义、法则的能力,那么侧重于识记的任务就是最恰当的;如果教学目标是提高学生解决常规问题的速度和准确性的能力,那么侧重于无联系的程序性任务是最恰当的. 用这些任务不仅可以提高学生低认知水平题目的测试表现成绩,还可以提高学生关于解决更复杂题目的效率和准确度. 然而,如果只专注于这些教学任务,将会限制学生对数学的理解和解决数学问题的能力. 另外,过度依赖这些任务将会导致学生应用计算法则和解题方法的能力下降,换句话说,就是遇见相似但是不完全相同的题目,学生很有可能判断不出要使用类似的法则或是解题方法(NCTM,2000).因此,学生还需要有规律的、定期的参与认知活动的教学任务,可以使他们更好地理解数学概念和含义.

二、数学教学任务的高、低认知水平要求举例

比如在"分数等价表示"中,有如下四种提问:

1. 识记:分数 $\frac{1}{2}$,$\frac{1}{4}$ 的等价小数和百分数形式?期望学生的回答:$\frac{1}{2}=0.5=50\%$;$\frac{1}{4}=0.25=25\%$.

2. 无联系的程序性任务:把分数 $\frac{3}{8}$ 转化成小数和百分数.期望学生的回答:$\frac{3}{8}$;0.375;37.5%.

3. 有联系的程序性任务:用一个 10×10 的表格,表示 $\frac{3}{5}$ 的小数和百分数形式.期望学生的回答:分数 $\frac{60}{100}=\frac{3}{5}$;小数 $\frac{60}{100}=0.6$;百分数 $\frac{60}{100}=60\%$.

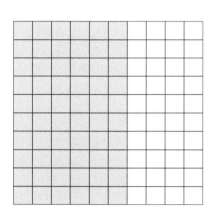

图 6-1

4. 做数学:在 4×10 的长方形中给 6 个小正方形涂阴影,用这个长方形解决下列问题.

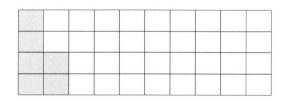

图 6-2

(1) 阴影部分的面积;

(2) 阴影部分的小数表示;

(3) 阴影部分的分数表示.

学生可能的回答:

(1) 因为有十个竖栏,故一竖栏是 10%.所以四个小正方形是 10%.两个小正方形是占一竖栏的一半,即为 10% 的一半,故是 5%.所以阴影部分面积是 10% 加 5% 等于 15%;

(2) 因为十个竖栏,一个竖栏是 0.1.第二个只有两个正方形,占了 0.1 的一半,故为 0.05.所以六个正方形总共为 0.1 加 0.05 等于 0.15;

(3) 6 除以 40 为 $\frac{6}{40}$,化简为 $\frac{3}{20}$.

(Stein et al.,2001,p.3)

这四种提问方法对学生的认知要求水平考查的侧重点不同.如提问 1 和 2 教学任务侧重考查低水平的认知要求,其中包括记忆一些特殊的分数的等价形式$\left(\frac{1}{2}=0.5=50\%\right)$,

在没有其他附加条件和要求的情况下仅用运算法则把分数转化成百分数或小数$\Big($如把分数$\frac{3}{8}$变成小数,用分子除以分母得到 0.375;再把小数点向后移动两位加百分号就得到百分数 37.5%$\Big)$.这些考查低认知水平的任务特征是识记,不需要考虑对相应知识的理解、含义或概念来进行操作(以下简称为无联系的程序性任务).当执行这种教学任务时,学生可以在座位上老老实实完成 10 到 30 个这类题目.

另一种提问方式是要求学生在理解分数、小数和百分数概念的基础上,总结出分数、小数和百分数之间的关系,这是高水平的认知要求.例如,提问 3 要求学生用 10×10 的表格表示出:分数$\frac{3}{5}$等于小数 0.6 或是百分数 60%.要求学生在表格上记录下分数、小数和百分数,并用图表示出来.这样能使他们将各种不同的表示方法建立联系,并能将图形表示与知识含义建立联系.这种任务是在对知识、含义的理解和概念的把握基础上而进行解题的(以下简称有联系的程序性任务).

还有一种高认知水平的教学任务要求学生在分数的众多表示方法中探索表示方法的关系(定义为做数学).起初,不给学生提供转化的方法.他们会用到表格,但是这次是变化的表格(不是 10×10 的表格).如提问 4 要求学生在 4×10 的长方形中给 6 个正方形涂上阴影,并表示出阴影部分的小数、分数、百分数形式.当学生用这个图去表示分数、小数和百分数的形式时,他们将以一种新颖的方式挑战对小数、分数、百分数概念的理解.如:一旦学生涂黑了 6 个正方形,他(她)也就限定了这 6 个正方形在整个长方形中的数量关系.从学生可能回答的情况中,可以看出,数学推理可以帮学生找到正确的答案.与之前提到的低水平认知要求的任务相比,当实施有联系的程序性任务和做数学任务时,很明显学生在课堂上解题的数目比较少,有时甚至才 2 到 3 题.

三、评定数学教学任务的任务分析指导

任务分析指导(表 6-1)包括了前面描述的所有认知要求的教学任务的特征,如:识记、无联系的程序性任务、有联系的程序性任务、做数学的各阶段水平.当实行一个教学任务时,这个指导就是一种评价模板(一种记分模板),它依据要求学生具备的思考类型而评定等级.

表 6-1 任务分析指导(Stein et al.,2001,p.6)

识 记 任 务	有联系的程序性任务
• 重复或者复述以前学过的事实、规则、公式、定义,或记忆已知的事实、规则、公式、定义. • 不能应用程序.因为不存在这样的程序或使用程序完成任务的时间太短暂了.	• 为了使学生能够更好地理解数学概念和思想,侧重培养学生对解题技巧的应用. • 提供的应用的方法(明确或暗示)是与相关基础概念有广泛的密切联系的,而不是缩小算法,模糊概念.

识　记　任　务	有联系的程序性任务
● 涉及需要准确复制先前所看到的材料,不要模棱两可,要直接准确复制和陈述. ● 不用联系先前学过的知识点、法则、公式或定义所需要的概念和含义.	● 通常是以多种形式出现(如:可视化图表、教具、符号、问题情境).在多种表达陈述中建立联系,用以帮助发展数学思维. ● 要求一定程度的认知结果.尽管可以应用一般的解题方法,但是不能盲从.为使学生成功完成任务,要求学生参与时具有对基本过程的概念上的观点.
无联系的程序性任务	做数学任务
● 算法的.这种方法不需要明确强化理解、操作步骤,或是先前的知识、经验,或是了解关于任务的背景. ● 不要求过多的认知要求.需要做什么或怎么做有一点模棱两可. ● 应用的过程之间没有概念上或含义上的联系. ● 比起数学理解更注重答案的正确与否. ● 不要求解释,也不要求对单独的某一过程和步骤单独解释.	● 要求复杂和非算法的思考(不提供方法、说明、例子). ● 要求学生探索,理解数学的本质概念、步骤和关系. ● 需要学生自我监督、自我管理、自我认知过程. ● 需要学生使用相关的知识和经验去完成任务. ● 要求学生分析任务和找到限制任务解决的约束条件. ● 解决过程不可预知,要求学生付出相当大的努力,还可能会使学生产生焦虑.

四、评定数学教学任务的注意点

当评定一个教学任务的认知要求水平时,不要被它的表面特征所迷惑,要保持清醒的思考:这个任务是为了什么目的而设计的,这很重要.下面将讨论这些因素.

1. 不被表面特征迷惑

评定教学任务的认知水平时要时刻保持警惕,因为任务的表面特征很容易使人误解.比如:柠檬任务——哪个食谱使柠檬汁浓度最大? 食谱 A:两杯柠檬汁,三杯水.食谱 B:三杯柠檬汁,五杯水.这个教学任务被定位为无联系的程序性任务,因为它看起来像一个标准的课本练习问题,只需要应用计算法则来解题,缺少推理特征,如要求解释或判断.然而,这个任务其实是做数学,因为没有提供解决这个问题的简洁方法或没有明确的方法.这个任务要求学生比较两个食谱,并从中选出柠檬汁浓度最大的一个.为了解决这个问题,学生必须理解问题的情境,明白浓度的含义,弄清楚题目问题.有些任务表面看起来是高认知水平的或是低认知水平的,但是,要透过表面特征,认清楚它们所要求的思维的种类实质后再作判断.

当改变教学任务的教学定位目标时,如:操作处理的要求、实际情境、复杂的步骤、手段、判断,或应用图表、示意图等,低水平的认知任务有时会转化成高水平的认知教学任务(Stein et al.,1996).

2. 考虑学生的因素

评定任务的挑战级别的另一个因素是学生(年龄、年级、先前的知识和经验)及班级的规范和教师的期望.例如,过去常常要求学生计算 5 个两位数连加并解释过程.对于一个有计算能力的 6 年级的学生来说,"解释过程"意味着"告诉大家你是怎样做的",这项任务此时就是常规的简单的. 然而,这项任务对于一个刚刚接触两位数的 2 年级的学生来说,"解释过程"意味着你是怎么思考的,这时,这项任务就是高认知水平的任务了. 因此,当教师选择或设计教学任务时,要考虑所有的因素,以便为学生找到一个适合他们的教学任务.

五、教师区别教学任务认知要求的方法

可以发现对任务分类整理可以帮助教师区分不同认知要求任务的等级水平. 这项任务的长期目标是提高教师判断不同教学任务的认知要求水平的能力,以便使他们能准确使用更好地匹配学生学习目标的任务.

以下是 8 项样本任务. 这些任务涵盖了认识要求的所有特征,它们是按照表面特征的变化而分类列成目录的. 例如,任务 A 和任务 D 都要求解释和表达描述,然而任务 A 是高认知水平的(做数学),而任务 D 是低认知水平的(无联系的程序性任务). 任务 A 和任务 C 都是做数学,然而它们要求的操作方法不一样,一个需要考虑实际的问题情境,一个则需要应用图表. 具体任务如下.

任务 A

教具:计算器

马克的家庭作业,要求他观察下面的一组图形,并画出下一个图形.

图 6-3

马克不知道怎么画出下一个图形.

1. 帮马克画出下一个图形.

2. 告诉马克你是怎么画出下一个图形的.

(选自 QUASAR 认知评估小组发布的任务,转引自 Stein et al. ,2001,p. 9)

任务 B

教具:无

1. 这个季度的前两场比赛结束后,女子篮球组最好的成绩是 20 个球投中 12 个. 男子篮球组最好的成绩是 25 个球投进 14 个. 哪个选手进球的准确率高?

2. 最好的选手由于身体受到伤害必须下场休息. 为了赢得比赛,其他的选手在 10 个"罚球"中必须投进多少个球,最大百分比是多少?

(改编自 Stein et al. ,2001,p. 9)

任务 C

教具:计算器

你们学校的科学小组决定做一个拍摄大自然的特别活动. 他们决定在不同的天气,不同的场景拍摄超过 300 张照片. 他们将从中选出最好的照片去展览和参加国家摄影比赛. 这个小组有人建议买一个常规的相机, 还有人建议买一个一次性照相机. 常规的相机 40 美元, 要用的胶卷的价格: 3.98 美元 24 个镜头, 5.95 美元 36 个镜头. 一次性相机可以按组卖, 3 个一次性相机是一组, 一组 20 美元, 其中两个一次性相机带 24 个底片, 另一个带 27 个底片. 单个一次性相机是 8.95 美元. 科学小组要作出最好的选择, 并要向组员解释说明. 你认为他们选择哪种购买方案更划算, 并给出解释.

(Stein et al.，2001，p. 9)

任务 D

教具: 无

一种品牌外套每件 45 美元. 在节假日里这种外套标价是原价的 30%. 打折期间价格是多少? 你是怎么得到打折的价格的?

(Stein et al.，2001，p. 9)

任务 E

教具: 模型砖

$\frac{1}{3}$ 的 $\frac{1}{2}$ 表示把 $\frac{1}{3}$ 分成 2 个相等的部分.

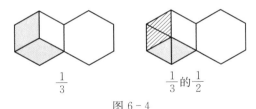

图 6 - 4

用图 6 - 5 所示的模型砖表示 $\frac{1}{4}$ 的 $\frac{1}{3}$.

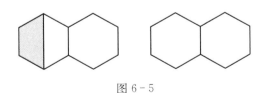

图 6 - 5

用图 6 - 6 所示的模型砖表示 $\frac{1}{3}$ 的 $\frac{1}{4}$.

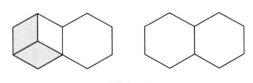

图 6 - 6

(Stein et al.，2001，p. 9)

任务 F

教具：正方形的模板

用正方形的边长作为测量工具，计算出下面的每个图形的周长．

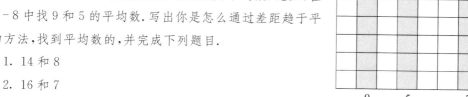

图 6 - 7

（Stein et al.，2001，p. 9）

任务 G

教具：带有格子的纸

图 6 - 8 格子高度代表的数字差距趋于平缓了．在格子纸中，用立方体数量代表数的大小，绘制出几个数，然后再将其差距表示成平缓的趋势．通过从第一个柱体移走 2 块到第二个柱体上，得到了两个相同高度的柱体．把这些立方体变成两组相同高度柱体．那个高度代表的数就是平均数．比如，在图 6 - 8 中找 9 和 5 的平均数．写出你是怎么通过差距趋于平缓的方法，找到平均数的，并完成下列题目．

1. 14 和 8

2. 16 和 7

3. 7 和 12

4. 13 和 15

9　　5　　7　　7

图 6 - 8

（选自 Bennett & Foreman，1989，转引自 Stein et al.，2001，p. 9）

任务 H

教具：无

把下面的小数转化成分数或百分数的形式．

$0.20 =$ _____ $=$ _____ ；$0.25 =$ _____ $=$ _____ ；$0.33 =$ _____ $=$ _____ ；

$0.50 =$ _____ $=$ _____ ；$0.66 =$ _____ $=$ _____ ；$0.75 =$ _____ $=$ _____ ．

（Stein et al.，2001，p. 9）

无论教学任务是作为任务分类整理活动的基础，还是为了这个目的建立了新的教学任务，或者是应用一些组合的教学任务，重要的是要改变它们的认知要求的特征．

表 6 - 2 是关于上述 8 项样本任务的认知要求和特征分析．

当讨论对于特定的学生群体怎样解决一个特别的任务时，总是容易转移目标，或过度的担心，或要在每一项任务中达成完全的一致．目标不是为了达成完全的一致，而是为了为教师提供共享的资源去讨论任务及特征，把教师的讨论水平提升到更高的水平，提高分析所选的任务或创造的任务之间关系的能力，提高对学生的认知要求水平．提醒参与者去思

表 6 - 2　任务认知水平及特征(Stein et al. , 2001, p. 11)

任务	认知要求水平	分 类 说 明	特 征
A	做数学	任务没有提供简洁的方法;重点是找到潜在的数学结构	● 要求解释 ● 做法巧妙 ● 操作复杂 ● 使用图表 ● 抽象 ● 与教材相关
B	有联系的程序性任务	侧重通过实际意义的联系找到百分比	● 有真实的解题背景 ● 操作复杂 ● 与教材相关
C	做数学	任务没有提供简洁的方法;要求复杂的思考	● 要求解释 ● 有真实的解题背景 ● 操作复杂 ● 使用计算器 ● 与教材相关
D	无联系的程序性任务	任务要求应用已给方法去寻找销售价格.不需要联系含义	● 要求解释 ● 有真实的解题背景 ● 操作复杂 ● 与教材相关
E	有联系的程序性任务	任务提供一部分的过程,过程和含义有关	● 做法巧妙 ● 操作复杂 ● 使用图表 ● 抽象
F	无联系的程序性任务	任务提供求周长的方法,但是解题过程与含义无关	● 做法巧妙 ● 使用图表 ● 抽象
G	有联系的程序性任务	任务提供平均数的求法,但是需要理解平均的潜在的含义	● 要求解释 ● 操作复杂 ● 使用图表 ● 抽象
H	识记	任务要求回顾先前学到的	● 与教材相关知识,不作理解要求

考更普遍的任务分类整理活动的目的,思考任务的区别,探究不同的原因,这些差别将怎样影响学生学习的机会,这些都是很重要的.

有两种方法与教师的实践有紧密的联系,也对辨别教学任务的认知水平有很大的帮助.

一种方法是要求教师在规定的时间内(如,3 个星期)收集课堂中应用的教学任务.然后,教师可以根据任务分析指导去定义他们收集的任务,评估收集的这些任务是否为提高思考、推理和问题解决等基本能力提供了充分的机会.

另一种方法是推荐教师利用任务分析指导去评估教材或教辅资料的一个单元或一个

章节中的教学任务. 这将促使教师改写低认知水平的任务,提高任务的认知要求.

6.1.2　高认知水平数学教学任务在课堂上的转变

与高认知水平的教学任务相比,低认知水平的教学任务几乎总是能成功实施,而高认知水平的教学任务的可预测性小,经常伴有各种挑战(Stein et al., 1996). 并且,实施一节高认知水平的教学任务的课堂,并不能保证学生可以以复杂的认知方式进行思考和推理. 事实上,只有大约 40% 的高认知水平任务是学生能够参与的(Stein et al., 1996). 一旦课堂中应用了高认知水平的教学任务,会发现有多种因素都会减少该项任务的认知水平. 下面,就来谈谈高认知水平的教学任务在课堂上的转变.

一、影响任务实施认知要求的因素

在实施阶段,高认知水平的教学任务通常很容易转换成低认知水平的任务,其中有很多因素对此会形成影响(Stein & Smith, 1998).

1. 降低高认知要求的相关因素

(1) 解决任务问题的常规化(例如,学生通过说明明确的过程、步骤、执行结果向教师提出想要降低任务的难度;教师则帮着思考和推理,并告诉学生怎么做);

(2) 教师把重心从对知识的意义、概念和理解上转移到答案的正确与否;

(3) 没有给学生太多的时间解决问题,学生也想匆匆完成任务;

(4) 课堂的管理问题也影响着高认知要求的持续进行;

(5) 对于特定的学生所匹配的任务不恰当(例如,学生缺乏兴趣、动机、完成任务所需要的知识;对学生的期望和他们的认知水平不匹配);

(6) 不追究学生的关于高认知水平任务的过程和步骤责任(例如,尽管被要求解释他们的思考方法,但是不清晰和不正确的答案也被接受了;学生认为他们的任务作业与期末成绩无关).

2. 维持高认知要求的相关因素

(1) 鼓励学生思考和推理;

(2) 给学生提供监督自己进步的方法;

(3) 教师或优秀的学生做示范;

(4) 教师通过提问、评论、反馈结果的方式向学生持续施压;

(5) 任务考查的是学生先前已有的知识;

(6) 教师经常串联知识的概念;

(7) 给予充足的时间(不是很多,不是很少).

二、高认知水平教学任务的认知要求变化模式

一些对学生的思维具有高认知要求的教学任务,在实施时,确实需要学生进行综合的

思考.为了高认知要求任务的有效开展,创设众多的有利因素是很有必要的,比如,考虑学生已有的知识基础,教师适当地给予指导,给学生持续适当的施压,或由教师和优秀学生作思考和推理的示范等.

在实施阶段,当任务的认知要求有所降低时,往往是因为课堂环境中产生了不利的因素,如上面提到的各种因素.这些因素中,包括了各种各样的来自教师的、学生的和相关任务的条件、行为和规范等.以下介绍在实施阶段中认知要求降低的情况.

1. 高认知水平的教学任务变成了无联系的程序性任务

学生没有进行深入有意义的数学思考,而是用更易操作、更常用、更浅显的方法解决问题.在这种情况中,最大的原因是教师帮助学生思考.

高认知水平的任务相比于学生经常接触的教学任务更倾向于少结构、难度大、题干长.学生经常抱怨这些教学任务模糊不清,他们不是很清楚应该做什么,如何做,他们的成绩将被如何评估(Romagnano,1994).为了解决由这些不确定性带来的不适,学生有时会强烈要求教师把这些类型的任务分解成小步骤,指明具体的过程,或先示范做出一部分任务.如果教师屈从这些要求,那样的教学任务在挑战学生思维上就会被降低或被消除了,学生发展思维和推理技能的机会也就可能丢失.

2. 高认知水平的教学任务变成了非系统性的探索

非系统性探索不同于前面讨论的其他类别,因为它在课程材料中不是用来描述任务,也不是由教师建立的.它是从分析中衍生出来的一种描述,一些没有程序化但也没充分实现的做数学的方式.通过这种类型的方法,学生可以认真地着手任务并试图完成猜想、找模型、讨论、判断等.不过,他们还未达到能深刻理解这些教学任务中包含的重要数学思想的水平.

3. 高认知水平的教学任务变成了非数学活动

在这种情况下,学生常常表现出各种逃离问题的行为,如茫然地摆弄他们的操作教具或与同伴讨论别的话题.这种情况通常发生在教学任务与学生先前的学习经验或预期不是很匹配的时候.另外,还有可能是来自课堂环境管理的问题.当学生在小组讨论环节自由地在教室里漫步,跟朋友随意聊天,或由于索要材料而扰乱课堂,这些都会影响学生参与复杂数学活动的程度和效果.

6.1.3 关注学生解决复杂教学任务的课堂评价方法

上一部分介绍了教师在课堂上是如何创建和实施高认知水平的数学教学任务,这一小节将关注教师是如何评价解决复杂教学任务的认知水平的,引自达朗其和龙伯格(de Lange & Romberg,2004)的研究.

一、RME课堂评价产生的背景和意义

自从传统课程向 MiC(Mathematics in Context)课程转变以来,教师需要寻找新的评估学生课堂表现的方法. 引用 MiC 教学和使用 RME(Realistic Mathematics Education)方法的潜在目标是让学生通过探索数学在现实世界中的应用,从而参与到现实问题的数学处理中,创建具体问题情境的"模型",创建数学推理和问题解决模型. 在这个过程中,教师和学生通过分担学习责任和创建数学论证的规范而互动起来. 从课堂评估角度来看,教师应该逐个检测学生的能力,并累加他们所学会的知识和理解的概念及操作方法. 完整的评估过程是为了让学生重视和理解数学在他们生活的世界中的应用.

MiC 材料中使用的 RME 方法会使教师的评价超过传统的学生测验和考试. 检测学生的进步一直是教学工作中的关键. 数学教师传统的检测方法是通过课堂测验和章末测试来评分和计算正确答案的数量,以及在学期末的时候定期总结学生的表现. 对于教师而言,新的评估方式改变了他们对学生及其能力的看法. 因为学生从事教学活动可以真实地反映数学实践,而教师也可以通过从数学领域内和领域外的非正式到正式方面来记录学生的进步. 通过这种方法,他们可以看到每位学生的进步,并能制订合理的教学计划或调整教学计划. 他们能根据学生的成绩和小组作业,学生的采访笔记等方式作出判断. 在课堂文化中,培养学生的自我评价能力是一种特别的课堂任务.

二、教学任务的设置:开放式教学任务

RME 课堂评估方法和教学紧密结合,它被视为日常教学实践的一部分(van den Heuvel-Panhuizen,1996). 在这种方法中,只了解学生可以认知哪几个领域的概念和技能是不够的. 相反,评估更应该关注学生对日益复杂的教学任务的认知和利用概念和技能去建立模型、解决问题,或证明他们的方案等能力的培养. 因此,在培养学生运用相关概念和方法技能去解决非日常问题的能力时,要使用开放式的教学任务.

三、RME 评价的四个步骤

达朗其和龙伯格(de Lange & Romberg,2004)指出 RME 评价的四个步骤.

第一步:使用 MiC 激发教师改变评价方法. 这通常可以改变他们的教学实践并能使他们看到学生完成教学任务的质量. 不过,即使教师意识到了这种需要,他们也不一定会找到解决的方法,他们需要一定的帮助.

第二步:为教师提供选择信息和评价的例子,评价任务和评价题目. 以下是研究人员总结出的课堂评价法则:

1. 课堂评估的主要目的是为了提高学生的学习.

2. 数学是嵌入在学生的现实世界有意义的问题(吸引人的、教育的、真实的)中的.

3. 评估方法要检测出学生知道的知识而非披露出他们不知道的知识.

4. 评估要有多种多样的形式,要能充分展现学生的特点并能记录他们的成绩.

5. 教学任务要紧扣教学的所有目标包括适应性. 不同层次的数学思维的性能标准是这一过程中的有利工具.

6. 规范的评分标准.

7. 测试和评分应尽可能少地涉及学生的隐私内容.

8. 反馈给学生的信息要真实可信.

9. 评估学生完成的教学任务的质量时,要秉着真实性、公平性原则,不能由可靠性或在传统意义上的有效性来决定.

以上这些原则形成了一个重视课堂评估的"检查表". 不过,从原则到实践还是要经过漫长的适应期.

第三步:创建评价任务. 创建评价任务涉及如下三个方面:(1)数学的领域——算术、几何、代数、统计和概率;(2)三个级别的数学思维水平——复制、连接、分析;(3)预期学生达到的难度. 所有测试的问题可以根据数学内容、思维水平的要求、任务的难度而确定下来.

接下来介绍三个层次的学生思维水平.

级别1:复述、操作、概念和定义.

这个级别表现为记忆知识点、表达方式、等价形式、回忆数学对象和属性,执行解题过程、应用标准算法和开发技术,以及处理和操作含"标准"形式的符号和公式的语句和表达式. 这个级别的测试项目通常类似于相关的常规课程的标准化考试和章末测试. 教师很熟悉这些教学任务.

级别2:联系和集成信息解决问题.

在这个层次中,学生开始联系领域内部和不同领域间的信息来解决简单问题,选择策略,有选择地使用数学工具. 在这个层次中,学生还被期许能根据情况和目的解决给出的问题,需要能够区分和联系一系列的语句(定义、注释、例子、条件声明、证明). 这个层次的问题通常是被放置在一个要联系上下文的情境中的,且要求学生参与到数学决策中. 这些教学任务往往是开放式且类似于教学活动. 教师需要创建和选择这类的教学任务.

级别3:分析、概括和洞察力.

在这个级别,要求学生能数学化情境,识别和提取嵌入在情境中的数学条件,并利用这些数学条件解决问题,分析、解释、研发模型和策略,给出数学论证、证明和总结. 这个级别的问题往往有多个答案.

一个完整的评估体系,应涵盖所有层次的数学思考,涉及所有领域的内容.

第四步:延伸教师的课堂评价的概念. RME认为评价是嵌入在日常教学实践中的. 事实上,通常区分评价和教学的方法是人为的. 教师可以通过多种渠道,比如,聆听学生、观察他们的个人作业和分组作业等来获取信息,评估学生的表现和成长,并作出教学决定.

§6.2　数学课堂教学评价工具

这节将着重介绍用于数学课堂教学的一些评价工具,以便于教师在日常的课堂教学中能够对学生的学习有相对准确的理解.

6.2.1　以问题为调查工具的评价

数学教育改革中,复杂的认知技能在数学课程中变得越来越重要,它包括推理、数学化、归纳、设计问题解决方案、解释问题解决的过程和交流研究成果等.为了帮助学生习得这些技能,教师需要设计包含这些技能的问题,更需要可以评价这些技能的问题.这里,把学生作为专业问题解决者处理的问题称为"调查".调查研究是为学生提供涉及多个领域的复杂问题,并洞察学生的思维方式和理解水平.之所以把调查作为一种评价工具,是因为当调查活动成为教学的一部分时,它可以反映学生的思维和理解水平(van Reeuwijk,1995).下面以实例来说明调查评价,是引自范雷韦克和维杰斯(van Reeuwijk & Wijers,2004)的研究.

一、一个调查问题的实例——铺地板问题

"铺地板问题"是 MiC 课程中的一个问题(Gravemeijer,Pligge,& Clarke,1998),取自测量与面积单元.该调查要求学生在考虑材料购买量的同时还要考虑成本.教师的指导策略多种多样,铺地板方式也是多种多样的.这样教师可以更好地了解该问题和学生的反应.问题解决中,拼凑是必用的方法,但是学生也需要考虑各种材料的余料.

问题:铺地板问题

宾馆的大厅 14 英尺长 6 英尺宽.现在需要一些材料来铺地板,有四种材料可供选择:地毯——4 英尺宽,每平方英尺 \$24;垫子——3 英尺宽,每平方英尺 \$25;塑胶——5 英尺宽,每平方英尺 \$22;瓷砖——每块是 6 英尺宽 6 英尺长,每块是 \$1.如果你是地板公司的营销商,宾馆经理想知道各种材料的总价,希望你能解释原因,并写出一篇报告解释你的最佳选择.(van Reeuwijk & Wijers,2004,p.139)

下面是该任务在一个课堂中实施示例.一开始,教师为学生提供一些相关的信息和建议.首先,她在方格纸上画了一个 6×14 平方英尺的地板模型,然后,在另一张方格纸中,她剪下一个宽为 4 英尺的长条,将它卷成卷.接着,她问学生这个长条需要多长才能盖住地板模型呢?一位学生认为,先剪下 14 英尺长,然后剪出四段 2 英尺长的长条,这样就可以盖住地板,此时剩下 2 平方英尺的余料.另一位学生认为,剪出四段 6 英尺长的长条,此时有 12 平方英尺的浪费.

接下来在课堂上讨论了这两位学生的想法.这时全班一致认为这种方法也可以用来处

理垫子和塑胶的问题.在地板上铺设瓷砖的问题相对容易.大多数学生通过剪剪粘贴完成任务.可以发现,使用具体材料确实有助于教学.有些学生每次都动手实践,而有的学生已经能够通过画出简图进行思考,金便是这样的学生.

对于这四种材料,金画出地板模型,并运用剪—粘策略找出铺地板的方案(图6-9).然后她根据裁剪的尺寸计算每种材料的成本.她的做法很好地反映了她的策略.首先她剪出14英尺长的地毯,这样地毯的余料面积是28平方英尺.同样的方法,塑胶的余料则有56平方英尺.虽然她裁剪的方法只有一种,但是她很详细地解释了她的做法,并记录下每种材料的成本.她的计算和画图很好地反映了解题思路.金的计算具有代表性,解释明确,画图准确.

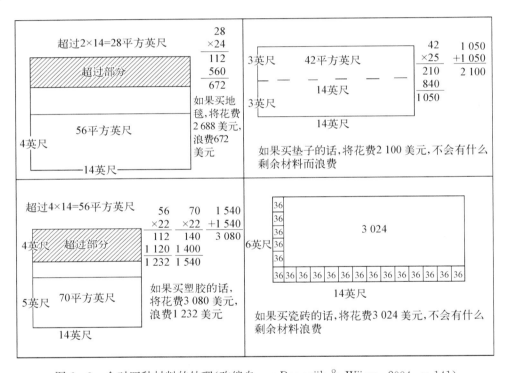

图6-9　金对四种材料的处理(改编自 van Reeuwijk & Wijers,2004,p.141)

注:为了清晰地表达信息,图在原有图的基础上做了些细微的改变,但并没有使原有信息的本质含义发生改变.

计算各种材料的成本只是问题的一部分,学生还要以报告的方式汇报最佳的材料选择.教师为学生制订了评价报告的方案.

学生报告和小组项目的评价标准:

小组20分(每人5分);

在报告中选择一种材料得10分;

在报告中写出正确的成本得20分;

列出需要购买的材料的正确尺寸得20分;

解释为什么选择这种材料得 20 分；

解释使用这种材料产生的余料得 10 分；

总分：100 分.

每位学生都要结合小组结果提交报告.这个标准使学生明确报告内容.第二次课时学生可以利用它检查自己的作业.教师巡视课堂时,可以帮助学生完成调查.因为每位学生的目标很明确,所以教师不需要开展课堂讨论.第二次课结束时,教师布置了家庭作业：结合等级标准写一篇报告.两天之后,学生提交了报告,教师评定了学生的作业等级.

有的学生的报告清晰地表达了自己的想法,而有的则没有.比如,金的报告就没有完全体现她的想法.她认为："如果我是商人,我会建议买垫子.因为垫子物美价廉",那么仅凭借报告来评价她的学习就是不充分的.

吉赛尔和贾斯廷的报告清晰地解释了解题策略,虽然报告并没有完全反映学生的做法,但是他们却给出了细致、清晰的答案.吉赛尔认为,使用塑胶的花费是 1 870 美元,但是只浪费了 1 平方英尺,此外铺在地板上比较简洁,取出时也很方便,它也可以铺在厨房的地板上.

贾斯廷在报告中写道：我认为地毯是最合适的.首先,地毯是最便宜的.其次,它走上去很舒服.使用它只要 2 016 美元.我可以剪出一段 4×4 平方英尺的地毯,然后 4×4 平方英尺这一段的中间剪开,这样就得到了两个 4×2 平方英尺的片段,此外我再剪出一个 4×3 平方英尺的片段并从底部剪出一个 4×2 平方英尺和 4×1 平方英尺的片段.接着我将 4×1 平方英尺的片段从中间剪开.这时,地毯就没有剩余.

多数报告就像吉赛尔和贾斯廷写的那样,学生用几段文字解释材料的选择和花费成本.吉赛尔选择塑胶是因为它看起来简洁且容易放置.这些观点虽然有效,但是与数学的联系并不明确,因为塑胶并不是最廉价的.贾斯廷认为"走上去很舒服",不过他解释了计算过程.尽管他计算错误,但是他非常努力.他详细解释了地毯的裁剪方式,使其没有浪费,对于贾斯廷来说,没有浪费比廉价更重要.不能仅根据报告评价学生的学习.吉赛尔和贾斯廷的报告看起来不错,但是他们的计算结果仍值得考虑.这时教师就要综合地来评价学生的学习成果.

综合多种因素,可以发现,总价并不是简单的总面积数与材料的单价的乘积.虽然计算比较容易,但是学生还要组织数据来进行计算.当学生必须组织这些数据时,超过半数的学生会有挫败感甚至放弃.他们需要教师帮助他们找到问题的关键点.这时,教师会帮助学生建立一个表格,并将结算数据填入其中.学生则利用这个表格记录四种材料的使用量和成本,然后通过对比找出最佳的解决方案.

图示、草图和计算都能反映出学生解决问题的策略.仔细分析学生的反应,可以发现不仅要获得最优的成本,还有理解面积的计算,将问题可视化,最后根据计算得出结论.所有这些方面都能了解学生的理解和思维水平.

铺地板问题非常复杂.学生一定能够表现出不同的技能,比如基本算法、推理和归纳.首次提出该问题时,学生很难把握.尽管情境很明确,但是却不同于学生的日常活动.学生也不习惯处理开放性问题,这也是学生的困惑所在.学生也不习惯画草图或使用具体的材料.他们专注于数字和计算.当学生已经习惯了调查问题,那么以上问题就会逐渐消失.

尽管学生根据要求写出报告,但是写出的报告也不一定能够表现出学生的思维过程.掌握学生的思维过程并不容易.报告仅仅是以建议的形式得出简单结论,这并不足以全面了解学生的思维.教师的指导方针有助于交流他们的想法.

二、一个好的调查问题的特征

为了加强对复杂认知技能的评价,要明确每一个教学单元中能够反映学生思维活动和解决能力的问题.如果无法找到合适的问题,可以参考其他资料中的问题,然后将其与课程资源相匹配.

研究初期,学生并不知道该做什么,也不知道教师希望他们做什么.问题太开放了,学生会询问教师问题的框架结构.这说明,并不是每一个问题都适合调查研究.同样的,教师也不习惯解决为了评价而进行的调查研究,所以他们并不清楚如何完成调查目标以及如何辨别学生的不同的认知水平.对于调查来说,应该具备如下的特征:

● 调查应该适应课程.这就意味着它应该具有多种功能并能适应学生长期的学习进程.例如,铺地板问题中,面积是学生常规课程学习的重点.好的调查应该与常规的数学教学相结合.当调查不同于常规的数学课程时,它则不利于数学的学习.

● 调查的问题不仅能为学生提供用数学的机会,也为学生学习新的数学和培养学生的数学思维创造了机会.在铺地板问题中,要求学生理解面积的概念,并提出新的解决策略.

● 调查问题要足够开放,还要有多种解决方法.在铺地板问题中,学生提出多种解决方法,有的方案注重不浪费,有的方案注重廉价等.

● 为了调动学生的积极性,调查必须具有真实性和挑战性.真实性意味着贴近学生的现实生活.问题不一定需要真实的情境,数学本身也可以看作一种情境.通常情况下,调查最适合在小组内进行.这样学生可以在小组讨论中互相学习,选出可以实施的方案.在铺地板问题中,虽然学生合作完成,但是每位学生都要提交一篇报告.这是因为教师鼓励每个学生都能提出自己的解决策略.

● 一个好的调查要考虑指导方针.教师利用指导方针评价学生的完成质量.在铺地板问题中,教师要求学生在问题中扮演不同的角色.例如,"如果你是公司的经理,你必须写一封信向你的员工解释公司作出的决定."而学生同样需要指导方针明确学习目标.学生必须清楚他们要做什么.这就意味着评价标准具有针对性,学生应能组织并独立完成汇报成果.

6.2.2　以课堂话语为调查工具的评价

收集证据和提供反馈是课堂对话的两种评价过程.教师通常收集数据来评价学生原有的知识、参与水平、对任务的解释能力以及对数学的处理能力.课堂讨论为数据收集提供了难得的机会.在课堂讨论中,教师可以即时监控学生对任务的理解,获取更多的学生信息,并通过有效的表现形式进行交流.学生可以在课堂讨论中交流自己片面或错误的观点,教师在课堂讨论中融入评价策略可以收集学生的信息,并通过探究、指导和重组问题进一步调查学生.

反馈可以使学生通过对比不断提高处理数学的能力,加深对数学的理解.反馈可以是口头的或书面的,正式的或非正式的,私密的或公开的,针对个人的或团体的,可以是学生处理陌生问题时最初的反应.随着时间的变化,学生的观念也会随之变化,这时就可以对比学生当时的表现和预期的表现(Wiggins,1993).反馈可以保留(如继续观察学生的发展)或间接地提供信息(获取其他学生的反馈)等.

学生可以从多种资源获取反馈,其中包括教师和同学的评价.课堂对话从多个角度提供反馈,这就使得学生可以分享自己的解释、讨论、解决策略和研究其他学生的反应.课堂对话作为一种反馈资源,可以促使学生进行自我评价以及评价他人.理想情况下,课堂评价有利于评价标准的内化,有利于师生交流,有利于学生进行有意义的自我评价.为了实现该目标,教学环境必须具有开放的评价标准,学生有机会进行反思并进行有意义的自我评价.

一、关注师生对话的课堂讨论的案例研究

为了实现教学目标,要求更多的书面表达和言语表达,所以教师应补充具有时间限制的纸笔测试和对话测试.教师将课堂对话作为评价实践的重要部分.下面介绍如何来作这样的评价,以韦布(Webb,2004)的案例研究来表达课堂对话的评价研究.

案例研究的基本问题是教师运用何种评价活动收集学生的学习情况.这里不仅要收集教师和学生的言语、肢体信息,还要记录教师评价观念的变化.通过访谈、课堂观察和录像研究记录教师与学生的交流信息,并了解教师是如何开展教学的.为了追踪各种评价理念,案例研究进行三次访谈,每次访谈时间为 60 分钟.首次访谈在为期六周的学习之前,第二次访谈于三周的学习之后,最后一次访谈则是总结六周的学习情况.同时,研究还进行了课堂观察和视频记录评价活动.由于使用了录像设备,研究则可以记录班级、小组和学生与教师的交流活动.课堂观察和汇报成果主要关注师生对话.

科斯特女士就是韦布(Webb,2004)研究中的案例.她在观察报告中运用了课堂对话,并认为该教学活动是研究对话评价的宝贵资源.本案例内容是 7 年级的数学知识.收集数据的班级是 7 年级的一个"快班".科斯特女士是一位非常有经验的教师,她的教学方式明显体现了其对课堂中的语言关注.她要求学生使用简洁、专业的语言进行逻辑推理.

在科斯特女士的课堂中,交流数学思维的最主要方式是口头表达,教师根据学生的解释评价学生思维的深度.在与学生的交流中,她获取了最可靠的学生信息.她认为情境教学是一种有效交流学习期望的教学方式,这也方便为学生提供指导和反馈.科斯特女士根据学生的反应选择教学任务,并根据学生先前的经验和兴趣水平确定教学目标.她尊重学生并为学生独特的天分和个性感到无比的自豪.当问到她的评价观念时,她认为:"我要做的不是让学生学到什么,只是表现对学生的尊重和关爱."她认为评价项目、作业和测试都是展示学习的方式,而不是揭示学生的不足.她对数学的多重理解促使她采用广泛的评价方式,为此也能获得学生最真实的学习水平.

科斯特女士认为学生的参与是基于对话评价的先决条件.为了激发学生的积极性,她设计对话陷阱使学生参与到问题情境中.在她的课堂中,教学目标之一就是激发并维持学生的学习兴趣.她利用这些陷阱维持课堂讨论,并评价学生的学习水平.

例如,在讲授婴儿体重问题时,她要求学生画出并解释儿童的成长状况.在问题表述中,有一张婴儿在医务处称重的图片.她是这样引导学生进入情境的:

师:翻到第 14 页,观察可爱的婴儿.(学生异口同声发出一声"咦")

师:请翻到第 14 页.(等待学生安静下来)

师:看这个婴儿.罗杰,请你给这个婴儿起个名字.

罗杰:噢!给他起个名字?

师:是的,给他起个名字.

罗杰:布赖恩.

师:是布赖恩吗? 朱莉,你来给他起个名字.

朱莉:啊——啊,朱迪吧.

师:朱迪!(教师笑着说)今天课前我们就对名字进行讨论.给这个婴儿起个名字.

奥利弗:哈比卜.

师:查尔斯,你来起个名字.

查尔斯:鲍勃.

师:这个婴儿叫鲍勃.阿莉莎,你来起个名字.

阿莉莎:罗韦尔.

师:罗韦尔?(全班哄笑)赫克托,为什么讨厌这个名字?

赫克托:什么?

师:为什么不喜欢这个名字? 为什么觉得这个名字愚蠢?

拉斯:因为这个名字很有趣.

师:是的,因为很有趣.

克里斯蒂娜:因为等他长大时就不能这么称呼他了.

师:好了,我们回到正题.翻到第 14 页.这些都是研究和数据.如果观察不仔细,那么在调查数据和收集数据时会发生什么？你会错失一些数据.我们想要了解的是这个婴儿是否茁壮成长,是否与我们的设想一致.或许我愚蠢地认为婴儿是充满数据的表格,那么我们要怎样研究这些数据呢?好了,观察图表,这个婴儿要多久称一次体重呢?(Webb,2004,pp.173-174)

科斯特女士会在课堂中融入这些技巧,上面的摘录充分说明了她是如何利用教学技巧和幽默感吸引学生的注意力,但是这些短对话并没有涉及任何数学内容.她运用该问题情境激发学生的兴趣.利用教学陷阱是一种活动方式.在采访中,她谈到自己的方法,认为这是她的个人风格,并不是有意识去设计的.基本思路就是,她希望能吸引学生去思考这个问题.尽管,前面的这些看似"无用的"对话,却是抓住学生注意力的有效措施.

三种基于对话的评价类型

在案例中,韦布(Webb,2004)从分析录像和现场记录中总结出三种基于对话的评价类型:1.体温测量评价;2.漏斗式反应;3.探究评价.

1. 体温测量评价

体温测量评价在于了解每位学生的基本情况.在这样的评价环境下,学生不需要举手回答问题,教师会轮流尽可能让每位学生说出自己的基本观点或答案.

在全班讨论时,教师可以较快的速度提出体温测量式问题,并不给予任何提示.教师要充分征求学生的意见,并要求学生评价学生反应的有效性.在获取学生的信息后,教师决定提问相同的问题或转移到一个新的问题上.这种技术包括学生共同的反应、视觉手势和实例.尽管体温测量评价只得到了一些简单的学习证据,但是这是作出教学决策的重要过程.

2. 漏斗式反应

漏斗式反应技术是教师根据一系列问题和言论指导学生作出反应.通过使用陷阱、提出建议和提出一系列问题,教师可以作出正确的选择,并根据学生的反馈来证明一种观点.这在一定程度上限定了学生反应的范围,局限了知识的代表性.漏斗式反应是运用学生的反应来强化信息,而不是揭示可选择的表现方式或成果.

3. 探究评价

探究评价技术是为了结合更多的问题和言论探究学生最初的想法,主要有三种变量:

(1)重申——促使学生用不同的方式解释他们的观点;

(2)详细阐述——促使学生和别人分享他们对问题的理解,可以通过让学生解释策略或证明策略有效性的方法完成这一目标;

(3)调查——使用反例、其他解释或展示方式,将师生对话转移到问题情境中.

在体温测量评价活动中,学生的反应和回答是调整教学的基础.如果学生的参与不足时,教师会提出新的问题,并将此与学生熟知的知识或生活情境联系在一起.当学生积极参与到活动中时,体温测量评价为进一步教学创造了机会.尽管利用体温测量评价可以保证学生的参与度,并能及时选择恰当的后续问题,不过却难以反映出学生的实质性表现.

相比之下,探究评价则能较充分地反映学生的实质性表现.比如,可以根据关系型问题评价学生概念关联的程度.

这三种对话类型,用科斯特女士的课堂对话来加以展示,具体如下.

马拉松比赛问题:学生阅读关于1984年奥运会女子马拉松比赛冠军贝努瓦的事迹,她的最好成绩是2小时24分钟52秒.已知马拉松运动员每运动10分钟就会失去$\frac{1}{5}$升的水分,请问贝努瓦在1984年奥运会女子马拉松比赛中失去多少水分?

师:"你认为贝努瓦在1984年奥运会女子马拉松比赛中失去多少水分?"根据上面信息,请使用多种方法进行计算,艾米,认为是多少呢?

艾米:大约17升.

师:嗯?

艾米:大约17升.

师:稍等,稍等.迈克,你得出了什么答案?

迈克:大约2.8升.

师:大约2.8.我们在讨论升数.好了,柯克,你呢?

柯克:啊,5.2升.

师:5.2升.哇,我们都围绕着答案转.杰克,你计算出来是多少?

杰克:大约2.9升.

师:大约2.9升?

杰克:是的.

师:贝蒂呢?

贝蒂:2.8升.

师:好的.伊森呢?

伊森:我算过了,我想我可能已经计算错了.事实上,我得到了72.5升.

(学生发出低沉的嘲笑声)

师:这么多!

科斯特女士使用体温测量评价学生解决问题的水平,当学生的回答与教师的期望存在分歧时,她会结合漏斗式评价和探究评价揭示学生对问题的理解.

师:你知道她每分钟失去的水分吗?是多少呢?

生:$\frac{1}{5}$.

师:$\frac{1}{5}$升.大约要多长时间呢?关键字则是"大约".(学生没有反应,科斯特女士利用漏斗式评价)孩子们,她跑了多少分钟呢?

生:(多种回答)135分钟、140分钟、145分钟.

师:135分钟和145分钟之间.140分钟,对不对?如果你没有减去她没做任何事情的前10分钟,那么她共用了多长时间? 那么你是怎么计算的,看起来怎么样啊?

伊森:呃……

师:(对伊森说)为大家板演下吧.

伊森:(走到黑板前)我同意 140 分钟.或者我将 145 分钟分成 10 组.然后我会有 10 组数据,每组 14.5 分钟.然后我又将它们分成 5 组,这就相当于 1 升,因为它代表 10 分钟的 $\frac{1}{5}$.因此,我知道我这比 3 升少一些.

师:看,可以接受的范围是什么?

师:桑德拉,大声说.

桑德拉:每 10 分钟 $\frac{1}{5}$ 升水.因此如果失去 1 升水,那就要跑 50 分钟.因此,我乘以 145,然后除以 50,最终得出的答案是 2.9 升.

师:非常简洁明了.你想出了如何得出这个数字.所以他说,跑多长时间可以消耗一升水分呢?

生:50 分钟.

师:50 分钟.因为这是 5 个 10 分钟.这是一种思维方式.由此可以确定 10 分钟损失的水分,那么你打算如何确定这未知的 140 分钟呢? (Webb,2004,pp. 177 - 179)

科斯特女士使用体温测量评价技术不仅监督学生的参与度,也是进一步澄清、解释或促进教学的需要.当评价方式转移到其他基于对话的评价方法时,师生对话的节奏就会发生明显的变化.学生需要更多的时间表达他们的想法,也需要更多方法来证明他们的观点.为保证教学进度,她引导学生讨论问题的关键方面.在上面的对话中,学生要认真思考运动员流汗的时间,在两位学生分享了计算方法后,科斯特女士将讨论的焦点集中于问题的下一部分或进一步讨论有争议的问题.

除了学生的共同反应和集体的手势,她也会根据学生表现出来的热情和响应判断学生是否可以继续新的课程.当学生的参与和响应热情高涨时,她会加快课程的进度或简要地解释任务,比如,学生读了一遍题目后就进行提问.反之,如果学生脱离主题或没有计算过程,她会提出更多的问题并建立问题解决模型,引导学生顺利参与到问题中.

二、关注学生自我评价和同伴评价的课堂讨论的案例研究

以上的师生对话都是从教师的角度出发,通过评价搜集学生数据,从而探究学生的理解力并改善教学策略.下面要谈的是从学生的角度出发,研究在课堂讨论的过程中,学生在教师的引导下是怎样进行自我评价和同伴评价的.

1. 自我评价和同伴评价

案例仍然来自科斯特女士的课堂.

课堂学习任务:若水草每年的增长率相同,已知 1959 年进行第一次测量,当时的覆盖面积是 199 平方千米.一年以后,覆盖面积大约 300 平方千米.在 1963 年,这种植物的覆盖面积是 1 002 平方千米.增长速率不是 2,请使用计算器得出该生长因子.

　　科斯特女士鼓励学生描述出他们用来找出增长指数的方法.桑德拉认为增长指数是1.5,但是她不知如何解释.科斯特女士将注意力转移到柯克.

　　师:柯克,你是怎么做的?

　　柯克:事实上,我得出了一个完全不同的答案.

　　师:嗯.

　　柯克:我觉得是0.5,因为增加一半就能得到300.因此我不明白为什么是1.5,如果按照这个增长率,得到的结果是500.

　　师:停一下.你是怎么得出300的呢?

　　柯克:呃,等一下,不,我选择199,它的一半就是每年的增长数99.5.这相当于298,大约300.

　　师:(在黑板上写下这一数字,用箭头标示出0.5)是吗?

　　柯克:是的.

　　师:(对全班)因此他认为增长指数是0.5;(转向柯克)我理解得对吗?

　　柯克:是的.

　　(当越来越多的学生注意柯克时,他变得很紧张.科斯特女士并没有表明柯克的做法是对还是错,而是引导其他学生对他的策略进行讨论交流)

　　师:凯瑟琳,你得出的增长指数是0.5吗?

　　凯瑟琳:呃.

　　师:你能否找到线索证明柯克的观点是正确的还是错误的?

　　凯瑟琳:我认为这是错误的.因为通过计算,这种方法并不奏效.

　　师:因此,你指的是这个.如果乘以它的话,你得到什么呢?

　　(见凯瑟琳没有什么表示,科斯特女士走到教室中心鼓励全班学生来思考柯克的做法)

　　师:你们能试着理解他的意思吗?他有没有值得反思的地方?还是你认为柯克说的对.(教室里发出一知半解的笑声)

　　师:莉莉,帮我们解答一下.孩子们,不要忘了你们说的话.

　　(科斯特女士明确对话的目的,并使其具有一定的挑战性.她让班级学生评价柯克的做法,这使得学生可以欣赏其他学生的观点,并能提供反馈.针对柯克对增长指数的计算,她即时为学生提供了一种寻求指数增长和进行展示的机会)

　　莉莉:我不认为增长指数是0.5.因为当你将某个数乘以1.5时,就相当于在原数的基础上又增加了原数的一半.

　　师:1是怎么处理的?

　　莉莉:1?所有的数乘以1,还是原来的数.

　　师:(转向柯克)你试过了吗?

　　柯克:是的,我认为这个我从在99的基础上增加0.5倍.(柯克似乎不认同莉莉的观点,这时课堂的焦点变成如何计算增长率,80秒后,教学的交点集中于柯克的方法)

　　师:很有意义的想法.柯克,尽管你的方法有意义,但是它却行不通,你明白原因吗?

柯克：呃，是的，呃，有些不知道.

师：好的，我们继续讨论，罗斯呢？

罗斯：如果你仅仅在原数基础上增加50%，这种方式和柯克的思维方式不是相同的吗？

师：给出你的数据.

罗斯：好的.他想在199的基础上加上199的一半.因此，如果你在199的基础上增加199的50%，它的结果也是300.

师：好的，进行下一步.

罗斯：如果你继续做下去，你就会得到最终答案了.在300的基础上增加50%，那么就会得到这个结果.

师：不管什么，这是罗斯的想法.等一下，莉莉，你理解他的意思吗？你能给出不同的解释吗？

莉莉：如果乘以0.5倍，原数会变小吗？

师：我不知道.你们有计算器吗？（很多学生拿出计算器.科斯特女士让汉斯自己宣布结果）（师面向全班学生）先停一下，（对汉斯说）再说一遍.

汉斯：你必须在0.5的基础上增加1，因此你保留原来的数据，并在原来的数据上增加0.5倍.否则，这个数字则会变小.

师：你已经可以知道这个问题的原理了.你们必须保证基数，那么你保留的基数是什么？

生：（异口同声）加1.（Webb，2004，pp.181-183）

通过交流，莉莉和罗斯提供了获得正确的答案的途径.如果科斯特女士没有为学生提供纠正柯克的方法，这些是不太会发生的.使用生生对话对柯克错误的想法作出反馈，也使得学生更好地理解生长因子.通过全班讨论学生的错误想法，科斯特女士能够对比学生的反应，并能提供更多的与问题情境相关的问题.

2. 自我认可

另一个课堂对话的实例来自安德森（Anderson，1993）四年级的拓展课程.它描述了学生在自我评价和同伴评价的过程中形成的自我认可，并说明了自我认可在学生学习过程中的重要性.如果教师独占评价权，学生就会缺乏自主权和自我认可.反之，当学生渐渐参与到评价过程中时，他们就能学会评价自己的学习.学生只有在学习中不断培养自主权，才能成为一个积极的评价者.

学生积极地参与评价过程就是让学生经历自我认可的过程，也就是说，自我认可作为一种评价形式，可以使学生系统全面地评价自己的数学知识.从本质上来说，自我认可即学生能够判断学生的想法.这样，评价与被评价之间的鸿沟则会慢慢淡化.如果教师认可这种评价方式，那么学生的独立性就得到了认可.自我认可是授权给学生的一种评价方式，这有利于丰富课堂教学.自我评价可以促进有意义的学习.它适用于所有的数学主题.在课堂中进行评价必须树立学生的信心，培养学生的能力.为了寻求增强的成就和动机，必须承认自我认可是学习过程中的关键要素.

（1）案例背景

案例涉及三个男生三个女生，一个男生（B3）存在"学习障碍"，其他两个男生（B1 和 B2）和一个女生（G1）数学成绩优异，其他两个女生（G2 和 G3）是中游和中游偏下的学习水平．案例活动是七巧板拼图（学生通过翻动、移动、旋转和拼凑等拼出如图 6-10 所示的图形）．

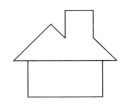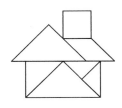

图 6-10　七巧板和拼图（Anderson，1993，p. 104）

学生的参与方式非常重要．首先，常规的数学课程一般包括大量的纸笔练习，因此学生并没有认为这是一堂常规的课程．学生喜欢这类课程，并满怀热情和诚意参与其中．其次，学生将其看作是一种挑战，而不是一般的数学知识．比如，学生在进行拼图时没有考虑数学问题，但是在填充拼图时，学生明显要考虑拼图的形状以及各部位之间的关系．

（2）自我认可感培养任务

正如其他的评价类型，自我认可因应用形式和服务目标的不同而不同，它的实施形式也是多种多样的，开放性似乎是最重要的．当任务明确时，学生则会制定解决策略并利用抽象工具解决问题，学生能够评价问题的解决过程以及结果的正确性．七巧板任务无疑也是如此．为了解决开放式任务，学生不断地塑造自己的角色．学生会自我提问诸如"这对吗？"和"这有意义吗？"的问题．因此，在这种情境中，自我认可是学生作出评价的至关重要的一部分．

但是如果任务是受到特定运算的限制，那么这无法适用于自我认可．在传统的数学课堂中，学生往往无法充分理解这些运算，它们看上去很神秘，因此，学生需要寻求外部的评价，那么学生自然会检验资料的正确性．一旦学生建立了自己的算法，那么对外界评价的依赖感就会消失．因此，为了确保学生将所有权、理解和自我认可联系在一起，学生会选择使用有意义的数学任务．

（3）自我认可感空间创造

培养学生的自我认可并不是偶然事件，为了培养学生的自我认可感，教师要为学生创造一个尊重的、理解的、包容的环境．教师要征求学生的意见，考虑学生的观点然后鼓励学生表达出来．教师必须创建更多的开放式任务，并鼓励学生维护他们的自主权和创造性．下面来看看案例教师是如何创造出这样的空间的．

当拼图活动进行到一半时，仍能看出，学生很受教师权威和外界评价的影响，比如，学生害怕做的过程中出现错误，所以不时地向教师或同学征求意见，具体如下：

B3：三维是什么样的？

G2：你能告诉我哪里出现了问题？我可以修改．

师：你做得都好，这没有对与错之分．

B3：我喜欢拼出什么都不像的形状．

B1：可以这样做吗？（Anderson，1993，p.105）

为了帮助学生摆脱这种想法，即便学生的想法与课程相悖，教师也要接受学生所有的解释．为了增加学生的自信心，首先要使学生确信教师相信学生的想法，还要鼓励学生相信自己，并乐意征求他人的意见和建议．教师作为合作者参与到活动中．

如果在课堂中全面培养学生的自我认可，学生则要具备专家的素质，当任务结束时，学生完全可以明确其合理性．如果问题没有解决，学生完全可以独立作出正确的选择．如果学生的自我认可得到强化，那么每位学生都具备解决问题的能力．

为了改善学生的自我认可，教师要时刻鼓励学生独立思考．每位学生都可以分享自己的看法，都是一个称职、可靠的学习者．措施的正确性取决于任务本身，并不需要外部的评价．显然，不同的教师对自我认可的开发不同．

这次活动表明，师生参与非常规、不分年级的数学项目为评价打开了一扇大门．

任务：利用七巧板，请在另一张纸上完成图形．图 6-11 所示的七巧板碎片是几种基本图形．

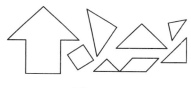

图 6-11

学生的回答：

G1：现在，她将两个大的三角形组合成了一个大三角形，并尝试利用剩下的道具拼成一个正方形．

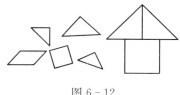

图 6-12

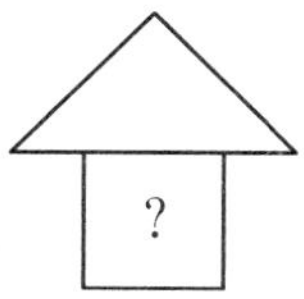

图 6-13

师：这看起来是个长方形(G1 似乎没有留意教师的观察，教师鼓励她想办法拼成正方形)．

G1：我做到了．我只需要放上这个．哦，不行，好像不行，不是正方形．

师：这是个很好的想法．我明白你的意思了，这样会出现重叠部分．

图 6-14

G1 尝试调整了几次，并将剩下的图形摆在空余的地方．然后，她移掉一块，尝试新的办法．

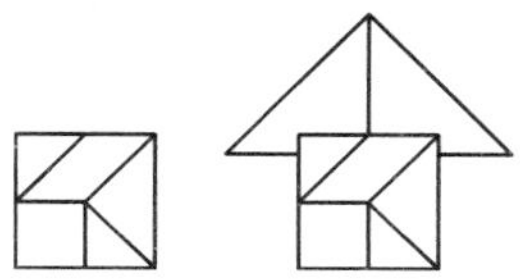

G1：我拼不出（转向 G2），你能帮我吗？（Anderson，1993，p.107）

整个活动过程是支持学生自我认可，因为学生是独立解决这个拼图，尽管其中 G1 有向 G2 寻求帮助,但是并没有引出答案.在活动过程中,G1 使用视觉提示来监控自己"移动"的成功、失败以及有效性.她在完成拼图的第一时间就可以判断拼图简单与否.

（4）自我认可感发生条件

将自我认可赋予学生.学生在自我认可的过程中,会增强学习数学的信心.然后,学生需要利用自我认可制订各种学习任务的解决方案.例如,学生需要解决如下问题：使用哪个程序,何时完成方案,任务中包含的数学性质和数学思想是什么,解决问题的方案是什么.

完成指导最少的任务.教师在没有提供细致的指导前,教师要鼓励学生制订自己的解决方案,而不是试图配合教师的想法.为了鼓励学生独立解决问题,课堂活动必须是开放性的、有挑战性的,学生一开始就要承担选择解决方法的责任.结果是,学生更易于审查自己和同伴的作业.因此,学生通过自我认可评价来选择策略.

结合个人或公共标准.通常结合个人和公共标准进行自我认可.教师不用担心学生会滥用自我评价的机会,因为他们仅根据个人标准很难作出判断.为了结果的合理性,学生会使用相当严谨的标准.比如在如下任务中,学生自己设定标准.

任务：创建自己的七巧板集.利用给出的正方形构造七巧板,并利用这些基本图形做出自己的七巧板集.

反应：G1 决定使用原有的七巧板和一些硬纸片创造七巧板集.她在硬纸板上勾勒出原七巧板的轮廓,结合七巧板模具完成硬纸片,接着她在硬纸板上跟踪大致轮廓,这样就创建了属于自己的七巧板.

评论：G1 制作半成品时,她选择利用原始的七巧板模具,并自己制定标准完成了任务.在这过程中,当时她尽管花了大量的时间和精力,但还是好几次都没能选中相应的卡片.结果,直到她完成任务,才结束追踪轮廓.因此,学生可以设定负责任的、严格的标准.

（Anderson,1993,p.108）

明确解决方案何时是完整的.如果任务初期没有指出特殊的评价标准,一些学生完全可以确定解决方案的可行性.尽管大多数的任务具有较低的评价标准,但是学生通常为了扩展自我认可,开发更可靠的、更严格的标准.

任务：创建自己的七巧板集.利用给出的正方形创造七巧板的片段,并利用这些基本图形制作相同的卡片.

反应：B3 已经利用十个以及更多不规则的基本图形完成了一个卡片,正在制作第二个卡片.而 G1 利用传统的七巧板卡纸并通过在有色纸上画出轮廓,制作出了一组卡片.

B3：这是我利用这些基本图形制作的卡片,第一个实在太难了.

T：好的.

G1：我已经做好了一套.我觉得我做的比较容易.

教师发现桌子上有两张要丢掉的纸.

G1：它们形状不合适. 我已经有了很多这样的图形,所以这个可以扔了.

评论：学生独立作出可靠的决策. 他们拓展了活动中隐含的标准,包括标准的难度等来评价学生的作业.（Anderson，1993，p.109)

反过来,当学生利用自己开发的标准评价成果的可行性时,他们进一步强化了自我认可的能力.

学生在评价学习成果的可行性时,他们会无意识地设定有效的标准. 为了增强这种能力,教师要鼓励学生有意识地与同伴分享他们的判断.

反思任务中包含的数学性质和数学思想. 当学生在数学的角度上反思时,他们需要反思任务所包含的数学思想. 在七巧板活动中,让学生体会数学问题,并探究图形所包含的几何性质. 多数情况下,学生很少描述其中的数学知识,但是实际上他们都是在运用数学知识.

学生明确定义数学任务时,他们会注意并探究相关的数学性质. 当学生独自检查解答过程时,他们的数学意识会更强烈.

利用具体材料获得及时反馈. 当学生根据数学任务获得及时的反馈时,他们很容易确定适合自己的解决方案. 视觉信息包括具体的、可操作的材料,这不仅有利于学生的学习,也为学生提供了自我改正的机会. 而且,学生利用可操作的材料更容易获得问题的解决方案. 由于具体的材料为学生评价提供了大量的反馈,学生不再需要征求他人的意见,自我认可也得到了强化.

如果任务本身包含了具体材料,那么自我认可就成为学生和材料交互的一部分. 学生的行为发生改变会引起材料的改变,进而也会改变学生的想法,反过来这将进一步改变材料的配置或学生的初衷,需要保持这种循环.

通过作决定获得授权. 当认为评价是对学生数学知识进行系统化的评估,评价就变成了动态制定教学决策的过程. 根据这种理解,教师和学生首先要明确任务要求与评价标准（如任务的正确性、多功能化和其他价值),然后学生对此作出反馈. 通过自我认可,在考查任务时学生通过自我认可参与到决策制定中,其中包括自己的智慧和他人的建议. 同样,当学生根据先前的知识、任务标准以及相关的人力物力资源检查解题过程和解决方案时,他们作为学习者也被赋予了评价权.

6.2.3　课堂信息获取的正式评价和非正式评价

在课堂讨论的过程中,教师靠师生对话和生生对话搜集学生学习情况和理解力的信息. 除了这种方法,其实还存在很多方法用于教师搜集信息. 范雷韦克（van Reeuwijk，2004)把这些方法大致分为两类：正式评价和非正式评价. 正式评价包括小测试、小测验或其他计划内的任务. 非正式评价包括观察学生的学习、收集学生的学习成果、检查学生的作业并进行课堂讨论.非正式评价通常是课堂对话的一部分,但是它不会出现在教案中,也不一定能够正确评价每位学生.有时学生对数学知识的理解非常深刻,但是他很少写作业或不参与课堂讨论,那么非正式评价则不能准确地反映学生的理解水平.课堂讨论中的评价就属于非正式评价.评价一方面为学生个体的表现提供反馈,因此学生将会明白他们的做法哪里需要改进;另一方面,教师根据评价获得的反馈制定指导性策略并调整教学计划.关于正式评价和非正式评价的讨论这里主要采用了范雷韦克(van Reeuwijk,2004)介绍的MiC课程下的一些案例来进行说明.

一、MiC课程下教师的评价活动和评价策略

在MiC课程中,教师是主动设计一节课、一个章节、一个学期或其他的教学单元的目标.他们需要讲解与指导手册相匹配的内容,然后实施教学,并根据课堂中的特殊需要调整教学目标.总的来说,教师必须调整课程计划来适应独特的课堂情境.但是,传统的数学课程并不能根据教师的需要进行调整,也不能根据特定的课堂情境进行调整,而MiC课程使教师有机会根据特定的需要和需求调整课程.为了设计满足条件的课程,设计符合特定教学情境、灵活有效地使用教学材料的教学,使其在教学计划中扮演积极的角色,教师必须掌握课程的所有权:全面了解MiC课程,理解问题的起源和目的.

总之,教师并不是独立使用MiC课程,学生和教师也是MiC课程的一部分,这些都有助于促进教学.有关课程计划的案例和教学方法同样也是MiC课程的一部分,教师必须灵活地使用该课程.希望所有的教师可以利用所有可用的资源制定一系列教学目标.这称为假定的学习轨迹(Simon,1995),教师对如何监控学生的学习了然于心.为了全面了解学生的学习,教师一般会结合正式评价和非正式评价两种评价方式,判断学生是否跟上进度以及是否需要调整教学计划.教师根据收集的数据为学生和制订教学计划提供反馈.

二、融入评价的课堂教学

以下案例说明教师如何将评价融入课堂教学中,一位案例教师是格蕾丝老师,另一位是纳特老师.

1. 评价学生统计学知识

格蕾丝老师在实施MiC课程的半年内,她所执教的7年级的课堂发生了变化.学生学会表达自己的想法,讨论他们的研究发现,并能够证明解决问题的策略.教师也不再认为教科书的答案是唯一的.学生的参与、解决策略和展示成果的方式是课堂教学的主要方面,这也是格蕾丝老师关注的重点.

这里要讨论的内容主要选定的是数据统计,包括描述性统计、统计度量和图表.学生已经学习了条形图、数轴、茎叶图、最大值、最小值、极差、中位数、众数和平均数.目前,教师制定了如下教学目标:学生需要掌握学习多种统计度量和曲线;学生要掌握怎样利用多种统计工具解决问题;学生学会判断使用何种统计工具.

当学生使用统计度量和曲线解决问题时,格蕾丝老师巡视了整个教室.学生在课堂中讨论了作业,并且讨论给她的印象是学生已经达到了教学目标.不过,她还不能肯定,于是她决定在课堂巡视中以及在与学生交流的非正式的信息中找到依据.为了消除这种疑虑,她在全班进行了一次测试,测试的问题符合本单元的学习内容.测试问题是,已知25种动物的平均寿命,要求学生画出相关的茎叶图和直方图,区分茎叶图和直方图的不同,并要求学生根据图表估计所有动物的平均寿命.测试问题的一个延伸问题是要求学生根据信息估计人类的平均寿命,并解释平均值的由来.

测试中,她发现大部分学生很难处理这个问题.虽然她曾经教过关键词,但是一部分学生并不知道如何画出茎叶图和直方图,他们无法区分两者的不同,也很难将图表与平均值建立联系.格蕾丝老师本以为这次测试适用于多数学生,这是标准化测试.学生用一节课的时间完成测试,然而测试结果却令她大吃一惊:学生的表现很差.这个问题并不简单,学生并不具备独立画图的能力,也不能将图表与度量工具建立联系.她利用正式评价检验学生能否跟上教学进度.当发现非正式评价提供的信息不准确时,她不得不调整教学计划并制定新的教学策略.

格蕾丝老师认为她要花更多的时间关注能力和水平,同时她也发现学生只有大量练习才能习得这些技能.通过分析本章的结构,她认为学生可能需要更多练习时间才能掌握这些技能.经过分析,她认为本章主要关注图表和度量工具的解释和应用,并没有为学生画图或测量提供一些情境.因为学生没有花时间进行相关的练习,所以他们无法培养这种技能.然而,她的分析并没有解释为什么学生不能将图表与度量建立联系,为什么无法区分两者的区别.

格蕾丝老师决定暂时不进行新的课程,需要处理学生在本章出现的问题,并让学生做更多的练习以期能够更深入地理解基本统计.她在班级内实施了一项活动,她要求学生画出图表并计算相关数据,学生四人一组完成下列活动:拼硬币.

每个小组有40美分,要求做出以下问题:找出一种利用美分记录年份的方法;画出关于年份的茎叶图;利用硬币做出数轴.

学生组织数据并画出了图表,为了促使学生找到中位数和四分位数,教师鼓励学生使用条形图.每个小组在投影仪上展示他们作出的图表.大约15分钟后,格蕾丝老师与全班同学一起讨论这个问题.每个小组针对图表进行解释,教师主要关注学生如何画图以及计算平均值等统计量.当提到与条形图有关的中位数时,学生是这样解释的:"分成两个相等的部分就能得到中位数……然后将第一部分再分成相同的两部分就可以得到最小的四分位数."教师提问什么是众数,学生解释:"众数就是数量最多的数,因此……".

在每个小组展示讨论了成果后,他们发现尽管各种图表不相同,但是它们却具有相同的属性.通过图表,学生可以找出中位数、众数、平均数.教师对各种统计量的属性和计算方法进行总结,大约 15 分钟后,似乎所有的学生都理解了统计量.格蕾丝老师感到非常欣慰,因此她决定有选择地讲解最后一部分,并要求学生完成其中的一个问题.

回顾她制订教学计划的过程,她利用该活动总结学生曾经学过的统计量.格蕾丝老师制订教学计划的步骤可以总结如下:(1)首先教师制订一个计划,包括对学生的期望;(2)教师通过非正式评价,认为课程进行得很顺利,但是她并不肯定;(3)教师需要更多的证据,因此她进行了一次测试;(4)测试结果与她的期望并不相同;(5)通过分析评价结果,探究本章的目的,她发现学生没有足够的机会独立画出图表、计算测量值,更不理解统计量;(6)根据测试结果,教师通过增加教学活动调整教学计划;(7)教师通过在活动中检验学生的成果来了解学生是否跟上教学进度;(8)学生表达对相关概念的理解并能使用统计学解决问题,因此教师就能够进行新的教学.

实施活动教学以及对活动进行讨论使得学生可以理解图形表示的关系,以及各种表现形式的优缺点,各个统计量之间的关系以及在图表中如何读取各统计量.这极大地促进学生对本章的理解.

格蕾丝老师要求学生有选择地完成最后一部分的一个问题,以此复习曾经学过的知识.她在学期末考试中还会考查学生的统计知识.她这样做是因为她坚信她了解学生学到了什么,学生还要学什么.她很欣慰完成了本章的教学目标.

2. 强化学生的统计技能

纳特老师所执教的是 8 年级,这些学生在 7 年级已经适应了 MiC 课程,他们已经习惯了这种新的课堂文化.纳特老师正在教授洞察数据,主要处理高级的统计问题并批判性地使用统计数据.学生利用之前学习的 MiC 统计课程解决问题并进行评论.本章重视代表、样本、波动等概念的学习,学生要学会批判地对待统计信息.本章主要的学习目标如下:学生需要学习什么是线性回归以及它是如何进行的;学生需要学习有关线性回归和其他统计量和图表的问题;学生需要培养一种批判性的态度.

除了单元目标,纳特老师又制定了一些其他的目标和期望.她的学生几周后会参加一次国家考试.她认为学生可以结合测试的数据展示他们对知识的理解和建构统计图表和方法的能力.这是预备知识,也是本章隐含的教学目标.对她来说,这是一个明确的目标,她将其加入到教学计划中,即:学生应该能够理解并建立统计图表和统计量.

她无法知晓她的学生是否具备了这些技能,但是本章提供了大量检验的机会,它要求学生使用多种统计图表和统计量解决问题.在学生处理这些问题时,纳特老师巡视课堂并通过提问学生、观察学生的表现收集相关数据.她发现学生可以轻松读懂直方图、线性图、散点图和条形图;根据图表,学生能够找出中位数、众数和平均数.

然而,学生在建造图表和计算统计量时存在困难.学生被动地理解统计(如阅读和解释),却不能主动构造统计量进行相关计算,也不能画出图表进行展示.纳特老师决定暂时改变原有的教学计划——通过利用、解释和批判性地使用数据,建造统计图表和计算统计量.她结合本章的问题使其能够强化学生的作图和计算能力.例如:

问题:利用你们收集的数据,记录豆芽菜的成长,学生需要做的:(1)根据每个阶段的高度画出个条形图.(2)根据数据制作直方图.(3)计算中位数、平均数和众数.(4)从直方图和条形图反映出来的信息有什么不同.(5)最容易进行对比的是哪个图表?为什么?(6)与其他组比较中位数、众数和平均数.比较时最好使用哪个统计量?请说明理由.

纳特老师收集学生的数据并纠正了学生的错误想法.根据收集的数据,她确定学生不仅能够制作图表,也能计算相关的统计量.大多数学生认为将数据从小到大进行排列,中间的数据即为中位数,25%处的数据是第一个四分位数,75%处的数据是第三个四分位数,然后根据数据制作条形图.画直方图时,每个小组选择的组距是不同的.通过对比不同的直方图,学生意识到组距可以不同,进而直方图也可不同.但是所有的条形图必须是相似的.虽然学生还需查阅相关定义,但是他们可以轻松地计算中位数、众数和平均数.此外,通过小组讨论,学生认识到,描述现象的统计量各有优点,所以使用恰当的统计量则显得更重要.

为了保证这次成功并非偶然,纳特老师决定测试前再进行类似的活动.

纳特老师根据本章的学习了解学生是否可以应对国家测试,同时也强化了学生对本章知识的学习.以下是纳特老师制订教学计划的步骤:(1)除了本章的教学要求,教师还制定了其他的目标和期望;(2)通过非正式评价(巡视全班、与学生交流),教师认为学生需要更多的时间习得这些技能;(3)由于她非常明确教学目的,她对收集的数据非常自信,因此不需要进一步确定;(4)教师为达到目标调整教学;(5)教师利用本单元的问题,要求学生练习制作图表.

纳特老师的计划非常明确,她在国家测试即将来临前极大地发挥了学生的主动权.她暂时停止正在进行的课程,调整课程来实现她的目的.她结合 MiC 课程中的问题并在原题的基础上增加了其他问题.例如,本章仅要求学生解释婴儿成长高度的散点图,她却要求学生画出直方图和条形图,并计算中位数、平均数和众数.在鱼的长度问题上,本章要求学生处理线性回归问题,她让学生继续计算相关的中位数、众数和平均数并画出直方图.

这里假设学生已经完成了相关统计课程的学习,具备了作图能力和计算能力.虽然大多数学生学习了统计学,但是纳特老师无法确定学生是否能够熟练应用.由于国家考试临近,她要对学生的表现负责,因此她决定花时间练习这些技能.她将这些技能嵌入到本章的练习中,这样学生可以认真思考统计概念,批判性地使用相关统计量.这样,学生也可以在相似的情境中练习如何画图并进行计算.

3. 案例反思

这两个案例主要为教师介绍制定教学决策的信息.教师利用正式评价和非正式评价,对课堂进行现场记录,观察学生的表现并对学生进行采访.教师通常利用非正式评价或者小的比较容易设计的评价制定短期的目标.如果通过非正式评价获得信息并不可靠或存在偏见,那么就要寻求第二种意见,这时则需要正式评价.

经常用非正式评价制订短期的教学计划,比如章节评价或单元评价.多利用正式评价收集的信息制订长期的教学计划.教师通常根据正式评价获得的信息,在下一次讲授该单元时,有效地去调整教学计划.因为通常情况下,会在单元结束时进行正式评价.

评价的目的不是为学生提供反馈或评价等级而是为教师制定教学决策带来启示.注意到,这两位教师做出的决策都是为了使学生掌握一定的技能.这并不是巧合,因为很多问题都考查这些技能,教师担心学生没有掌握.采访期间,两位教师一致认为有时很难判断学生是否跟上教学进度,也很难判断她们认为的进度是否是正确的.格蕾丝老师和纳特老师经常相互提建议,此外,她们认为与同事交流、分享经验是非常重要的.

案例中的两位教师都是优秀教师.她们有激情、有动力并乐于改革.尽管这两位教师之前讲授的是传统课程,但是她们的教学活动并不是被动的,而且她们还结合非正式评价和正式评价进行课堂教学.由于传统教学的模式高度结构化,教师则不需要制定很多教学决策.在跟踪研究的两年中,这些教师经历了从传统教学到更专业、更灵活、更负责地制定教学决策的转变.转化初期,教师可能缺乏安全感,因为她们对教学过程更加负责.她们要明确该做什么,略过什么,强调什么.教师可以结合课程资源和指导手册制定教学策略,但是这还不够,教师还要投入更多的精力.教师不可能预测所有的教学事件,指导手册也不会囊括所有的可能事件.尤其像 MiC 这样的课改课程,教学方式非常灵活,根本没有可参考的脚本.两年过后,教师才能完全掌握这种课程.他们对学生的期望非常明确,教学目标清晰明了.她们主要利用非正式评价判断是否改进教学策略.尽管教师很好使用正式评价,但是当她们不能确信决策完全正确时,她们往往使用一种简单的方法检验学生是否跟上教学进度.与同事交流教学活动在制定教学决策时发挥了关键性的作用.

这两个案例可能存在一个不是很明确的结论,即当教师与同事交流经验时会感觉更有安全感.与其他教师分享课堂经验是一种有效反映教学思想的方式.教师通常通过非正式评价获得的直觉进行反思性讨论,这样教师就可以更放心地制定教学决策.

6.2.4 多水平项目测试

这里将介绍由 NCRMSE(National Center for Research in Mathematical Sciences Education)开发的纸笔测验,是引自威尔逊和沙瓦里亚(Wilson & Chavarria, 1993)的研究.该测验是基于 SOLO 分类理论,目的在于明确学生在特定领域解决问题的能力,考查的知识领域包括几何、测量、模式和功能以及数据统计.测试实施希望是在常规课堂中考查各种知识,减少学生对数学的恐惧.测试问题是以特别项目的形式展开的.特别项目包括问题情境(主题)和与之相关的一些问题.在测试中,每个主题都包含四个小问题.这些小问题代表了 SOLO 理论的四个水平(Collis，Romberg，& Jurdak，1986).学生需要直接引用主题信息,而不是依赖前面的答案解决下一问题.单一结构水平仅要求学生利用主题信息进行回答;多元结构水平要求学生利用两种或两种以上的主题信息;关联结构水平要求学生结合两种或更多与主题相关的信息;扩展抽象结构水平要求学生根据主题定义抽象的原理或假设.

　　根据 SOLO 分类理论,学生处于扩展抽象结构水平时,表明学生已经具备了高水平的推理能力.学生思维水平的发展构成了认知发展的学习周期.一般情况下,8 年级学生正处于多元结构水平和关联结构水平的过渡期,12 年级的学生处于关联结构水平和扩展抽象结构水平的过渡期.然而,在下例中,有些 8 年级的学生已经能够顺利回答扩展抽象结构水平的问题.

　　一、几何项目测试示例

　　以下以测试案例和学生的反应来说明测试项目的水平.

案例 1　对称轴

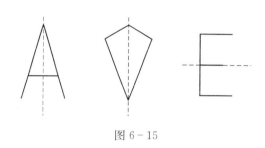

图 6 - 15

　　如果图形可以对折,即这两部分可以完全重合,那么这条折叠线就是对称轴.有些图形可能不只一条对称轴,比如图 6 - 16.

图 6 - 16

(1)

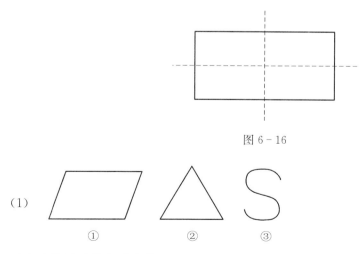

　　①　　　　②　　　　③

以上哪些图形具有对称轴?

该子问题只需要利用主题中的一种信息(对称轴的定义).

（2）画出图 6-17 所有的对称轴.

该子问题代表了多元结构水平,它既要求学生利用对称轴的定义,又要认识到

图 6-17

有些图形具有多条对称轴.

（3）字母表中前八个字母中,哪些字母有两条对称轴?

问题（3）与问题（2）考查的内容相同,但是问题（3）要求学生结合画图和对称轴

定义解答问题,这代表了关联结构水平.

（4）约翰说:"我明白了一条规律:四边形有一条对称轴,如果三角形三边相等,那么它也有一条对称轴."你是否同意约翰的说法,并解释你的理由.

为了解决这个问题,学生必须能够批判性认识这种假设.这代表扩展抽象结构水平.

（Wilson & Chavarria, 1993, pp. 136-137）

如果教师想要了解学生处理问题的能力,那么他（她）可以利用类似于特别项目的纸笔测验进行评价.如果将考查的问题看作一种项目,学生就会参与到问题解决中,教师可以清晰地认识学生的能力.这种测试基于学习理论,而且只要一节课的时间,所以它能够实现以上目标.

学生的反应案例展现了很多信息.

针对以上问题,考查学生 1 和学生 2 的不同反应.他们能够正确回答（1）、（2）、（3）这三个子问题,但是对于问题（4）的反应却截然不同:

学生 1:不同意,因为并不是所有的图形都有对称轴.

学生 2:不同意,在长方形中,如果按照图 6-18 所示的线折叠,这两个三角形

图 6-18

并不重合.只有正方形可以折叠成完全重合的两部分.

（Wilson & Chavarria, 1993, p. 138）

尽管学生 1 和学生 2 都不同意这个假设,但是他们的解释却相差甚远.学生 1 似乎很难将数学评论与语言表达融合在一起,他认为折叠线不一定是对角线,但是他无法清晰地表达他的意思,结合反例可能更有帮助.学生 2 画出了一个反例,他尝试推广该论点,尽管这是错误的.通过对比两者的区别,可以发现他们的发展水平是不同的.学生 1 处于关联结构水平,而学生 2 表现得更先进,他处于扩展抽象结构水平.

案例 2 面积测量

下面给出了有关面积测量的测试,并结合实例讨论学生的反应.

图形的周长就是图形周边的总长度,而面积则是指这些边长所包含的内部区域.

（1）该长方形的周长为 36.

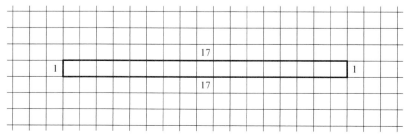

图 6-19

那么它的面积是多少?

(2)

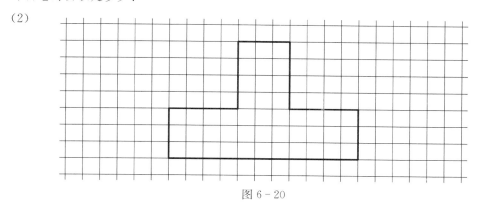

图 6 - 20

计算出这个图形的面积(A)和周长(P).

(3) 在图 6 - 21 的网格中画出一个周长为 36,面积大于 75 的矩形.

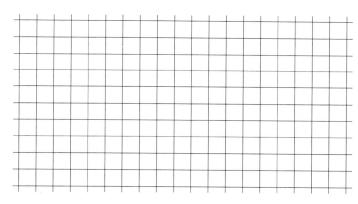

图 6 - 21

(4) 在图 6 - 22 的网格中,有一只鞋的图片.大多数学生根据该图包含的网格预测图形的面积.J 用另一种方式估计了这只鞋的面积.他利用一条长度等于鞋周长的绳子围成一个矩形,并将矩形的面积作为鞋的面积.请判断他的方法是否正确?并说明理由.

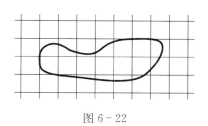

图 6 - 22

(Wilson & Chavarria, 1993,pp. 139 - 140)

学生 1 和学生 2 正确解答了问题(1)和问题(2);学生 3 正确解答了问题(1)、(2)、(3).另外两位学生(4 和 5)正确解答了所有问题.

以下是学生对问题的反应情况,以学生案例的形式来进行解释.

对于问题(3),学生 1 画了一个 6 × 6 的矩形(周边 24、面积 36),学生 2 画出 4 × 9 的矩形(周长 26、面积 36).虽然他们能够正确计算周长和面积,但是在这个问题上,他们困惑了.因此,学生能够计算面积和周长并不意味着学生理解了这两个概念,这两位学生无法根据周长和面积画出相应的图形,这很有力地证实了这一点.

学生对问题(4)的反应：

学生 1：不是，这个矩形的面积大于 2.

学生 2：他利用绳子测量鞋的周长，然后他用这条绳子围绕这个长方形，进而观察它包含了多少个平方单位.

学生 3：是的，因为绳子的长度等于鞋的周长，所以他的做法是正确的.

学生 4：错误，如果将绳子围成细长的矩形，那么矩形的面积小于图中鞋的面积.

学生 5：错误，虽然绳子的长度等于鞋的周长，但是面积却不相等.这是因为相同周长的矩形面积不一定相等.

(Wilson & Chavarria, 1993, p. 141)

这五位学生的不同反应表现了不同的发展水平.尽管学生 1、学生 2 和学生 3 都没有正确回答问题(4)，但是他们的回答却表现了几种不同的误解.学生 1 虽然理解了一些概念，但是它的表达不全面；学生 2 复述了 J 的做法，他虽然能够清晰地描述解题过程，但是并没有概念化理解 J 的错误方法；学生 3 欣然接受了这个错误的方法；学生 4 结合实例给出了正确的答案；学生 5 通过推广解决方案，表现了最高水平的抽象化.

如果课堂中存在这五类学生，根据学生的反应，教师能掌握什么信息呢？是学生对测量知识的理解水平.学生 1 和学生 2 处于多元结构水平，他们仅限于能正确计算图形的周长和面积.学生 3 处于关联结构水平，他能够利用周长和面积的概念构造符合题意的矩形，但是在问题(4)中，他仍然存在困惑.学生 4 和学生 5 的理解虽然存在质的差异，但是他们都能正确解答该问题.这样，教师就可以初步了解学生的理解水平，这为其策划学生本学年的发展提供了数据，也为本学年的教学活动提供了线索.

从以上的例子中，可以理解运用项目测试获得学生的理解水平.教师根据单独的测试无法全面理解学生的概念发展水平，然而，通过研究学生在测试中的表现，教师能够清晰地认识学生解决几何问题的能力.

二、多水平项目测试开发建议

首先，教师应该确定扩展抽象结构水平关注的基本规律是什么.例如，在面积测量问题中，基本规律是指周长相同的两个图形面积不一定相等.教师根据它设计前三个问题，并将其作为最后一个问题的考查核心.每一个问题都应帮助学生更深地理解问题，并形成统一的问题.

其次，项目的主题涉及相关的问题并吸引学生的注意力，即保证数学的完整性.如果设计的问题微不足道或枯燥无味，这就浪费了学生的时间.

最后，学生解答问题时不应依赖之前问题的正确答案.

开发和实践测试的经验表明，如果该项目的构思是严谨的，那么就能得到相对可靠的分类水平.例如，如果学生能正确解答问题(2)，那么他一定可以解决问题(1)，如果问题(3)解答正确，学生一定能够解决问题(1)和问题(2).如果测试结果并没有产生这种分类，那么该项目肯定存在缺陷. 在测试情境中，如果只有少数学生没有达到预期目标，教师应该对他们进行谈话进而确定他们的推理水平.

参考文献

Anderson，A. （1993）. Assessment：A means to empower children? In N. L. Webb，& A. F. Coxford （Eds. ），*Assessment in the Mathematics Classroom*，*1993 Yearbook* （pp. 103 – 110）. Reston，VA：NCTM.

Bennett，A. B. ，& Foreman，L. （1989）. *Visual mathematics course guide volume 1 and 2: Integrated math topics and teaching strategies for developing insights and concepts*. Salem，OR：Math Learning Center.

Boaler，J. ，& Staples，M. （2008）. Creating mathematical futures through an equitable teaching approach：The case of Railside School. *Teachers College Record*，*110*(3)，608 – 645.

Collis，K. F. ，Romberg，T. A. & Jurdak，M. E. （1986）. A technique for assessing mathematical problem-solving ability. *Journal for Research in Mathematics Education*，*17*(3)，206 – 211.

de Lange，J. ，& Romberg，T. A. （2004）. Monitoring Student Progress. In T. A. Romberg （Ed. ），*Standards-Based Mathematics Assessment in Middle School: Rethinking Classroom Practice* （pp. 5 – 22）. New York：Teachers College Press.

Gravemeijer，K. ，Pligga，M. A. ，& Clarke，B. （1998）. Reallotment. In National Center for Research in Mathematical Sciences Education & Freudenthal Institute （Eds. ），*Mathematics in context*. Chicago：Encyclopaedia Britannica.

National Council of Teachers of Mathematics. （1991）. *Mathematics Educators Release New Teaching Standards*. Reston，VA：NCTM.

National Council of Teachers of Mathematics. （2000）. *Principles and standards for school mathematics*. Reston，VA：NCTM.

Romagnano，L. R. （1994）. *Wrestling with change: The dilemmas of teaching real mathematics*. Portsmouth，NH：Heinemann.

Simon，M. A. （1995）. Reconstructing mathematics pedagogy from a constructivist perspective. *Journal for Research in Mathematics Education*，*26*，114 – 145.

Stein，M. K. ，Grover，B. W. ，& Henningsen，M. （1996）. Building student capacity for mathematical thinking and reasoning：An analysis of mathematical tasks used in reform classrooms. *American Educational Research Journal*，*33*(2)，455 – 488.

Stein，M. K. ，& Smith，M. S. （1998）. Mathematical tasks as a framework for reflection. *Mathematics Teaching in the Middle School*，*3*，268 – 275.

Stein，M. K. ，Smith，M. S. ，Henningsen，M. ，& Silver，E. A. （2001）. *Implementing standards-based mathematics instruction: A case hook for professional development*. New York：Teachers College Press.

van den Heuvel-Panhuizen，M. （1996）. *Assessment and realistic mathematics education*. Utrecht，The Netherlands：Center for Science and Mathematics Education Press；Utrecht University.

van Reeuwijk，M. （1995）. *Realistic assessment*. Paper presented at the research presession at the annual meeting of the National Council of Teachers of Mathematics，Boston.

van Reeuwijk，M. （2004）. Making Instructional Decisions：Assessment to Inform the Teacher. In T. A. Romberg （Ed.），*Standards-Based mathematics assessment in middle school: Rethinking classroom practice* （pp. 155 – 168）. New York：Teachers College Press.

van Reeuwijk，M.，& Wijers，M. （2004）. Investigations as thought-revealing assessment problems. In T. A. Romberg （Ed.），*Standards-Based mathematics assessment in middle school: Rethinking classroom practice* （pp. 137 – 151）. New York：Teachers College Press.

Webb，D. C. （2004）. Enriching Assessment Opportunities through Classroom Discourse. In T. A. Romberg （Ed.），*Standards-Based Mathematics Assessment in Middle School: Rethinking Classroom Practice* （pp. 169 – 187）. New York：Teachers College Press.

Wiggins，G. P. （1993）. *Assessing student performance*. San Francisco：Jossey-Bass Publishers.

Wilson，L. D.，& Chavarria，S. （1993）. Superitem tests as a classroom assessment tool. In N. L. Webb （Ed.），*Assessment in the mathematics classroom* （pp. 135 – 142）. Reston，VA：NCTM.

Wang，X.，Zuo，X.，& Lu，C. （2013）. The teaching strategies of promoting students' understanding in geometric proof — The perspective of developing Chinese localized mathematics education. In M. Inprasitha （Ed.），*Innovations and exemplary practices in mathematics education: Proceedings of the 6th East Asia Regional Conference on Mathematics Education* （*EARCOME 6*），（pp. 214 – 223）. Phuket，Thailand：Center for Research in Mathematics Education （CRME），Khon Kaen University，Thailand.

杨玉东. （2004）. "本原性数学问题驱动课堂教学"的比较研究. 上海：华东师范大学.

第 7 章

数学教育评价的新走向

最 后一章来讨论数学教育评价中的一些新的走向,比如面向学习的评价,交互式数学项目以及基于计算机的数学教育评价发展等.选择面向学习的评价和交互式数学项目这两个方面主要缘于它们对数学教育评价理念上的影响,同时也考虑到它们在实践中的具体操作和意义.基于计算机的数学教育评价发展,主要是考虑到计算机对数学教育及评价的影响.

面向学习的评价方式是通过学生所理解的数学知识来让其形成相关学习模式的方法,在评价的过程中反映出学生对数学知识的理解程度,表达出他们的想法,并利用他们所理解的数学知识交流,从而提高学生对数学知识的学习能力.交互式数学项目中的评价方式,主要是创建了一个以问题为中心的中学课程,目的是实现 NCTM 课程标准和评价标准.具体是通过"深坑和钟摆"的问题来介绍评价方式.最后,鉴于越来越多的可用的低成本、功能强大的计算机工作站和认知科学的发展,将探索"智能"计算机系统的大规模数学评价.这些工具,可以在所有评价领域上以及观念上做一个重大改变.

§7.1 面向学习的评价

面向学习的评价(Assessment for Learning)是一种通过学生所理解的数学知识来让其形成相关学习模式的方法,体现了数学教育评价的新近发展.这里引自李(Lee,2006)的研究,来介绍面向学习评价的特点以及基本组成成分等.

7.1.1 面向学习的评价的优点

关于学生对数学知识的理解程度,收集到的数据越多,就越能提前准确地且具有针对性地把原来的学习活动调整得更加适合学生.可以通过课堂上与学生进行沟通交流来了解学生所理解的和不理解的数学知识,但是只有当在以下一些情况中,这些信息才能呈现出它的价值.

- 学生在学习或回答问题的过程中,能充分反映出他们对数学知识所理解的程度;
- 学生有足够的时间对他们所理解的知识进行思考并且表达出他们的想法;
- 学生能运用他们所理解的数学知识来进行有效的沟通交流.

(Lee,2006,p.43)

当这些信息能够用于学生今后的学习活动时,他们的学习能力就有所提高了.例如,在下述情形中,面向学习的评价将在数学中起到作用.比如,学生在探索问题时,发现可以很轻松地运用相关数学概念来解决该问题,接着可以继续去寻找更具挑战性的问题来进一步了解自身的数学水平;分组对学生进行测试并对其打分,学生将参照这些测试成绩来完成下一课题的学习,这样做是为了进一步提高学生对数学知识的理解能力;教师全程参与其中,并通过一些特殊的手段,如在学生探索过程中提一些问题,并给学生相应的时间来对这些问题进行独立思考,从而了解学生对数学知识的理解程度,然后用这些信息来制订相关计划;当学生正忙于学习活动时,教师就对其进行观察;教师让那些数学理解能力相对较好的学生去帮助那些理解力相对较差的学生,让他们也可以较好地使用学到的数学概念.

当学生表达出了他们所理解的数学知识时,教师包括学生自己,就可以了解他们对这些知识的掌握程度了.学生需要具备相关的能力来使用数学语言,从而表达出他们自己的观点.如果面向学习的评价能够被有效使用,那么教师应该给予学生充分的时间,让他们能清晰地表达出自己的观点.

前者是发展面向学习的评价,后者是学生通过使用数学语言的能力来表达他们的数学思想,这两者必须携手共进.如果面向学习的评价能够被有效使用,那么学生将能够表达出自己所真正知道、理解并掌握的数学知识,这是很重要的.然而,对于数学而言,要阐明这些想法可能是一件非常困难的事,学生对其理解程度可能会被"掩藏",因为他们没有能力来表达它们.当教师帮助学生去更好地表达他们对数学的想法时,教师也将帮助学生去巩固这些想法.当学生可以自信地表达出数学概念后,他们就有能力来使用并管理它,教师也会为了改善学生的学习情况而知道接下来该采取怎样的措施.

面向学习的评价能够完全融入课堂教学中,可以让学生谈论他们所学到的知识,他们是如何学习的,以及通过学生间互相谈论得出并分享他们所想表达的东西.这样在课堂上提问,有利于探索学生所理解的程度、给定的思考时间,教师和学生都将积极地听取别人的想法或答案.学生得到的反馈将有助于他们理解他们自己已经取得成功的方面,以及为继续推进他们的学习进程将要做的下一步工作.同时,学生也要参与到同学互评和自我测评中,这能让他们对于所学有一个元认知,并能真正理解所学的知识.

当面向学习的评价成为数学课堂教学实践中的一部分时,学生有效地认识自己,他们可以了解到如何来学习和自我约束,他们可以驾驭自己的学习过程,提升自尊心,因此,他们的学习动机是很高涨的.他们知道他们自己有能力成为一名优等生.

7.1.2 面向学习的评价的组成部分

关于面向学习的评价的组成,李(Lee,2006)主要分为四个部分:学习目标和成功标准、问题和答案、反馈、同学互评和自我测评.每一部分的内容都不是相互独立的,而是相互依存的.但为了便于解释每一部分的内容,在这里将四个部分都看作是相对独立的.探讨学生是如何使用数学语言来有效地利用面向学习的评价中的每一个部分的,以及面向学习的评价理念是如何有助于学生去开发他们使用数学语言的能力的.面向学习的评价要求学生能够尽可能广泛地使用他们的数学思维.

一、学习目标和成功标准

为学生学习每一堂课设置预期的目标,意味着学生将会了解他们所需要学习的内容,以及在这个学习过程中,教师和学生都将能够对其作出相应的评价.每堂课都要事先设置明确的学习目标和成功标准,并在整堂课的学习中教师都要明确告知学生这些目标与标准.

(1) 学习目标

关于预期学习目标的一般说法有很多种,如:目的、目标、学习目标和学习目的等.在给出的这么多说法中,"学习意图"是比较多用的,因为这个说法隐含了目标的灵活性,这就是学习这一堂课的原因,而不是说必须去学的,甚至是可以去学的.具体到某一堂数学课中,教学目标必须转化为相应的学习目标.而这些学习目标必须同时考虑到由国家课程设定的课程目标、考试大纲或由教师自身对学生设置的学习目标.这些学习目标还让学生考虑到他们的先验知识、学习的速度以及不同数学课之间的差异.教学目标通常是在一个教学方案的制订过程中产生的,而学习目标则总是为一堂特定的数学课而准备的.

对于学习目标的设置,有着许多的要求.这些学习目标必须:

● 提前计划好,但同时要充分考虑到学生学习这堂课的灵活性.

● 与学生共享.因此,这些学习目标的安排是合理的,能够从这堂课的一开始就使学生的理解程度适合于该堂课的学习目标.

● 贯穿于整堂课的学习中.因此,这些学习目标可能包含了某些特定的数学语言,并能让学生在整堂课的学习中很好地使用这些数学语言.

● 是关于学生将要学习的内容,而不是他们所要做的内容.

● 是关于学生必须完成的,是学习中的内容而不单单是教科书上的内容.

● 能够帮助学生去理解课程与课程之间,或是部分课堂知识内容之间的衔接.

(Lee,2006,p.45)

同时,必须考虑到制定这些学习目标所要花费的时间.例如,一个学习目标可能是:

● 一个短语或是一两个句子.

● 一部分"重点"或者可以是一些具体的内容,这取决于这堂课的特定内容以及这堂课在这一系列课程中所扮演的角色.

● 极有可能是一位学生将要去解答的"大"问题.

● 学生将要学习的有关特定的技能,即将学到的概念或是关于这些技能的应用.

(Lee,2006,p.45)

这些学习目标绝大部分是相当简短的.许多教师选择用"智能"板、白板或可翻转的图表来记录这些学习目标,并要求学生将这些目标写在他们的课本上,不过,这样做是不能保证学生认识到这些目标的.让学生也清楚地认识到这些学习目标,学生可以在一堂课的任何时候都进行自由探讨,学生可以在课堂中随时用到这些目标,这才是最重要的.对于学生的读写能力方面,学生完全可以自主编写这些目标,也就是说学生有能力来编写学习目标,同时学生也可以理解这些目标,然后在整堂课中,他们可以根据目标来评价他们的学习过程.

（2）成功标准

成功标准可以帮助学生通过这些学习目标而看清自己在学习上的进展.这些学习目标常常会被泛化,同时成功标准总是依课堂知识而定的.而在教育界人们普遍使用了"学习成果"这种说法,但是有很多教师发现这种说法与学习目标太相似了,以至于很难让学生理解.从本质上来说,"成功标准"不止一个,而是一个列表,用于学生的学习中或是由学生自主来制定这些标准,在学习的过程当中,他们通过确立学习目标来取得学习的成功.教师与学生只有共享并且互相讨论这些成功标准之后才能够完全理解这些标准.

教师应该提前制定好成功标准,以便之后能更好地着眼于课堂的本身.如果教师知道让学生学习的内容及证明学生能顺利完成他们所教授的课程的方法这两点的话,那么这些关于本堂课的学习活动都将变得显而易见了.虽然这起初看上去似乎是一项额外的工作,但这样做了之后就明显地减少了相应的工作量.

这些成功标准应该：

● 事先被计划好.

● 能够与学生共享,因此在用语上要适合学生的理解程度.

● 设置相关的学习过程,通过这个过程学生将能够成功完成学习目标,包括学习专用名词和短语.

● 应该能被学生完全理解和使用（通常学生是设置这些成功标准的一部分）.

(Lee, 2006, p. 46)

学生可以自主制定成功标准,以及清晰地认识这些标准.这些标准可能从学生那收集而来;也就是说,这些成功标准是为学生而准备的.学生可以使用这些成功标准来指导和监控自己的学习进展情况,以便他们可以了解到那些已经掌握得很好的知识并且当他们遇到任何难题时,能够向他人寻求帮助.

学习目标和成功标准必须能使学生理解他们所要学习的内容,同时使他们理解依据这些内容而制定出相应的学习过程.以下是有关教师为此而使用相应方法的一些例子（表7-1）.

表7-1 使用学习目标和成功标准（改编自 Lee, 2006, p. 47）

学　习　目　标	成　功　标　准
学习勾股定理	我理解"直角三角形"相关的知识内容意味着我已经： ● 分别以这个给定的直角三角形的三边为边长画出3个正方形； ● 分别计算出每个正方形的面积,将这些数据填写到一个表格中； ● 通过咨询同学关于正方形的面积,将数据填写到一个表格中； ● 找出这些正方形面积之间的关系并用代数式来表示.

学　习　目　标	成　功　标　准
应用勾股定理的 相关知识	我理解平方根的知识内容意味着我： ● 能陈述勾股定理的内容并能清楚地知道哪个字母对应哪条边； ● 能在不同情境下用这个定理来计算出 5 种不同直角三角形斜边的长度； ● 能用这个定理来计算出 5 种直角三角形的短的直角边的长度； ● 能用这个定理来计算出 2 个等腰三角形的底边的高度.

可以看到，上面的学习目标在学生的学习中都是通用的——学习勾股定理，学习更多关注勾股定理的知识内容. 然而，这样的学习目标是很有用的. 在这一堂课的最后，学生可能会问：“我已经学会勾股定理了吗?”他们可能会依据成功标准，而这样回答自己：“我知道了这 3 个正方形的边长分别是这个直角三角形的三条边，两个小的正方形的面积加起来等于大的正方形的面积. ”或者是“我知道更多关于如何运用勾股定理的知识了吗?”“是的，我能计算出任何给定的直角三角形的斜边的长度以及短的直角边的长度. 现在，关于等腰三角形所有的知识内容有哪些. ”

学习目标和成功标准能让学生在学习中做好知识的衔接，以及让教师制定出适当的教学活动来进一步扩展学习的内容. 它们能帮助学生进一步了解他们所需要学习的内容，他们的学习情况. 因此，这在帮助学生意识到自己是成功的学习者方面是非常重要的.

二、问题与答案

1. 问题

在实施面向学习的评价时需要用到大量的问题，这是很重要的，因为它们能促进学生的思维，帮助他们建立知识概念，并且鼓励他们来表达出他们所理解的知识. 传统的数学教科书包含了各种“针对毕业考试的练习题”，有时学生被要求完成 10 道题目，很多时候是 20 或 30 道相类似的题目，题目难度逐渐增加，并且持续到学期末. 学生通常是很喜欢完成这些练习题的，因为解答这些问题不需要花费很多的精力；一旦学生掌握了最初的算法，他们只要稍微动一下脑筋就可以得到相应的答案. 学生很顺利地完成了这些问题，就会有一种成就感，显然这种成就感实际上是一种错觉；学生都能够正确地回答这些问题，那是因为他们的教科书中写满了答对的标记，这让他们每个人都感觉良好. 不幸的是，学生通常只是机械地使用这些算法而没有真正地理解它的内涵或是它的用途. 当学生遇到一道不符合“练习”模式的问题时，他们就不知道如何用学过的数学概念来解题，原因很简单：他们并没有真正掌握这些知识，并不能很好地利用它们来解题.

向学生提出一些他们有能力去探索的问题，然后鼓励他们去思考和探索，这是在面向学习的评价中很重要的一部分内容. 如果在课堂教学中教师提出了一些比较好的问题，那么就可以知道学生对哪些知识已经理解了，而哪些知识还不是很理解. 对教师和学生来说，这样适合后期学习知识的经验，其效果将会是显而易见的. 帮助学生使用那些可以表达出数学概念的专用术语,这样就可以保证数学知识都是符合学生的理解程度的,而没有混乱学生的思维.

制定合适的问题来帮助学生学习数学知识,这种做法其实可能还存在着一定的问题. 显然,在一堂课中必须将想要问的问题表达清楚,在恰当时间提出这些问题,并且鼓励学生经常使用适当的数学专用术语. 总之,好问题应该:

- 能够探索出全部的学习目标.
- 富有挑战性.
- 引起学生深入思考.
- 激起学生的讨论.
- 能够衔接数学每个领域中的知识.
- 建立

    ——在先前的学习之上;

    ——在课堂中产生的思想之中;

    ——在符合学习目标之上.

- 为学生开启一扇思考之窗.
- 探索并揭露日常生活中的想法和误解.

(Lee,2006,p.50)

2. 答案

任何想要在竞争氛围中第一个解出正确答案的想法都会导致一个结果:一个人成功了而其他的大部分同学都失败了. 这样做是不能鼓励每位学生都去思考并参与讨论的. 如果这些问题是极具挑战性的,并需要多种不同的想法的话,那么教师将会希望学生共同努力,从中挑选出可能会奏效,但也有可能不会奏效的想法. 学生在回答问题时需要承担一定的风险,但他们必须知道,他们为此所做出的举措将是理解知识过程中的一个重要步骤. 学生还需要倾听彼此之间的想法,并斟酌他人的想法. 在一个良好的学习氛围中将会营造出所有的想法,而在一个竞争的氛围中,这是完全做不到的.

教师和学生都要敢于对错误的答案进行探索. 教师必须重视课堂中的学习氛围,这将有助于学生探索出所有可能的答案,最后达成共识. 对还是错,这将有助于学生去建构他们所理解的数学知识. 如果一个人沿着自己的思路独自思考问题时,很有可能别人也会以同样的方式在思考. 因此,探索所有的答案,并评价这些答案是如何一步步地帮助学生解答问题,这是很重要的.

教师强调,他们正在寻找一些相关的解释和想法:不是寻找"正确的答案",而是寻找那些在解决问题时可能会起作用的相关过程的解释和想法. 对于部分内容的质疑将有助于学生在当前情况下,更深、更广地拓展他们的思维. 更多的学生继续对这个问题的概念和主题进行探索,他们就会使用到,以及拓展出更多的数学理念——也就是说,他们将会学到更多的知识.当提出诸如"为什么你是这么想的?"以及"有没有人有进一步的想法呢?"的问题时,教师跟进学生的答案,不管这些答案是"对"还是"错",这些答案都是经过思考而得到的,这样就培养了学生的思考能力.在解答一道数学问题时,有可能最终答案是"正确的",但给出的理由却是"错误的";反之,虽然答案是"错误的",但其依据却是"正确的"也是有可能的.如果所有的答案都是经过探索而得到的,那么无论是怎么样的陷阱,学生都不会"中招",并且可以成功地学到数学知识.

"等待时间"是至关重要的.如果学生回答很复杂的问题,那么必须给予他们足够的时间来思考.如果学生回答的就是他们真正思考、知道或记得的答案,那么在整堂课的提问中,他们需要 3 到 5 秒钟的时间来组织他们的答案或 30 秒到 1 分钟的时间来与同学相互交流讨论.许多人喜欢称之为"等待时间""思考时间",因为这需要给学生预留时间来思考.

3. 问题和活动

一旦课堂中的学习氛围允许学生去探索答案,相互交换探讨自己的想法,教师就要想出一些值得学生去思考的问题和活动.下面列出的是一些想法,用来制定教师所要准备和使用的问题,激发学生丰富的思考.

教师应当从最一般的问题开始向学生提问.想要回答这些问题,学生必须将他们各自的想法整合在一起,从而在脑中形成概念,并且能够活用这些知识.如果学生一起讨论,一起探索,那么他们在运用这些知识解题时将会变得更加自信.教师必须要求所有的学生灵活运用学到的知识,并扩展思维来解决这些极具挑战性的问题.如果为了"保护"学生,不让其探索如何去活用这些知识,或是只是期待那些尖子生来解决这些难题的话,那么教师将无法帮助大多数学生去建立学习数学知识的自信心.

挑选 3 到 5 个围绕某个主题展开的问题,这样就可以让学生围绕题目的答案进行讨论.仔细挑选 3 到 5 个问题,并且趁热打铁,运用这些学生正在学习的数学知识活跃他们的思维.虽然这样做可能不太容易,但可以确保学生确实是在探索新的知识,同时也可以检查并纠正他们的错误.对某些教师来说,在课堂上让学生仅仅只是完成 3 到 5 道题是一种尝试,但它确实是很重要的.如果这些问题是经过教师精心挑选的,由学生一起探索和讨论,那么学生在理解这些数学知识时,将会获得真正意义上的成功.

4. 小组合作

课堂问题并不需要涵盖整个数学知识体系,只要能激发学生进行探讨,交换彼此之间的想法,并能让其互帮互助就能达到预期的效果.有时候,课堂教学会采取小组合作的活动形式来进行.教师会告知学生在课堂中尽量说出自己的想法,和学生一起使用数学专用术语一起合作来解决这些问题.如果教师想要在课堂中进行小组合作(这是面向学习评价的形式之一)这样的活动形式,那么当学生在进行激烈地探讨时,教师则需要在一边积极地观察学生的表现.以下是一些相关的想法.

在一张卡片上写几个问题,这些问题要包含该知识点的几个方面,如果可以的话,不妨列出一些会在考试中出现的问题.在不同的彩色卡片上对这些问题做一些相应的标记.这样,每当学生想要的时候就能很容易找得到.这种做法是教育学生如何来回答具有挑战性的题目.学生一起学习,以便他们可以共同讨论如何来解决这些问题,并且学到正确的解题方法.

教师让学生参考教学大纲、框架或计划表,进一步对某个有探索价值的数学领域中的相关知识进行探索;并鼓励学生指出这些信息可以从哪里得到,让他们写下他们自己想要问的问题和标记方案.让学生进行两个小组间的提问和回答,然后使用他们的方案对这些信息做出相应的标记.通过这个方法,不仅能让两个小组进一步探索出特定数学领域中的知识的细微差别,并且在复习学过的知识上也是很有用的;同时这些领域也包括拥有多个探索方向的领域,或是能提供给学生差异化的知识(如三角形的类型、统计图表等)的领域.

贯穿于这些方法中的主要思想是:要求学生自己去思考各种知识概念,并能自主地去理解和使用由这些知识所构成的较为复杂的知识体系.传统的学习方法是先教会学生一个简单的知识点,然后是另一个较难的知识点,这样一个个地教下去,然后让学生思考这些离散的知识点,然而学生难以在这些知识点之间建立联系.学生需要学习这些知识的不同面,但对这些知识事先有个总体概念也是同等重要的.一种方法是教师在一开始的时候就问一些"难题",关于如何去解决这个问题,学生只是掌握了其中的一小部分知识.当他们学习不同的知识时,他们可以进一步探索出这些"难题",直到最后他们有能力来解决它,有时甚至可以自己提出"难题"而让周围的同学来解答.

三、反馈

反馈是面向学习评价中一个重要的组成部分.通过学生利用"获取"和"反馈",从而把握到他们对于学过的知识的掌握程度.学生可以通过多种渠道获得反馈.例如,在做题时意识到"这不正是一个解题的好方法吗?"的即时反馈,或是从同学和教师那边获得的成绩单、考试卷等书面的反馈.学习目标和成功标准能让学生判断自身的数学学习情况,以及为了继续进步而作出相应的反馈.学生在课堂互相探讨数学知识时,对彼此的学习情况作出反馈,这将成为后续讨论内容中的一部分.

但这并不能说所有的反馈都能帮助学生的学习.如果这些信息反馈给学生,能提高他们的学习水平,那么反馈有益于学生的学习.有学生可能对反馈不理解,或者说反馈对这些学生不起作用,那有可能是没有给予学生足够的时间去消化那些反馈,这样的反馈并不能提高学生的学习水平.但是不管怎样,只要好好做,反馈还是很有用的.有用的反馈必须要告诉学生如何来改善他们的学习情况,也就是说,这些反馈必须给学生提出一些具体的建议,让其能够遵循这些建议并能采取相应的改善措施.

巴特勒(Butler,1988)研究表明,如果教师想要改善学生的学习情况,就应该通过取消标记和分级来对学生进行评论,这样做是很重要的. 在评论的旁边做出一些标记,那么评论对学生所起到的正面影响就会有所下降. 这种做法,尽管花费教师很多时间,却不能很好地帮到学生的学习. 如果只是给学生一个分数的话,只会体现出这些学生总体的表现情况,而不是他们的学习情况,这将冲淡学生的成就感. 如果一些学生经常得到较高的分数,那么他们将变得自满,因为他们认为没有必要在学习上继续努力了. 得到较低分数的学生可能会认为,他们不是学数学的料,所以他们放弃了数学,认为数学不值得自己去努力学习. 没有了分数或标记的评论,也可以识别出学生哪一部分内容学习得好,还能指出他们在学习中所需作出的进一步努力. 让每一个人在他们的学习中都得到过这样的评论,可以让他们在任何学习阶段进一步向前努力学习.

有效反馈

有效的反馈能帮助学生了解如何来推进他们的学习进程. 这意味着,有时候对于学生来说,最有用的反馈是一条评论意见,这能让学生花时间来思考,让他们谈论自己所要完成的学习任务,就如以下一些示例:

当交给学生一项新的任务时,他们就会马上向别人寻求帮助. 当教师问道,"你哪里不会做?"学生往往就会回答"我都不会做". 学生的这些反应可能是学生对这项任务本质的不熟悉从而产生的紧张感所导致的,最后得到的帮助往往形如"照抄那张表格,我五分钟后来帮你填"这样的方式. 这通常是学生所需要的所有的帮助形式. 让学生照抄表格,可以"迫使"他们详细观察这个表格的内容,这种"繁忙的工作"可以提供学生较为充分的时间来让他们自己理解这项任务的要求. 通过这种方式,教师给学生提供一种方法来推进他们的学习进程,并允许学生利用额外的时间来思考.

达到以下三个条件的反馈才是有效的反馈. 无论是口头的还是书面的反馈,学生都必须知道:这个任务的学习目标和成功标准;达到怎么样的程度才能说他们已经达到这些学习目标和成功标准了;如何进一步实现这些学习目标或如何减小他们已经学到的知识和他们能学会的知识之间的差距.

如果假设教师已经花时间以确保学生都知道了这些学习目标和成功标准,以及学生对自己当前的学习情况(在"我什么都不会"的情况下)都有了一个自我评价,那么口头的反馈能满足以上所列出的条件,成为一个有效的反馈. 教师提出了第三个条件:如何进一步实现这些学习目标. 有效的反馈不需要很长,但它要能帮助学生推进他们的学习进程.

然而,当教师开始尝试并想得到有效的反馈时,想要达成三个条件可能并不简单. 成功标准是很重要的,其中的一个原因是它们可以让学生知道他们距离成功还有多远. 让学生知道他们是擅长学习的人是至关重要的,因为只有这样,他们才会知道继续前进是值得的. 成功标准让学生自己去找出哪些目标是他们已经达成了的. 当学生在学习上获得成就时,这些成就将立即依据成功标准而得到相应的奖赏. 学生经常地使用数学语言来表达他们自已的想法,这样他们将有能力来描述他们根据成功标准所达到的水准.因此,教师和学生将即时分享学生所取得的成功.当学生不能清晰表达出他们的学习情况时,对成功标准的识别将会延迟,这将会削弱反馈的有效性.

一条详细列举了学生已经成功学习的评论是一个重要的开始,评论的结果是让学生知道做什么以及如何去做.如何才算是达到了成功标准完全取决于教师、学生以及所处的情形.下面给出了一些建议,其中也包括评论的使用.

(1) 在特定的情形下,记得提醒学生相应的学习目标和成功标准,这些尤其适合好学生,例如:

——当你在做两个负数的乘法时,请记住相应的法则;

——请解释如何找平方根,并完成你的回答;

——记得乘上 x 的系数.

(2) 分析学生的答案;教师决定采取他(她)认为能帮助学生成功解决问题并能指导学生的方法;之后,教师可能会再问一些问题,这将让学生自己思考找到答案;教师经常写下一些结论,并留一些空白让学生自己填写,然后出一道类似的问题让学生解答:

——利用分割思想来解决问题.

——你认为这一边的长度正确吗? 这条边的长度应该比其他的边要长或短一点吗? 你是如何利用勾股定理来计算出短边的长度的?

—— $(2x-3)(3x+4)=$ _____ $x^2+8x-9x-$ _____ $=$ _____ ,然后乘以 $(2x-4)(3x+2)$.

(3) 给出一个示例,然后要求学生挑选一种方法来使用它:

——利用表 7-2,得到你的图形的值.当你在画图形时,选择了 x 的哪些值?

表 7-2

x	-5	-1	0	2
$y=x+3$	-2	2		

——当所给定的数字不断增大时,描述所发生的情况.每一个接下来的步骤类似于"把之前一个数翻倍""把之前那个数翻两倍""把前面那个数先加一再乘以三"等.(Lee,2006,p.58)

这些类型的评论虽然不是很详尽,但符合以下四点:(1) 重点是学习目标,而不是学生;(2) 关于的是往后的学习,而不仅仅是描述;(3) 清楚地知晓学生所取得的成就,并且仍然需要进一步来改善学生的学习情况;(4) 需要学生对此作出反应,用短语来表达,这样他们就会知道如何来作出反应.

相关研究发现,过高的反馈会导致学生自负.也就是说,对学生某些方面给予过多的表扬时,这些反馈可能会使学生的表现变得更糟(Dweck,2000).教师可以通过表扬学生来给他们增加学习的动力,但之后可能需要一直表扬下去,以不断给予他们学习的动力.在这种情况下,很难保持表扬自身的真实性和真诚性.特别是学生在学习中很努力时,表扬肯定学生学习上的进步,这是很重要的,同时也增加了他们继续努力学习的动力.学生在表现上不断得到改善,这可以归功于反馈的重点是关注学生是怎样来改善及如何来改善细节的.

在反馈真正形成之前,还有一个条件需要达成:学生必须对这个反馈有所回应.同样的,这还是一个时间问题.如果没有给学生足够的时间来阅读和回答这个书面反馈,那么得到的结果会是不太有价值的.因此,当教师对学生作出评论后,他们要能确保给下一堂课留有足够多的时间,很可能是课的一开始,来让学生阅读并回应这些给出的改善意见.根据不同的评论,学生可以:

● 确认他们已经理解了教师的评论,并且像做回家作业一样对教师的评论作出回答;

● 因为这些评论所起到的作用是短暂的,所以学生在阅读完这些评论后必须马上对其作出回应;

● 阅读这些评论,并根据它所建议的方法重新完成这些任务;

● 阅读这些评论,如果不知道如何作出回应的话,可以和同学进行讨论,以确保能完全理解教师的评论;

● 阅读这些评论,并且完成两到三道类似的问题,以此证明他们已经理解了评论中教师所建议的方法了;

● 在自己的作业中找出错误,然后写一封回执交给教师,以表明他们知道犯错的地方.

(Lee,2006,p.59)

给予学生有效的书面反馈将花费更多的时间,以至于不能针对所有的学生较为连续地进行反馈.然而,传统的"间断随机"式的伪评论对学生的学习没有任何帮助,而真正合格的评论能指出学生表现得好的地方以及建议学生如何来进一步地改善自己的学习方法,这样就能帮助他们更加有效地学习数学知识.当学生在课堂中或小组讨论中围绕某个问题讨论时,他们可以很快地探讨出它是否是一个好想法.如果不是好的想法的话,还能听取一些其他的好方法来代替.当学生之间互相讨论他们各自的想法时,他们可以听到别人对自己想法的一些看法,这是一个有效的方法来检查他们的想法是否具有意义.当学生在努力理解相关数学概念时,他们通过思考并讨论他们的学习情况,从而能在一个较好的时机从教师那里或同学那里收到相应的反馈.然而,同时学校也会需要一些反馈,当学生完成一项书面作业时,就会收到学校要求填写的反馈,因为这能保证每一个人都会得到有用的建议,用以帮助学生来进一步地推进他们的学习进程.因此,要填写反馈必须找对较好的时机.教师已经设计了多种解决方案来寻找有效反馈的时机.这些包括:

(1)虽然只是每隔三周做一次书面反馈,但当这些反馈发给学生的时候要能保证每位学生都能获得有用的建议;

(2)精确设计学习任务的每一部分内容,其中涉及相应的书面反馈,例如,在课堂中可以以某些方式对其进行评论,从教师那得到关于这项任务的反馈,这些反馈是学习任务中的关键;

(3)教师只有花时间给学生写建议,这些建议才能有助于学生的学习,也就是说,学生有足够的时间和机会去实行教师所给予的评论;

（4）在课堂上标记出日常的学习任务，把精力集中于探索出学生已经完成了的学习任务上；

（5）在课堂上与学生一起讨论这些想法，包括探讨、评价和评论彼此之间的学习任务；

（6）以小组的形式完成这些学习任务；学生可以使用一系列建模思想来检查他们的预想答案是否与建模所得到的答案一致：正确的、不同但正确的或者是不同且错误的；然后他们必须知道下一步该怎么去做.

（Lee，2006，p.60）

四、同学互评和自我测评

同学互评和自我测评是评价的重要形式，这可以让学生对他们所学的知识探讨，从而帮助他们养成独立思考、严于律己的好习惯.但这两种评价形式并不能代替教师的评价和反馈.正如数学所有领域中知识的学习，学生需要去学习如何通过运用他们所学的数学知识、语言和公式来合理地批判其他学生学习的情况，以及如何与同学一起探讨相关的问题和解题策略.这是一件很需要花时间、精力的事，但却是一件很值得去做的事.学生在评价中表现活跃，这样就可以在一开始学习这些学习目标的时候就弥补了他们理解能力的差距，也就是意味着有效的学习必须包含学生的自我测评.

1. 同学互评和自我测评的意义

学生对他们的想法和所理解的概念进行探讨，通过这样的学习方式可以从教师、同学间及自身那里得到对反馈有用的想法.倘若这些反馈是关于学习目标的，那么其作用就是识别哪些知识是学生学得好的，并设置了相关的方式来改善学生的学习情况，这将有助于学生学习到更多的知识.同学互评能有助于学生学习到自我测评中的技巧，同时也能为其提供丰富的想法，学生可以将其用于自己的学习之中.当一组学生开始做同学互评时，组员间将互相探讨各自关于数学知识的想法，汇总并一起分享这些想法的内在含义.每个组员都是小组探讨想法和策略中的一部分，从而将他们讨论中所用到的想法和理念内化，使之成为自己的知识.当学生在讨论他们所学的知识时，同学互评和自我测评就是一个很好的框架，因此，要鼓励这种元认知，也就是说，学生要思考和讨论他们是如何学习的，并学了些什么内容.

让学生参与同学互评与自我测评有助于学生独立思考，因为他们知道自己正在试图达到的目标及要达到那些目标所要付出的努力，因此他们可以自己来指导自己的学习情况.学生通过同学互评和自我测评，可以对自己的学习进行剖析并得到建设性的想法，这样就可以推进自己学习的步伐，增加知识的积累.学生就有能力来学习那些他们之前最没有信心学好的知识.同时，他们可以了解到这个主题的哪部分知识或概念是最难学习的，并且在对自身最有帮助的地方花精力.同学互评和自我测评也有助于教师能够更快、更准确地了解学生学习上的想法与困难之处，并让所有学生对他们的问题和发展进行一些更深层次的理解.之后教师就可以判断在哪些地方，时间是被最有效利用了的，了解到哪些学生学得好、哪些学生还有待提高.因为很多的学生可能并不看好自己的表现,因此他们可能需要学习如何来正确看待自己所取得的进步.同学互评将会进一步帮助他们来正确看待自己的能力.大多数的学生在大多数的时间内都会很诚实地评价自己学习的情况.然而,仍然有一些学生不喜欢承认他们的不足,当他们不理解的时候还是会说他们已经学会了,而在帮助他们克服这些不足时,同学互评和自我测评都是很重要的方法.学生在他们的学习中需要这种长时间的保证,当学生出现这些困难时,这种长时间的保证就是他们最需要的.

学生往往在同学互评时比在教师面前表现得更加诚实.当有其他同学反馈给这位学生,说他的想法让人难以理解时,这位学生就会立即去改善他的学习情况.最新的研究表明,学生学习数学的能力绝大部分来自数学教师和其本身.学生遇到的学习问题远比教师能做到的多.当他们了解哪些是可能的、他们要学习的目标以及如何达到这些目标时,他们就会需要另一些学习任务.这整个过程能够让学生更加客观地认识自己的学习任务,并加强"我能够很好地完成这些学习任务"的信心.

2.同学互评和自我测评的方法

让学生自己来确定有多少把握能够完成自己的学习任务.这是一个让学生进行自我测评的速成法,但这在帮助他们学习自我测评的相关技巧,以及在课堂中营造一个良好的学习氛围却是很重要的.主要有两种方法可以让教师要求学生来评价对自己学习任务具有多少信心:"信号灯法"和"赞扬法".无论使用哪一个方法,教师都要快速评价每位学生对他们在学习时所理解的概念是否都有信心,是完全有信心(绿灯或赞扬),仍有些不确定(黄灯或过平均线),还是非常不确定(红灯或失望).在把这两个方法介绍给学生后,教师可以直接让学生作出评价,看看哪些学生能够马上开始进行评价,哪些学生还需要进行更多的讨论,哪些学生在各自的学习任务中是作为一个子主体存在的.这样,教师就可以更有效地划分时间.学生一旦习惯了这种学习方式之后,教师就可以很快地了解到哪些学生存在着困难,或者需要另一种不同的方式来学习这些概念和知识.学生似乎更喜欢通过"我在这方面有一点点红"而不是通过"我觉得这方面的知识理解起来有一点困难"来表达自己的想法.学生可以在一堂课还没有结束的时候,用"红绿灯"来代表他们的学习情况,这样以便教师可以相应地制定出下一课内容来帮助那些需要帮助的学生,并对那些自我感觉良好的学生添加些扩展内容.

和搭档相互交流,这是同学互评和自我测评中用到的最常见的一种形式.这些由教师所挑选出来的结对的学生要做的事情不是一起完成相应的学习任务,而是相互作出评价以检查彼此的学习情况,并相互提出改善的方法.而这些结对的学生往往在课下并不一定是好朋友.教师挑选他们是为了相互评价,一起讨论来确定彼此哪些方面做得好,哪些方面需要改进以及如何来改进.为了适合同伴之间的联动学习,教师需要制定出一个明确的协议和一系列的原则,这是很重要的.教师经常使用这种方法来向学生展示课堂中的规则和原则,这样,他们就可以不断相互提醒各自的学习目标和预期. 一些教师要求结对的学生一起完成某些特定的同学互评;而其他一些教师采用另一些较不正式的方式来运用这类评价,他们可能会这样告诉学生,"如果你们在学习某些知识时遇到困难了,那么你可以和你的同伴探讨一下,看看这样的讨论能否有助于你的学习". 和搭档相互交流可以开启一个关于如何学习去倾听的重要过程,相互之间可以借此来帮助彼此的学习. 在课堂中,使用数学语言来学习"数学倾听"是至关重要的,并有助于让学生意识到这样做是很重要的.

对于家庭作业也要有明确的标准. 同学互评可以是一个有用的工具,能保证学生顺利完成家庭作业. 家庭作业,最好能为下一课内容的学习做好准备,也就是和未完成的学习任务有关的练习. 如果布置家庭作业是为了检查学生对所学概念知识的掌握程度,那么教师就希望在开始下一堂课的知识传授时,学生已经具备相应的知识水平. 所有的学习任务都应该有个明确的标准,以便让学生能成功地完成任务,而这些同时也可以用于同学互评. 同学互评意味着学生都是依据哪些标准来完成任务的,能够确定哪些方面已经做得很好了,而哪些方面还有待改善. 如果家庭作业尚未完成,那么另一位同学会通过同学互评"毫不留情"地将其指出. 通常来说,在下次同学互评之前,学生有足够的时间完成这项任务. 教师将密切观察学生完成这些任务的过程,然后向学生提问他们得出了哪些结论. 大约需要 10 分钟,教师和学生都将了解接下来所需要学习的内容,并且同时也知道其中的缘由——他们已经做好继续学习的准备了.

下面是同学互评与自我测评中的"四方"法(表 7 - 3). 当学生参与一个冗长的、需要花儿课时才能完成的任务时,这种用于同学互评和自我测评中的方法是很有用的. 在这项任务开始时,学生需要带一张 A4 纸,将其折成四部分. 他们将在左上角的"方块"记录那些成功的评价标准;其他的三个"方块"将用于之后你对同伴的评价中. 此方法在任务中占了大约三分之二的时间,学生需要与他们的同伴或者是由教师挑选出的同伴评价者交换各自的任务. 同学互评使用评价标准,将同伴"做得好的方面"填写在右上角的"方块"中. 同伴评价者同样也要根据评价标准,将其"需要改善的方面"填写在左下角的"方块"中. 这项任务之后,评价用纸又返回到了每位学生的手中,他们都将看到别人对自己所提出的建议,并且通过评价别人的学习情况来思考在这当中他们发现哪些知识. 最后一个"方块"是"自我测评",他们在这个"方块"中记录所学到的改进学习的方法,并使用这些笔记制定一些必要的改进措施.

表 7 - 3 四个方块(Lee, 2006, p. 66)

成功标准	做得好的方面
需要改善的方面	自我测评

改善矩阵示例(表7-4)是一种让学生思考他们自己的学习任务的方法,并制定了相关标准,这将帮助他们在学习任务中发挥出自己最好的水平.

表7-4 改善矩阵示例(Lee, 2006, p. 67)

	沟　　通	系统的任务	代数的使用	图形和图表的使用
远高于标准				
高于标准				
符合标准				
低于标准				

学生在完成改善矩阵之前,可能需要一些时间思考调查问题的方法,因此并不是一拿到就马上开工,他们可能在一堂课或几堂课中完成其中的一部分内容.在走完这个方法的三分之二的步骤后,他们可以将这个改善矩阵用于评价同伴的学习情况.这个矩阵还可以用于最后总结性打分中.

§7.2　交互式数学项目中的评价

交互式数学项目(Interactive Mathematics Project,简称 IMP)创建了一个以问题为中心的中学课程,其目的是实现 NCTM 课程标准和评价标准,这里主要对 IMP 中使用的评价工具进行介绍,引自阿尔珀等人(Alper, Fendel, Fraser, & Resek, 1993)的研究.

一、IMP 的介绍

IMP 课程可以通过几个关键的方法来帮助人们改变关于数学教育的想法,其中包括谁应该去学习数学知识,教师应该教给学生有关数学知识的什么内容,怎样才能最好地学习数学知识,还有就是怎样去评价学生的数学学习情况.

可以把 IMP 评价所使用的工具分成以下几个层次:

● 学生对于自身进步的了解情况;

● 教师对于每位学生的进步的了解情况;

● 教师对于自身教学与课程的了解情况.

(Alper et al. , 1993, p. 209)

这里主要关注的是前两个层次的内容.下面以案例来加以说明.

二、IMP 评价案例

IMP 课程由几个单元组成,每个单元的教学实践的期限约为四周到六周,每个单元都会有一个中心问题."陷阱和钟摆问题(The Pit and the Pendulum)"是高中第二学期的数学 IMP 课程中的一个单元.这个单元以埃德加·爱伦·坡(Edgar Allan Poe)创作的小故事为开篇. 在这个故事中,有一个囚犯手脚被绑,而一个 30 英尺长的带有锋利刀片的钟摆慢慢地向他靠近. 如果他不采取行动的话,就会被钟摆杀死. 当还剩下 12 次摆动时,这个囚犯想出了一个逃出计划并且实施了该计划. 这个小故事向学生提出了一个问题:这个囚犯是否有足够的时间去设想并且执行这个逃离计划. 学生自然会想到解决这个问题的关键是这个长 30 英尺的钟摆摆动 12 次所需花费的时间. 为了解决这个问题,学生可能去搭建一个小型的钟摆模型,并且通过实验来找出究竟是什么变量决定了钟摆摇摆一个周期的时间,以及一个摇摆周期与这些变量之间的关系.

在这个单元的课程中,学生提出并完善自己的猜想,分析在实验中所获得的数据,并且把标准误差应用在自己的思考中,来判断一个变量的变化是否会对其他变量造成影响. 通过 Green Globs 和 Graphing Equations(Dugdale,1986)这两个软件程序来研究二次方程,并且使用绘图软件来拟合曲线. 最终,在根据实验数据得出一个理论上的答案后,学生就会搭造一个 30 英尺长的钟摆来验证他们的理论了.

三、IMP 所使用的工具

当学生认识到自己正在学的知识是非常重要的,并且认识到自己是在真正学习的时候,他们就会更有可能在学校里下功夫去学习. 因此,学生必须被给予充分的时间来回顾自身的学习进展情况. 经常回顾学习情况也有助于他们了解自己的哪些行为是有利于自身的学习的,而哪些是不利于自身学习的. 通过这种回顾,学生将会察觉自己需要掌握或者进一步提高的学习技巧和对知识的理解.

IMP 课程用许多方法来给予学生回顾学习进展情况,在这里先列出如下两条:1. 学生会在每个单元文件夹中写一份说明信;2. 学生每周会写下该周问题的解决步骤.

1. 文件夹

在每个单元的最后部分,学生会从所有作业中选出能体现出本单元知识点的、高质量的案例总结,制成一个总结文件夹. 这些案例中包括平时的家庭作业,在班级小组讨论中得出的报告以及关于每周一问的评论等. 教师会对上述案例进行评估以及评分.

学生在回顾他们的作业以及从文件夹中筛选要提交给教师的材料后,会写一份封面信.

封面信

在你的文件夹里夹上一封封面信,信中需要包含以下几点:(1) 对该单元所学过知识的总结;(2) 你所研究的数学题目;(3) 你学到了什么知识内容;(4) 选择提交材料的理由;(5) 根据自己的表现对下面几点做出评价:① 和他人合作,② 对班级所做出的贡献,③ 写下你的想法,④ 你要继续努力的地方,⑤ 数学主题,⑥ 其他的班级事情等. (Alper et al. ,1993,p.211)

在一年中的任何时候,学生自己、他们的父母、他们的教师都可以通过这个文件夹来评估他们在交流技巧以及数学概念的理解上进步了多少.

学生卡拉的信是以对于该单元的内容的总结开始的,之后是一些关于使用绘图计算器的想法.她写了一下内容:

> 最近的课是关于绘图计算器的使用方法,有些搞不懂的地方,因为计算器上有太多的按钮,要记的东西也很多.即使是最细小的错误,比如说按错一个键,都会搞砸整个程序.(Alper et al.,1993,p.211)

卡拉可能会在未来的一段时间内,一直很小心地按计算器的按键.她的抱怨也表明强调了要重视计算器使用的目的,以便让学生在小细节上不犯错误.她继续写道:

> 团队协作使我们可以更加轻松地完成作业.我认为我更需要在及时完成作业上再加把劲.因为如果我不及时完成当天作业的话,那么作业就会越积越多,而一次性想把那么多堆积的作业完成是很不容易的.这就是我觉得自己在本学期中的不足之处(没有及时完成作业).(Alper et al.,1993,p.212)

可以看出,卡拉从中已经学到了两样东西:一是意识到了任务分担和团队合作的重要性;二是要跟上教科书的学习进度,作业不拖沓.

2. 每周问题

为了给学生独立解决实际问题的经验,IMP在每个单元中以周为单位编入了数个"每周问题(Problems of the Week,简记为POWs)".有些问题是和该单元所学的知识问题直接相关的,而有些问题是经典数学问题,和该单元所学的内容无任何关联.在解决后面一类问题的时候学生需要使用逻辑思维想出尽可能多的解题方法.

"八袋金子"问题

曾经有一个非常精明的国王,他把世上的所有金子都搜刮到自己的国家并且分别把这些金子装在八个袋子中.他非常确信八个袋子中的金子的质量是完全相同的.他选出了8个他最信任的人,把八袋金子一人一袋交给他们,让他们保管.在某些时候,他就会叫这8个人把金子带来让他亲眼看看(这个国王不花金子,但就是喜欢有事没事看看这些金子).

有一天国王从一个外国商人口中得知,某个人用这些金子和这个商人交换了一些商品.这个商人描述不出那个给他金子的人的外貌,但他可以确信那个人是来自这个国家的.因为在这个国家只有国王拥有金子,所以他知道那8个人中肯定有一个人偷偷用了这些金子.

国王决定让那8个人带着八袋金子过来见他.在这个国家中唯一的称量工具就是一个天平.这个天平虽然不能称出物体的具体质量,但是可以比较两个物体谁重谁轻.拿着最轻的那袋金子的人应该就是那个欺骗国王的叛徒.

因为国王非常精明,所以他想用最少的次数来称出结果.他认为最少经过三次比较称量就可以知道哪一袋金子的质量是最轻的.而国王的参谋认为通过更少的称量次数就可以得出结果,你是怎么想的?最少需要称量几次才能得出结果?怎么证明你的想法是正确的?

注:如果在天平的两边放上一个或多个袋子进行比较的话,就算作增加一次称量比较.(Alper et al.,1993,p.213)

问题解决是需要学生提交一份报告书.报告书则需要如下的内容来构成.

报告书

（1）问题的陈述

用自己的话将问题说清楚,以便让其他不熟悉这个问题的人,在读你的文章时可以很好地理解你想表达的意思.

（2）过程

根据自己的笔记,说说你在尝试解决这个问题时做了哪些事情:你是怎么开始的? 你尝试过哪些方法? 你在哪里遇到了困难? 你使用了哪些图示? 内容应该包括那些你没有解决的或你认为是在浪费时间的问题.即使你没有解决这个问题,你也要把这部分内容写在你的报告书中.

（3）结论

尽可能清晰地陈述你的解决方案（如果你只是得到了部分的解决方案,也写下来.如果你能推广这个问题,请你写出用于一般情况下的结论）.你如何证明你的解决方案是最好的.请写出你的理由,以便能说服别人——一些可能起初不同意你的"答案"的人.切记:只给出问题的答案是没有用的,是没有分数的!

（4）扩展

推广这些问题.也就是说,请写出一些与这个问题相关的其他问题,这些问题可以是更简单、困难或与这个问题同等难度级别的问题.（你并不需要解答这些扩展的题目.）

（5）评价

对于你来说,这个问题太简单了、太难了还是正好合适? 请解释原因.

（Alper et al.，1993，pp. 213 - 214）

当学生在描述解决问题所用的方法时,他们就会注意到在这个问题背景下对解决问题起到作用的方法和没起到作用的方法.

下面是学生乔治报告中的过程内容:

因为不知道"称量比较的最小次数"的含义,所以我没法着手解决这个问题.它是表示可能的最小称量次数呢? 还是在不想尝试,也不相信可以幸运地把一个袋子放在每一边并且发现一次就能成功的情况下的最小称量呢? 所以我不得不假设:国王并不想靠运气一次就得到想要的结果.这就意味着我必须想出一个可以不靠运气而准确测量的一系列方法.我开始思考国王可能想到的称量方法.（Alper et al.，1993，p. 212）

乔治似乎已经知道做题的第一步是阐明这个问题.

学生康奈尔通过几种不能解决问题的方法来跟踪解题的进程,并且最后得出的答案很接近正确答案,他在这点上做得很好.

起初看这个问题的时候,可能觉得简单,但深入下去,发现这个问题变得越来越难了,最后又变得简单了.开始时,我认为"八袋金子"问题应该画出一个表,如图 7-1 所示.

起先我思考着一次一袋一袋地称量,共称量了 4 次,但这样做好像没什么用,所以我舍弃了这个方法.然后我开始思考,尝试着一次每边各放两袋,这样引出了我的第三次尝试.最后我终于意识

	1	2	3	4	5	6	7	轻的那个 ⑧
1		E	E	E	E	E	E	U
2	E		E	E	E	E	E	U
3	E	E		E	E	E	E	U
4	E	E	E		E	E	E	U
5	E	E	E	E		E	E	U
6	E	E	E	E	E		E	U
7	E	E	E	E	E	E		U
轻的那个 ⑧	U	U	U	U	U	U	U	

E = 同样重

U = 不一样重

图 7-1

到：起先每边各放三袋，称量，然后称量剩下的那两袋. 我知道我这样做是正确的.（Alper et al.，1993，p. 214）

康奈尔似乎是在学习关于"做"数学这样重要的一课：一个只有在失败之后还不断尝试的人才能找到问题的答案.

在每个单元的最后，学生会接受一个两阶段的评价，课堂评价和课后评价.

3. 课堂评价

教师通过观察课堂中学生的表现来了解学生的情况，制订接下去的教学计划，以及如何修改上课方式和自己的教学方案，使之能用于下一次的教学当中.

在"陷阱和钟摆"问题后，"模型和油漆"问题被用于课堂评价.

模型和油漆

A 在玩具店工作，他注意到了某些模型的长度和相应的油漆的使用量之间的关系. 这里有一些他所提到的数据，如表 7-5 所示.

表 7-5

模型长度（英尺）	油漆量（毫升）
1	4
2	12
3	28
5	80

假设按照这一模式进行下去，请你预测一个 10 英寸长的模型需要多少油漆，并解释证明你的推理. 在解答这个问题时，你可以使用图形计算器、坐标用纸、以前的笔记等.

（Alper et al.，1993，p. 217）

雅思对这个问题的回答非常有趣. 从他的图（图 7-2）中可以看出，他在坐标纸上描出了已知点的坐标，但他不小心将第四个点（5，80）描成了（5，30）. 所以他得到了一个错误的数据! 有趣的是,第四个点完全无法放入他所建立的模型中,和问题完全不相符. 他需要意识到的是,选对一个模型是很重要的,应该在用到这些数据之前先选择正确的模型.

这个问题和有待解决 30 英尺钟摆问题的那一个问题非常类似. 我所做的第一步,就是在坐标用纸上描出这些已知点,然后我连接了所有的这些点. 当我在做这些的时候,我预测这些点与点之间的连线是按照一定的规律变化的,其斜率在不断增长. 我画了一条长 10 英寸的线段,并画出了我所能预测到的线段,连接这些线段,就得到答案了. 这是错误的! 我不应该这样作图解题的. (Alper et al. ,1993,p. 218)

但需要注意到的是,雅思意识到了自己的错误. 他意识到这幅图不是他之前所想的那样. 不幸的是,他仍旧在这幅图上继续他的作业,而不是重新寻找这些点之间的关系,也就是这个模型的长度和需要涂的油漆的数量之间的关系.

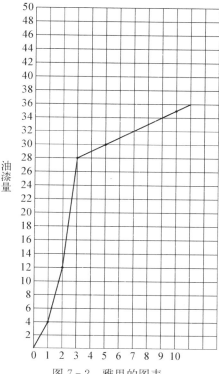

图 7 - 2　雅思的图表

(改编自 Alper et al. ,1993,p. 218)

最后的学生案例是哈沃德,他似乎找到了解出这道题的最关键的思想. 他用多种方法来使用图形计算器. 他在解这个问题时,首先在坐标纸上描出了这些已知点,从这个图上他看出这是个二次函数. 然后他做了一些曲线来拟合这个题目,直到相互匹配. 给定一个公式,然后他就可以以一英尺为单位预测出结果. 和雅思不一样,哈沃德是从别的一个角度出发来解答这个问题的.

我做了一个图表,然后将那些已知点描绘到图形上,得到一条曲线. 然后将我所描绘的点输入到(图形计算器)中. 接下来我重新研究我先前所做的,然后得到一个方程,并且模仿方程 $y = x^2$ 的解法来解出这个方程. 比起描出的点,可以看出这条线逐渐远离 y 轴,所以我决定将这些点代入到 $y = x^2 \div 2$,结果发现这些点进一步远离了 y 轴,所以我将这些点代入到 $y = x^2 \times 2$ 中,发现得出的曲线比之前的曲线都要靠近 y 轴,但仍旧不是很近,然后我又一点点增加,如 $y = x^2 \times 2.2$, $y = x^2 \times 2.4$, $\cdots$,直到我得到 $y = x^2 \times 3$ 这个方程,所有的点都在落在这条曲线上了. 最后,我将 $x = 12$ (英尺)代入方程,得到解为 $y = 12^2 \times 3$ ($y = 432$). (Alper et al. ,1993,p. 219)

如果班级中大多数学生都可以像哈沃德那样解题的话,那么教师就可以不用特别关注他们,而需更多地关注像雅思那样的学生. 但是如果班级中的大多数学生都是像雅思那样解题的话,那么教师就可以得出:需要关注整个班级的学生,还要在之后的授课中再次加强图形中横坐标和纵坐标之间的代数关系的教学,因为这部分的内容是很难的但也很重要的.

4. 课后评价

在完成课堂评价后,学生就可以开始进行课后评价.

课后评价在时间上是没有限制的.学生对于不懂的地方可以向他人求助,只要他们在报告书中如实汇报.但实际上很少有人会向外寻求帮助.他们也可以自由选择多种方法来回答这个问题.学生在理解每个单元的概念之后再完成课后评价问题,这样做有助于教师对学生所掌握的新的数学知识作出评价.

在"陷阱和钟摆"问题中,学生已经针对问题进行了实验,并确定了哪些变量会影响最后的结果.关于课后评价问题,学生被要求设计一个实验.教师其实不注重他们是怎样运用算术知识或他们所得出的答案的,而只是想通过此举来评价学生是否能把在本单元所学的知识深入运用到对数学知识的研究中去.

"自行车刹车"问题被用作课后评价.

自行车刹车

一个马戏团演员想骑着自行车并且在快要撞到墙的那一刻及时刹车停下来.她想知道什么时候踩刹车最为合适.但她不想尝试,因为她怕撞上那面墙.她只是想预测什么时候她应该踩下刹车.

制订一个计划来收集一些数据并通过分析这些数据,让她能预测出最为合适的刹车时间点.在解题过程中需要考虑到哪些变量,将会遇到什么样的问题,以及这个问题的一般分布及其标准差是什么? 请围绕这些问题进行讨论.

(Alper et al.,1993,p. 215)

这里有尼维作业的一部分内容:

图 7 - 3　尼维的作业

我的计划如图 7-3 所示:

首先在地上画一条线,就代表这面砖墙.让这位杂技演员在同样的表演场地上,骑同一辆自行车,做同样的事.然后在自行车路线的旁边一条直线上放置 6 或 7 个路标(图 7-3 中锥形体),直到让最后一个路标距离墙只有半尺为止.接下来开始测试这些距离,看看哪一个最合适.我假设她骑自行车的速度是稳定的,测试出最靠近这面"墙"的一条路线,如果有必要的话,可以测试出所有路线的距离.当要刹车时她会使出全力刹车.一旦你得到你认为最好的距离,最好对它做双重检验,以确保它是最好的.

(Alper et al.,1993,pp. 215 - 216)

从尼维的作业中可以看出,她是理解实验原理的,但她似乎不知道同一组数据的测量值不是相等的而是呈正态分布的.

科里在她的报告中编写了一些虚构的实验数据,从这些数据中可以看出停止距离分布为 16、14、15、11、16、14、19、15、13 和 17 英尺,最后她发现它们的平均值是 15 英尺(图 7 - 4).然后她继续写道:

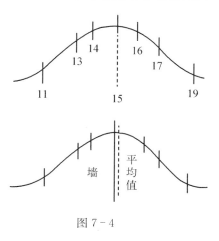

这意味着,从理论上来说,她至少在离墙面15英尺的时候就得踩刹车了.在一个理想情况下,你所得到的数据将形成一个钟形曲线(倒 U 型曲线).但是,因为在每一边都有一个相等的数量,有些太大了有些太小了,有一半的可能你会撞到墙上,还有一半的可能你将停得太远.这就意味着墙在正中间也是有可能的.这样得到的解答可能不是最好的.你需要把墙移动到最后.现在你需要计算一下标准差.(Alper et al.,1993,p.217)

图 7 - 4

科里继续这样做下去,发现"$1\sigma=2.1$,$2\sigma=4.2$",然后解释了使用这些数据的理由:

我们知道如果这面墙超过平均值的 2σ,有95%的可能,杂技演员将会停在这面墙的前面.这可能不完全是正确的.

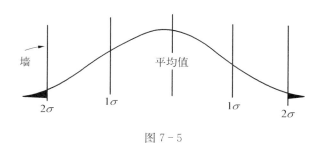

图 7 - 5

这两端的阴影部分的面积在 2σ 区域之外(图 7 - 5).也就是说,落在这些区域内的概率就是5%.但我们只剩下移动这面墙这一个方法了;我们将墙移动到 2σ 的左边,因此,右边的阴影部分表示杂技演员没有撞上墙的概率.这总的概率等于97.5%(95+2.5),而不是95%……所以,如果杂技演员是以匀速骑自行车的话,那么她可以在某个时刻踩下刹车,只有2.5%的概率撞上墙.现在,所有的马戏团演员要做的就是根据我得出的理论依据去亲自做些尝试,得出最后的结论.我希望你们能看明白我的解题思路.

(Alper et al.,1993,p.217)

科里的工作表明,在计算标准差的时候,她是十分了解这些力学相关知识和理念的.

§7.3　基于计算机的数学评价发展模式

这一节探索基于计算机系统来改善数学评价,以便更好地支持教育目的和学生的需要.鉴于越来越多的、可用的低成本、功能强大的计算机工作站和认知科学的发展,本节将探索涉及"智能"计算机系统的大规模数学的可能性评价或指令.同时鉴于这些工具,可以在所有的评价领域上,以及观念上做一个重大改变.具体介绍是引自利普森等人(Lipson,

Faletti，& Martinez，1990)的研究.

7.3.1 科技补救传统评价方式的不足

从现在的视角来看,依靠计算机的数学评价的未来可能是,从有一个正确选项的多项选择格式过渡到可扩充的或者可以构造答案的问题,这种测试可以来测试高级知识和技能.从长远来看,希望从学生的成绩中收集到尽可能多的信息,并利用这些信息,在下一步教什么和怎样去教这两个方面支持教师和学生的决策.因此,希望了解关于学生的知识和技能的更多东西:

● 当被问到一个给定的问题时、当听到一个单词时、当见到一幅画时,在他(她)的脑海里出现的是什么,这些问题可以为学生揭示数学概念的意义.

● 一位学生该如何描述一个问题? 学生需要创造什么外部帮助(如数字)? 学生如何组织他(她)的工作,当出现问题时可以返回前面的步骤吗?

● 情境和(或)一个问题的应用程序的领域是怎样影响学生的反应的?

● 学生是如何自发组织已有的知识的?

● 为了不妨碍他们对问题的意义集中注意力,什么算法和启发式程序是自动化的?

● 当面对一个重要的问题时,学生使用什么样的推理过程? 当一个问题的陈述缺少信息或者信息过多时,学生该怎样应对这个问题?

● 为了检查一个结果的合理性,学生是怎样来判断答案的? 一位学生是如何检查他(她)的工作的? 为了探索“解答空间”和比较一个给定类型的积极和消极方面,学生会尝试去生成一个解决方案的复本吗?

● 学生是如何应对困难的? 当一个解决方案遇到障碍时,学生是如何分配他(她)的脑力资源的?

● 在课程外部,学生还有什么数学知识?

● 那些需要通过加大努力才能解决的问题,学生是如何安排他的努力的?

● 当解决数学问题或者在数学思考期间,学生是怎样使用他(她)的一般知识的?

● 当被问到,学生是怎样构造问题来探测另一位学生所掌握的知识的?

(Lipson et al.，1990，p. 126)

思考这些问题是需要一个测试系统,可以呈现学生的许多不同的问题,而不仅仅是跟踪和解释,特别解决方案尝试的中间步骤. 这个系统也需要:(1)提出质疑来调查推理过程;(2)问一些后续问题;(3)呈现图形材料来作为问题陈述的一部分,以及允许学生以图示及文字和符号来回答问题. 这些属性对于依靠计算机的设计系统具有重要的启示. 然而,正如看到的那样,也需要:

(1)建立有关学生的能力、策略、意图及偏好的模型,(2)解释学生的反应,(3)模拟数学模型和应用程序,(4)有一个适合策略(理论)的问题,(5)为不同的观众构造有用的报告. (Lipson et al.，

1990，p. 126)

可以用以下功能及特点来设想这样一个系统：

(1) 一个广范围的题目类型的描述和生成；(2) 以① 学生过去的直接表现，② 累计学生的工作和偏好的历史记录，③ 数学的概念结构为依据的项目选择；(3) 分析和解释学生的作业，而不仅仅只是对作业答案的正误判断；(4) 维护一个动态模型及表示学生的知识和技能；(5) 对 K-12 课程和在学校背景之外的应用数学，建立一个知识库，这样的知识库可以用来分析以数学概念为基础的测试项目之间的关系；(6) 在进步地图中提供反馈信息，描述学生的超时学习，暗示额外学习的可能领域，以及在制定出"方法"之前的知识获得；(7) 在个别学生的当前工作上，为教师(和家长)提供及时的、易消化的和有益的报告；(8) 为相应的观众提供集合信息的报告等. (Lipson et al.，1990，pp. 126-127)

虽然实现这些具有较大的挑战，但迄今为止，至少已在第五项上取得了进展.

一、电脑评价的最新进展

电脑的出现产生了许多教育软件产品，这些教育软件产品作为评价模块的焦点，可以影响评价的进展.

电脑协助教学作为一种测试系统是最为典型的案例. 目前，电脑协助测试仅在有限的形式里使用，作为计算机辅助教学的一个重要组成部分. 作为一种测试系统，电脑协助测试为学生的知识、能力和策略方法提供了一定的信息.

二、计算机适应性测试

计算机适应性测试背后的观点是相对简单的. 对一个领域的测试，通常是根据之前的测试困难程度来安排的. 如果系统没有事先对学生进行评级，那么学生遇到的第一个项目是中等难度的. 如果学生能够正确完成项目，那么将会感到下一个项目更加困难. 渐渐地，这个系统就会对一位学生的评级进行导向目标追踪. 随着特殊群体对这个项目利用的增加，其难度等级也是不断更新的.

计算机适应性测试的一个局限是，它的题目通常仅仅是根据题目的难易程度来安排的. 心理测量研究正在开发一种方法，这种方法将允许按题目的其他属性，比如复杂性、表征变化，增加记忆负荷和内容来安排，而不仅仅是依照题目的难度来安排. 如果这一研究得到实现的话，那么计算机适应性测试就能获得更广泛的应用. 现在在寻求数学运算指令.

当项目之间在内容和技能方面彼此密切相关，计算机适应性测试方法就十分有用了. 这样的测试可以使知识各种各样的子域技能组合起来.

7.3.2 潜在的技术贡献

在评估计算机评价的价值时，有一点是不能忽视的，那就是电脑可以为问题提供比纸笔测试更丰富的情境. 当使用纸笔测试时，呈现图示、图表和图形来作为问题陈述的一部分，是昂贵的. 因此，这导致纸笔测试会去运用语言和使用紧凑的符号来表达问题. 但是计算机系统使这些变得很容易,也能降低丰富问题情境表现上的花费.可以设置系列问题,使得这些问题有共同的概念基础,问题具有多样的或不同的情境.例如,问题情境可以表示成在经济增长的背景下、宠物或者购买磁带的相对成本等.在多元的情境下,希望学生有足够的知识、策略、程序性知识和推理的能力,来解决问题.

一、利用计算机来丰富反馈

当一位学生采取纸笔测试时,典型的反馈结果就是一个后来的分数和排名.相比之下,计算机可以配有问题的解决方案和问题的陈述等潜力.例如,当问题是要求学生找到需要的油漆量来覆盖一面墙时,计算机可以采用图示方式来显示给定的区域和被油漆覆盖的区域之间的差异,这可以作为问题阐述或解决方案.

二、分步解决问题

抛弃离散的或者是与情境无关的题目,问题的设计目的是提供额外的信息和要求多个步骤来得到答案.这对计分算法来说是一个重要的挑战.这个目标是获得学生的成绩和解释基本的认知模型来生成答案,因此是实施一种"认知密码",来破译成绩的基本知识.

三、多项选择

多项选择的一个局限性是,对于学生备选方案的选择理由,得不到充分的信息.在计算机系统中,可以添加特定选择的后续项目,减少猜测的可能性,从而获得关于学生推理的信息.

在纸笔测试中添加后续项目是不切实际的,因为这会加大测试的规格.然而,如果这些项目和后续项目通过计算机呈现出来,就会避免这个困难.此外,后续项目作为教具的价值是无可估量的.戴维斯(Davis,1984)曾对此进行了报告,当要求有问题的学生回答(而不是问)后续的问题,能引起学生去注意和纠正他(她)早期的错误.戴维斯提供了以下经典对话:

教师:7个7是多少?

学生(大约7年级):14.

教师:7+7是多少?

学生:哦!应该是49!

(Lipson et al.,1990,p.129)

这是一类后续行动,电脑可以较容易地生成,并产生良好的功效.

四、心智模式

学生通过学习,可以获得知识、关联、图像和技能,并形成预期的一个日益复杂的网络.一个基于计算机评价的目标是在数学中构建学生的心智模型.一旦这种评价用这种方法来定义,就会从传统的纸笔测试转向一个非常不同的测试体系.

必须构造希望发现答案的问题,而不是问学生问题来得到正确的答案. 当遇到一个问题,学生怎样说明和解释可用的信息? 大脑里会出现什么样的策略和战术? 这个问题还可以利用别的信息吗? 当告诉学生一个问题有一个错误时,学生如何着手去发现这个错误? 这些类型的问题会导向强调定性和概念性数学. 这表明,当一位学生展示了一个常规的技能,需要问"你是怎么知道的?"这类问题. 例如,如果一位学生记住了 $7 \times 8 = 56$,这个时候适合问,"你是怎么知道 $7 \times 8 = 56$ 的? 你怎么肯定答案不是 57 或 58 呢?"一个满意的答案可能会这样:一排 8 个物体排成 7 行,然后,根据实际情况来数一下,总数是 56.

应用数学来设计问题时,复杂的多级分布也是计算机测试项目的一个潜在优势. 这样的问题更具有挑战性,可以吸引学生的兴趣,也能够阐述复杂的数学问题. 此外,多年来,各种项目测试开发已经形成了令人印象深刻的问题集.

五、题目生成

考虑到知识的认知模型的问题潜在的独特分类,计算机可以随着推论而自动生成题目,这些可以从反应中产生,然后生成模型.

7.3.3 基于计算机的评价系统的设计

基于计算机评价系统的设计是正在发展的,利普森等人(Lipson et al. , 1990)主要提出有以下三个板块:

一、处理范围

因为在成熟的系统完成之前,计算机评价系统需要一个可用的和可测试的系统,所以每个组件将作为一个有限的和非智力的版本,然后逐渐扩大到更广泛和更强大的功能方面,这是系统开发的必要基础. 特别是在输入的范围、事件或动作等层面,每个组件处理的范围将从简单的处理范围扩大到复杂的连续统一体. 例如,各种各样的题目最初都是可用的,可以由学生构造答案以及被计算机很容易地理解. 这个可能的反应能够匹配底层的认知模型和各领域的知识,学生能够生成它们. 接下来这些题目逐渐会利用额外的功能进而进行评价范围上的发展.

二、知识库

不断发展的过程中,计算机评价系统需要一些基础知识,包括专家知识库、学生模型还有该任务的知识库.

专家知识库包含足够多的专业知识来生成正确的项目反应,以及构建一幅知识的示意图和精通技能. 理想情况下,这个知识库还将包含足够多的信息来推动一个特定领域的模拟.

学生模型包括对某个特定学生信息的收集. 它的种类和范围与数学专家知识库会有一些重叠,并会告知评价组件这些重叠的部分. 在没有重叠的部分,系统是未确定学生是否知道这个区域. 如果在探索该领域之前,缺乏重叠,意味着学生缺乏知识. 因此,学生模型必须为每位学生编制一个不断运转的知识库:(1) 知识—事实是正确的(也许仅仅符合他们的水平),能够看到表明他们了解的证据;(2) 缺乏知识—事实,那么看到的是表明他们不知道的证据;(3) 不正确的观念—错误事实,已经看到了表明错误的证据. 这些错误或不正确的观点包括不是局限于众所周知的偏见或错误概念.

任务知识库包含数学问题的收集. 每个任务都会有相应的回答或者回答的分类,这些可能是学生模型产生的. 相关联的每个反应将是关于学生可能模型的一套推论,这些推论由知识、缺乏的知识还有不正确的概念组成. 这些推论会指示任务,所以测试一个特定知识块的任务可以被很容易地检索出来. 不过,在早期阶段,项目将会处于规模相对较小的惰性状态,逐渐地,大量项目的具体实例应该可以通过项目生成器的广阔设计而产生.

三、模块

鉴于这三个知识库,系统还需要以下模块.

1. 任务选择模块

任务选择的目标是一系列任务,这个目标是能够依据下面的子目标来自动构建:

(1) 支持知识的推论;(2) 支持缺乏知识的推论;(3) 支持不正确概念的推论;(4) 扩大专家知识库的区域,在合理的样式下,被学生的模型覆盖;(5) 停止尝试支持有效性的推论;(6) 一段时间后,验证知识的推论;(7) 在新的情境中,验证知识的推论.(Lipson et al.,1990,p. 131)

目前,前四个子目标已基本实现,后三个子目标正是计算机评价进一步需要设置的心理模型.

2. 表现模块

表现模块的目的是控制和协调输出给学生的东西. 表现模块将从图片和单词列表来选择,并会逐渐扩展为提供表格、图表、动画、学习进步地图、统计和心理测量数据、声音和语义上生成的自然语言和演讲等.

3. 任务解释模块

任务解释模块将收集学生对一个任务的反应,以及相关的知识,为当前的任务更新学生的模型.

4. 报表模块

报表模块将匹配当前学生的模型,来应对专家模块生成的学生知道什么、不知道什么的总结,以及专家模块生成的问题还没有得到证明. 生成的报表将是关于概念和技能的学习进步地图,这些是学生已经掌握并精通的. 不过,学习进步地图的准确性仍然是不确定的,但这将通过学生的知识库,对当前知识库的发展产生积极影响.

鉴于这种设计的复杂性,当前工作主要集中于三个知识库的开发,也考虑专家知识库和学生模型、任务选择及任务解释模块的发展.

7.3.4　计算机评价系统的预期效果

当前,正在开发的系统都还处于发展中,旨在对改善评价的探索、测试和进一步发展的早期想法进行实践.期望,精确的知识库、知识结构,还有学生模块都能被集成到学校课程,或被结合到计算机教学模式中可用来选择的系列问题中去.计算机评价系统的设想比纸笔测试具有多种潜在的贡献,利普森等人(Lipson et al.,1990)指出至少有如下六个方面:

一、习惯思维

熟练的数学技能可能取决于无形的心智程序的指令,称之为习惯思维.为了获得一个习惯,最重要的是要有许多恒定的实验.多数教室系统没有安排资源及在数学问题上监控需要的恒定实验.一个基于计算机的系统,可能用来作为学生个人、辅导学生组合或者是学生群体工作的一个实验室.学生可以不断地练习,直到程序反应模式告诉人们需要的习惯思维已经形成.

二、适合的指令

学生和聚合类模型可以为教师的课程准备提供建议.设想这会降低教师信息处理的负载,以及能够使教师迅速进行直觉、知识和经验整合,从而准备优秀的教学程序.

三、详细信息

该系统能够拥有和显示一位学生或所有学生对一个特定问题尝试的详尽历史记录.在备有详细资料上的挑战是可以克服的,这就像增加细节的公路图.比如,一个人可以很容易地从一个细节水平发展到另一个细节水平.通过缩放细节层次,达到细节的操作,这会对研究和教学设计产生丰厚的利益.不过,设计管理信息的工具仍然是一个挑战.

四、聚合信息

不同的人或群组需要学生的整合信息,比如班级小组、班级,较大的学生组如年龄组、学校、学区组等信息.这些人或群组可能是,数学监管员,他们主要考虑教师的教研;教师的委员会,主要考虑教科书的变化;校长,要为下一年的教学进展做计划;区教育委员会,要考虑在数学教育上资助更多的资源.所有这些人或群组都迫切需要更好的学生信息,来聚合他们的信息作为思考决策的基础.

五、组织信息

通常认为,那些接受过数学训练的人应该能够识别表征系统的重要性,即使是非数学学科的人也能鉴别十进制的优点,或学电气工程的人也能鉴别复杂函数的能力.以计算机为基础的评价系统能够为学生的表现建立更为有用的表征系统.相关研究一直在尝试创造表明学生成绩的不同表示方法.比如,一眼看去,就能识别一位学生或一组学生的成就水平,及其在数学领域上的细节水平.具体地,可以了解到学生对一些概念的理解(如,极限、函数、微分),或者可看到学生已经获得了百分比的概念和代数的运算展示.

六、高级课程

跨学科上的理论与实践探索一直是教育界热衷的主题,但是似乎并没有对以传统学科为中心的教育结构产生较大的影响. 通常,直观的且有说服力的途径就是通过来自其他学科(例如,来自地理中的等高线图的梯度)的问题来阐明这一观点. 重要的是,希望学生能够运用他们的知识和技能来解决这样的问题. 理想地,希望学生能够建立知识结构,在相关的知识概念上产生较强的联系. 一个计算机评价系统,是能够生成更广泛的跨学科问题,并作为一种工具来提供服务,最后使跨学科指令操作成功发展.

在教育系统中,评价具有多种功能,但是在目前的测试上还有很多限制. 计算机是构建环境的通用工具,它可以提高评价的质量,并为学生、教师、家长、社会和学校人员提供可用的信息. 因而应该下大功夫来设计和开发依据计算机的评价系统,这也反映了人们所重视的教育目标.

参考文献

Alper，L.，Fendel，D.，Fraser，S.，& Resek，D.（1993）. Assessment in the interactive mathematics project. In N. L. Webb（Ed.），*Assessment in the mathematics classroom*（pp. 209 - 219）. Reston，VA：NCTM.

Butler，R.（1988）. Enhancing and undermining intrinsic motivation: the effects of task-involving and ego-involving evaluation on interest and performance. *British Journal of Educational Psychology*，58，1 - 14.

Davis，R. B.（1984）. *Learning mathematics: The cognitive science approach to mathematics education*. Norwoodd，NJ：Ablex.

Dugdale，S.，& Kibbey，D.（1986）. *Green globs and graphing equations*（*A computer-based instructional package*）. Pleasantville，NY：Sunbrust Communications.

Dweck，C.（2000）. *Self Theories: Their role in motivation，personality and development*. Lillington，NC：Psychology Press.

Lee，C.（2006）. *Language for Learning Mathematics: Assessment for Learning in Practice*. New York：Open University Press.

Lipson，J. I.，Faletti，J.，& Martinez，M. E.（1990）. Advances in Computer-Based Mathematics Assessment. In G. Kulm（Ed.），*Assessing higher order thinking in mathematics*（pp. 121 - 136）. Washington，DC：American Association for the Advancement of Science.